河南省住房和城乡建设厅　组织编写

杨钢梁　王红心　王斌◎主编

# 乡村建设工匠培训教材

U0306126

中国农业科学技术出版社

**图书在版编目（CIP）数据**

乡村建设工匠培训教材 / 杨钢梁，王红心，王斌主编. --北京：中国农业科学技术出版社，2023.7

ISBN 978-7-5116-6379-5

Ⅰ.①乡…　Ⅱ.①杨…②王…③王…　Ⅲ.①农村建设-人才培养-中国-教材　Ⅳ.①F323.6

中国国家版本馆 CIP 数据核字（2023）第 142143 号

| | |
|---|---|
| **责任编辑** | 周丽丽　崔改泵 |
| **责任校对** | 李向荣 |
| **责任印制** | 姜义伟　王思文 |

| | |
|---|---|
| **出 版 者** | 中国农业科学技术出版社 |
| | 北京市中关村南大街 12 号　邮编：100081 |
| **电　话** | (010) 82106638（编辑室）　(010) 82109702（发行部） |
| | (010) 82109709（读者服务部） |
| **网　址** | https://castp.caas.cn |
| **经 销 者** | 各地新华书店 |
| **印 刷 者** | 河北鑫彩博图印刷有限公司 |
| **开　本** | 185 mm×260 mm　1/16 |
| **印　张** | 25.5 |
| **字　数** | 630 千字 |
| **版　次** | 2023 年 7 月第 1 版　2023 年 7 月第 1 次印刷 |
| **定　价** | 68.00 元 |

# 《乡村建设工匠培训教材》

## 编辑委员会

# 前　言

　　乡村振兴作为国家战略布局，是具有全局性、方向性和前瞻性的重大课题，是关系国家发展的核心和关键问题。但是在实践中，乡村振兴战略的具体实施，往往受到乡村实用型人才短缺、分布不均匀、素质参差不齐等因素制约，导致迈不开"步子"，甚至走弯路。习近平总书记强调"发展是第一要务、人才是第一资源、创新是第一动力"，高瞻远瞩地指出了人才对引领发展的重要支撑作用。随着国家人才强国战略的实施，"乡村振兴，人才先行"也不再仅仅是一句口号，已逐渐成为全国上下的一种共识。

　　2021年2月，中共中央办公厅、国务院办公厅印发了《关于加快推进乡村人才振兴的意见》，计划"到2025年，乡村人才振兴制度框架和政策体系基本形成，乡村振兴各领域人才规模不断壮大、素质稳步提升、结构持续优化，各类人才支持服务乡村格局基本形成，乡村人才初步满足实施乡村振兴战略基本需要"。同时文件明确提出，"实施乡村本土建设人才培育工程，加强乡村建设工匠培训和管理，培育修路工、水利员、改厕专家、农村住房建设辅导员等专业人员，提升农村环境治理、基础设施及农村住房建设管护水平。"

　　2021年以来，为助力实施乡村振兴战略和河南省乡村建设行动，加快向农业农村现代化提供有力人才支撑，中共河南省委农村工作领导小组印发《河南省乡村人才振兴五年行动计划》，多措并举促进各类人才投身乡村建设，目标到2025年乡村人才振兴取得重大突破，乡村人才培养开发、评价发现、选拔使用、流动配置、激励保障等制度框架和政策体系基本形成，乡村振兴各领域人才规模不断壮大、素质稳步提升、结构持续优化，为全面推进乡村振兴、加快农业农村现代化不断注入"源头活水"。河南省住房和城乡建设厅扎实贯彻国家和省有关部署，及时跟进出台政策文件，建立信息系统，加强工作调度，指导全省各地着力培育了一批业务熟练、技术过硬、行为规范、品行端正的优秀乡村建设工匠队伍。

　　2022年，人力资源和社会保障部发布《中华人民共和国职业分类大典（2022年版）》，将"乡村建设工匠"纳入工种目录，并对乡村建设工匠的职业定义和主要工作任务进行了明确，乡村建设工匠正式确立独立工种地位。同年10月，住房和城乡建设部、人力资源和社会保障部联合下发《关于开展万名

"乡村建设带头工匠"培训活动的通知》（建办村函〔2022〕345号），要求在培训乡村建设工匠的基础上，重点开展"乡村建设带头工匠"培训活动，带动乡村建设工匠职业技能和综合素质提升。

为此，河南省住房和城乡建设厅专门委托河南省建筑科学研究院有限公司、河南省城乡规划设计研究总院股份有限公司等单位，组成专业技术力量团队，在原有的《农村建筑工匠通用培训教材》基础上，重新编制了本册《乡村建设工匠培训教材》，除继续保留农房建造基本知识外，还专门增加了乡村公共基础设施建设技术要点、乡村生活垃圾治理、乡村生活污水治理、传统村落保护发展利用、乡村规划和乡村建设质量安全监管等必要内容，以切实满足当下乡村建设工匠和"乡村建设带头工匠"培训需要，力争全方位提升河南省乡村建设工匠及"乡村建设带头工匠"的专业素养、建造技术和从业水平，培养一批既精于建造技术、又擅长施工管理的专业化工匠及带头工匠队伍。

本书由乡村建设政策与要求、乡村规划、乡村建筑建造、乡村公共基础设施建设、乡村人居环境建设、施工质量安全和劳动保护6篇内容组成，涵盖了河南省农房建设政策法规、建筑构造与识图知识、建筑设计、施工和修缮技术、乡村道路建设技术、乡村景观建设等多个知识面，并融入了装配式建筑等绿色建筑技术内容，基本形成了乡村全过程建设主要环节知识体系。同时，本书在内容上不仅采取图文并茂的形式，更为直观地展示相关知识，还在适当位置嵌入了多个拓展阅读二维码链接，使培训学员更易于理解，增强学习效果。

本书既是乡村建设工匠培训教材，也是农民自建住宅的实用工具书，并可为村镇建设管理者的工作提供参考。

编委会
2023年5月

# 目　录

# 第一篇

## 乡村建设政策与要求

2017年，习近平总书记在党的十九大报告中明确提出实施乡村振兴战略，坚持农业农村优先发展。2018年以来，国家陆续出台了一系列政策举措推动乡村振兴战略实施，每年的中央一号文件均深入贯彻这一精神，部署推动乡村振兴战略的不断实施

# 第一章　乡村建设行动

## 第一节　乡村振兴战略

### 一、乡村振兴战略的提出

农业农村农民问题是关系国计民生的根本性问题。没有农业农村的现代化，就没有国家的现代化。为了进一步解决人民日益增长的美好生活需要和发展不平衡不充分之间的矛盾，为了早日实现"两个一百年"奋斗目标和全体人民共同富裕，2017年，习近平总书记在党的十九大报告中提出实施乡村振兴战略，坚持农业农村优先发展。2018年以来，国家陆续出台了一系列政策举措推动乡村振兴战略实施，每年的中央一号文件均深入贯彻这一精神，部署推动乡村振兴战略的不断实施。

2018年，《中共中央　国务院关于实施乡村振兴战略的意见》，首次对乡村振兴战略进行详细阐释和全面部署。

2019年，《中共中央　国务院关于坚持农业农村优先发展做好"三农"工作的若干意见》，以实施乡村振兴战略为总抓手，抓重点、补短板、强基础，确保顺利完成硬任务。

2020年，《中共中央　国务院关于抓好"三农"领域重点工作确保如期实现全面小康的意见》，集中力量完成打赢脱贫攻坚战和补上全面小康"三农"领域突出短板两大重点任务。

2021年，《中共中央　国务院关于全面推进乡村振兴加快农业农村现代化的意见》，通过全面推进乡村振兴，助力全面建设社会主义现代化国家，实现中华民族伟大复兴。

2022年，《中共中央　国务院关于做好2022年全面推进乡村振兴重点工作的意见》，坚持稳中求进工作总基调，牢牢守住保障国家粮食安全和不发生规模性返贫两条底线，推动高质量发展、促进共同富裕。

2023年，《中共中央　国务院关于做好2023年全面推进乡村振兴重点工作的意见》，坚持农业农村优先发展，坚持城乡融合发展，强化科技创新和制度创新，坚决守牢确保粮食安全、防止规模性返贫等底线，扎实推进乡村发展、乡村建设、乡村治理等重点工作，加快建设农业强国，建设宜居宜业和美乡村，为全面建设社会主义现代化国家开好局起好步打下坚实基础。

| 2018年中央一号文件 | 2019年中央一号文件 | 2020年中央一号文件 | 2021年中央一号文件 | 2022年中央一号文件 | 2023年中央一号文件 |

## 二、乡村振兴战略的总体要求

乡村振兴是包括产业振兴、人才振兴、文化振兴、生态振兴和组织振兴的全面振兴。实施乡村振兴战略的总目标是农业农村现代化，总方针是坚持农业农村优先发展，总要求是产业兴旺、生态宜居、乡风文明、治理有效、生活富裕，制度保障是建立健全城乡融合发展体制和政策体系。

### （一）指导思想

以习近平新时代中国特色社会主义思想为指导，加强党对"三农"工作的领导，坚持稳中求进工作总基调，牢固树立新发展理念，落实高质量发展的要求。

紧紧围绕统筹推进"五位一体"总体布局和协调推进"四个全面"战略布局，坚持把解决好"三农"问题作为全党工作重中之重，坚持农业农村优先发展，按照产业兴旺、生态宜居、乡风文明、治理有效、生活富裕的总要求，建立健全城乡融合发展体制机制和政策体系，统筹推进农村经济建设、政治建设、文化建设、社会建设、生态文明建设和党的建设，加快推进乡村治理体系和治理能力现代化，加快推进农业农村现代化，走中国特色社会主义乡村振兴道路，让农业成为有奔头的产业，让农民成为有吸引力的职业，让农村成为安居乐业的美丽家园。

### （二）目标任务

2018 年中央一号文件中，明确提出了乡村振兴的三步走目标："到 2020 年，乡村振兴取得重要进展，制度框架和政策体系基本形成。到 2035 年，乡村振兴取得决定性进展，农业农村现代化基本实现。到 2050 年，乡村全面振兴，农业强、农村美、农民富全面实现。"

## 三、乡村振兴战略的核心内容

### （一）产业振兴：构建现代农业体系

习近平总书记指出，要推动乡村产业振兴，紧紧围绕发展现代农业，围绕农村一二三产业融合发展，构建乡村产业体系，实现产业兴旺，把产业发展落到促进农民增收上来，全力以赴消除农村贫困，推动乡村生活富裕。

乡村振兴，产业振兴是重点。2020 年 12 月，中央农村工作会议指出，"要加快发展乡村产业，顺应产业发展规律，立足当地特色资源，推动乡村产业发展壮大，优化产业布局，完善利益联结机制，让农民更多分享产业增值收益"。产业是发展的根基，以农业供给侧结构性改革为主线，因地制宜发展特色产业，不断延伸产业链、提升价值链，推动"一二三产"融合发展，实现一产强、二产优、三产活，通过乡村产业发展促进农民收入稳定增长，从而有效地推动乡村的振兴发展。

### （二）人才振兴：增强内生发展能力

习近平总书记指出，要推动乡村人才振兴，把人力资本开发放在首要位置，强化乡村振兴人才支撑，加快培育新型农业经营主体，让愿意留在乡村、建设家乡的人留得安心，让愿意上山下乡、回报乡村的人更有信心，激励各类人才在农村广阔天地大施所能、大展才华、大显身手，打造一支强大的乡村振兴人才队伍，在乡村形成人才、土地、资金、产业汇聚的良性循环。

乡村振兴，人才振兴是支撑。实施乡村振兴战略，必须培养造就一支懂农业、爱农村、爱农民的"三农"工作队伍。2021年2月，中共中央办公厅、国务院办公厅印发《关于加快推进乡村人才振兴的意见》中强调"大力培养本土人才，引导城市人才下乡，推动专业人才服务乡村，吸引各类人才在乡村振兴中建功立业"，提出加快培养农业生产经营人才、农村二三产业发展人才、乡村公共服务人才、乡村治理人才、农业农村科技人才等五方面的人才。文件中特别指出，要"实施乡村本土建设人才培育工程，加强乡村建设工匠培训和管理，培育修路工、水利员、改厕专家、农村住房建设辅导员等专业人员，提升农村环境治理、基础设施及农村住房建设管护水平。"

### (三)文化振兴：传承发展中华优秀传统文化

习近平总书记指出，要推动乡村文化振兴，加强农村思想道德建设和公共文化建设，以社会主义核心价值观为引领，深入挖掘优秀传统农耕文化蕴含的思想观念、人文精神、道德规范，培育挖掘乡土文化人才，弘扬主旋律和社会正气，培育文明乡风、良好家风、淳朴民风，改善农民精神风貌，提高乡村社会文明程度，焕发乡村文明新气象。

乡村振兴，文化振兴是保障。农耕文化是中华文化的根基，乡村是以农耕文化为代表的中华优秀传统文化的重要载体。在推动乡村振兴发展中，需要重新认识乡村的文化价值，深入挖掘农耕文化蕴含的优秀思想观念、人文精神、道德规范等优秀传统文化，并结合时代要求创造性转化、创新性发展，不断赋予时代内涵、丰富表现形式，实现乡风文明的重塑，从而推动乡村文化振兴，保证乡村持续发展繁荣。

### (四)生态振兴：建设宜业宜居的美丽生态家园

习近平总书记指出，要推动乡村生态振兴，坚持绿色发展，加强农村突出环境问题综合治理，扎实实施农村人居环境整治三年行动计划，推进农村"厕所革命"，完善农村生活设施，打造农民安居乐业的美丽家园，让良好生态成为乡村振兴支撑点。

乡村振兴，生态振兴是关键。绿水青山就是金山银山，把乡村的生态环境治理好和保护好是生态文明建设的重要内容。推动乡村生态振兴，要统筹山水林田湖草系统治理，严守生态保护红线，推进农业农村绿色发展；要以优化农村人居环境和完善农村公共基础设施为重点，让良好生态成为乡村振兴支撑点，把乡村建设成为生态宜居、富裕繁荣、和谐发展的美丽家园。

### (五)组织振兴：加强以党组织为核心的农村基层组织建设

习近平总书记指出，要推动乡村组织振兴，打造千千万万个坚强的农村基层党组织，培养千千万万名优秀的农村基层党组织书记，深化村民自治实践，发展农民合作经济组织，建立健全党委领导、政府负责、社会协同、公众参与、法治保障的现代乡村社会治理体制，确保乡村社会充满活力、安定有序。

乡村振兴，组织振兴是基础。组织振兴是乡村全面振兴的基石，也是其他4个振兴的根本保障。抓好以农村基层党组织建设为核心的各类组织建设，加强党的领导，提升农村专业合作经济组织发展水平，充分发挥各类组织在乡村事业发展中的作用，完善村民自治制度，健全乡村治理体系，提高乡村治理能力，确保广大农民安居乐业、农村社会安定有序。

# 第二节　美丽乡村建设

长期以来，乡村建设作为"三农"工作的重要组成部分，得到了党和国家的充分重视，并自2005年"社会主义新农村建设"提出后不断推动实践深化升级，总体要求不断提高，工作任务不断丰富(图1-1)。在国家相关政策指引下，全国各地结合地方实际，纷纷开展了美丽乡村建设的有益探索，涌现出一批具有借鉴意义的优秀范例。

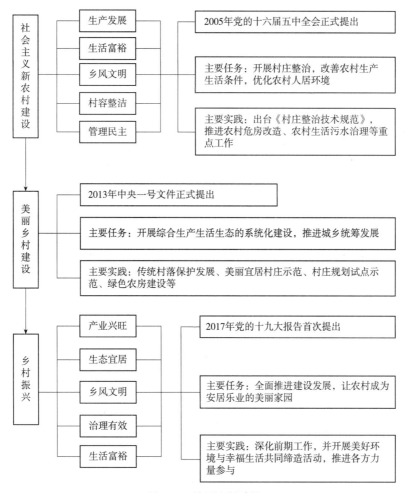

图1-1　美丽乡村建设

# 第三节 乡村建设行动

## 一、乡村建设行动的提出

基于美丽乡村建设的长期探索，随着乡村振兴战略的深入实施，乡村建设水平明显提高。党的十九届五中全会审议通过的《中共中央关于制定国民经济和社会发展第十四个五年规划和二〇三五年远景目标的建议》首次正式提出"实施乡村建设行动"，把乡村建设作为"十四五"时期全面推进乡村振兴的重点任务，摆在了社会主义现代化建设的重要位置。2021 年中央一号文件进一步对乡村建设行动作出全面部署。至此，乡村建设工作又开始了新一轮的全面升级。

习近平总书记指出，要实施乡村建设行动，继续把公共基础设施建设的重点放在农村，在推进城乡基本公共服务均等化上持续发力，注重加强普惠性、兜底性、基础性民生建设。

## 二、乡村建设行动的总体要求

在 2021 年中央一号文件中，提出把乡村建设摆在社会主义现代化建设的重要位置，并对乡村建设行动的相关目标任务分两个阶段，第一阶段 2021 年乡村建设行动全面启动，农村人居环境得到整治提升，农业农村现代化规划启动实施，脱贫攻坚政策体系和工作机制同乡村振兴有效衔接、平稳过渡，乡村建设行动全面启动，农村人居环境整治提升，农村改革重点任务深入推进，农村社会保持和谐稳定；第二阶段 2025 年乡村建设行动取得明显成效，乡村面貌发生显著变化，农业农村现代化取得重要进展，农业基础设施现代化迈上新台阶，农村生活设施便利化初步实现，城乡基本公共服务均等化水平明显提高。农业基础更加稳固，粮食和重要农产品供应保障更加有力，农业生产结构和区域布局明显优化，农业质量效益和竞争力明显提升，现代乡村产业体系基本形成，有条件的地区率先基本实现农业现代化。脱贫攻坚成果巩固拓展，城乡居民收入差距持续缩小。农村生产生活方式绿色转型取得积极进展，化肥农药使用量持续减少，农村生态环境得到明显改善。乡村建设行动取得明显成效，乡村面貌发生显著变化，乡村发展活力充分激发，乡村文明程度得到新提升，农村发展安全保障更加有力，农民获得感、幸福感、安全感明显提高。

## 三、乡村建设行动的主要内容

乡村建设行动的主要内容包括：加快推进村庄规划工作、加强乡村公共基础设施建设、实施农村人居环境整治提升五年行动、提升农村基本公共服务水平、全面促进农村消费、加快县域内城乡融合发展、强化农业农村优先发展投入保障、深入推进农村改革 8 个方面。其中，涉及乡村规划建设领域的主要有以下 4 个方面。

### (一)加快推进村庄规划工作

在 2021 年基本完成县级国土空间规划编制的基础上，明确村庄布局分类。积极有序推进"多规合一"实用性村庄规划编制，对有条件、有需求的村庄尽快实现村庄规划全覆盖。对暂时没有编制规划的村庄，严格按照县乡两级国土空间规划中确定的用途管制和建设管理要求进行建设。

《中共中央　国务院关于全面推进乡村振兴加快农业农村现代化的意见》中提出"编制村庄规划要立足现有基础，保留乡村特色风貌，不搞大拆大建。按照规划有序开展各项建设，严肃查处违规乱建行为。完善建设标准和规范，提高农房设计水平和建设质量。继续实施农村危房改造和地震高烈度设防地区农房抗震改造。加强村庄风貌引导保护传统村落、传统民居和历史文化名村名镇。加大农村地区文化遗产遗迹保护力度。严格规范村庄撤并，不得违背农民意愿、强迫农民上楼。"

**（二）加强乡村公共基础设施建设**

继续把公共基础设施建设的重点放在农村，着力推进往村覆盖、往户延伸。实施农村道路畅通工程、农村供水保障工程、乡村清洁能源建设工程、数字乡村建设发展工程、村级综合服务设施提升工程。

1. 农村道路畅通工程

有序实施较大人口规模自然村通硬化路。加强农村资源路、产业路、旅游路和村内主干道建设。推进农村公路建设项目更多向进村入户倾斜。按规定支持农村道路发展。继续开展"四好农村路"示范创建。全面实施路长制，开展城乡交通一体化示范创建工作。加强农村道路桥梁安全隐患排查，落实管养主体责任。强化农村道路交通安全监管。

2. 农村供水保障工程

加强中小型水库等稳定水源工程建设和水源保护，实施规模化供水工程建设和小型工程标准化改造，有条件的地区推进城乡供水一体化，到 2025 年农村自来水普及率达到 88%，完善农村水价水费形成机制和工程长效运营机制。

3. 乡村清洁能源建设工程

加大农村电网建设力度，全面巩固提升农村电力保障水平。推进燃气下乡，支持建设安全可靠的乡村储气罐站和微管网供气系统。发展农村生物质能源。加强煤炭清洁化利用。

4. 数字乡村建设发展工程

推动农村千兆光网、第五代移动通信、移动物联网与城市同步规划建设，完善电信普遍服务补偿机制，支持农村及偏远地区信息通信基础设施建设。加快建设农业农村遥感卫星等天基设施。发展智慧农业，建立农业农村大数据体系，推动新一代信息技术与农业生产经营深度融合。完善农业气象综合监测网络，提升农业气象灾害防范能力。加强乡村公共服务、社会治理等数字化智能化建设。

5. 村级综合服务设施提升工程

加强村级客运站点、文化体育、公共照明等服务设施建设。

**（三）实施农村人居环境整治提升五年行动**

分类有序推进农村厕所革命，加快研发干旱、寒冷地区卫生厕所适用技术和产品，加强中西部地区农村户用厕所改造。统筹农村改厕和污水、黑臭水体治理，因地制宜建设污水处理设施。健全农村生活垃圾收运处置体系，推进源头分类减量、资源化处理利用，建设一批有机废弃物综合处置利用设施。健全农村人居环境设施管护机制，有条件的地区推广城乡环卫一体化第三方治理。深入推进村庄清洁和绿化行动。开展美丽宜居村庄和美丽庭院示范创建活动。

### （四）提升农村基本公共服务水平

建立城乡公共资源均衡配置机制，强化农村基本公共服务供给县乡村统筹，逐步实现标准统一、制度并轨。立足新的发展阶段和发展环境，2022年中央一号文件进一步强调扎实稳妥推进乡村建设，重点做好健全乡村建设实施机制、接续实施农村人居环境整治提升五年行动、扎实开展重点领域农村基础设施建设、大力推进数字乡村建设、加强基本公共服务县域统筹等几方面工作。重点针对教育、医疗等方面提升农村公共服务水平。

1. 教育

提高农村教育质量，多渠道增加农村普惠性学前教育资源供给，继续改善乡镇寄宿制学校办学条件，保留并办好必要的乡村小规模学校，在县城和中心镇新建改扩建一批高中和中等职业学校。完善农村特殊教育保障机制。推进县域内义务教育学校校长教师交流轮岗，支持建设城乡学校共同体。面向农民就业创业需求，发展职业技术教育与技能培训，建设一批产教融合基地。开展耕读教育。加快发展面向乡村的网络教育。加大涉农高校、涉农职业院校、涉农学科专业建设力度。

2. 医疗

全面推进健康乡村建设，提升村卫生室标准化建设和健康管理水平，推动乡村医生向执业（助理）医师转变，采取派驻、巡诊等方式提高基层卫生服务水平。提升乡镇卫生院医疗服务能力，选建一批中心卫生院。加强县级医院建设，持续提升县级疾控机构应对重大疫情及突发公共卫生事件能力。加强县域紧密型医共体建设，实行医保总额预算管理。加强妇幼、老年人、残疾人等重点人群健康服务。完善统一的城乡居民基本医疗保险制度，合理提高政府补助标准和个人缴费标准，健全重大疾病医疗保险和救助制度。

3. 其他

落实城乡居民基本养老保险待遇确定和正常调整机制。健全县乡村衔接的三级养老服务网络，推动村级幸福院、日间照料中心等养老服务设施建设，发展农村普惠型养老服务和互助性养老服务。推进城乡低保制度统筹发展，逐步提高特困人员供养服务质量。加强对农村留守儿童和妇女、老年人以及困境儿童的关爱服务。健全统筹城乡的就业政策和服务体系，推动公共就业服务机构向乡村延伸。深入实施新生代农民工职业技能提升计划。推进农村公益性殡葬设施建设。推进城乡公共文化服务体系一体建设，创新实施文化惠民工程。

# 第二章  乡村建设人才培养

2023 年 3 月，信阳市平桥区组织了第一期乡村建设工匠培训班

## 第一节  国家层面对乡村建设人才培养的要求

自 2016 年起，中共中央国务院等机构对乡村建设人才培养提出具体的要求，详细见如下 4 个文件的内容。

**一、《中共中央  国务院关于深入推进农业供给侧结构性改革加快培育农业农村发展新动能的若干意见》(中发〔2017〕1 号)**

开发农村人力资源。重点围绕新型职业农民培育、农民工职业技能提升，整合各渠道培训资金资源，建立政府主导、部门协作、统筹安排、产业带动的培训机制。探索政府购买服务等办法，发挥企业培训主体作用，提高农民工技能培训针对性和实效性。优化农业从业者结构，深入推进现代青年农场主、林场主培养计划和新型农业经营主体带头人轮训计划，探索培育农业职业经理人，培养适应现代农业发展需要的新农民。鼓励高等学校职业院校开设乡村规划建设、乡村住宅设计等相关专业和课程，培养一批专业人才，扶持一批乡村工匠。

**二、《中共中央  国务院关于实施乡村振兴战略的意见》(中发〔2018〕1 号)**

实施乡村振兴战略，必须破解人才瓶颈制约。要把人力资本开发放在首要位置，畅通智力、技术、管理下乡通道，造就更多乡土人才，聚天下人才而用之。

### (一)大力培育新型职业农民

全面建立职业农民制度，完善配套政策体系。实施新型职业农民培育工程。支持新型职业农民通过弹性学制参加中高等农业职业教育。创新培训机制，支持农民专业合作社、专业技术协会、龙头企业等主体承担培训。引导符合条件的新型职业农民参加城镇职工养老、医疗等社会保障制度。鼓励各地开展职业农民职称评定试点。

### (二)加强农村专业人才队伍建设

建立县域专业人才统筹使用制度，提高农村专业人才服务保障能力。推动人才管理职能部门简政放权，保障和落实基层用人主体自主权。推行乡村教师"县管校聘"。实施好边远贫困地区、边疆民族地区和革命老区人才支持计划，继续实施"三支一扶"、特岗教师计划等，组织实施高校毕业生基层成长计划。支持地方高等学校、职业院校综合利用教育培训资源，灵活设置专业(方向)，创新人才培养模式，为乡村振兴培养专业化人才。扶持培养一批农业职业经理人、经纪人、乡村工匠、文化能人、非遗传承人等。

### (三)发挥科技人才支撑作用

全面建立高等院校、科研院所等事业单位专业技术人员到乡村和企业挂职、兼职和离岗创新创业制度，保障其在职称评定、工资福利、社会保障等方面的权益。深入实施农业科研杰出人才计划和杰出青年农业科学家项目。健全种业等领域科研人员以知识产权明晰为基础、以知识价值为导向的分配政策。探索公益性和经营性农技推广融合发展机制，允许农技人员通过提供增值服务合理取酬。全面实施农技推广服务特聘计划。

### (四)鼓励社会各界投身乡村建设

建立有效激励机制，以乡情乡愁为纽带，吸引支持企业家、党政干部、专家学者、医生教师、规划师、建筑师、律师、技能人才等，通过下乡担任志愿者、投资兴业、包村包项目、行医办学、捐资捐物、法律服务等方式服务乡村振兴事业。研究制定管理办法，允许符合要求的公职人员回乡任职。吸引更多人才投身现代农业，培养造就新农民。加快制定鼓励引导工商资本参与乡村振兴的指导意见，落实和完善融资贷款、配套设施建设补助、税费减免、用地等扶持政策，明确政策边界，保护好农民利益。发挥工会、共青团、妇联、科协、残联等群团组织的优势和力量，发挥各民主党派、工商联、无党派人士等积极作用，支持农村产业发展、生态环境保护、乡风文明建设、农村弱势群体关爱等。实施乡村振兴"巾帼行动"。加强对下乡组织和人员的管理服务，使之成为乡村振兴的建设性力量。

### (五)创新乡村人才培育引进使用机制

建立自主培养与人才引进相结合，学历教育技能培训、实践锻炼等多种方式并举的人力资源开发机制。建立城乡、区域、校地之间人才培养合作与交流机制。全面建立城市医生教师、科技文化人员等定期服务乡村机制。研究制定鼓励城市专业人才参与乡村振兴的政策。

### 三、中共中央办公厅　国务院办公厅印发《关于加快推进乡村人才振兴的意见》(中办发〔2021〕9 号)

#### (一)培育乡村工匠

挖掘培养乡村手工业者、传统艺人,通过设立名师工作室、大师传习所等,挖掘培养乡村手工业传统艺人;鼓励高校职业院校开展传承教育;在传统技艺人才聚集地设立工作站,以开展研习培训、示范引导、品牌培育等。

#### (二)加强乡村规划建设人才队伍建设

支持熟悉乡村的首席规划师、乡村规划师、建筑师、设计师等参与村庄规划设计、特色景观制作、人文风貌引导,提高设计建设水平,塑造乡村特色风貌。统筹推进城乡基础设施建设管护人才互通共享,搭建服务平台,畅通交流机制。实施乡村本土建设人才培育工程,加强乡村建设工匠培训和管理,培育修路工、水利员、改厕专家、农村住房建设辅导员等专业人员,提升农村环境治理、基础设施及农村住房建设管护水平。

### 四、住房和城乡建设部　农业农村部　国家乡村振兴局联合印发《关于加快农房和村庄建设现代化的指导意见》(建村〔2021〕47 号)

#### (一)加强农房与村庄建设管理

(1)加强农村住房建设规划引导。加快村庄规划编制、农房建设集中规范、加大农房建设风貌引导。

(2)加强农村宅基地管理和保障。严格界定农村宅基地的取得条件、完善农村宅基地审批制度。

(3)完善农房审批管理机制。简化审批流程,提高农房规划报建审批效率;联合办公、共享信息提高农房报建审批效率。

(4)加大农村住房建设管理保障及改革力度。加强队伍建设、加强财政支持、深化农村宅基地制度改革、加强监督管理。

#### (二)建立乡村建设工匠培养和管理制度

目前,我国农村的劳动生活条件与城市相比是复杂的。政府必须规划农村人口对人才的需求,带头管理文化和特殊岗位学生选拔工作,补充农村和农业专业人才队伍。创新完善以农业学院、特殊学校为重点的农村正规教育体系,发展教育及非专业教育,短期训练配合长期职业训练,特训结合复训,网络教育结合课堂教育。

#### (三)加强管理和技术人员培训

2021 年 4 月 13 日,习近平总书记对职业教育工作作出重要指示强调,加快构建现代职业教育体系,培养更多高素质技术技能人才、能工巧匠、大国工匠。管理和技术人员是乡村建设人才的核心部分,决定了乡村建设的质量和水平。各镇村应高度重视乡村管理人才和技能人才队伍建设，提高管理和技能人才待遇；应加强与职业院校的交流互动，形成职校和乡村的无缝衔接；积极推进就业准入，对乡村建设领域技术岗位，实行持证上岗，严把准入关。

### （四）不断充实乡村建设人才队伍

在新时期，要培养和造就一批踏实、勤劳、敬业的乡村人才，就要在政策支持、制度保障等方面，为乡村建设人才创造有利条件和机遇，主要包括财政支持、技术支持和政策支持。目前，建立适应农业产业繁荣要求的"懂技术、懂创业、懂管理"农村劳动力队伍，特别是乡村建设人才队伍，显得尤为必要。各村镇都应努力在充实人才队伍上想办法、动脑筋，不仅要招得进人，还要留得住人。

### 五、住房和城乡建设部办公厅　人力资源和社会保障部办公厅《关于开展万名"乡村建设带头工匠"培训活动的通知》( 建办村函〔2022〕345 号)

为进一步加强乡村建设工匠队伍建设，决定在培育乡村建设工匠的基础上，重点开展万名"乡村建设带头工匠"培训活动，带动乡村建设工匠职业技能和综合素质提升。

培训活动主要针对乡村建设工匠中能组织不同工种的工匠承揽农村建房等小型工程项目，具有丰富实操经验、较高技术水平和管理能力的业务骨干，即"乡村建设带头工匠"，重点面向农村转移劳动力、返乡农民工、脱贫劳动力。

活动要求培训内容要在乡村建设工匠一般培训课程基础上，强化工程项目管理、施工组织和施工安全、相关法律法规等内容，更好地落实农村低层住宅和限额以下工程建设质量安全"工匠责任制"。相应培训内容可在基础课、技能课、实训课中设置：基础课设农房建设政策与法律法规、工程项目管理、农房结构与安全、建筑识图、建筑材料、建筑风貌等内容；技能课设农房设计、测量与放线、地基处理与基础、砌体结构施工、框架结构施工、屋面施工等技术内容；实训课可结合技能课的教学内容，针对乡村建设工匠日常工作与工种类别，进行施工现场观摩学习和实操训练。

## 第二节　河南省乡村建设人才培养的要求与计划

### 一、《中共河南省委　河南省人民政府关于推进乡村振兴战略的实施意见》( 豫发〔2018〕1 号)

#### （一）培育新型职业农民

重点围绕新型职业农民培育、农村实用人才培训、农民工职业技能提升，建立政府主导、部门协作、统筹安排、产业带动的培训机制。加快构建财税、信贷保险、用地用电、项目支持等政策体系，培育壮大家庭农场、专业大户、农民专业合作社、农业产业化龙头企业等新型农业经营主体，引导提升生产经营管理水平，提高农民组织化程度。引导农民工、大学生等回乡创业就业。

## （二）加强农村人才队伍建设

建立事业单位专业技术人员到乡村和企业挂职、兼职和离岗创新创业制度，保障其在职称评定、工资福利、社会保障等方面的权益。支持各类社会力量广泛参与农业科技推广，探索公益性和经营性农技推广融合发展，允许农技人员通过提供增值服务合理取酬。加大人才引进力度，促进城乡、区域、校地之间人才培养合作与交流，鼓励城市医生教师、科技文化人员等定期服务乡村。加快培育扶持一批农业职业经理人、经纪人、乡村工匠、文化能人、非遗传承人等。

## （三）汇聚全社会力量

建立有效激励机制，以乡情乡愁为纽带，吸引支持企业家、党政干部、专家学者、医生教师、技能人才等，通过下乡担任志愿者、投资兴业、包村包项目、行医办学等方式服务乡村振兴事业。制订管理办法，允许符合要求的公职人员回乡任职。支持返乡下乡人员发展规模种养业、特色农业、林下经济、庭园经济等，加快农村资源开发利用。鼓励引导工商资本参与乡村振兴，明确政策边界，保护好农民利益。发挥工会、共青团、妇联、科协等群团组织的优势和力量，发挥各民主党派、工商联、无党派人士等积极作用，支持农村产业发展、生态环境保护、乡风文明建设、农村弱势群体关爱等。

## 二、中共河南省委农村工作领导小组《关于印发〈河南省乡村人才振兴五年行动计划〉的通知》（豫农领发〔2021〕6号）

为深入推进乡村人才振兴，加快农业农村现代化提供有力人才支撑，河南省制定乡村人才振兴五年行动计划。其目标：2021年，脱贫攻坚期间各项人才智力支持政策、工作机制同乡村振兴有效衔接，人才智力助力脱贫攻坚成果持续巩固，各类人才下沉服务乡村振兴的政策措施和长效机制进一步完善，乡村人才规模和素质不断提升。到2025年，乡村人才振兴取得重大突破，乡村人才培养开发、评价发现、选拔使用、流动配置、激励保障等制度框架和政策体系基本形成，乡村振兴各领域人才规模不断壮大、素质稳步提升、结构持续优化，为全面推进乡村振兴、加快农业农村现代化不断注入"源头活水"。

### （一）加快培养农业生产经营人才

1. 培养高素质农民队伍

深入实施现代农民培育计划、农村实用人才培养计划，加强培训基地建设，分层分类开展全产业链培训，加强训后技术指导和跟踪服务，支持创办领办新型农业经营主体。

2. 突出抓好家庭农场经营者、农民合作社带头人培育

优先培训全省1万个县级以上农民合作社示范社理事长、会计、经营管理等人员和示范家庭农场主，力争3年内轮训一遍。建立农民合作社带头人人才库，加强对农民合作社骨干的培训。

### （二）加快培养农村二三产业发展人才

1. 培育农村创业创新带头人

深入实施返乡创业人才能力提升行动，广泛开展各类创业培训，提升在外务工经商

人员、复退军人、大学生等人才返乡创业能力，大力培育农村创业创新带头人。

**2. 加强农村电商人才培育**

巩固拓展农村电商人才培训三年行动计划成果，组织农民、种植大户、农民合作社开展电子商务应用和实训操作培训。加强电子商务进农村综合示范培训，开展电商专家下乡活动，提高电商扶农助农工作水平。推进数字乡村建设，大力培育和引进信息技术人才，持续开展全省益农信息社县级运营中心负责人和信息员培训。

**3. 培育乡村工匠**

推进乡村振兴技能培训项目，依托全民技能振兴工程项目建设专项资金，支持建设一批省级城乡劳动者转移就业培训品牌基地和省级技能大师工作室、大师传习所等，大力挖掘培养乡村手工业者、能工巧匠、传统艺人。围绕"一人一证、技能河南"建设，引导职业院校、社会培训机构与村、社区等开展技能共建活动，做好培训后职业技能等级评价工作，力争实现劳动者应培尽培、应评尽评、应取证尽取证，逐步提高持证比例。

**4. 打造农民工劳务输出品牌**

实施劳务输出品牌计划，重点围绕林州建工、长垣厨师、漯河食品、镇平玉雕、郑州旅游、信阳茶艺、少林武术等具有河南产业特色的劳务群体，通过完善行业标准、建设专家工作室、邀请专家授课、举办技能比赛等途径，提升从业者职业技能，提高劳务输出的组织化、专业化、标准化水平，培育一批叫得响的农民工劳务输出品牌。

### (三)加快培养乡村公共服务人才

**1. 加强乡村教师队伍和乡村卫生健康人才队伍建设**

按照服务人口 0.1%~0.12% 的比例，以县为单位每 5 年动态调整乡镇卫生院人员编制总量，允许编制在县域内统筹使用，用好用足空余编制。

**2. 加强乡村文化旅游体育人才和乡村规划建设人才队伍建设**

支持熟悉乡村的首席规划师、乡村规划师、建筑师、设计师及团队参与村庄规划编制、村庄建设引导，鼓励熟悉村庄实际的乡贤能人参与村庄规划编制和实施，提高设计建设水平，塑造乡村特色风貌。实施乡村本土建设人才培育工程，加强乡村建设工匠培训和管理，培育修路工、水利员、改厕专家、农村住房建设辅导员等专业人员，提升农村环境治理、基础设施及农村住房建设管护水平。

### (四)加快培养乡村治理人才

加强乡镇党政人才队伍建设，推动村党组织带头人队伍整体优化提升，深入实施"一村一名大学生"培育计划，加强农村社会工作、经营管理以及法律人才队伍建设。

### (五)加快培养农业农村科技人才

**1. 培养农业农村高科技领军人才**

加强农业科技领军人才培养引进，依托重点实验室等创新平台，着力培养引进 50 名左右国家级农业科学家。着力培育农业科技后备人才，在全省农业科研领域遴选 100 名左右发展潜力大、创新意识强的中青年科研骨干。

2. 加快培养农业农村科技创新人才

加强农业企业科技人才培养。加强农业优势特色产业创新团队和平台建设，重点建设 10 个现代农业产业技术体系。

3. 加强农业农村科技推广人才培养

依托国家基层农技推广体系改革与建设补助项目，力争 5 年内将全省县乡农技推广人员轮训一遍。

4. 发展壮大科技特派员队伍

深化拓展科技特派员助力乡村振兴"十百千"工程，完善科技特派员工作机制，拓宽科技特派员来源渠道，逐步实现各级科技特派员科技服务和创业带动全覆盖。组织实施县（市）创新引导计划 150 项以上，选派省级科技特派员 2 000 人次以上，组建省产业科技特派员服务团 60 个以上，组建县级科技特派员服务队 105 个，省、市、县三级科技特派员总数达到 6 000 人次以上，建设省级以上星创天地、农业科技园区 200 个以上，全省科技特派员创新创业服务领域不断拓展，基本实现区域特色产业全覆盖。

**二、河南省住房和城乡建设厅　河南省人力资源和社会保障厅《关于做好"乡村建设带头工匠"培训工作的通知》（豫建村〔2022〕294 号）**

进一步加强河南省乡村建设工匠队伍建设，带动乡村建设工匠职业技能和综合素质提升，决定在培育乡村建设工匠的基础上，重点开展"乡村建设带头工匠"培训活动。其目标：2023 年 2 月 1 日前，全省完成"乡村建设带头工匠"培训 500 人以上。2023 年底前全省共完成"乡村建设带头工匠"培训不少于 5 000 人。课程设置上是在乡村建设工匠一般培训课程基础上，强化工程项目管理、施工组织和施工安全、相关法律法规等内容，更好地落实农村低层住宅和限额以下工程建设质量安全"工匠责任制"。

# 第三节　河南省乡村建设工匠的发展现状及前景

## 一、河南省乡村建设工匠的发展现状

乡村工匠人数众多，但需求形势严峻且人才断层。根据《2022 河南统计年鉴　建筑业》，截至 2021 年，全省建筑业年末从业人数为 288.09 万人。这个数字不包含勘察设计、规划和市政等行业，由此可知乡村工匠人数众多；而工程项目大多在城市，从事一线工作的建筑工匠大多来自乡村，他们辗转于城市乡村之间，流动性很强，留在乡村数量很少，乡村建设的工匠需求仍严峻。另外农村更多的年轻人追求多样生活，进入城市从事非建筑行业；目前乡村建设从业人员年龄普遍偏大，受限于知识水平和成长途径，他们相关技术技能掌握不够，导致乡村工匠的人才断层。

乡村工匠素质参差不齐，文化水平低。根据《2022 河南统计年鉴　建筑业》，截至 2021 年，全省从事建筑业的工程技术人员人数为 37.79 万人。大部分的乡村工匠既搞生产，又搞建筑施工，大部分无专业知识、施工技术，也不懂质量标准。不仅如此，乡村建设工匠中具有上岗证等职业资格证书的占比也比较小，其中大多数都没有评定技能等级。这将直接影响农房质量与安全，也是乡村建设工匠培育亟待解决的问题。

2021年，住房和城乡建设部会同农业农村部、国家乡村振兴局印发《关于加快农房和村庄建设现代化的指导意见》（建村〔2021〕47号），探索建立乡村建设工匠培养和管理制度，加强管理和技术人员培训，充实乡村建设队伍。根据住建部的统一安排及河南省乡村振兴战略实施要求，2021年以来，河南省住房和城乡建设厅出台政策文件、建立管理系统、加强工作调度，健全乡村建设工匠管理制度，着力培育了一批业务熟练、技术过硬、行为规范、品行端正的优秀乡村建设工匠队伍，为推进乡村建设行动、助力乡村全面振兴贡献力量。

## 二、河南省乡村建设工匠发展前景

### （一）乡村振兴战略为乡村工匠提供了难得机遇

党和国家大力实施乡村振兴战略，特别是河南省美丽宜居乡村建设以及乡村现代化建设的实施为乡村建设工匠人才提供了广阔的舞台。不论是村镇规划、农房建设，还是农业现代化涉及的产业规划和基础设施建设，都急需大量的乡村建设工匠。其中每一项工作、每一个环节都需要乡村建设工匠的智慧和力量。

### （二）农村高技能人才短缺催生更多乡村建设工匠

由于各种原因，农村高技能人才流失严重。乡村振兴和乡村建设所需的工匠人才缺口较大。当前情况下，投身乡村建设、反哺农村发展正合其时。对于建设工匠人才来说，这是实现社会价值和个人价值的双选择。

### （三）乡村振兴增强了乡村工作对技能人才的吸引力

随着乡村振兴战略的实施，乡村的环境越来越好，生活也越来越方便，恬淡诗意的田园生活对城市人群的吸引力不断增强，技能人才到农村工作生活的意愿也会随之不断提高。政府层面，正竭力打通城乡人力双重循环回路。国家鼓励农民工返乡创业，并出台一系列在乡村健全相关创业服务体系的政策，为培育"返乡创业类"乡村工匠提供了良好机遇。政府应引导更多返乡人员留在农村、扎根农村，满足农村新业态以及产业融合发展的需求。

综上所述，无论从当前政策环境、乡村发展现状，还是工匠人才发展前景来看，各种因素正为工匠人才回流乡村创造了更好的条件。尤其是河南在推动乡村振兴方面的有力措施，为建设工匠提供了难得的发展机遇。

# 第三章 乡村建设工匠

商丘市睢县乡村建设工匠实操培训现场

## 第一节 乡村建设工匠和带头工匠

乡村建设工匠是乡村振兴战略的推动者、组织者、实践者。加强乡村建设工匠职业道德建设，是加快推进乡村和村庄建设现代化，提高乡村房屋质量，提升乡村建设水平的现实需要。

根据《中华人民共和国职业分类大典（2022年版）》中 6-29-01-07 对乡村建设工匠定义，乡村建设工匠主要是指在乡村建设中，使用小型工具、机具及设备，进行农村房屋、农村公共基础设施、农村人居环境整治等小型工程修建、改造的人员。乡村建设工匠的主要工作任务有：①识读农村工程建设项目设计图纸，并准备工具、机具及设备和建筑材料；②使用工具、机具及设备，进行测量放线、脚手架搭设、模板安装拆卸、木构件制作安装等施工作业；③使用工具、机具及设备，进行农村小型工程建设项目砌筑、挂瓦、抹灰、墙体保温、屋面防水等施工作业；④使用工具、机具及设备，进行钢筋加工绑扎、混凝土拌制浇筑养护等施工作业；⑤使用工具和机具，进行给排水管道、厨卫设施及采暖系统安装等施工作业；⑥使用电工工具和机具，进行强弱电线路敷设、照明灯具及家电设备安装等施工作业；⑦使用工具、机具及设备，参与农村水电路气信等小型公共基础设施施工作业；⑧使用工具、机具及设备，进行改厕、污水垃圾处理、村容村貌提升等农村人居环境整治等施工作业；⑨自检自查，做好施工记录，参与验收。

根据《住房和城乡建设部办公厅　人力资源和社会保障部办公厅关于开展万名"乡村建设带头工匠"培训活动的通知》（建办村函〔2022〕345号），乡村建设带头工匠主要是在乡村建设工匠中能组织不同工种的工匠承揽农村建房等小型工程项目，具有丰富实操经验、较高技术水平和管理能力的业务骨干。为进一步加强乡村建设工匠队伍建设，决定在培育乡村建设工匠的基础上，重点开展万名"乡村建设带头工匠"培训活动，带动乡村建设工匠职业技能和综合素质提升。

乡村建设带头工匠的培训要按照全省统一的培训大纲要求，在乡村建设工匠一般培训课程基础上，强化工程项目管理、施工组织和施工安全、相关法律法规等内容，更好地落实农村低层住宅和限额以下工程建设质量安全"工匠责任制"。相应培训内容可在基础课、技能课、实训课中设置，培训课时原则上不少于 24 个课时。

基础课设农房建设政策与法律法规、工程项目管理、农房结构与安全、建筑识图、建筑材料、建筑风貌等内容。

技能课设农房设计、测量与放线、地基处理与基础、砌体结构施工、框架结构施工、屋面施工、装饰装修施工、水电暖安装等技术内容。

实训课可结合技能课的教学内容，针对乡村建设工匠日常工作与工种类别，进行施工现场观摩学习和实操训练。

# 第二节　乡村建设工匠职业道德的一般要求

## 一、忠于职守，热爱本职

乡村建设工匠应当培养高度的职业责任感，以主人翁的态度对待自己的工作，从认识、情感、信念、意志乃习惯上养成"忠于职守，热爱本职"的自觉性。

忠实履行岗位职责，认真做好本职工作。忠实履行岗位职责是国家对每个从业人员的基本要求，也是职工对国家、对企业必须履行的义务。每一名乡村建设工匠都要清楚本职岗位的职能范围和工作内容，清楚工作要求和标准，自觉做到在规定的时间内完成规定的工作数量，达到规定的质量标准。

反对玩忽职守的渎职行为。玩忽职守、渎职失责的行为，不仅影响乡村建设工程的正常进度，还会使公共财产、国家和人民的利益遭受损失，严重的将构成渎职罪、玩忽职守罪、重大责任事故罪，而受到法律的制裁。乡村建设工匠，应当从一点一滴做起，忠实履行好自己的岗位职责，在工作时间内不消极怠工，不推卸责任，不文过饰非。

## 二、质量第一，信誉至上

"质量第一，信誉至上"就是在施工时要对建设单位、用户负责，从每个人做起，严把质量关，做到所承建的工程不出次品，更不能出废品，争创精品工程，打出品牌效应。

树立"百年大计，质量第一"的正确理念。乡村建设工匠应当本着为所建工程负责任的态度，把质量放在第一位，不可为了赶进度、赶工期降低了工作标准，从而影响建设质量，甚至是为了省材料、降成本而偷工减料，为工程质量埋下隐患。要把牢质量关，经得起时间检验。

建立"诚实守信，履行合同"的良好信誉。"信招天下客，誉从信中来"。诚实守信，应当成为乡村建设工匠职业道德的灵魂。一旦签订合同，就要严格认真履行，不能不守信用，随意加价；更不能见利忘义，对建设材料偷梁换柱，以次充好，要以良好的信誉获得建设单位、用户的肯定。

### 三、遵纪守法，安全生产

法纪是道德的延伸。乡村建设工匠遵纪守法，不仅是法纪对生产活动的要求，也是职业道德的要求。

严格遵守劳动纪律，做到听从指挥，服从调配，按时、按质、按量完成生产任务；保证劳动时间不迟到、不早退、不旷工，遵守考勤制度；认真执行岗位责任制和承包责任制，坚守工作岗位，不玩忽职守，在施工中精力集中，不干私活，不做与本职工作无关的事；文明施工、安全生产，严格遵守操作规程，不违章指挥、违章作业；做遵纪守法、维护生产秩序的模范。

### 四、文明施工，勤俭节约

文明施工，就是要坚持合理的施工程序，按既定的施工组织设计科学组织施工，严格执行现场管理制度，做到经常监督检查，保证现场整洁，材料堆放整齐，工完场清，不留尾巴，施工秩序良好。

勤俭就是勤劳俭朴，节约就是把不必使用的省下来。换句话说，一方面要多劳动、多学习、多开拓、多创造社会财富，另一方面又要合理使用人力、物力、财力，精打细算，节省开支，降低成本，提高劳动生产率，提高资金使用率，避免浪费和无谓的损失。

### 五、钻研业务，提高技能

乡村建设工匠的业务、技能水平，直接影响着乡村和村庄现代化建设的质量情况。随着时代的发展，乡村工程、房屋建设已经从粗放型转为精细型，这就要求乡村建设工匠适应时代发展需要，钻研业务，提高技能，打造精品。

时代的发展也催生着机械设备的迭代更新。现代化的机械设备，对乡村建设工匠的知识水平、技能水平要求不是变低了，而是提高了。乡村建设工匠只有努力学习先进技术和专门知识，努力钻研新型装备操作技能和方法，了解行业发展方向，才能快速适应新的时代要求。

## 第三节 乡村建设工匠职业道德的核心内容

随着我国市场经济的深入发展，现代社会已然成为一个以职业为中心的社会，职业活动是维系个体在现代社会中生存和发展的最重要社会实践活动，职业道德也成为现代人最基本的一种社会行为，与个体息息相关。乡村建设工匠职业道德核心内容，是在乡村建设工匠职业道德的一般要求的基础上逐步建立的。乡村建设工匠职业道德的核心内容具体如下。

## 一、有爱国情怀

爱国情怀是热爱、维护自己国家的一种情结，体现了对祖国的深厚感情，反映了个人对祖国的依存关系，是对故土家园、民族和文化的归属感、认同感、尊严感与荣誉感的统一，也是社会主义核心价值观最主要的部分。

一个缺少爱国情怀的工匠不是一个优秀的工匠。有了爱国情怀，才能更好地诠释工匠精神。乡村建设工匠应当认识到工匠精神与爱国情怀有着高度统一性。从制造大国向制造强国迈进，需要工匠精神，从大型企业到知名企业迈进，需要工匠精神；从小康社会向社会主义现代化迈进，需要工匠精神，从脱贫攻坚到乡村振兴，需要工匠精神。乡村建设工匠参与农村和房屋现代化建设，就是在为故土家园做贡献，就是在为祖国现代化建设做贡献，这本身就是展现自己爱国情怀的最好方式。要把爱国情怀转化为工作热情、动力，推动工作向上向好。

## 二、有专业水准

随着社会的发展，各行各业不断向细分领域拓展。细分领域的专业水准，是工匠精神的直接表现形式。

"千鸟在林，不如一鸟在手"，一个人的时间精力是有限的，这就需要乡村建设工匠在自己所从事的专业中，精打细磨，具备较强的专业水准，成为所从事的细分专业的"行家里手"。

## 三、有过硬技能

为更好地落实农村低层住宅和限额以下工程建设质量安全"工匠责任制"，乡村建设工匠一般要求掌握基本的农房设计、测量与放线、施工、装修及安装等技术和实操技艺。乡村建设带头工匠不仅要求以上技术及实操技艺，而且需掌握或了解工程项目管理、施工组织和施工安全、相关法律法规等内容。

乡村建设工匠拥有过硬的专业技能，是其立身之本，更是对施工单位、客户负责的具体表现，具体要做到：一是要传承和发扬好传统的乡村建设工艺，让优秀的技艺代代相传；二是要融入工业化，使用新的生产机械设备对传统的乡村建设工艺进行升级改造，以更好地适应时代发展；三是要积极参加学习培训，实现技能升级，提高知识水平。

## 四、有职业操守

工匠精神是劳动者对职业操守的最高信仰。职业操守高尚，就会催生精益求精、追求卓越的工作态度，就会对自己所干的工作精雕细琢，就能出成果，出精品。这本身就属于工匠精神的范畴。在传统观念中，较少地正式把乡村建设人员列入正式职业，但随着时代的发展，各行各业职业化程度越来越高，乡村建设工匠正越来越受到社会认可。乡村建设工匠对自身要有一个准确的职业定位，要有职业认同感，要有严格的、高尚的职业操守。唯有如此乡村建设工匠的技艺才能不断传承发展下去。

# 第四节 乡村建设人员管理

乡村建设人员管理，能更好地促进农村自建房建设管理工作，确保房屋质量安全。经过培训，乡村建设工匠们在以后的建筑施工中有据可依，施工流程规范，可全力保障施工安全和房屋质量，为乡村振兴作出更大贡献(图3-1)。

图 3-1 建设管理培训会

## 一、管理体系

对乡村建设工匠的管理主要从培训行为和从业行为两个方面管理，构建乡村建设工匠管理体系(图3-2)。

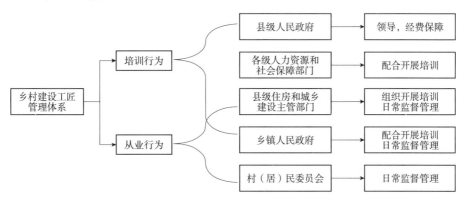

图 3-2 乡村建设工匠管理体系

(1)县级人民政府应加强对乡村建设工匠管理工作的领导，对相关工作给予必要的经费保障。

(2)各级人力资源和社会保障部门负责配合住房城乡建设主管部门开展乡村建设工匠培训工作。

(3)县级住房城乡建设主管部门负责本行政区域内乡村建设工匠的培训和监督管理，具体负责以下事项：①制定培训计划并对乡村建设工匠提供培训(含首次培训和继续教育培训)，培训合格后应在5个工作日内颁发培训合格证书。乡村建设带头工匠培训内容，要在乡村建设工匠一般培训课程基础上，强化工程项目管理、施工组织和施工安全、相关法律法规等内容，更好地落实农村低层住宅和限额以下工程建设质量安全"工匠责任制"。②及时将培训合格的乡村建设工匠和"乡村建设带头工匠"信息录入"全国农村危房改造信息系统——乡村建设工匠(子系统)"和河南省农房建设和乡村建设工匠管理系统。③负责开展乡村建设工匠从业行为监督检查，及时核查乡村建设工匠从业行为并公布。每半年应对在本辖区从业的乡村建设工匠规范作业、履职尽责、履约信誉度、建房村民满意度、投诉举报查实情况以及不良从业行为等情况进行公布，公布信息应录入至系统并告知乡镇人民政府，指导乡镇人民政府开展乡村建设工匠施工作业行为监督检查，核实乡镇人民政府上报的乡村建设工匠的不良行为记录。④会同乡镇人民政府建立乡村建设工匠信用档案制度，信用档案应当包括乡村建设工匠的基本情况、业绩、良好行为、不良行为等内容，并按照有关规定向社会公示。⑤将异地从业的乡村建设工匠从业行为及时书面告知其户籍所在地县级住房城乡建设部门。⑥指导成立乡村建设工匠行业组织，加强工匠队伍自律管理。

(4)乡镇人民政府应对乡村建设工匠从业行为进行日常监督管理。配合县级住房城乡建设部门开展培训，并具体负责以下事项：①指导建房村民选择经培训合格、从业信用良好的乡村建设工匠进行农房建设，建立不良从业行为提醒制度。②开展监督检查，对乡村建设工匠及其所属企业(班组)在农村住房建设活动中的不良从业行为及时劝阻，并告知县级住房城乡建设部门。

(5)村(居)民委员会应协助乡镇人民政府对乡村建设工匠从业行为进行日常监督管理。

## 二、培训条件

### (一)乡村建设工匠培训遵循自愿原则，参加培训人员应满足以下条件

(1)年龄为18~65周岁，身体健康。

(2)能够履行法律、法规规定的质量责任和义务，具有良好职业道德。

### (二)乡村建设带头工匠培训遵循自愿原则，参加培训人员应满足以下条件

(1)年龄为20~65周岁，身体健康。

(2)具有乡村建设工匠培训合格证书。

(3)具备初中及以上文化程度或者达到中级以上建筑工人的职业技能水平。

(4)具有5年以上砌筑工、钢筋工、混凝土工、模板工(木工)、水暖工、电工等任一工种现场施工经历，且自身没有发生过质量安全责任事故。

(5)熟悉建设房屋的所有施工工艺和流程。

(6)能够履行法律、法规规定的质量责任和义务，具有良好职业道德。

### 三、工作职责

#### (一)乡村建设工匠主要工作职责

(1)积极主动参加培训,经培训考核合格取得培训合格证书。首次培训总课时不少于40课时,培训合格证书有效期3年,证书到期后需延期的,应提前3个月向原考核发证机关申请办理证书延期复核手续。

(2)申请办理证书延期复核的,应当参加继续教育培训。培训合格的在合格证书继续教育栏加盖继续教育合格章(时效为3年),不合格的应当重新参加培训。

(3)严格按照村庄规划、住房设计图、施工技术标准和操作规程施工,确保施工质量和安全,并对重点部位的施工情况进行记录,存入建房档案。

#### (二)其他职责

(1)不得为未取得乡村建设规划许可、用地审批或者违反规划许可,用地审批规定、无设计施工图的村民进行住房建设,承包需要特殊专业工种配合实施的工程,应有相应专业工种证书,不得将承揽的建筑工程合同转包他人。

(2)协助村民选用符合国家和省规定标准的建筑材料、建筑构(配)件和设备,不得偷工减料;对村民要求使用国家明令禁止使用的建筑材料、建筑构(配)件和设备的行为,应当劝阻、拒绝。积极推广新工艺、新材料并主动向建房村民宣传建房质量安全知识。

(3)配合各级住房城乡建设部门、乡镇(街道)人民政府依法开展监督检查。

(4)参加房屋竣工验收,并按照合同约定履行房屋交付使用后的保修义务。

### 四、违规行为

乡村建设工匠有下列行为之一的,应认定为不良从业行为,情节严重的按相关规定进行处理。违反工程质量与安全管理法律法规规定,造成损失的应当承担赔偿责任,构成犯罪的由司法机关依法追究刑事责任。

(1)以欺骗等手段取得乡村建设工匠培训合格证书。

(2)伪造、涂改、出租、出借、转让本人乡村建设工匠合格证书。

(3)未按照建设规划、设计图纸、施工技术标准和操作规程施工。

(4)为无设计图纸、未取得规划许可、用地审批或者违反规划许可、用地审批规定的农村村民进行住房建设。

(5)偷工减料或者使用不合格的建筑材料、建构(配)件和设备。

(6)造成质量安全责任事故。

(7)其他应认定为不良行为的情形。

# 第二篇

## 乡村规划

### 河南省自然资源厅文件

豫自然资发〔2021〕31号

河南省自然资源厅
关于进一步做好村庄规划编制管理工作的
指 导 意 见

各省辖市、济源示范区、各省直管县（市）自然资源主管部门：

为深入贯彻落实中央十九届五中全会、中央农村工作会议、省委十届十二次全会暨省委经济工作会议、省委农村工作会议精神，扎实推进乡村振兴战略实施，引领乡村建设行动，助推农村人居环境整治提升，结合我省实际，经省人民政府同意，就进一步做好村庄规划编制管理工作提出以下意见。

**一、优化完善县域村庄分类和布局规划**

结合市县国土空间总体规划编制，高质量开展县域村庄分类和布局规划，综合考虑村庄区位条件、发展现状、资源禀赋、风俗习

— 1 —

### 河南省住房和城乡建设厅文件

豫建村〔2020〕251号

关于编制农村住房设计图集的通知

各省辖市、济源示范区、省直管县（市）住房和城乡建设局：

为指导各地高质量编制农村住房设计图集，我厅委托河南省建筑设计研究院编制了《河南省农村住房设计图集编制导则（试行）》（以下简称《导则》），现印发给你们，请参照使用。

请2019年未通过农村住房设计图集省级评审的农房建设试点县（市、区）结合《导则》进行修改，于8月10日前报省住房城乡建设厅组织评审；请承担2019年、2020年农房抗震改造任务的县（市、区）根据《导则》组织编制《农村住房设计图集》，于9月10日前报省住房城乡建设厅组织评审。

河南省相关文件

# 第四章　乡村规划建设的基本内容和总体要求

防灾　民宿　产业　基础设施　精神文化　公共服务　村庄风貌与环境

乡村规划建设的七大基本内容：基础设施、公共服务、防灾、产业、村庄风貌与环境、民宿、精神文化

## 第一节　乡村规划建设的基本原则

### 一、城乡统筹，融合发展

乡村不是一个孤立的个体，任何一个地区的乡村规划建设，都需要放在其所处地区的城乡发展现实情况中来分析和判断。推动乡村规划建设取得良好的效果，需要树立城乡统筹、融合发展的理念，建立以工促农、以城带乡的长效机制，统筹推进新型城镇化和美好乡村建设，深化户籍制度改革，加快农民市民化步伐，加快城镇基础设施和公共服务向农村延伸覆盖，着力构建城乡经济社会发展一体化新格局。

### 二、规划引领，分类施策

乡村面广量大，乡村振兴不可能当前的每个村庄都能振兴，也不会是同时实现振兴，这需要我们坚持规划先行、谋定后动。不同地区的乡村资源禀赋、建设基础等条件千差万别、情况各异，也需要分类指导、因村施策。因此，开展乡村建设，需要综合考虑村庄区位条件、发展现状、资源禀赋、风俗习惯等，准确把握村庄特征和发展需要，科学确定村庄分类和布局，分类设计具有地域文化特色的美好人居环境，确定适宜的建设方式和技术手段，并正确处理近期建设与长远发展的关系，切实做到先规划后建设、不规划不建设，以高水平的规划设计引领高品质的乡村建设发展。另外，按照统一规划、集中投入、分批实施的思路，坚持试点先行、量力而为，逐村整体推进，逐步配套完善，确保建一个成一个，防止一哄而上、盲目推进。

### 三、生态优先，绿色集约

要坚持生态优先，将乡村的各项建设与农村生态环境的保护修复结合起来，保护好村庄周边和内部的自然环境，传承村落与山水林田湖有机相融、和谐共生的关系，营造尺度适宜、顺应自然的空间格局，实现村庄与自然的共生、共长、共融。乡村建设也要坚持绿色乡村建设理念，集约节约利用资源，注重采用节能、环保、低碳的新材料、新技术、新工艺，鼓励乡土材料的当代创新和利用，积极探索传统营造技艺融入乡村建设的有效途径。

### 四、提升品质，彰显特色

乡村建设要始终秉持着结合地方发展实际，不断提升农村人居环境、彰显特色品质的目标。一方面要着力补齐农村污水处理、垃圾收运、"厕所革命"、医疗卫生、文化养老等基础设施和公共服务设施建设的短板，满足人民群众日益增长的生产生活需要，提升生活品质；另一方面也要坚持不挖山、不填湖、不毁林的原则，尊重村庄自然地形地貌、居住习惯，延续村庄传统街巷肌理和建筑布局，体现当地传统民居风貌，明确建筑高度、体量等空间形态管控要求，保护历史文化、地域特色、传统民居和乡村风貌，体现"城市品质、乡村味道"。太行山、伏牛山、桐柏山、大别山等山地丘陵地区乡村宜展现山乡风貌；黄淮海平原、南阳盆地传统农区乡村宜展现田园风光；沿淮水网密集地区乡村宜展现河乡韵味。

### 五、农民主体，多方参与

编制和实施村庄规划要立足广大农民的切身利益，提高农民的知情权、参与权和决策权，把村庄规划的过程变成组织农民、引导农民的过程，依靠群众的力量和智慧规划建设美丽家园，切实发挥农民的主体作用。严禁违背农民意愿、违反审批权限和程序强行撤并村庄。同时，也要鼓励引导各级政府机构、各类企业或资本以及专业人才队伍参与乡村建设，全方位陪伴乡村规划、建设、发展、管理的全过程，保障乡村规划建设工作的实际成效。

## 第二节 乡村规划的主要类型

乡村规划的类型较为丰富，不同层面有不同的规划类型以满足不同的需要。在国家乡村振兴战略规划总领下，县级层面的乡村规划包括研究乡村地区发展问题为主的乡村振兴战略实施规划和研究乡村地区空间问题为主的村庄布局规划；行政村层面，则以"多规合一"实用性村庄规划对乡村的建设发展问题进行全面统筹；自然村层面的乡村规划包括以建设为主的村庄建设规划和以保护为主的历史文化名村保护规划、传统村落保护与发展规划等。

### 一、乡村振兴战略实施规划

乡村振兴战略实施规划是落实国家乡村振兴战略规划，指导地方开展乡村振兴相关工作的重要指南。该类规划对乡村发展进行系统性谋划,重点突出乡村发展目标、乡村发展空间格局构建、乡村产业发展、乡村建设、乡村文化传承、现代乡村治理体系构建、乡村地区民生设施建设等方面的内容,见表4-1。

表4-1 乡村振兴战略实施规划主要内容一览

| 序号 | 内容板块 | 主要内容 |
|---|---|---|
| 1 | 规划背景 | 重大意义、振兴基础、发展态势、总体要求 |
| 2 | 总体要求 | 指导思想和基本原则、发展目标、远景谋划 |
| 3 | 构建乡村振兴新格局 | 统筹城乡发展空间、优化乡村发展布局、分类推进乡村发展、坚决打好精准脱贫攻坚战 |
| 4 | 加快农业现代化步伐 | 夯实农业生产能力基础、加快农业转型升级、建立现代农业经营体系、强化农业科技支撑、完善农业支持保护制度 |
| 5 | 发展壮大乡村产业 | 推动农村产业深度融合、完善紧密型利益联结机制、激发农村创新创业活力 |
| 6 | 建设生态宜居的美丽乡村 | 推进农业绿色发展、持续改善农村人居环境、加强乡村生态保护与修复 |
| 7 | 繁荣发展乡村文化 | 加强农村思想道德建设、弘扬中华优秀传统文化、丰富乡村文化生活 |
| 8 | 健全现代乡村治理体系 | 加强农村基层党组织对乡村振兴的全面领导、促进自治法治德治有机结合、夯实基层政权 |
| 9 | 保障和改善农村民生 | 加强农村基础设施建设、提升农村劳动力就业质量、增加农村公共服务供给 |
| 10 | 完善城乡融合发展政策体系 | 加快农业转移人口市民化、强化乡村振兴人才支撑、加强乡村振兴用地保障、健全多元投入保障机制、加大金融支农力度 |
| 11 | 规划实施 | 加强组织领导、有序实现乡村振兴 |

## 二、村庄布局规划

村庄布局规划是国土空间规划体系中的重要专项规划,是统筹城乡发展和建设的重要依据。其主要任务是在综合分析村庄发展条件和潜力的基础上,按照"多规合一"的要求和"因地制宜、实事求是"的原则,将县域村庄划分为集聚提升类村庄、城郊融合类村庄、特色保护类村庄、搬迁撤并类村庄和整治改善类村庄(表4-2),明确各类村庄布局,统筹各类基础设施和公共服务设施配置,保护永久基本农田和生态保护红线,促进土地节约集约利用,村庄布局规划主要内容见表4-3。

表4-2 县域村庄分类标准

| 序号 | 村庄类型 | 标准 |
|---|---|---|
| 1 | 集聚提升类村庄 | 具有产业基础、发展潜力或规模较大的村庄 |
| 2 | 城郊融合类村庄 | 城镇开发边界内及紧邻城镇开发边界的村庄 |
| 3 | 特色保护类村庄 | 历史文化名村、传统村落、国省级一村一品示范村、特色景观旅游名村等特色资源丰富的村庄 |

（续）

| 序号 | 村庄类型 | 标准 |
|---|---|---|
| 4 | 搬迁撤并类村庄 | 位于生存条件恶劣、生态环境脆弱、自然灾害频发以及存在安全隐患等地区的村庄，因重大项目建设需要搬迁的村庄，以及人口流失特别严重的村庄 |
| 5 | 整治改善类村庄 | 市县域内其他村庄 |

注：村庄分类依据河南省自然资源厅文件《关于进一步做好村庄规划编制管理工作的指导意见》（豫自然资发〔2021〕31号）。

表4-3　村庄布局规划主要内容一览

| 序号 | 内容板块 | | 主要内容 |
|---|---|---|---|
| 1 | 基础调查 | 工作底图 | 以第三次全国国土调查数据为基础，统一采用2 000国家大地坐标系和1985国家高程基准作为空间定位基础，县域范围建议采用比例尺为1∶10 000地形图作为工作底图 |
| 2 | | 调查研究 | 摸清县域范围内村庄分布、人口密度、交通区位、特色产业、历史文化、各类设施布局等现状底图底数；采取实地踏勘、座谈访谈等形式，实地调研参与各方的想法；结合现状资料和市县"双评价"结果，分析研判影响村庄发展的主要因素，评估村庄发展前景和潜力 |
| 3 | | 分析评价 | 立足县域村庄发展实际，参考村庄分类评价体系指标，因地制宜构建村庄分类评价体系，综合评价县域村庄发展潜力 |
| 4 | 明确村庄分类 | | 结合县域村庄发展潜力和限制性因素分析评估情况，将县域内各村庄按照集聚提升、城郊融合、特色保护、搬迁撤并和整治改善5种基本类型进行明确分类 |
| 5 | 村庄布局 | 预测村庄数量 | 顺应村庄发展、消亡的自然规律，研判乡村人口规模、结构、分布、流向等情况以及乡村发展趋势，结合村庄分类结果，合理确定保留村庄数量及迁并村庄的名录 |
| 6 | | 统筹村庄布局 | 县域层面合理划定城镇生活圈和乡村生活圈，注重村庄与村庄之间基础设施和公共服务设施的共建共享，以及各类设施之间的复合利用，提高资源利用水平 |
| 7 | | 优化要素配置 | 遵循高效集约的原则，根据村庄分类和布局，优化要素配置 |

注：参照河南省自然资源厅《河南省县域村庄分类和布局规划编制指南》（试行）。

## 三、"多规合一"实用性村庄规划

"多规合一"实用性村庄规划是为了区别于过去已有的村庄规划（或村庄建设规划、村土地利用规划等）的一个通俗说法，是特指在新时代国土空间规划改革背景下五级三类规划体系中的"村庄规划"。和以往不同，村庄规划被明确界定为乡村地区的详细规划，是乡村地区开展国土空间开发保护活动、实施国土空间用途管制、核发乡村建设项目规划许可、进行各项建设等的法定依据。村庄规划以一个或多个行政村为编制范围，落实上位规划和相关部门对乡村发展的要求，根据实际需要，因地制宜明确村庄发展目标，加强生态红线、耕地和永久基本农田及历史文化保护，优化国土空间布局，统筹产业发展及各类设施配套，明确近期行动及实施项目等。

根据自然资源部办公厅《关于加强村庄规划促进乡村振兴的通知》（自然资办发〔2019〕35号）要求，村庄规划的主要任务如下。

**（一）统筹村庄发展目标**

落实上位规划要求，充分考虑人口资源环境条件和经济社会发展、人居环境整治等要求，研究制定村庄发展、国土空间开发保护、人居环境整治目标，明确各项约束性指标。

**（二）统筹生态保护修复**

落实生态保护红线划定成果，明确森林、河湖、草原等生态空间，尽可能多的保留乡村原有的地貌、自然形态等，系统保护好乡村自然风光和田园景观。加强生态环境系统修复和整治，慎砍树、禁挖山、不填湖，优化多村水系、林网、绿道等生态空间格局。

**（三）统筹耕地和永久基本农田保护**

落实永久基本农田和永久基本农田储备区划定成果，落实补充耕地任务，守好耕地红线。统筹安排农、林、牧、副、渔等农业发展空间，推动循环农业、生态农业发展。完善农田水利配套设施布局，保障设施农业和农业产业园发展合理空间，促进农业转型升级。

**（四）统筹历史文化传承与保护**

深入挖掘乡村历史文化资源，划定乡村历史文化保护线，提出历史文化景观整体保护措施，保护好历史遗存的真实性。防止大拆大建，做到应保尽保。加强各类建设的风貌规划和引导，保护好村庄的特色风貌。

**（五）统筹基础设施和基本公共服务设施布局**

在县域、乡镇域范围内统筹考虑村庄发展布局以及基础设施和公共服务设施用地布局，规划建立全域覆盖、普惠共享、城乡一体的基础设施和公共服务设施网络。以安全、经济、方便群众使用为原则，因地制宜提出村域基础设施和公共服务设施的选址、规模、标准等要求。

**（六）统筹产业发展空间**

统筹城乡产业发展，优化城乡产业用地布局，引导工业向城镇产业空间集聚，合理保障农村新产业新业态发展用地，明确产业用地用途、强度等要求。除少量必需的农产品生产加工外，一般不在农村地区安排新增工业用地。

**（七）统筹农村住房布局**

按照上位规划确定的农村居民点布局和建设用地管控要求，合理确定宅基地规模，划定宅基地建设范围，严格落实"一户一宅"。充分考虑当地建筑文化特色和居民生活习惯，因地制宜提出住宅的规划设计要求。

### (八)统筹村庄安全和防灾减灾

分析村域内地质灾害、洪涝等隐患，划定灾害影响范围和安全防护范围，提出综合防灾减灾的目标以及预防和应对各类灾害危害的措施。

### (九)明确规划近期实施项目

研究提出近期急需推进的生态修复整治、农田整理、补充耕地、产业发展、基础设施和公共服务设施建设、人居环境整治、历史文化保护等项目，明确资金规模及筹措方式、建设主体和方式等。

另外，村庄规划还应满足"强化村民主体和村党组织、村民委员会主导""开门编规划""因地制宜，分类编制""简明成果表达"等要求。

## 四、村庄建设规划

村庄建设规划与乡村建设的关系最为密切，也可称作村庄设计，是在村庄规划的指导下，对村庄居民点的空间格局、公共设施、农民住房、道路交通、公用设施、景观环境、产业发展等进行的详细设计，直接指导村庄人居环境建设。当前村庄建设规划的形式较为多样，包括村庄环境整治规划、特色田园乡村规划、新型农村居民点规划、村庄人居环境提升规划等，见表4-4。

**表4-4　村庄建设规划主要内容一览**

| 序号 | 内容板块 | 主要内容 |
|---|---|---|
| 1 | 空间格局 | 全面综合地安排村庄各类用地，集中紧凑建设，充分利用自然条件，充分挖掘地方文化内涵，形成合理有序的空间结构 |
| 2 | 公共设施 | 合理配置和布局公共服务设施，引导建设体量适宜、方便使用的公共建筑 |
| 3 | 农民住房 | 适应农村地形特点，体现地方传统特色，农村住房应灵活布局，空间围合丰富，户型设计多样，并应满足经济适用、安全美观、绿色宜居的要求 |
| 4 | 道路交通 | 合理布局优化村庄道路体系，对道路照明、停车场地、辅助设施等进行配套，对断面和铺装提出设计引导 |
| 5 | 公用设施 | 综合考虑乡村经济发展水平、地区资源、地形地貌、气候条件、建设难度等因素，因地制宜采用形式多样、集约高效的供给模式。对供水、排水、供电、电信广电、能源、环境卫生、防灾减灾等设施进行合理规划 |
| 6 | 景观环境 | 重点加强村庄主要出入口与公共中心的景观环境建设，营造标志性景观效果；合理利用特殊地形，结合民俗民风，形成地方特色 |
| 7 | 产业发展 | 因地制宜对村庄产业发展进行引导 |

注：参考《河南省村庄建设规划导则》。

## 五、历史文化名村保护规划与传统村落保护发展规划

该类规划主要针对历史文化名村、传统村落等自然村进行编制，以解决相关类型村

庄的保护与发展问题。该类规划的重点是，提出保护目标、明确保护内容、确定保护重点、划定保护和控制范围、制定保护与利用的措施，见表4-5和表4-6。

**表4-5 历史文化名村保护规划主要内容一览**

| 序号 | 内容板块 | 主要内容 |
|---|---|---|
| 1 | 价值评估 | 评估历史文化价值、特色和现状存在问题 |
| 2 | 总体要求 | 确定保护原则、内容与重点，提出总体保护策略与要求 |
| 3 | 保护规划 | 提出对周边景观环境的保护措施；确定保护范围，提出保护范围内的分类保护整治要求；提出非物质文化保护措施 |
| 4 | 人居环境规划 | 提出改善基础设施、公共服务设施、生产生活环境的规划方案 |
| 5 | 规划实施 | 提出分期实施方案和实施保障措施 |

注：参考《历史文化名城名镇名村保护规划编制要求(试行)》。

**表4-6 传统村落保护发展规划主要内容一览**

| 序号 | 内容板块 | 主要内容 |
|---|---|---|
| 1 | 传统资源调查与档案建立 | 对传统村落有保护价值的物质形态和非物质形态资源进行系统而详尽的调查，并建立传统村落档案 |
| 2 | 特征分析与价值评价 | 对村落选址与自然景观环境特征、村落传统格局和整体风貌特征、传统建筑特征、历史环境要素特征、非物质文化遗产特征进行分析 |
| 3 | 保护规划 | 明确保护对象、划定保护区划、明确保护措施、提出实施建议、确定保护项目等 |
| 4 | 发展规划 | 发展定位分析及建议、人居环境规划等 |

注：参考《传统村落保护发展规划编制基本要求(试行)》。

# 第三节 乡村建设的分类引导

中共中央、国务院印发的《乡村振兴战略规划(2018—2022年)》中明确提出：分类推进乡村振兴要顺应村庄发展规律和演变趋势，根据不同村庄的发展现状、区位条件、资源禀赋等，按照集聚提升、融入城镇、特色保护、搬迁撤并的思路，不搞一刀切。根据文件精神可以将村庄分为集聚提升类、城郊融合类、特色保护类、搬迁撤并类4种类型(表4-7)。其中，集聚提升类、城郊融合类、特色保护类村庄为规划发展村庄，需要在后续的建设工作中逐步予以资金、项目及相关政策的支持和投入，以帮助其更好地取得发展成效。而搬迁撤并类村庄，顾名思义，则是需要在规划中予以严格管控建设行为的村庄。在乡村建设实践工作中，集聚提升类与特色保护类村庄是面上较为普遍和典型的村庄，其各项建设行为需要着重加以分类引导。

表 4-7 传统村落保护发展规划主要内容一览

| 序号 | 村庄分类 | 村庄特点 |
|---|---|---|
| 1 | 集聚提升类村庄 | 现有规模较大的中心村和其他仍将存续的一般村庄，占乡村类型的大多数，是乡村振兴的重点 |
| 2 | 城郊融合类村庄 | 城市近郊区以及县城城关镇所在地的村庄，具备成为城市后花园的优势，也具有向城市转型的条件 |
| 3 | 特色保护类村庄 | 历史文化名村、传统村落、少数民族特色村寨、特色景观旅游名村等自然历史文化特色资源丰富的村庄，是彰显和传承中华优秀传统文化的重要载体 |
| 4 | 搬迁撤并类村庄 | 生存条件恶劣、生态环境脆弱、自然灾害频发等地区的村庄，因重大项目建设需要搬迁的村庄，以及人口流失特别严重的村庄 |

注：《乡村振兴战略规划（2018—2022 年）》。

## 一、集聚提升类村庄

集聚提升类村庄是现有规模较大的中心村和其他仍将存续的一般村庄，占乡村类型的大多数，是乡村振兴的重点。在实施过程中科学确定村庄发展方向，在原有规模基础上有序推进改造提升，激活产业、优化环境、提振人气、增添活力，保护保留乡村风貌，建设宜居宜业的美丽村庄。鼓励发挥自身比较优势，强化主导产业支撑，支持农业、工贸、休闲服务等专业化村庄发展。从村庄建设实际中来看，集聚提升类村庄又可进一步细分为老村改造提升和规划新建两种类型。

### （一）老村改造提升型

老村改造提升型村庄首先应充分挖掘闲置用地潜力，用于村庄绿化和公共场地建设或用于插建村庄公共服务设施和村民住房。具体建设上，应着力对景观环境、配套设施等进行改造提升，通过改扩建丰富村庄空间结构、提高村民生活品质、改善村庄环境、增强村庄活力。引导村庄公共服务设施合理配置，提高设施建设水平；结合村庄道路新、改（扩）建，优化道路系统，统筹污水电力、通信、燃气等管网布局，做到"一次开挖，全面改造"；插建、翻建的农房应注重与原有建筑风格协调统一，注意保护原有村庄的社会网络和空间格局。

### （二）规划新建型

规划新建型村庄是指选择适宜的区域，经过统一规划建设，形成满足村民生产生活的新家园。该类村庄应选址科学，与村庄自然环境和谐，延续乡村传统肌理，用地布局合理，功能分区明确，设施配套，环境清新优美，充分体现浓郁乡风民情特色和时代特征。

规划新建型村庄首先应在符合相关规划、规定和安全要求的基础房改善项目上，综合考虑地形地貌、基础设施条件、产业结构特点等进行科学合理的选址。在顺应自然生态格局、延续传统空间肌理、与自然田园有机融合的原则下进行村庄布局，利用河流、道路、山体、林田等自然要素形成自然有机的村庄边界和形态。

空间建设上，应传承发扬传统的村庄空间组织方式和建房习惯，营造规模合理、丰富多样的建筑组群空间，应在农房功能上保障农民的生产生活需求，创造方便、舒适的居住空间，形成层次丰富的建筑形象和不失时代感的乡土风貌特色。

设施配套上，应对公共服务设施进行合理布局和规模设置，并探索实现空间复合化利用；按"先地下后地上"的原则高标准建设基础设施，在道路建设时统筹安排各类基础设施，综合布局各类管线，并按规范要求预留各专业管线管位。

## 二、特色保护类村庄

特色保护类村庄主要包括在历史文化遗存（如历史文化名村、传统村落等）、自然环境景观、主导产业等方面具有特色资源的村庄，应着力保护历史文化遗存，活化利用传统资源，继承弘扬传统智慧，塑造村庄特色，促进乡村发展。

特色保护类村庄建设首先应充分挖掘村庄的山水、田园、建筑、主导产业等物质特色资源及民俗活动、传统技艺、民族艺术、名人事件等非物质特色资源。

在此基础上，对各类特色资源采取针对性保护措施和活化利用，并在建设中注意控制建筑高度、体量以及色彩等，保护村落的传统风貌。

设施配套上，既要补齐基本公共服务短板，又要兼顾为特色保护利用服务。历史文化遗存和自然景观资源丰富的村庄应避免设施建设影响自然环境、村庄风貌；特色产业村庄要充分考虑产业发展需求，为村庄长远发展留有余地。

# 第五章　乡村规划编制审批与监督

某滨水乡村规划鸟瞰图

乡村建设，规划先行。着力推进盘活土地资源、保障市场供给、守住耕地红线、推进实现土地配置高效。通过加强规划编制审批与监督、"多规合一"实用性乡村规划的编制，使乡村振兴的各项政策真正在村庄未来发展建设中发挥实效。

## 第一节　编制审批程序

### 一、各职能部门工作内容

农业农村部门负责农村宅基地改革和管理工作，建立健全宅基地分配、使用、流转、违法用地查处等制度，完善宅基地用地标准，指导宅基地布局、闲置宅基地和闲置农房利用；编制年度宅基地用地计划并通报同级自然资源部门；参与编制国土空间规划和村庄规划。

自然资源部门负责国土空间规划、土地利用计划和规划许可等工作，在国土空间规划中统筹安排农村宅基地用地规模和布局，满足合理的宅基地需求，依法办理农用地转用审批和规划许可等相关手续；加强村民自建住房风貌规划；办理农村宅基地和房屋不动产登记。

住房城乡建设部门负责依法履行村民自建住房建设质量安全行业管理工作，指导乡镇政府对村民自建住房建设质量安全进行监管，负责引导村民住房建筑风貌，组织编制村民自建住房设计图册，组织建筑工匠培训和管理。

市场监管部门负责建筑材料生产、流通环节的监督管理，维护建材市场秩序，及时发布不合格建材信息。

乡镇政府负责本辖区内宅基地审批和村民自建住房建设管理，对村民自建住房质量安全负属地管理责任。

## 二、规划编制内容

（1）以县为单位，在深入研究村庄人口变化、区位条件和发展趋势的基础上，逐村明确集聚提升类、城郊融合类、特色保护类、整治改善类、搬迁撤并类等类型，对短时间内难以确定类型的村庄可暂不分类。合理确定村庄布局和规模，统筹县域村庄基础设施、公共服务设施布局，组织本行政区域村庄规划编制工作。

（2）按照先规划后建设、不规划不建设的原则，乡镇政府依据国土空间规划，统筹考虑土地利用、产业发展、居民点布局、抗灾防灾、人居环境整治、生态保护和历史文化传承等因素，编制"多规合一"的实用性村庄规划，报上一级政府审批引导村民全程参与村庄规划编制，充分听取村民意见，规划成果应在村内显著位置公示。村庄规划一经批准必须严格实施，任何单位和个人不得随意调整和变更。在规划农村宅基地时，要考虑工程建设质量安全因素，避开自然灾害易发地带和地质条件不稳定区域。

（3）一户村民只能拥有一处宅基地。各地要以县为单位根据实际情况制定标准，城镇郊区和人均耕地少于 1 亩的平原地区，每户宅基地面积不得超过 134 $m^2$；人均耕地 1 亩以上的平原地区，每户宅基地面积不得超过 167 $m^2$；山区、丘陵地区每户宅基地面积不得超过 200 $m^2$。要在村庄规划中对村民自建住房标准作出统一安排，原则上以不超过 3 层的低层住宅为主，不规划建设 3 层以上的住房。确需建设 3 层以上住房的，要征得村民委员会以及利益相关方的同意后，纳入村庄规划。

## 三、宅基地申请审批

（1）符合宅基地申请条件的村民，以户为单位向所在村民小组提出宅基地和建房书面申请。村民填写《农村宅基地和村民自建住房申请表》《农村宅基地使用承诺书》。

（2）村民小组收到申请后，提交村民小组会议讨论。讨论通过后，将村民申请、村民小组会议记录等材料提交村民委员会审查。没有分设村民小组的或宅基地和建房申请等事项已统一由村民委员会办理的，村民直接向村民委员会提出申请。

（3）村民委员会审查申请材料是否真实有效，将村民申请理由、拟用地位置和面积、建房标准、相邻权利人意见等提交村民会议讨论。讨论通过后将讨论结果进行公示，公示时间不少于 7 个工作日。公示无异议或异议不成立的，由村民委员会签署意见，与相关材料一并报乡镇政府。未通过的，由会议召集人告知申请村民未通过原因。

（4）乡镇政府要建立一个窗口受理申请，明确专门机构负责农村宅基地和村民自建住房的管理工作。收到村级申请后，乡镇政府明确的机构组织农业农村、自然资源、房屋建设管理等相关机构进行审查。农业农村机构负责审查申请人是否符合条件，拟用地是否符合宅基地布局要求和面积标准、宅基地和建房申请是否经过村级审核公示等。自然资源机构负责审查是否符合国土空间规划、用途管制要求，地质条件是否符合建房要求；涉及占用农用地的，是否办理了农用地转用审批手续等。

（5）根据各相关机构联审结果，由乡镇政府对村民宅基地申请进行审批，对审核通过的发放《农村宅基地批准书》和《乡村建设规划许可证》，对审核没有通过的及时告知村民委员会。乡镇要建立宅基地用地建房审批管理台账，将有关资料归档留存，并将审批情况报县级农业农村、自然资源等部门备案。

（6）村民申请宅基地的条件和乡镇政府对村民宅基地申请不予审批的情形按照有关法律、法规、规章执行。

## 四、建房管理

（1）村民要在取得《农村宅基地批准书》和《乡村建设规划许可证》后，向乡镇政府提交施工图纸、施工合同、施工人员信息、质量安全承诺书等资料，乡镇政府要在10个工作日内对资料进行审核，符合条件的方可开工。村民自建3层以上住房经乡镇政府审查符合开工条件的，要严格执行《中华人民共和国建筑法》《建筑工程质量管理条例》等法律、法规有关规定，纳入工程质量安全监管范围。

（2）村民自建住房可选用政府提供的村民自建住房设计图册，也可委托具备房屋建筑设计资质的单位或建筑、结构专业的注册设计人员进行设计并出具施工图纸。鼓励乡镇聘请相关技术人员为村民自建住房绘制符合设计规范的图纸，提供技术咨询服务。

（3）住房和城乡建设部门要建立建筑工匠培训制度。县级住房和城乡建设部门要会同乡镇政府组织建筑工匠参加技能和安全生产培训。村民自建住房需选择经过培训的建筑工匠或具备资质的施工单位，并签订施工合同，约定质量和安全责任。建设3层以上或有地下室的住房必须选择具备资质的施工单位。参与村民自建住房的建筑工匠或施工单位应当严格按照施工图纸、施工技术标准和操作规程施工，明确施工现场的负责人、质量员、安全员等主要责任人，对承接的房屋建设质量和施工安全负责。

（4）在建房过程中，建房村民和施工方要选用符合国家和省规定标准的建筑材料、建筑构（配）件和设备。施工单位或建筑工匠应当协助建房村民选用合格的建筑材料、建筑构（配）件和设备。建房村民要求使用不合格的建筑材料、建筑构（配）件和设备的，施工单位或建筑工匠应当劝阻、拒绝。

（5）同意村民自建住房开工建设的，乡镇政府要在5个工作日内组织相关机构进行现场开工查验，确定建房位置；村民自建住房未经现场开工查验的，不得开工。

（6）乡镇政府要加强对施工现场的监督检查，形成检查记录。实施监督检查时，有权采取下列措施：①要求被检查的建设主体提供有关资料；②进入施工现场进行检查；③发现有影响房屋质量安全的问题时，责令改正。有关个人和单位应当支持、配合监督检查，不得拒绝或阻碍。施工中发生事故时，乡镇政府要及时向上一级政府及应急管理、农业农村、自然资源、住房和城乡建设等有关部门报告。

（7）乡镇政府要明确质量安全专管人员对村民自建住房实施质量和安全监管，也可以委托符合条件的第三方机构实施质量和安全监管。村民确需在原有住房上加层的，要按照新建住房程序进行审批和监管。

（8）村民自建住房完工后，要向乡镇政府申请竣工验收。乡镇政府接到申请后，要在5个工作日内组织村民、施工负责人、技术人员，实地查验村民是否按照批准面积、规划要求和质量要求等建设住房。对验收合格的，出具《农村宅基地和村民自建住房验收意见表》。村民自建住房通过验收后，村民可持《农村宅基地批准书》《乡村建设规划许可证》《农村宅基地和村民自建住房验收意见表》以及其他规定的材料向不动产登记机构申请不动产登记。

《河南省人民政府　关于印发河南省农村宅基地和村民自建住房管理办法（试行）》（豫政〔2021〕4号）（含村民宅基地和自建住房申请审批流程所需表格）

《河南省人民政府办公厅　关于印发河南省农村自建住房规划和用地管理办法（试行）河南省农村集体建设用地房屋建筑管理办法（试行）的通知》（豫政办〔2021〕63号）

### 五、闲置宅基地利用

（1）在充分尊重村民意愿的前提下，积极稳妥开展闲置宅基地和闲置住宅盘活利用工作。对闲置宅基地和住宅进行整理，因地制宜盘活利用。闲置宅基地可建成游园、果园、菜园、花园、文化广场、村庄景观，闲置住宅可建成村史馆、图书室、活动室等村民活动场所，对有利用价值的闲置住宅倡导发展文化旅游和开展农事体验活动等。

（2）村民新增住宅用地应充分利用原有的宅基地、村内空闲地和村周边的丘陵坡地。村民按照规划另址建房的，要按照承诺的时间无偿退回原有宅基地。

## 第二节　监督管理

（1）建立省市指导、县级主导、乡镇主责、村级主体的农村宅基地和村民自建住房管理机制。各级农业农村、自然资源、住房城乡建设、市场监管等部门要根据工作职责，加强对乡镇政府农村宅基地管理和村民自建住房工作的指导。县级政府要建立村民自建住房长效管理机制，乡镇政府要落实巡查、报告和监督管理责任。

（2）乡镇综合行政执法机构负责发现和依法查处村民未批先建、违规建房等违法违规行为，严格执行行政执法公示制度、行政执法全过程记录制度、重大行政执法决定法制审核制度，做到严格规范公正文明执法。

（3）村民委员会在乡镇政府的指导下，制定完善本村宅基地民主管理办法，依法管好宅基地。村民委员会要加强日常巡查，建立农房建设管理协管员制度，及时发现和制止各类违法违规建房行为，对不听劝阻、拒不改正的及时向乡镇政府报告。

（4）建房村民和设计、施工、材料供应单位或个人依法对住房建设工程的质量和施工安全承担相应法律责任。

（5）乡镇政府及其有关行政管理机构要依法履行职责，严格按照法定程序办理农村宅基地和村民自建住房相关手续，不得违规收取费用；对在农村宅基地和村民自建住房审批、监管、执法过程中玩忽职守、滥用职权、徇私舞弊、收受贿赂，侵害村民合法权益的，由有权机关依法予以处理。

# 第六章　乡村房屋建设政策法规

## 第一节　农房建设政策法规

### 一、常用法律法规、技术及政策文件

(1)《中华人民共和国民法典》(2020年)。

(2)《中华人民共和国土地管理法》(2020年)。

(3)《中华人民共和国土地管理法实施条例(修订草案)》(2020年)。

(4)《中华人民共和国城乡规划法》(2019年)。

(5)《中华人民共和国基本农田保护条例》(1998年12月27日,中华人民共和国国务院令第257号)。

(6)《村庄和集镇规划建设管理条例》(1993年6月29日,中华人民共和国国务院令第116号)。

(7)《村庄整治技术标准》(GB/T 50445—2019)。

(8)《村庄规划用地分类指南》(2014年)。

(9)《农村住房建设技术政策(试行)》(2011年)。

(10)《农村危房改造抗震安全基本要求(试行)》(2011年)。

(11)《农村危房改造最低建设要求(试行)》(2013年)。

(12)《农村住房安全性鉴定技术导则》(2019年)。

(13)《农村危险房屋鉴定技术导则(试行)》(2019年)。

(14)《国务院关于深化改革严格土地管理的决定》(国发〔2004〕28号)。

(15)《中共中央国务院　关于推进社会主义新农村建设的若干意见》(2005年)。

(16)《住房和城乡建设部　关于印发〈乡村建设规划许可实施意见〉的通知》(建村〔2014〕21号)。

(17)《住房和城乡建设部　农业农村部　国家乡村振兴局　关于加快农房和村庄建设现代化的指导意见》(建村〔2021〕47号)。

(18)《河南省村庄规划导则(试行)》(2019年)。

(19)《河南省人民政府　关于印发河南省农村宅基地和村民自建住房管理办法(试行)》(豫政〔2021〕4号)。

(20)《河南省人民政府办公厅　关于印发河南省农村自建住房规划和用地管理办法(试行)河南省农村集体建设用地房屋建筑管理办法(试行)的通知》(豫政办〔2021〕63号)。

《河南省人民政府 关于印发河南省农村宅基
地和村民自建住房管理办法（试行）》（豫政
〔2021〕4号）（含村民宅基地和自建住房申请审
批流程所需表格）

《河南省人民政府办公厅 关于印发河南省农
村自建住房规划和用地管理办法（试行）河南省
农村集体建设用地房屋建筑管理办法（试行）的
通知》（豫政办〔2021〕63号）

（21）《河南省住房和城乡建设厅 河南省人力资源和社会保障厅 关于规范管理农村建筑工匠的指导意见》（豫建村〔2021〕197号）。

（22）《河南省住房和城乡建设厅 河南省人力资源和社会保障厅 关于做好"乡村建设带头工匠"培训工作的通知》（豫建村〔2022〕294号）。

## 二、主要规定

第一，国家对耕地实行特殊保护，严格限制农用地转为建设用地，控制建设用地总量。不得违反法律规定的权限和程序征收集体所有的土地。农村宅基地的使用应遵循节约和合理利用每寸土地，切实保护耕地的原则，尽量利用荒废地、岗坡劣地和村内空闲地。村内有旧宅基地和空闲地的，不得占用耕地、林地和人工牧草地等。基本农田保护区、商品粮基地、蔬菜基地、名特优农产品基地等一般不得安排宅基地。

第二，严格保护基本农田，建设占用土地，涉及农用地转为建设用地的，应当办理农用地转用审批手续。基本农田要落实到地块和农户，并在土地所有权证书和农村土地承包经营权证书中注明。符合法定条件，确需改变和占用基本农田的，必须报国务院批准；经批准占用基本农田的，征地补偿按法定最高标准执行，对以缴纳耕地开垦费方式补充耕地的，缴纳标准按当地最高标准执行。禁止占用基本农田挖鱼塘、种树和其他破坏耕作层的活动，禁止以建设"现代农业园区"或者"设施农业"等任何名义，占用基本农田，变相从事房地产开发。

第三，严格控制耕地转为非耕地，禁止占用耕地建窑、建坟或者擅自在耕地上建房、挖砂、采石、采矿、取土等。坚决制止耕地"非农化"，明确土地经营权流转的受让方应当依照有关法律法规保护土地。

第四，农村和城市郊区的宅基地、自留地、自留山、承包耕地属于农民集体所有，农民具有合理使用权。根据《中华人民共和国土地管理法》第九条规定城市市区的土地属于国家所有。农村和城市郊区的土地，除由法律规定属于国家所有的以外，属于农民集体所有；宅基地和自留地、自留山，属于农民集体所有。

第五，城市总体规划、村庄和集镇规划应当符合土地利用总体规划，建设用地规模不得超过土地利用总体规划确定的用地规模。《中华人民共和国土地管理法》第二十二条规定："城市建设用地规模应当符合国家规定的标准，充分利用现有建设用地，不占或者尽量少占农用地。城市总体规划、村庄和集镇规划，应当与土地利用总体规划相衔接，城市总体规划、村庄和集镇规划中建设用地规模不得超过土地利用总体规划确定的城市和村庄、集镇建设用地规模。在城市规划区内、村庄和集镇规划区内，城市和村庄、集镇建设用地应当符合城市规划、村庄和集镇规划。"

第六，在土地利用总体规划制定前已建的不符合土地利用总体规划确定用途的建筑物、构筑物，不得重建、扩建。《中华人民共和国土地管理法实施条例》第三十六条规定："对在土地利用总体规划制定前已建的不符合土地利用总体规划确定用途的建筑物、构筑物重建、扩建的，由县级以上人民政府土地行政主管部门责令限期拆除、逾期不拆除的，由作出处罚决定的机关依法申请人民法院强制执行。"

第七，严格控制整村撤并，规范实施程序，加强监督管理。《关于进一步加强农村宅基地管理的通知》在第六部分中指出，要充分保障宅基地农户资格权和农民房屋财产权。不得以各种名义违背农民意愿强制流转宅基地和强迫农民"上楼"，不得违法收回农户合法取得的宅基地，不得以退出宅基地作为农民进城落户的条件。严格控制整村撤并，规范实施程序，加强监督管理。

第八，编制村庄、集镇规划，一般分为村庄、集镇总体规划和村庄、集镇建设规划两个阶段进行。村庄、集镇总体规划和集镇建设规划，须经乡级人民代表大会审查同意，由乡级人民政府报县级人民政府批准。经乡级人民代表大会或者村民会议同意，乡级人民政府可以对村庄、集镇规划进行局部调整，并报县级人民政府备案。村庄建设规划，须经村民会议讨论同意，由乡级人民政府报县级人民政府批准。

第九，乡镇企业、乡(镇)村公共设施、公益事业、农村村民住宅等乡(镇)村建设，应当按规定办理审批手续。《中华人民共和国土地管理法》第五十九条规定："乡镇企业、乡(镇)村公共设施、公益事业、农村村民住宅等乡(镇)村建设，应当按照村庄和集镇规划，合理布局，综合开发，配套建设；建设用地，应当符合乡(镇)土地利用总体规划和土地利用年度计划，并依法办理审批手续。"

第十，农村村民建住宅，应当符合乡(镇)土地利用总体规划、村庄规划，不得占用永久基本农田，并尽量使用原有的宅基地和村内空闲地。编制乡(镇)土地利用总体规划、村庄规划应当统筹并合理安排宅基地用地，改善农村村民居住环境和条件。

农村村民住宅用地，由乡(镇)人民政府审核批准；其中，涉及占用农用地的，依法办理审批手续。农村村民出卖、出租、赠与住宅后，再申请宅基地的，不予批准。

第十一，农村村民一户只能拥有一处宅基地，其宅基地的面积不得超过省、自治区、直辖市规定的标准。农村村民应严格按照批准面积和建房标准建设住宅，禁止未批先建、超面积占用宅基地。人均土地少、不能保障一户拥有一处宅基地的地区，县级人民政府在充分尊重农村村民意愿的基础上，可以采取措施，按照省、自治区、直辖市规定的标准保障农村村民实现户有所居。

第十二，鼓励节约集约利用宅基地，农村村民建住宅，应尽量使用原有宅基地、闲置住宅和村内空闲地。要鼓励村集体和农民盘活利用闲置宅基地和闲置住宅。城镇居民、工商资本等租赁农房居住或开展经营的，租赁合同的期限不得超过二十年。

第十三，严禁城镇居民到农村购买宅基地，严禁下乡利用农村宅基地建设别墅大院和私人会馆。严禁借流转之名违法违规圈占、买卖或变相买卖宅基地。宅基地只能在本村集体内流转。根据《中华人民共和国土地管理法》，宅基地并不是真正意义上的财产，只是一种使用权，所有权归村集体。宅基地不能买卖，不能继承，但可以在本村集体内流转，经过土地管理部门依法批准，发放证件。

# 第二节　农村建筑建造原则

## 一、遵章守纪，合理合法审批建设

农村建筑建造应严格遵守国家、省有关城乡规划、土地管理相关的法律法规，自觉在符合规划要求、依法办理手续的前提下进行。坚持先规划后审批，先审批后建设，没有编制规划的，不得对建设项目进行审批；没有依法取得建设审批手续的，一律不得建设。既要依法依规保护农村村民建房的合法权益，又要坚决制止违法违规建房行为。

## 二、科学选址，符合村镇规划

农村建房选址应严格依照村镇规划所规定的宅基地建设用地范围合理选址。选址注意事项：不能建在非宅基地上、水源地附近；不能超出规定的面积；不能建在保护区内；要避开自然灾害易发地段，合理避让山洪、滑坡、泥石流、崩塌等地质灾害危险区，不在陡坡、冲沟、泛洪区和其他灾害易发地段建房。

## 三、一户一址，风格与环境协调

村庄规划应延续村庄传统街巷肌理和建筑布局，村民自建住房宜体现当地传统民居风格，弘扬传统建筑文化。农房建设要尊重乡土风貌和地域特色，精心打造建筑的形体、色彩、屋顶、墙体、门窗和装饰等关键要素。传统村落中新建农房要与传统建筑、周边环境相协调，营建具有地方特色的村庄环境。

## 四、提高供水、排水、排污保障能力

因地制宜改善供水条件，依据给水规模合理确定供水模式、给水水压、管材管件等。保证乡村水源地的清洁安全，有条件的地方可将靠近城镇的村庄纳入城镇供水体系。乡村宜采用小型化、生态化、分散化的污水处理模式和处理工艺，合理确定排放标准，推动农村生活污水就近就地资源化利用。居住分散的村庄以卫生厕所改造为重点推进农村生活污水治理，鼓励采用户用污水处理方式；规模较大、人口较集中的村庄可采用村集中处理方式；有条件的地方可将靠近城镇的村庄纳入城镇生活污水处理系统。

## 五、节地、节能、节水、节材

农房和村庄建设要尊重山、水、林、田、湖、草等生态脉络，注重与自然和农业景观搭配互动，顺应地形地貌。农房布局要利于促进邻里和睦，尽量使用原有的宅基地和村内空闲地建设农房，营建左邻右舍、里仁为美的空间格局，形成自然、紧凑、有序的农房群落。

引导农村不断减少低质燃煤、秸秆、薪柴直接燃烧等传统能源使用，鼓励使用适合当地特点和农民需求的清洁能源。推广应用太阳能光热、光伏等技术和产品，推动村民日常照明、炊事、采暖制冷等用能绿色低碳转型。推进燃气下乡，支持建设安全可靠的乡村储气罐站和微管网供气系统。

节水有三层含义：一是减少用水量；二是提高水的有效使用效率；三是防止泄漏。明确提出控制超压出流的要求，以减少"隐形"水量浪费，促进科学、有效的用水，控制超压出流的有效途径是控制给水系统中配水点的出水压力。废水再利用，既保护了环境，又极大地提高了水资源的利用效率。重视设计所选水表的设置要求及水表和表前阀门的质量要求，严格把关给排水设计、施工质量，避免管道及阀门泄漏问题。

做好施工前的材料定样，控制材料用量，提高施工工艺，避免出现施工材料的浪费，做到用量合适且坚固美观。

## 六、提升卫生质量，完善基础设施

倡导农村生活垃圾分类处理。优化农村生活垃圾分类方法，可回收物利用或出售、有机垃圾就地沤肥、有毒有害垃圾规范处置、其他垃圾进入收运处置体系。以乡镇或行政村为单位，建设一批区域农村有机废弃物综合处置利用中心。全面建立村庄保洁制度。完善公共服务设施。盘活利用闲置农房提供公共活动空间，降低公共建筑建设成本，拓展村民公共活动场所的提供渠道。鼓励村庄公共活动场所综合利用，室外公共场所可兼做集市集会、文体活动、农作物晾晒与停车等用途；室内公共活动场所，除必须独立设置之外的，可兼顾托幼、托老、集会、村史展示、文化娱乐等功能。村庄道路及其他基础设施应满足村民的生产生活需求，村内道路应通畅平整。有条件的地区应积极推动宽带、通信、广电等进村入户。

## 七、规范施工，质量第一，安全美观

建房村民或设计、施工、材料供应单位或个人依法对住房建设工程的质量和施工安全承担相应法律责任。农房建设要先精心设计（或采用政府提供的村民自建住房设计图册），统筹主房、辅房、院落等功能，精心调配空间布局，满足生产工具存放及其他需求。要适应村民现代生活需要，逐步实现寝居分离、食寝分离和净污分离。新建农房的地基基础、结构形式、墙体厚度、建筑构造等要适应当地经济发展水平和建筑施工条件，满足质量安全及抗震设防要求。鼓励就地取材，利用乡土材料，推广使用绿色建材。鼓励选用装配式钢结构等安全可靠的新型建造方式。

建立农村房屋设计、审批、施工、验收、使用等全过程管理制度，规范村庄设计与农房设计、建设、使用的行政程序管理，明确责任主体，做到有人管、有条件管、有办法管。全方位实施职、责、权一体化模式，建立责任追究机制，按照谁审批、谁监管、谁负责的原则，确保房屋质量安全。探索建立乡村建设工匠培养和管理制度，加强管理和技术人员培训，充实乡村建设队伍。

# 第三篇

# 乡村建筑建造

　　夏邑县一村庄自家房，三层钢筋混凝土结构，使用门式物料机及250搅拌机，主体结构施工完毕，房间布局及施工质量均可圈可点

# 第七章  乡村资源与建筑风貌利用

林州市石板岩镇石板特色的石板屋面农房，利用地材和石砌体浑然一体，与周围山水相映

## 第一节  政策资源

### 一、国家层面政策导向

"产业兴旺、生态宜居、乡风文明、治理有效、生活富裕"是乡村振兴总要求，也是"十四五"村庄规划的指导思想。

加强村庄规划建设。积极盘活存量集体建设用地，优先保障农民居住、乡村基础设施、公共服务空间和产业用地需求，出台乡村振兴用地政策指南。编制村容村貌提升导则，立足乡土特征、地域特点和民族特色提升村庄风貌，防止大拆大建、盲目建牌楼亭廊"堆盆景"。实施传统村落集中连片保护利用示范，建立完善传统村落调查认定、撤并前置审查、灾毁防范等制度。

扎实推进农村人居环境整治提升。加大村庄公共空间整治力度，持续开展村庄清洁行动。巩固农村户厕问题摸排整改成果，引导农民开展户内改厕。加强农村公厕建设维护。以人口集中村镇和水源保护区周边村庄为重点，分类梯次推进农村生活污水治理。推动农村生活垃圾源头分类减量，及时清运处置。推进厕所粪污、易腐烂垃圾、有机废弃物就近就地资源化利用。

持续加强乡村基础设施建设。加强农村公路养护和安全管理，推动与沿线配套设施、产业园区、旅游景区、乡村旅游重点村一体化建设。推进农村规模化供水工程建设和小型供水工程标准化改造，开展水质提升专项行动。推进农村电网巩固提升，发展农村可再生能源。支持农村危房改造和抗震改造，基本完成农房安全隐患排查整治，建立全过程监管制度。开展现代宜居农房建设示范。落实村庄公共基础设施管护责任。加强农村应急管理基础能力建设，深入开展乡村交通、消防、经营性自建房等重点领域风险隐患治理攻坚。

## 二、地方层面政策落实

### (一)坚持"避害"的选址原则

新建农房要避开自然灾害易发地段，合理避让山洪、滑坡、泥石流、崩塌等地质灾害危险区，不在陡坡、冲沟、泛洪区和其他灾害易发地段建房。

### (二)坚持生态友好、环境友好与邻里友好

农房和村庄建设要尊重山、水、林、田、湖、草等生态脉络，注重与自然和农业景观搭配互动，不挖山填湖、不破坏水系、不砍老树，顺应地形地貌。农房建设要与环境建设并举，注重提升农房服务配套和村庄环境，鼓励新建农房向基础设施完善、自然条件优越、公共服务设施齐全、景观环境优美的村庄聚集。农房布局要利于促进邻里和睦，尽量使用原有的宅基地和村内空闲地建设农房，营建左邻右舍、里仁为美的空间格局，形成自然、紧凑、有序的农房群落(图7-1，图7-2)。

图7-1　乡村农田和有序农房群落相得益彰

图7-2　乡村生态环境保护

### (三)提升农房设计建造水平

农房建设要先精心设计，后按图建造。要统筹主房、辅房、院落等功能，精心调配空间布局，满足生产工具存放及其他需求。提炼传统建筑智慧，因地制宜解决日照间距、保温采暖、通风采光等问题，促进节能减排。要适应村民现代生活需要，逐步实现寝居分离、食寝分离和净污分离。新建农房要同步设计卫生厕所，因地制宜推动水冲式厕所入室。鼓励设计建设无障碍设施，充分考虑适老化功能需求。新建农房的地基基础、结构形式、墙体厚度、建筑构造等要适应当地经济发展水平和建筑施工条件，满足质量安全及抗震设防要求。鼓励就地取材，利用乡土材料，推广使用绿色建材。鼓励选

用装配式钢结构等安全可靠的新型建造方式(图7-3,图7-4)。

图7-3 农房改造中的乡土材料使用(1)　　图7-4 农房改造中的乡土材料使用(2)

### (四)推动农村用能革新

引导农村不断减少低质燃煤、秸秆、薪柴直接燃烧等传统能源使用,鼓励使用适合当地特点和农民需求的清洁能源。推广应用太阳能光热、光伏等技术和产品,推动村民日常照明、炊事、采暖制冷等用能绿色低碳转型(图7-5,图7-6)。推进燃气下乡,支持建设安全可靠的乡村储气罐站和微管网供气系统。推动既有农房节能改造。

图7-5 太阳能热水器　　　　　　　　图7-6 太阳能发电

# 第二节　资源利用

## 一、合理规划

### (一)对原有生态环境进行规划保护

合理规划是新农村建设的基础和前提。农村地区远离城市,碧水青山、环境优美,拥有相对优越的景观资源条件,合理利用将是农村建设的优势。

村庄规划建设应以村庄内现有的生态资源以及自然环境为基础,结合各个地区的地方特色,尽可能在原有乡村环境的基础上只需稍加改造,改造原来的景观地质或者地质景观的大小、形状等，尽可能提高对乡村当地自然资源的开发利用程度。

### （二）利用高差

农村的居住用地除了平地，还会有山地等存在高差的地形。在规划建筑时，应结合自然地形、气候进行合理的规划，对于不同地区的地形、气候都要仔细研究，并根据当地的基本情况进行合理建设利用。对于有高差的地貌，不能一味地挖掘填平，可以利用这些高差，进行一些针对性的设计（图7-7，图7-8）。例如建造庙宇时，借用山坡的地势高差，造成层层升高，殿宇重叠之感，庙宇中出现大量阶与台的结构，就比平地起庙更有韵味。

图7-7 乡村建设中的高差利用　　　　　图7-8 深圳市高岭村乡村规划中的
　　　　　　　　　　　　　　　　　　　　　　　　高差利用

## 二、因地制宜

新农村建设没有固定的发展模式，应根据各地不同的历史文化、发展水平、地方特色有针对性地进行规划建设。具体来说，就是依据当地地理地形、气候生态、生物群落以及人文历史4个方面，来制定相对应的措施。根据当地现有材料进行适当选择，利用现实条件，对不利的环境因素进行改造，使之能营造出宜人的景观特色。因地制宜的设计理念主要有以下几点。

### （一）善用原有地形地貌

对地形开展景观规划设计需要做好充分准备，要求设计者必须非常熟悉当地的地形、地貌，依据整体地形、地貌，作出科学合理的设计方案，方案要考虑周全，顾及当地各个节点，以免大规模的施工对整体地形格局产生破坏，同时统筹考虑当地绿化、土地以及水体等要素。结合地方特点突出地方差异，依据地形、地貌上的显著特点，凸显别具一格的建筑与景观。在进行建设的施工过程中，在合理利用原有地形地貌的基础上，力争景观规划与大自然有机结合、相互融合（图7-9）。

图7-9 村庄规划中的景观利用

### （二）注重情景融合

在建筑周边的景观设计中应尽量避免人

为造景，而是最大限度地利用原有自然地形地貌，以此活用自然要素，以景促情、借景生情，最终达到经济、生态、和谐等目的。应充分吸取历史上人类滥砍滥挖、过度开垦资源等破坏自然生态的深刻教训，着手景观设计规划要注重与自然和谐相处，不能片面追求景观设计规划而破坏自然生态，这就要求合理利用自然地形地貌等要素，进行科学规划设计。

### (三)注重节能环保

在因地制宜的理念当中，还主张采用节能技术。在规划设计的时候，要对节能技术大量的运用，比如使用当地常见的建筑材料、注意建筑的朝向从而能够实现自然采通风等。与此同时，每个地区还要根据自己当地的实际情况，包括气候条件以及经济条件来对建设规划作出适当的调整。同时，合理利用废弃材料，使得材料的成本得以降低，最大限度减少使用不可再生资源，达到经济效益和环境效益协调发展。

### (四)挖掘当地文化

文化是一个地方的灵魂，我国幅员辽阔、历史悠久，不同地域有着显著文化差异。设计者可以科学考察当地文化，深入挖掘地方文化内涵，并合理利用当地代表建筑、历史遗迹，将当地文化融入规划建设中，不断呈现出历史厚重感(图7-10)。

图7-10　巩义市鲁庄镇南村牡丹绘画文化

# 第三节　设计引领

乡村建设应强化规划设计的引领和指导作用，科学编制美好乡村建设规划，切实做到先规划后建设、不规划不建设。按照统一规划、集中投入、分批实施的思路，坚持试点先行、量力而为，逐村整体推进，逐步配套完善，确保建一个成一个，防止一哄而上、盲目推进。

## 一、走可持续发展道路

在乡村规划建设过程中，要保护好乡村田园风光，走可持续发展之路。在加快乡村经济社会发展的进程中，要把乡村规划与保持田园风光同步规划、同步实施、同步发展，以实现经济效益、社会效益与环境效益的统一。不能以牺牲乡村田园风光为代价谋求经济的一时发展。

## 二、凸显地方特色

规划布局如何结合当地自然条件，合理继承原有布局结构、空间形态，理应设计在先。通过规划设计既可以达到节约用地、传承文脉、抗震减灾、疫情防控、防治污染，又可以顺乎地貌，高矮搭配，使建筑具有地方特色，同时达到建筑功能的满足，让村庄别具地方美感(图7-11，图7-12)。

图7-11　地方特色乡村小道　　　　　图7-12　地方特色民居

## 三、凸显要素

建筑的3个基本要素主要包括建筑功能、建筑技术和建筑形象。

### (一)建筑功能

建筑功能是建筑的第一基本要素。人们建造房屋主要是满足生产、生活的需要，同时也充分考虑整个社会的其他需求。

### (二)建筑技术

建筑技术包括建筑材料、建筑设计、建筑施工和建筑设备等方面的内容。随着材料技术的不断发展，各种新型材料不断涌现，随着建筑结构计算理论的发展和计算机辅助设计的应用，建筑设计技术也在不断革新，为房屋建造的安全性提供了保障。因此，应充分关注国内外各种高性能的建筑施工机械、新的施工技术和工艺、建筑设备的发展，从而提高房屋建造的手段，为农村建筑的房屋质量、安全性提供先进的技术保障。

### (三)建筑形象

建筑形象是建筑内、外感观的具体体现，必须符合美学的一般规律。优美的艺术形象给人以精神上的享受，它包含建筑形体、空间、线条、色彩、质感、细部的处理及刻画等方面。由于时代、民族、地域、文化、风土人情的不同，不同地域的居民对建筑形象的理解各有不同，出现了不同风格和特色的建筑，甚至不同地区使用要求的建筑已形

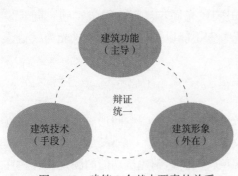

图 7-13　建筑 3 个基本要素的关系

成其固有的风格，设计中应充分考虑。

构成建筑的 3 个要素彼此之间是辩证统一的关系(图 7-13)。其中，功能是主导，技术是实现功能的手段，形象是外在。农村村庄规划应着力渲染地方特色文化，尽量选用本地木材、砖石，保持材料本身的颜色、质地和肌理，最大程度地还原建筑所处自然环境的面貌，体现地方特色和时代审美，建筑形象应给人强烈的视觉冲击和艺术感染力。

# 第四节　风格规划

## 一、村庄整体风貌规划

不同的村庄有不同的地形地貌和文化底蕴，因此在村庄整体规划时要尊重村庄的自然地形地貌，生态环境和村落传统格局与肌理。将建筑、景观与山、林、田有机融合，因地制宜地规划建设具有地域特色的村庄风貌。

基于村庄自然环境、形态布局、生产空间、生活空间、民俗节庆等村庄风貌影响因子，梳理村庄风貌结构，明确村庄风貌圈。在设计中要注重整体风貌协调，在统一中寻求变化，在变化中得到统一，避免"千村一面"的呆板形象。

### (一)村庄整体布局分类

不同的布局形式可以产生丰富多样的空间风貌。总结近年的新农村规划，建筑的平面布局大致可分为以下 3 种：集中式、组团式、分散式。

1. 集中式

适合于地势平坦，地块相对比较完整的地区。其可以采用网格状道路、环形放射状道路和自由式发展道路等(图 7-14)。

网格状　　　　环形放射状　　　　自由式

图 7-14　集中式村庄适用的道路类型

2. 组团式

又划分为分片组团式、轴带组团式两种类型。分片组团式由若干个建筑或院落聚集成组团，呈片状分布的形态。这种布局的优势是可以顺应不规则地形，布局比较灵活，每个片区都有自己独立的道路体系，有一定联系但又互不干扰。轴带式组团，一般是受到某种要素的约束，沿着一条轴线发展，形成带型分布，这种要素一般是交通干道、河流、海岸等。

3. 分散式

由于地形十分复杂，没有办法做到片式的集中分布、线式的带形分布，因此只能采取点式的分散分布，这种村庄布局形式，由于交通不便，很难达到建筑风貌的统一协调，因此在建筑色彩和建筑材质、样式、细节上可以灵活处理。

### (二)村庄整体色彩应用

新农村建筑绝大多数为集中居住区，对于大片区的建筑，应以1~2种主色调为主，相对成片布局，其色彩应给人人温馨、淡雅的感觉，易选取高明度低彩度的色彩。

第一，聚居村落建筑，可按不同组团选用不同主色调，但色相不能差距过大，易给人产生几个分区的感觉。

第二，农村分散修建的散居住宅，由于农村大环境均为绿色，且散居建筑不会成片，多为几十米甚至上百米出现一两栋房屋，该类型的建筑可大胆选用丰富的颜色，即便是不相搭配的色彩，空间距离较远，且周围的背景均为绿色，非但不会感觉不和谐，还会让建筑"跳"出来以提高视觉冲击力，增加惊喜感。

第三，位于快速干道沿线的建筑，宜以大块面积布局、节奏性变化为主，宜用浅色系，与沿路深色调绿色形成对比，以满足快速行车中运动的视觉景观感受。

第四，农村沿街建筑主干道车流、人流量较大，大尺度街道空间两侧建筑应注意分不同区段确定一个基色调，重点考虑屋顶、屋檐墙体的色彩要求，特别是要有利于烘托整体天际轮廓线。宜采用浅黄、淡咖啡、棕色等。但沿街底层色彩则可适当丰富，以满足行人的观赏要求。

第五，特殊节点处建筑，其地理空间格局具有各自独特性，因此色彩应该突出整个新农村社区基调，并与周边建筑基色形成色彩的反差，以进一步突出其多样性。

## 二、建筑风格规划

建筑设计应充分结合当地气候、日照条件与整体村庄规划相统一，建筑材质应以当地材料为主，以现代的混凝土、清水砖砌筑工艺、木材、钢结构相点缀，深浅有度、搭配协调。既可呈现一些简约的现代建筑意向，又能体现厚重与灵动的当地乡土民居情节。

建筑的设计风格要体现出鲜明的乡村特征，通过丰富的建筑形式表现，赋予人们不同的审美感受，总体建筑风格上，应该体现时代性、文化性、地域性的建筑风格，表现出具有地方特色的建筑风格。

### (一)建筑布局

通过住宅建筑的不同布局，可产生不同特点的居住空间和环境，建筑群体布局形式主要有5种：行列式、周边式、点群式、自由式和混合式(图7-15)。

1. 行列式

行列式是指建筑群按照一定间距和朝向重复排列的形式，适合图底平坦、地块规整的地段。是建筑最基本的组合方式，其优点是各栋建筑的物理性能(通风、采光)都较

行列式　　　　　　　周边式　　　　　　点群式

图7-15　建筑布局分类

好，缺点的布局呆板，风貌过于统一，没有任何空间变化，建筑风貌不宜多样化，地域特征不明显，领域感和识别性较差。

2. 周边式

周边式是由几栋住宅围合成院落的形式，其特点是领域感强，有"L"形、"U"形、"口"形，虽然有的建筑采光通风会存在问题，但是从风貌塑造上比较多元化(图7-16)。

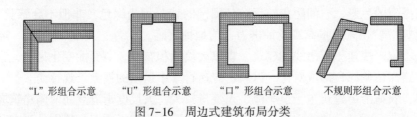

"L"形组合示意　　"U"形组合示意　　"口"形组合示意　　不规则形组合示意

图7-16　周边式建筑布局分类

3. 点群式

在我国乡村地区，大多数为低层住宅，点式分布，住宅群通风日照都较好，能够适应复杂的地形，但是其不利于保温，土地资源浪费较大。然而在某些特殊地形中，点式布局的适应性非常高，例如：河流转弯处、山地半山腰等地形。

4. 自由式

根据不同的地形，产生自由多变的建筑形态，例如山地地形、沟谷地形，黄土高地自由式布局适应性强，可以根据地形的特点建造适合的房屋居住，不受传统布局所约束。

5. 混合式

通过以上形式混合使用在建筑布局中，其空间更为丰富，优缺点进行互补，能够产生较为舒适的建筑布局和丰富的整体风貌。

### (二)建筑色彩

建筑的色彩始终要以与村庄整体规划色调保持一致为基础(除交通闭塞的特殊地区建筑形成的点状分布外)。通过调研掌握建筑所处地理位置和周围环境条件。建筑功能、风向、朝向、体量和规模、材料颜色对太阳辐射热的吸收与反射特性情况。建筑使用者对颜色的爱好及民族的风俗习惯等。根据村庄整体色调确定建筑颜色。建筑颜色一般选用2~3种，包括基本色、辅助色和点缀色(图7-17，图7-18，图7-19)。

图 7-17  民居色彩搭配

图 7-18  民居色彩示意

图 7-19  民居基本配色示意

基本色是外墙面主要的配色对象，是在人的视野范围内面积最大、观看时间最长部分的颜色。辅助色是外墙面其他配色对象的颜色，其色彩在色相、亮度和饱和度上应与基本色相协调，并允许有所变化。点缀色是建筑中需重点加以点缀的颜色，如建筑的入口、标志屋顶檐口等细部装饰，其面积应不大于辅助色的面积，其色彩可在色相、亮度和饱和度上与基本色有较大的变化。

除此之外，建筑色彩的选择，还要充分利用色彩的共性、对比性、序列性、主次性等特性使建筑色彩富有变化。另外，建筑屋顶色彩是最易被忽视的地方，其实屋顶的色彩能为农村色彩填补空白，丰富美化其鸟瞰景观，避免登高远望时景观的单一。

# 第五节　建设改造要求

## 一、村庄整体改造措施

### (一)规划先行，政府引导

村庄的整体改造涉及多方面的内容，需要有组织、有顺序地进行(图7-20)。

图7-20　玉林市北流市新圩镇河村村庄整体

一是要确定好村庄未来的发展方向，做好产业调查，在村庄现有特色的基础上加以升级延续，设计出适合该村庄发展的业态，如发展自然景观旅游业、文化体验、农家乐采摘体验等。

二是要将村庄整体改造的内容和理念对村民进行充分的宣传，让村民能够理解开展村庄改造的必要性和重要性；并听取村民的合理意见作出调整，获得更多村民的支持，避免产生纠纷。

三是加强监管工作，提高村域内的土地利用率，加强生态环境建设。

四是保证充足的资金投入，使村庄改造质量达标，避免产生安全隐患。

在进行村庄改造之前，应充分了解政府的规划内容。规划内容对村庄的整体改造具有把控作用，具体有村域产业发展、文化保护与传承、生态环境保护、空间布局、基础设施与公共服务设施、民居提升改造等，在了解整体改造内容之后，针对具体项目节点，按规划要求实施改造工作。

### (二)围绕民族特色、时代特征、绿色生态和文化内涵

村庄是某一地区文化展示的窗口，它体现了当地的特色与风情，承载着当地居民的生活方式和风土习俗。

在进行村庄改造时，应充分了解该地区的民族特色，明了该地区是否为少数民族聚

居地区。中国有56个民族，每个民族之间都有不同的风土人情，在建筑上的体现主要是以村落民居的形式，表现出或大或小的差异性和丰富性，展现该民族的文化特色、风俗习惯，即使是人口比较多的同一民族在不同的地区，也会因当地的自然因素和人文因素存在不同的民居形式，表现在民居的布局、结构形式、装饰等方面。

在充分保留民族文化特点的同时，也要紧随时代发展，展现时代特征。在进行村庄改造的同时，应注意环境问题，绿水青山就是金山银山，切忌为了建设而大肆破坏周围的环境。环境本身也是民居的一部分，应遵循因地制宜的原则，较好的结合周围环境进行改造工作。同时提倡使用绿色环保材料和节能设备。

### （三）把握整体风格，融入地域环境

村庄改造要具有全局观，对村庄进行整体把控（图7-21）。

图7-21 宋家沟乡村改造项目

一是重要节点的分布。如景观、广场、商店等公共设施在村庄中的位置，以及主要道路和节点共同形成的轴线关系。

二是对村庄整体面貌的确定。应结合当地的气候环境、历史延续、地形地貌、文化传统等因素确定村庄的风格，如江南地区的村庄整体多为白墙、灰瓦、青石的水乡；豫西部分地区村庄里依然存在窑洞和土坯墙的形式；云贵地区村庄的竹木杆栏式。

三是对材料和整体颜色的控制。要结合周围的自然环境，使村庄中的建筑能融入其中，对自然环境有一定的呼应，消除突兀感。

## 二、建筑改造

### （一）改造原则

1. 通过村庄合并，集中连片，统一建筑风格

对于相距较近的多个村庄，应看作一个整体进行规划和改造，使村庄联动，从单村"盆景"到连片"风景"。

在进行民居改造时，应做整体风格把控，包括建筑高度、庭院空间、饰面材料、整体色彩、装饰构件等，应使用统一的少量几种元素，使几个村庄的建筑风格一致，具有

整体性。风格一致并不是完全一样的复刻，而是一种相似性，在整体的协调感中谋求变化，但要避免某一栋建筑或者某一小片区域的突变而产生的跳跃感、脱离感和不协调感。

2. 通过形制控制民房地方特色

建筑的形制主要指建筑物的形状、结构构造、空间尺寸、装饰构件等。在进行民居改造时，应注意控制民居的形制，使其符合生活居住这一目的，主要注意以下几方面：门头的宽度及高度；院墙的高度；内院的长宽尺寸；房屋的层数和高度；房屋的开间数和开间尺寸(房间面积)；台阶的数量和高度；屋顶(坡屋顶和平屋顶)或女儿墙的形式；结构构造的做法；装饰装修的复杂程度。

在体现地方特色方面，每个地方的建筑都有其不同的建造方法，在建造和改造时，应适当地对当地传统的建造方法加以沿用。在对民居进行美化装饰时应适度，不可过于华丽和复杂，既造成铺张浪费，又难以体现民居的地方特色和居住性质(图7-22)。

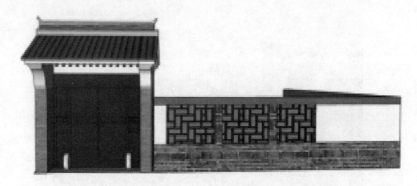

图7-22　民居门头模型

3. 通过材料工艺体现文化特征

不同的地区有不同的符合当地环境特色的自然材料和人工材料，自然材料如夯土、石头、贝壳、竹木、茅草等；人工材料如：青砖、红砖、瓦、金属等。在进行民居改造时，选择有当地特色的材料进行适当加工，可体现当地的文化特征和历史传统。

4. 通过典型改造案例，带动整体提升

在进行民居改造时，可先选取具有代表性的几栋民居，积极听取居民意见，按上述原则进行实验性改造，取得良好的效果之后进行宣传推广，发挥其范本作用，从而调动村民对于民居改造的积极性。从"示范户"到"示范村"，整村改造完成后，同样可以作为范例，宣传推广到邻近其他各村。

**(二)拆改注意事项**

1. 不能拆除承重墙

砌体结构建筑，除少量起分割作用的填充墙(需经专业人员确认)可拆除外，凡是承重墙一律不能拆除，也不能开门开窗(图7-23)。

砌体结构建筑墙体的拆除和改造要慎重，许多砌体结构老房子都存在户型面积太小、功能分布不合理、采光不合理等"毛病"。如果为了扩大空间不经判断轻易打掉砌体结构的墙体，将使墙体构件的承重和抗震能力减弱，留下严重的安全隐患。

2. 不宜拆除门框

拆除门框会降低墙体的安全系数。如果因原门不够美观，可以换门不换框，这样既能解决美观问题，还不会影响到安全。旧房的门窗是装修的重点对象，可根据门窗的老化程度进行处理。如果木制门窗起皮、变形，钢制门窗表面漆膜剥落、主体锈蚀或开裂，都必须拆掉重做。木制门窗如果材质紧凑，表面漆膜完好，可以贴上装饰面板，充分利用资源，节约费用。

3. 过梁不能拆

过梁也是梁的一种，主要功能是支撑上部墙体及楼板荷载，过梁嵌于两侧砌体墙中，位置一般在窗户和门的上面。如果为了抬高门框进行拆改就会破坏建筑结构，大大增加安全隐患(图7-24)。

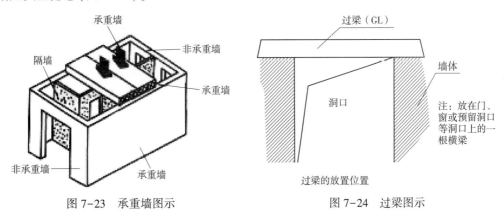

图7-23　承重墙图示　　　　　　　　图7-24　过梁图示

4. 悬挑结构不能拆

悬挑阳台的悬挑梁深入墙体内起配重作用的梁上墙体不能拆除，否则抵抗阳台倾覆的重量减轻，会导致悬挑阳台有倾覆下坠的危险。

5. 房间中的梁柱不能改

这是用来支撑上层楼板的，拆除可能会导致上层垮塌，非常危险。

6. 墙体中的钢筋不能动

会影响墙体和楼板的承受力，有安全隐患。

7. 多层民居的使用功能不宜改变

严禁二层及以上楼层的功能由民居改为储藏间、库房等荷载较大房间，这样会增加荷载，造成楼板、墙体及地基基础承载力不足，产生裂缝或过大变形甚至垮塌。

8. 严禁接高建筑增加层数

接高建筑增加层数会增加房屋重量，导致原结构房屋墙体和地基基础承载力不足而垮塌。

9. 燃气管道不能改

燃气管道是经过燃气公司专门设计、施工、安装的，不能随意拆改，否则可能引起燃气泄漏。

# 第八章　构造与识图

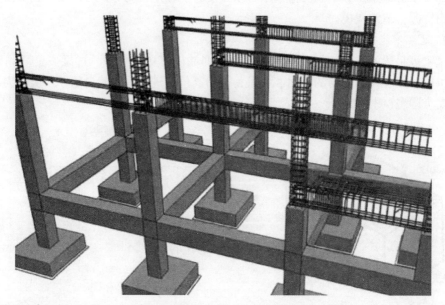

识图是建好房屋的基础，正确、合理的构造做法是提高村镇房屋抗震防灾性能的可靠保障

## 第一节　基本构造

建筑物一般由承重结构、围护结构、饰面装修以及交通和配件设施组成（图8-1）。

承重结构保证抵御外力作用的承载力和稳定性，包含基础、墙与柱、楼地板、屋顶等。

围护结构提供基本围护和防御，形成室内环境的构件，包含屋顶、墙体和门窗等。

饰面装修是提高连接密封、防水防潮、保温隔热、隔声等建筑性能以及视觉愉悦的构件，包含顶棚、墙面、地面饰面、绿化等。

交通和配件设施包含楼梯、电梯、台阶、坡道、阳台、雨篷、设备系统等。

### 一、基础

基础是建筑物最下部的承重构件，一般分为独立基础、条形基础、筏板基础、箱型基础、桩基础等类型（图8-2）。

基础的作用是将建筑上部荷载传递至地基，因此必须具有足够的强度和稳定性，避免建筑物不均匀沉降。

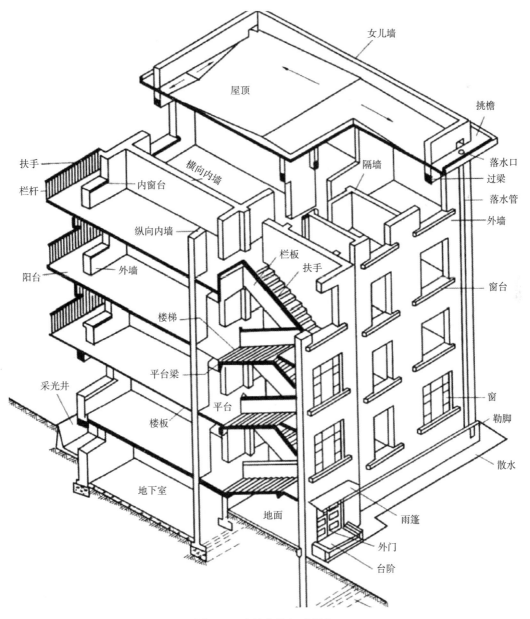

图 8-1　建筑物的组成部分

## 二、墙和柱

墙和柱是建筑物的垂直承重构件，需具有足够的强度、保温隔热性能和防火防水性能。作为承重构件，墙和柱承受着屋顶、楼层传递的各种荷载并将其传递到基础；作为围护构件，外墙用来抵御风霜雨雪和太阳辐射，内墙用来分隔空间、遮挡视线和避免干扰。

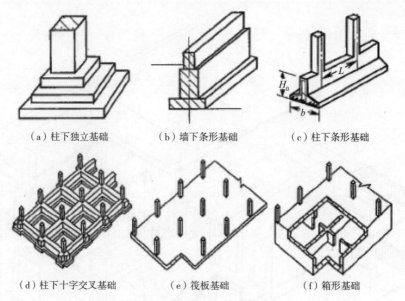

（a）柱下独立基础　　　（b）墙下条形基础　　　（c）柱下条形基础

（d）柱下十字交叉基础　　　（e）筏板基础　　　（f）箱形基础

图 8-2　几种基础类型

## 三、楼地层

楼地层指楼板层和地坪层。楼板层由面层、结构层和顶棚组成，楼板既是水平方向的承重构件，将楼层荷载传递给墙和柱，又用来分隔楼层空间，对墙身起到水平支撑作用，应具有足够的承载力和刚度(图 8-3)。

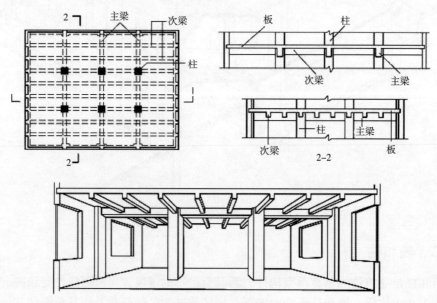

图 8-3　现浇肋梁楼板

地坪层作为底层空间和地基之间的分隔构件，支承人和家具设备的荷载并传递给地基，应具备坚固耐用、防水防潮等性能(图 8-4)。

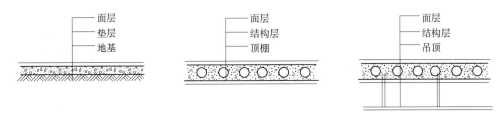

图 8-4　地坪层地面构造做法

## 四、楼梯

楼梯是建筑中联系上下各层的垂直交通设施，应具有足够的通行能力，坚固耐用。

《工程建设标准强制性条文(房屋建筑部分)》规定住宅楼梯宽度不小于 26 cm，高度不大于 17.5 cm。农村自建房可以适当调整，但也要满足适用、安全要求。

楼梯段净宽大于 90 cm 比较合适，最小只能做到 75 cm；踏步数量一般在 3~18 步；每步高度(梯段高)小于 18 cm 较合适，每步宽度(梯段宽)大于 26 cm 较合适，有条件的可以做到 28~30 cm 比较舒适；上下梯段间净高应大于 2.2 m(图 8-5)。

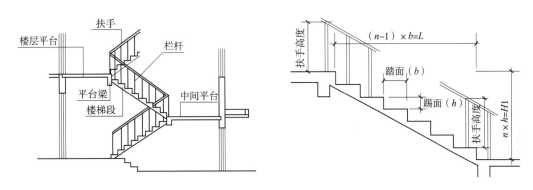

图 8-5　楼梯构造做法

## 五、门窗

门的功能主要用于开闭室内外空间，通行或阻隔人流，应具有足够的宽度和数量，满足交通、疏散、防火、隔声、热工等要求。窗主要用于采光、通风和观景需要，应有足够的开窗面积，满足窗地面积比要求(图 8-6)。

房间窗洞口面积与该房间地面面积之比，简称窗地面积比。各类建筑(如走道、楼梯、卫生间)的窗地面积比为 1/12(采光系数最低值 0.5%)；住宅的起居室、卧室和厨房的窗地面积比一般为 1/7(采光系数最低值 1%，临界照度 50 lx)；学校普通的教室、办公室、会议室的窗地面积比大概为 1/5(采光系数最低值 2%，临界照度 100 lx)。图书馆的目录室窗地面积比为 1/7。图书馆的阅览室、开架书库的窗地面积比为 1/5(表 8-1)。

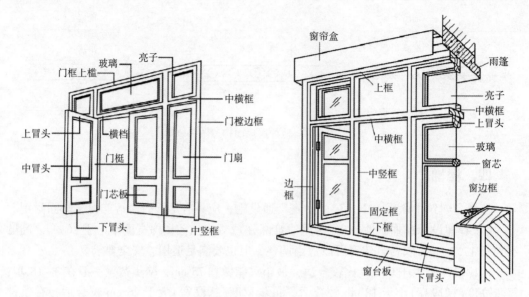

图 8-6　门窗的构成

表 8-1　窗地面积比 Ac/Ad

| 采光等级 | 侧面采光 | | 顶部采光 | | | | | |
| --- | --- | --- | --- | --- | --- | --- | --- | --- |
| | 侧窗 | | 矩形天窗 | | 锯齿形窗 | | 平天窗 | |
| | 民用建筑 | 工业建筑 | 民用建筑 | 工业建筑 | 民用建筑 | 工业建筑 | 民用建筑 | 工业建筑 |
| I | 1/2.5 | 1/2.5 | 1/3 | 1/3 | 1/4 | 1/4 | 1/5 | 1/6 |
| II | 1/3.5 | 1/3 | 1/4 | 1/3.5 | 1/6 | 1/5 | 1/8.5 | 1/8 |
| III | 1/5 | 1/4 | 1/6 | 1/4.5 | 1/8 | 1/7 | 1/11 | 1/10 |
| IV | 1/7 | 1/6 | 1/10 | 1/8 | 1/12 | 1/10 | 1/18 | 1/13 |
| V | 1/12 | 1/10 | 1/14 | 1/11 | 1/19 | 1/15 | 1/27 | 1/23 |

## 六、屋顶

屋顶是建筑物最上部的承重和围护构件，抵御太阳辐射、承受建筑物屋面设施和风霜雨雪荷载，并将荷载传递至承重墙或柱。屋顶应具有足够的强度并满足防水、排水、保温、隔热、耐久以及上人屋面的使用要求等(图 8-7)。

## 七、其他

建筑物除以上基本组成部分外，还有些附属的配件设施，如阳台、雨篷、台阶、坡道、烟囱、通风道等。

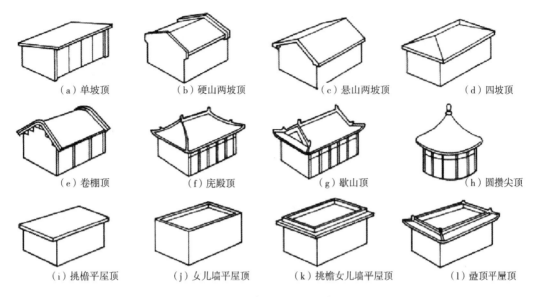

图 8-7 常见的屋顶形式

# 第二节 基础识图

## 一、图纸幅面

### (一)图纸幅面

所谓图纸幅面是指图纸的尺寸大小,简称图幅。为了使图纸整齐,便于装订和保管,《建筑制图标准》(GB/T 50104—2010)中统一规定了所有设计图纸的幅面及图框尺寸,主要有 A0、A1、A2、A3、A4 等。不同图纸幅面对应尺寸见表 8-2。

表 8-2　图纸幅面及图框尺寸　　　　　　　　　　　　　　单位:mm

| 幅面代号<br>尺寸代号 | A0 | A1 | A2 | A3 | A4 |
|---|---|---|---|---|---|
| $b \times l$ | 841×1 189 | 594×841 | 420×594 | 297×420 | 210×297 |
| $c$ | 10 | | | 5 | |

注:表中 $b$ 为幅面短边尺寸,$l$ 为幅面长边尺寸,$c$ 为图框线与幅面线间宽度。

图纸的短边一般不加长,长边可加长,但不管是否需要加长都应该符合表 8-3 的规定。如果有特殊需要的图纸,可采用 $b \times l$ 为 841 mm×892 mm 与 1 189 mm×1 261 mm 的幅面。

表 8-3  图纸长边加长尺寸　　　　　　　　　　　　　　　单位：mm

| 幅面代号 | 长边尺寸 | 长边加长后尺寸 | | | | | | | | |
|---|---|---|---|---|---|---|---|---|---|---|
| A0 | 1 189 | 1 486 | 1 635 | 1 783 | 1 932 | 2 080 | 2 230 | 2 378 | | |
| A1 | 841 | 1 051 | 1 261 | 1 471 | 1 682 | 1 892 | 2 012 | | | |
| A2 | 594 | 743 | 891 | 1 041 | 1 189 | 1 338 | 1 486 | 1 635 | 1 783 | 1 932  2 080 |
| A3 | 420 | 630 | 841 | 1 051 | 1 261 | 1 471 | 1 682 | 1 892 | | |

图纸幅面可以分为横式幅面和立式幅面两种：其中一种以长边为水平边的图纸称为横式幅面，另一种以短边为水平边的图纸称为立式幅面(图 8-8)。

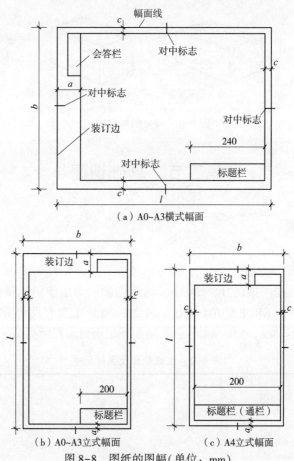

（a）A0~A3横式幅面

（b）A0~A3立式幅面　　　　（c）A4立式幅面

图 8-8　图纸的图幅(单位：mm)

## （二）标题栏

图纸的标题栏一般都简称为图标，通常画在图纸的右下角。标题栏的格式如图 8-9 所示。在图标内填写工程名称、图名、图号、比例、设计单位名称、设计者、设计日期、审核者等内容。

涉外工程一般会附加相关的译文，审计单位的名称经常会加"中华人民共和国"字样。

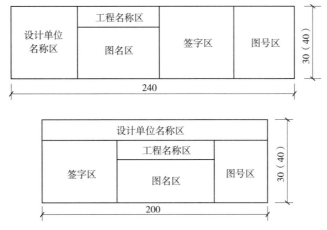

图 8-9　标题栏(单位：mm)

会签栏位于图纸图框线外侧的左上角，是各专业工种负责人的签字区域。如图 8-10 所示。

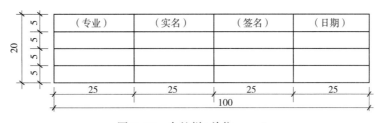

图 8-10　会签栏(单位：mm)

## 二、比例

图形与实物相对应的线性尺寸之比即为图样的比例。比例的符号为"："，比例通常用阿拉伯数字表示，如 1∶5、1∶200 等。比例一般注写在图名的右侧与字的基准线平齐(图 8-11)。

（a）施工图的注写　　　　（b）节点图的注写

图 8-11　比例的书写

一般情况下，一个图纸常选用同一种比例。常用建筑比例除了 1∶100，还有 1∶50、1∶20、1∶10 或 1∶200、1∶500、1∶1 000、1∶10 000 等。

## 三、定位轴线

建筑图中的轴线是施工定位、放线的重要依据。凡承重墙、柱、梁或屋架等主要承重构件的位置一般都有轴线编号，凡需确定位置的建筑局部或构件，都应注明其与附近主要轴线的尺寸。

定位轴线采用点画线绘制，端部是圆圈，圆圈内注明轴线编号。平面图中定位轴线的编号，横向(水平方向)用阿拉伯数字由左至右依次编号，竖向用大写英文字母从下至上依次编号。字母 I、O、Z 一般不得用作轴线编号。当有附加轴线需要定位时，应采用分数形式表示(图 8-12)。

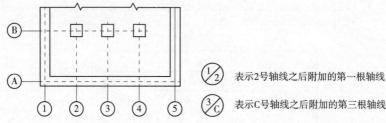

图 8-12　定位轴线的编号顺序及附加定位轴线的编号

## 四、标高

建筑标高用来表示建筑物地面、楼层、屋面或其他某一部位相对于基准面(标高的零点)的竖向高度，是建筑竖向定位的依据(图 8-13)。一般将建筑底层室内地面定为标高的零点，表示±0.000。

低于零点标高的为负标高，标高数字前加"-"号，如室外地面比室内地坪低 450 mm，其标高为-0.450、高于零点标高的为正标高，标高数字前可省略"+"号，如房屋底层层高为 3.0 m，则二层地面标高为 3.000。注意标高虽然以 m 为单位，但一般不注明单位。

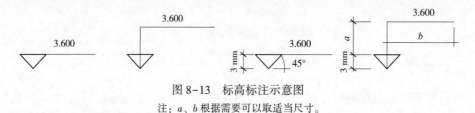

图 8-13　标高标注示意图

注：$a$、$b$ 根据需要可以取适当尺寸。

## 五、尺寸标注

图样只能表达物体的形状，其大小和各部分的相对位置则由标注的尺寸来确定。

### (一)标注尺寸的四要素

尺寸线、尺寸界线、尺寸起止符号和尺寸数字称为标注尺寸的四要素(图 8-14，图 8-15)。

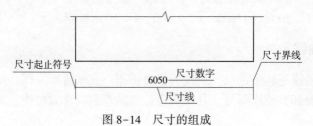

图 8-14　尺寸的组成

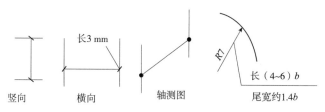

竖向　　　横向　　　轴测图　　　尾宽约1.4b

图 8-15　尺寸起止符号（b 为粗实线宽度）

　　图样上的尺寸单位，除标高及总平面图以 m 为单位外，一般以 mm 为单位。标注尺寸时，数字不注写尺寸单位。尺寸数字的注写和辨认方向为读数方向，规定为 3 种。

水平数字，字头向上；竖直数字，字头向左；倾斜的数字，字头应有向上的趋势。若 30°斜线范围需标注尺寸，则按国家标准规定标注（图 8-16）。

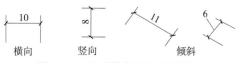

横向　　　竖向　　　倾斜

图 8-16　尺寸数字的注写位置

### （二）半径、直径的标注

1. 半径尺寸的标注

尺寸线从圆心注起，箭头指至圆弧。R 表示半径，加注在数字前（图 8-17）。

2. 直径尺寸的标注

尺寸线通过圆心，两端箭头指至圆弧。直径数字前加注"$\varphi$"。较小圆的直径尺寸可注在圆外（图 8-18）。在半径或直径的尺寸标注符号前再加注"$S$"时，如"$SR$"或"$S\varphi$"，则表示球的半径或直径。

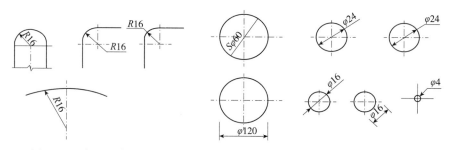

图 8-17　半径尺寸的标注　　　　　　图 8-18　直径尺寸的标注

### （三）角度的标注

角度的尺寸线以圆弧绘制，其圆心是该角度的顶点（图 8-19）。

### （四）坡度的标注

平面的倾斜度称为坡度，有以下 3 种注法。

1. 用百分数表示

2%表示在每 100 个单位长的位置沿某一垂直方向升高 2 个单位，箭头表示下坡方向，如图 8-20a 所示。

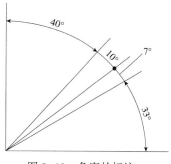

图 8-19　角度的标注

2. 用比数表示

1∶3 表示每升高 1 个单位，水平距离为 3 个单位，如图 8-20b 所示。

3. 用直角三角形表示

用高度 1 个单位和水平距离 2.5 个单位为两直角边的斜边表示平面的坡度，如图 8-20c 所示。

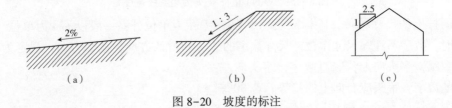

（a）　　　　　　　　（b）　　　　　　　　（c）

图 8-20　坡度的标注

### （五）简化标注

对于单线条的图（一般为长杆件图，如桁架或管道线路图），长度尺寸数字沿着相应杆件或管线的一侧标注，数字方向遵守读数方向规定，如图 8-21（a）所示。

### （六）等长尺寸的标注

连续排列的等长尺寸，用"等长尺寸×个数＝总长"的形式标注，如图 8-21（b）所示。

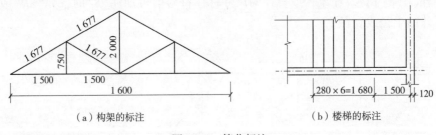

（a）构架的标注　　　　　　　　　　（b）楼梯的标注

图 8-21　简化标注

### （七）对称尺寸的标注

采用对称省略画法时，尺寸线应略超过对称符号，只在尺寸线的一端绘制尺寸起止符号，尺寸数字按全尺寸注写，注写位置应与对称符号对齐，如图 8-22 所示。

### （八）相同要素的标注

构配件内的构造要素（如孔、槽等）如相同，一般仅标注其中一个要素的尺寸，在其尺寸前加注要素的数量，如图 8-23 所示。

相同要素尺寸标注相同构造要素中的圆孔，若标注其定位尺寸时，一般标注有圆心的定位尺寸；而当相同构造要素为非圆孔时，标注其定位尺寸时，则标注有轮廓定位尺寸。

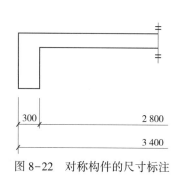

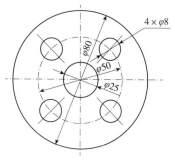

图 8-22　对称构件的尺寸标注　　　　图 8-23　相同要素尺寸标注

## 六、符号、索引与详图

### (一)剖切符号

剖视的剖切符号是由剖切位置线及投射方向线组成的,用粗实线绘制。如图 8-24 所示。

断面的剖切符号只用剖切位置线来表示,并用粗实线绘制,编号常采用阿拉伯数字书写,并按顺序连续编排,如图 8-25 所示。

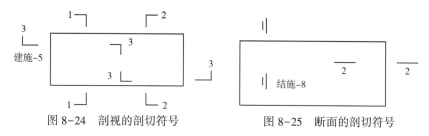

图 8-24　剖视的剖切符号　　　　图 8-25　断面的剖切符号

### (二)索引符号和详图符号

1. 索引符号

对于图样中某一局部或构件来说,如果需要另画详图,就要以索引符号索引。索引符号的直径一般是由 10 mm 的圆和水平直径组成的,都要用实线绘制,如图 8-26 所示。

图 8-26　索引符号

2. 详图符号

详图符号是用以表示详图的位置和编号的。详图符号的圆以直径为 14 mm 的粗实线来绘制。具体表示如图 8-27 所示。

3. 指北针

指北针的形状如图 8-28 所示,圆的直径为 24 mm,用细实线绘制;指针尾部的宽度为 3 mm,其头部都注写有"北"或"N"字样。需要用较大的直径绘指北针的时候,尾部宽度宜为直径的 1/8。

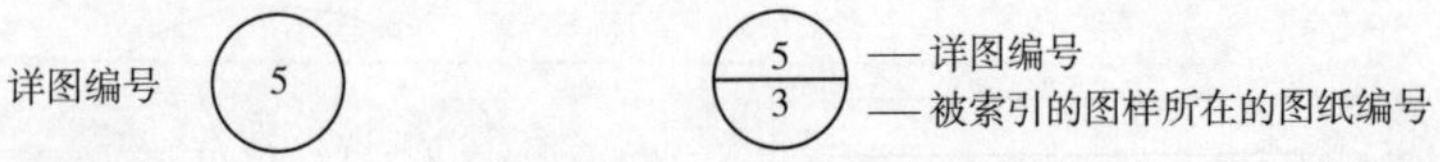

详图编号 5

⑤／③ —— 详图编号
—— 被索引的图样所在的图纸编号

（a）表示详图与被索引图样在同一张图纸　　（b）表示详图与被索引图样不在同一张图纸上

图 8-27　详图符号

**4. 对称符号**

对称符号是由对称线和两端的两对平行线绘制而成的。绘图时可以只画对称图形的一半，并用细实线和细点划线画出对称符号，如图 8-29 所示。应该注意的是，对称符号中平行线的长度宜为 6~10 mm，间距宜为 2~3 mm；对称线垂直平分于两对平行线，两端超出平行线为 2~3 mm。

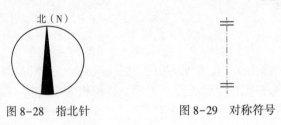

图 8-28　指北针　　　　　　　　图 8-29　对称符号

## 七、常用建筑构件和材料图例

在建筑工程图中，用规定的图例表示建筑材料，表 8-4 是常用的建筑材料图例，其余的图例可查阅《房屋建筑制图统一标准》或其他标准。

表 8-4　建筑材料图例

| 序号 | 名称 | 图例 | 备注 |
|---|---|---|---|
| 1 | 自然土壤 |  | 包括各种自然土壤 |
| 2 | 夯实土壤 | 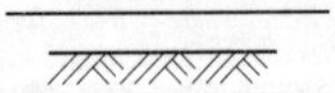 | — |
| 3 | 砂、灰土 | 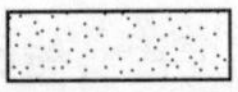 | 靠近轮廓线绘较密的点 |
| 4 | 砂砾石、碎砖三合土 |  | — |
| 5 | 石材 | 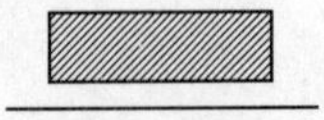 | — |
| 6 | 毛石 | 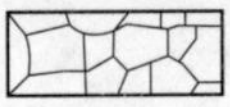 | — |
| 7 | 普通砖 |  | 包括实心砖、多孔砖、砌块等砌体。断面较窄不易绘出图例线时，可涂红 |
| 8 | 耐火砖 |  | 包括耐酸砖等砌体 |
| 9 | 空心砖 | 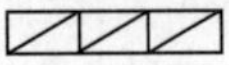 | 非承重砖砌体 |
| 10 | 饰面砖 |  | 包括铺地砖、马赛克、陶瓷锦砖、人造大理石等 |

（续）

| 序号 | 名称 | 图例 | 备注 |
|------|------|------|------|
| 11 | 焦渣、矿渣 | | 包括水泥、石灰等混合而成的材料 |
| 12 | 混凝土 | | 本图例指能承重的混凝土及钢筋混凝土；在剖面图上画出钢筋时，不画图例线；断面图形小，不易画出图例线时，可涂黑 |
| 13 | 钢筋混凝土 | | |
| 14 | 多孔材料 | | 包括水泥珍珠岩、沥青珍珠岩、泡沫混凝土、非承重加气混凝土、软木、蛭石制品 |
| 15 | 纤维材料 | | 包括矿棉、岩棉、玻璃棉、麻丝、木丝板、纤维板等 |
| 16 | 泡沫塑料材料 | | 包括聚苯乙烯、聚乙烯、聚氨酯等多孔聚合物类材料 |
| 17 | 木材 | | 上图为横断面，上左图为垫木、木砖或木龙骨；下图为纵断面 |
| 18 | 胶合板 | | 应注明×层胶合板 |
| 19 | 石膏板 | | 包括圆孔、方孔石膏板、防水石膏板等 |
| 20 | 金属 | | 包括各种金属，图形小时可涂黑 |
| 21 | 玻璃 | | 包括平板玻璃、磨砂玻璃、钢化玻璃、中空玻璃、夹层玻璃、镀膜玻璃等 |
| 22 | 防水材料 | | 构造层次多或比例大时，采用上面图例 |

# 第三节　建筑施工图

## 一、建筑施工图的内容、作用和组成

建筑施工图是表示建筑物的总体布局、外部造型、内部布置、细部构造、内外装饰、固定设施和施工要求的图样。建筑施工图有要求图纸齐全、表达准确、位置具体的特点，是指导施工放样、砌墙、门窗安装、室内外装修及预算的编制和施工组织计划等的重要依据。建筑施工图主要包括总平面图、建筑平面图、建筑立面图、建筑剖面图、建筑详图等。

## 二、图纸目录与设计说明

### (一)图纸目录

图纸目录一般分专业编写，如建施-××。图纸目录位于建筑施工图的首要位置，将施工图纸的建筑部分按顺序排列成表格，从其中可以明了图纸的数量及出图大小和工程号以及建筑单位及整个建筑物的主要功能。目录中的图名应与图纸完全一致，如果图纸目录与实际图纸有出入，就必须结合建筑核对情况修正出入。除了图纸的封面之外，图纸目录安排在一套图纸的最前面，以方便图纸的查阅和排序。

### （二）设计总说明

建筑设计总说明通常位于图纸目录之后，是对房屋建筑工程中不宜用图样表达的内容而采用文字加以说明，它主要包括工程的设计概况、工程做法中所采用的标准图集代号，以及在施工图中不宜用图样而必须采用文字加以表达的内容，比如材料的内容、饰面的颜色、环保的要求、施工注意事项、采用新材料、新工艺的情况说明等。它的内容根据建筑物的复杂程度有多有少，一般应包括设计依据、工程概况、工程做法等内容，见表8-5。

**表8-5　建筑设计总说明的内容**

| 项目 | 内容 |
| --- | --- |
| 设计依据 | 施工图设计过程中采用的相关依据。主要包括建设单位提供的设计任务书，政府部门的有关批文、法律、法规，国家颁布的一些相关规范、标准等 |
| 工程概况 | 工程的一些基本情况。一般应包括工程名称、工程地点、建筑规模、建筑层数、设计标高等一些基本内容 |
| 工程做法 | 介绍建筑物各部位的具体做法和施工要求。一般包括屋面、楼面、地面、墙体、楼梯、门窗、装修工程、踢脚、散水等部位的构造做法及材料要求，若选自标准图集，则应注写图集代号。除了文字说明的形式，对某些说明也可采用表格的形式。通常工程做法中还包括建筑节能、建筑防火等方面的具体要求 |

## 三、总平面图

### （一）建筑总平面图的概念

总平面图是假设在建设区的上空向下投影所得的水平投影图。将新建工程四周一定范围内的新建、拟建、原有和拆除的建筑物、构筑物连同其周围的地形、地物状况用水平投影方法和相应图例所画出的图样，即为总平面图。

建筑总平面图主要表示整个建筑基地的总体布局，拟建房屋的位置和朝向，与原有建筑物的关系，周围道路、绿化布置及地形地貌等内容。建筑总平面图可作为拟建房屋定位、施工放线、土方施工以及施工现场布置的依据。

### （二）建筑总平面图的图示内容

（1）图名、比例及有关文字说明。总平面图因包括的地方范围比较大，所以在绘制时都要用较小的比例，例如1：2 000、1：1 000、1：500等。总平面图上的尺寸是以 m 为单位的，并要求标注到小数点后两位。图中所用的图例符号较多，有时还会有经济技术指标等文字说明的内容。

（2）规划红线。在总平面图中，表示由城市规划部门批准的土地使用范围的图线称为规划红线。一般采用红色的粗点划线表示，任何建筑物在设计施工时都不能超过此线。

（3）绝对标高。我国把青岛附近的平均海平面定为绝对标高的零点，各地以此为基准所得到的标高称为绝对标高。在建筑物设计与施工时通常以建筑物的首层室内地面的标高为零点，所得到的标高称为相对标高。在总平面图中通常都采用绝对标高。在总平面图中，一般需要标出室内地面，即相对标高的零点相当于绝对标高的数值，且建筑物室内外的标高符号不同。

（4）新建建筑所处的地形和具体位置。如果将建筑物建在起伏不平的地面上就应画上等高线并标注出标高。在总平面图中应详细地表达出新建建筑的定位方式，可以根据原有房屋和道路定位。若新建房屋周围存在原有建筑、道路，此时新建房屋定位是以新建房屋的外墙到原有房屋的外墙或到道路中心线的距离。总平面图中新建或扩建工程的具体位置，是用定位尺寸或坐标来确定的。定位尺寸一般根据原有房屋或道路中心线来确定。当新建成片的建筑物、构筑物或较大的公共建筑或厂房时，往往用坐标来确定每一栋建筑物及道路转折点的位置。施工坐标代号宜用"A、B"表示，测量坐标代号则用"X、Y"表示。

新建建筑物用粗实线表示，原有建筑物用细实线表示，计划扩建的预留地或建筑物用中粗虚线表示，拆除的建筑物用细实线表示并在细实线上画叉。在新建建筑物的右上角用点数或数字表示层数。对于高层建筑可以用数字表示层数。

（5）整个建设区域所在位置、周围的道路情况、区域内部的道路情况。由于比例较小，总平面图中的道路只能表示出平面位置和宽度，不能作为道路施工的依据。整个建设区域及周围的地形情况、表示地面起伏变化通常用等高线表示，等高线是每隔一定高度的水平面与地形面交线的水平投影并且在等高线上注写出其所在的高度值。等高线的间距越大，说明地面越平缓，等高线的间距越小，说明地面越陡峭。从等高线的分布可知建设区内地形的坡向，从而确定建筑物室外的排水方向及平场需开挖、填方的土石方量。等高线上的数值由外向内越来越大表示地形凸起，等高线上的数值由外向内越来越小表示地形凹陷。

（6）指北针或风向频率玫瑰图。总平面图会画上风向频率玫瑰图或指北针，用来表示该地区的常年风向频率和建筑物、构筑物等的朝向。指北针圆的直径宜为 24 mm，用细实线绘制指针尾部的宽度宜为 3 mm，指针头部应注"北"或"N"字。需用较大直径绘制指北针时，指针尾部宽度宜为直径的 1/8。风向频率玫瑰图是根据当地多年统计的各个方向吹风次数的百分数按一定比例绘制的。风向频率玫瑰图可了解新建房屋地区常年的盛行风向（主导风向）以及夏季风主导风方向。实线表示的是全年风向频率，虚线表示的是夏季风向频率。

（7）相邻有关建筑、拆除建筑的大小、位置或范围等。

（8）附近的地形、地物等，如道路、河流、水沟、池塘、土坡等。

（9）水、暖、电等管线及绿化布置情况：给水管、排水管、供电线路尤其是高压线路，采暖管道等管线在建筑基地的平面布置。

**（三）建筑总平面图的读图步骤**

（1）阅读标题栏和图名、比例。通过阅读标题栏可以知道工程的名称、性质、类型等。总平面图中常用的比例 1∶500 或 1∶1 000 所绘比例较大时也可以用 1∶20 000 的比例，见表 8-6。

（2）阅读设计说明。在总平面中常附有设计说明，一般包括以下 4 方面的内容：①有关建设依据和工程概况的说明，如工程规模、投资、主要的经济技术指标、用地范围、有关的环境条件等；②确定建筑物位置的有关事项；③标高及引测点的说明，相对标高与绝对标高的关系；④补充图例说明。

（3）了解拟建建筑物的位置、层数、朝向等。通过总图中的指北针或者是风向频率玫瑰图，可以确定建筑物的朝向。

（4）了解拟建建筑物的周围环境状况。了解绿化、美化的要求和布置情况以及周围的环境，以确定拟建建筑物所在的地形情况及周围地物情况。

（5）了解拟建建筑物室内外高差、道路标高、坡度及地面排水情况、等高线等。

（6）了解原有建筑物、构筑物以及计划扩建的项目等。

（7）了解其他拟建的项目，如道路、绿化等。

（8）通过图纸上的风向频率玫瑰图，了解当地的常年主导风向和夏季的主导风向。

（9）若总平面图上还画有给水排水、采暖、电气施工图，需要仔细阅读，以便更好地理解图纸要求。

## （四）总平面图的识读要点

（1）必须阅读文字说明，熟悉图例和了解图的比例。

（2）了解总体布置、地形、地貌、道路、地上构筑物和水、电、暖等管线在新建房屋内的引入方向。

（3）有时总平面图合并在建筑专业图内编号。

表 8-6　总平面图常用图例

| 名称 | 图例 | 说明 |
|---|---|---|
| 新设计的建筑物 | 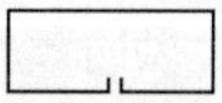 | 右上角以点数或数值（高层建筑）表示层数 |
| 原有建筑物 |  | 用细实线表示 |
| 计划扩建的预留地或建筑物 |  | 用中虚线表示 |
| 拆除的建筑物 | 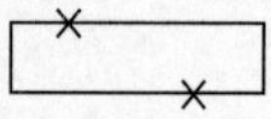 | 用细实线表示 |
| 围墙及大门 | 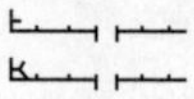 | — |
| 护坡 |  | — |
| 挡土墙 | 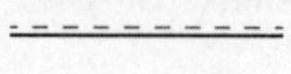 | 被挡土在"突出"的一侧 |
| 测量坐标<br>建筑坐标 | 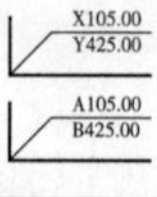 X105.00<br>Y425.00<br>A105.00<br>B425.00 | 又称施工坐标 |

（续）

| 名称 | 图例 | 说明 |
|---|---|---|
| 新建的道路 |  | 用中实线表示 |
| 原有道路 |  | 用细实线表示，如其上打×则表示拆除道路 |
| 计划扩建的道路 |  | 用细虚线表示 |
| 公路桥 |  | — |
| 铁路桥 |  | — |
| 指北针 |  | 指北针圆圈直径一般以 24 mm 为宜，指北针下端的宽度约 3 mm |
| 风向频率玫瑰图 | 北 | 1. 风向频率玫瑰图是根据当地多年平均统计的各个方向吹风次数的百分数按一定比例绘制的<br>2. 实线表示全年风向频率<br>3. 虚线表示夏季风向频率，按 6、7、8 三个月统计 |

### （五）总平面图示例

图 8-30 为某新农村住宅小区总平面图示例。

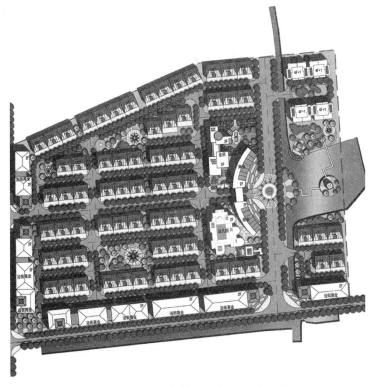

图 8-30　某新农村住宅小区总平面图

## 四、建筑平面图

### (一)建筑平面图概述

建筑平面图是建筑施工图中最基本的图样之一，是其他建筑施工图的基础，主要反映新建房屋的平面形状、房间大小、功能布局、厚度材料、截面形状和尺寸、门窗类型及位置等，是作为施工时定位放线、砌墙、安装门窗、室内外装修及编制预算等的重要依据。

建筑平面图是用一个假想的水平面，从窗洞口的位置剖切整个房屋，移去上面的部分，然后做出剖切面以下部分的水平投影，所得到的房屋水平剖面图。

沿底层门窗洞口剖切得到的平面图成为首层平面图或一层平面图。若房屋的中间层相同则用一个平面图表示，称为标准层平面图。沿最高一层门窗洞口将房屋切开所得平面图称为顶层平面图。将房屋屋顶直接作水平投影得到的平面图成为屋顶平面图。有些建筑物还有地下室平面图、设备层平面图等。

### (二)建筑平面图的内容

(1)图名、比例。建筑平面图中常用的比例是 1：50、1：100 或者是 1：200，其中 1：100 最常使用。

(2)平面图方向宜与总图方向一致，长边宜与横式幅面图纸长边一致，各层平面图宜按层数由低到高的顺序从左至右或从下至上依次布置。

(3)纵横定位轴线及编号、分轴线及编号。定位轴线是在平面设计时用来确定建筑物各主要承重构件在水平方向上位置的尺寸基准线，也是施工时用来定位放线的尺寸依据。相邻定位轴线之间的距离，横向称为开间，纵向称为进深。

(4)各房间的组合和分隔、墙的厚度、柱的断面形状和尺寸等。

(5)门窗位置、尺寸及编号。门的代号是 M，窗的代号是 C。在代号后面写上编号，同一编号表示同一类型的门窗。例如 M-1，C-1。特殊门窗有特殊编号。门窗的类型和制作材料应以列表形式表达。

(6)楼梯梯段的形状，楼梯的走向和级数。

(7)其他构件如台阶、花台、雨篷、阳台以及各种装饰等的位置、形状和尺寸，厕所、盥洗、厨房等固定设施的布置等。

(8)各层平面图的标注尺寸(包括外墙尺寸、轴线的间距尺寸、门窗洞口及洞间墙等尺寸、某些细部尺寸)和标高以及某些坡度及其下坡方向。一般以室外地坪以上第一层室内平面处标高定为±0.000 标高。以零标高为界，地下层平面标高为负值，以上为正值。

(9)底层平面图除表示内部情况外，还应画出室外的台阶(坡道)、花池、雨水管等剖面图的剖切位置线、剖视方向及其编号；二层平面要画本层室外的雨篷，故应单独画出。

(10)屋顶平面图应表示出屋顶的形状、屋面排水系统的布置和处理，以及屋面以上的构筑物或某些轴线等。

(11)如需表示高窗、洞口、通气孔、槽、地沟等不可见部分，应以虚线绘制。

(12)表示房屋朝向的指北针。

(13)详图以及索引符号。

（14）房间名称以及通过绘图方式表达不清楚的文字说明。

### （三）平面图的读图步骤

（1）通过看图名、比例、指北针，从而了解该图的图名、比例以及朝向。

（2）分析建筑平面的形状及各层的平面布置情况，从图中房间的名称可以了解各房间的使用性质；从内部尺寸可以了解房间的净长、净宽（或面积）；楼梯间的布置、楼梯段的踏步级数和楼梯的走向。

（3）通过读定位轴线及轴线间尺寸，可以了解到各墙体的厚度；门、窗洞口的位置、代号及门的开启方向；门、窗的规格尺寸及数量。

（4）了解室外台阶、花池、散水、阳台、雨篷、雨水管等构造的位置及尺寸。

（5）阅读有关的符号和文字说明，查阅索引符号及其对应的详图或标准图集。

（6）从屋顶平面图中分析了解屋面构造及排水情况。

### （四）平面图的识读要点

（1）多层房屋的各层平面图，原则上是从首层平面图开始（如果有地下室则从地下室平面图开始）逐层读到顶层平面图，且不能忽视全部文字说明。

（2）各层平面图都应先从轴线间距尺寸开始看开间、进深尺寸，再看墙厚和柱的尺寸以及它们与轴线的关系，门窗尺寸和位置。应该按照先大后小、先粗后细、先主体后装修的步骤阅读，最后可按不同的房间，逐个掌握图纸上所表达的内容。

（3）认真校核各处的尺寸和标高有无注错或遗漏的地方。

（4）细心核对门窗型号和数量。掌握室内装修的各处做法。统计各层所需过梁型号、数量。

（5）将各层的做法综合起来考虑，了解上、下各层之间有无矛盾，以便从各层平面图中逐步树立起建筑物的整体概念，并为进一步阅读建筑专业的立面图、剖面图和详图，以及结构专业图打下基础。

### （五）建筑平面图示例

某农宅建筑平面图，如图 8-31 所示。

## 五、建筑立面图

### （一）建筑立面图的概念

建筑立面图是在与建筑立面平行的投影面上所作的正投影图，简称立面图。一般包括建筑的造型与尺度、装饰材料的使用、色彩的选用等内容。在施工图中，立面图主要用于表示建筑物的体形与外貌，表示立面各部分配件的形状和相互关系，表示立面装饰要求及构造做法等，是建筑外装修的主要依据。

在建筑立面图中，习惯上把反映主要出入口或比较显著地反映出房屋外貌特征的立面图，称为正立面图，其余的立面图相应地称为背立面图和侧立面图通常也按房屋的朝向来命名，比如南立面图，北立面图、东立面图和西立面图等。有时也按轴线编号来命名，如①~⑨立面图等。

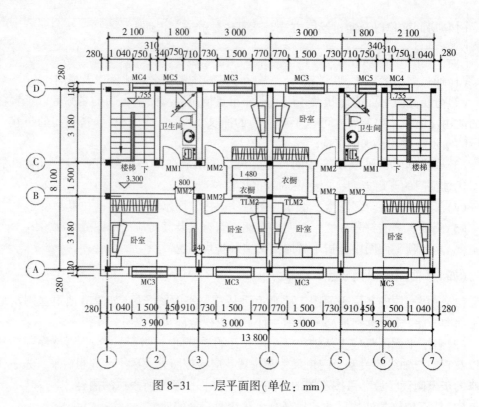

图 8-31　一层平面图（单位：mm）

**（二）建筑立面图的内容**

（1）建筑立面图的比例与平面图的比例一致，一般常用 1∶50，1∶100，1∶200 的比例尺绘制。

（2）室外地面以上的外轮廓、台阶、花池、勒脚、外门、雨篷、阳台、各层窗洞口、挑檐、屋顶（女儿墙或隔热层）、雨水管等的位置。

（3）外墙面装修情况，包括所用材料、颜色、规格。

（4）室内外地坪、台阶、窗台、窗上口、雨篷、挑檐、墙面分格线、女儿墙、水箱间及房屋最高顶面等主要部位的标高及必要的高度尺寸。

（5）各部分构造、装饰节点详图的索引符号，如一些装饰、特殊造型等。用图例、文字或列表说明外墙面的装修材料及做法。

（6）建筑物两端或分段的轴线及编号。

**（三）建筑立面图的读图步骤**

（1）了解图名、比例。先明确是什么图，然后对照平面图，深入了解屋面、门窗、雨篷、台阶等细部的形状和位置。

（2）了解建筑的外貌。

（3）了解建筑的竖向标高。从立面图的右侧可以找到立面的主要部位的标高，如室外地坪、出入口地面，各层窗台和过梁下沿、檐口等的标高。

（4）了解立面图与平面图的对应关系。

（5）了解建筑物的外装修。从立面图的注释中还可以了解外墙各部分墙面选用的装饰材料、颜色和做法。

（6）了解立面图上详图索引符号的位置及其作用，如果立面图的局部需要另画详图时，还应标注出详图索引符号。

**（四）立面图的识读要点**

（1）应该根据图名及其轴线编号对照平面图，然后明确各立面图所表示的内容是否正确。

（2）在明确各立面图表明的做法基础上，进一步校核各立面图之间有没有不交叉的地方，从而通过读立面图建立起房屋外形和外装修的全貌。

**（五）农宅建筑立面**

某农宅建筑立面图读图示例，如图 8-32 所示。

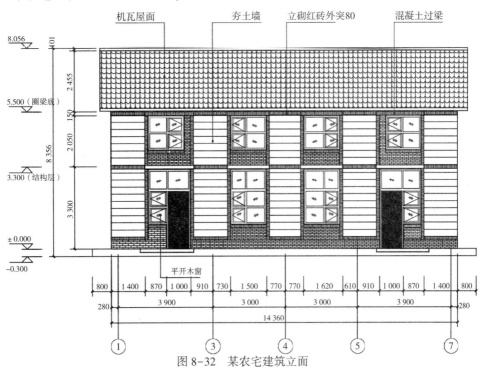

图 8-32　某农宅建筑立面

注：尺寸数值单位为 mm，标高数值单位为 m。

## 六、建筑剖面图

**（一）建筑剖面图的概念**

假想用一个或多个垂直于外墙轴线的铅垂剖切面，将房屋剖开，移去一部分，然后作剩余部分的投影，就形成了建筑剖面图。剖面图能够表达建筑物内部垂直方向的结构或构造形式、分层情况和各部位的联系、材料及其高度等，是与平面图、立面图相互配合的不可缺少的重要图样之一。剖面图的图名应与平面图上所标注剖切符号的编号一致。

### (二)建筑剖面图的剖切位置和数量

剖切平面的位置应选择在房屋内部结构构造比较复杂的或有变化的位置,而且能够同时体现出其内部的水平交通路线或垂直交通路线的部位。因此剖切平面一般要通过主要出入口、门厅、过道、楼梯间或层高不同、层数不同的部位。

一幢房屋到底需要画多少个剖面图,应根据房屋的复杂程度和实际需要而定。如果用单一的剖切平面进行剖切不能达到完整表达的目的,那么就可用多个互相平行而又错开的平面作阶梯剖切。一般简单的房屋仅作一个横剖面图,即用侧平面进行剖切房屋所得到的剖面图。复杂的房屋除了横剖面图之外,还应根据实际需要作纵剖面图或其他位置的剖面图。

### (三)建筑剖面图的内容

(1)建筑剖面图的比例应与建筑平面图、立面图相一致,宜采用1:50、1:100、1:200的比例尺绘制。

(2)表明剖切到的室内底层地面、各层楼面、屋顶(包括檐口、女儿墙,隔热层或保温层、天窗、烟囱、水池等)、内外墙及门窗的窗台、过梁、圈梁、楼梯及平台、雨篷、阳台等。

(3)表明主要承重构件的相互关系,如各层楼面、屋面、梁、板、柱、墙的相互位置关系。

(4)各部位完成面的标高和高度方向尺寸。包含室内外地坪、各层楼板、吊顶、楼梯平台、阳台、台阶、卫生间、地下室、门窗、雨篷等处的标高。高度尺寸分为外部尺寸和内部尺寸两种,外部尺寸内容:门、窗洞口(包括洞口上部和窗台)高度,层间高度及总高度(室外地面至檐口或女儿墙顶)。内部尺寸内容:地坑深度和隔断、搁板、平台、墙裙及室内门、窗等的高度。注写标高及尺寸时,注意与立面图和平面图相一致。

(5)被剖切到的墙、梁及其定位轴线。

(6)需另见详图部位的详图索引,如楼梯及外墙节点详图等。

### (四)建筑剖面图的读图步骤

(1)对照底层平面图中的剖切符号,可以知道该剖面图是横向剖面图还是纵向剖面图,剖切位置在哪些轴线之间。剖面图的比例应与平面图、立面图一致,但有时为了清楚地表达,也可以用较大的比例画出,如1:50等。

(2)从剖面图中可以看出房屋的内部构造形成,例如梁板的铺设方向,墙体及门窗洞、梁板与墙体的连接,层高、梁底高等。

(3)房屋地面、楼面、屋面等构造较为复杂,在图中无法清楚地表达时,一般在该部位画构造层次引出线并按构造层次自上而下逐层用文字加以说明。说明内容主要包括各层的材料名称及施工方法等。

(4)平屋面的屋面坡度用箭头表示,箭头指向流水方向,或者是标上坡度,如平屋面的坡度可用一个倒直角三角形形成标注,并在两直角边上写上数字,如读作坡度1:3。

## （五）剖面图读图示例

某农宅建筑剖面图如图 8-33 所示。

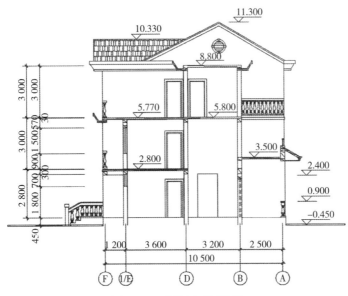

图 8-33　建筑剖面图示例

注：尺寸数值单位为 mm，标高数值为 m。

# 七、平面图、立面图、剖面图的关系

## （一）基本知识

平面图、立面图、剖面图是建筑施工图的 3 种基本图纸，它们所表达的内容既有分工又有紧密的联系。

(1) 平面图重点表达房屋的平面形状和布局，反映长、宽两个方向的尺寸。

(2) 立面图重点表现房屋的外貌和外装修，标高是其主要尺寸。

(3) 剖面图重点表示房屋内部竖向结构形式、构造方式，主要尺寸是标高和高度。

3 种图纸之间有着确定的投影关系，又有统一的尺寸关系，具有相互补充、相互说明的作用。定位轴线和标高数字是它们相互联系的基准。

## （二）读图方法

(1) 阅读房屋施工图纸，要运用上述联系，按平面图→立面图→剖面图的顺序来阅读。

(2) 同时，必须注意根据图名和轴线，运用投影对应关系和尺寸关系，互相对照阅读。

# 八、建筑详图

虽然建筑平面图、立面图、剖面图能表达出建筑的外形、平面布局、墙柱楼板及门窗设置和主要尺寸，但因反映的内容范围比较大，使用的比例较小，因此对建筑的细部构造就难以清楚地表达。

为了满足施工的要求，对房屋的细部或者是构、配件用较大的比例图样将其形状、大小、材料和做法详细地表达出来，称为建筑详图。常用的比例有 1：20、1：10、1：5、1：2、1：1 等。

建筑详图既可以是平面图、立面图、剖面图中某一局部的放大图，也可以是建筑物某一局部的放大剖面图。

关于某些建筑构造或构件的通用做法，可采用国家或地方制定的标准图集或通用图集中的图纸，一般在图中通过索引符号加以注明，不需要另画详图。

通常，建筑详图主要包括有局部构造详图（如墙身、楼梯等详图）、局部平面图（如住宅的厨房、卫生间等平面图），以及装饰构造详图（如墙面的墙裙做法、门窗套装饰做法等）。

### （一）外墙身详图

1. 概念

外墙身详图是将墙体从上至下作一剖切，画出放大的局部剖面图。实际上就是建筑剖面图中有关外墙身部位的局部放大图。这种剖切可以表明墙身及其屋檐、屋顶面、楼面、地面的构造，楼板与墙的连接以及窗台、过梁、勒脚、散水、防潮层等细部的构造与材料、尺寸大小以及与墙身的关系等。

根据实际的需要可以画出若干个墙身详图，以表示房屋不同部位及其不同构造的内容。

若中间各层的情况一样时绘制墙身详图的时候就可以只画底层、顶层、其中一个中间层来表示。在画图的时候，通常在窗洞中间处断开，成为几个节点详图的组合。某外墙身详图见图 8-34。

2. 内容

（1）外墙节点详图上标注的定位轴线编号应与其他图上表示的部位一致，表明墙体的厚度、材料及其本身与轴线的关系。

（2）表明墙脚的做法：墙脚主要包括勒脚、散水（或明沟）、防潮层以及首层地面等的构造。

（3）表明各层梁、板等构件的位置及其与墙体的联系、构件表面抹灰、装饰等内容。

（4）表明檐口部位的做法：檐口部位包括封檐构造（如女儿墙或挑檐），圈梁、过梁、屋顶泛水构造，屋面保温、防水做法和屋面板等结构构件。

（5）外墙详图中的详图符号也应与相应的详图符号相对应。应标明绘图时采用的比例，绘图比例通常标注在相应详图符号的后面。

### （二）楼梯详图

房屋中的楼梯主要由楼梯段（简称梯段，括踏步、梯板或过梁、平台（包括平台和梁）、栏杆（或栏板）和扶手等组成。楼梯详图反映了楼梯的类型、结构形式以及踏步、栏杆扶手、防滑条等详细构造、尺寸的装修做法，是楼梯施工放样的主要依据。楼梯详图一般包括楼梯平面图、剖面图及踏步、栏杆等节点详图。

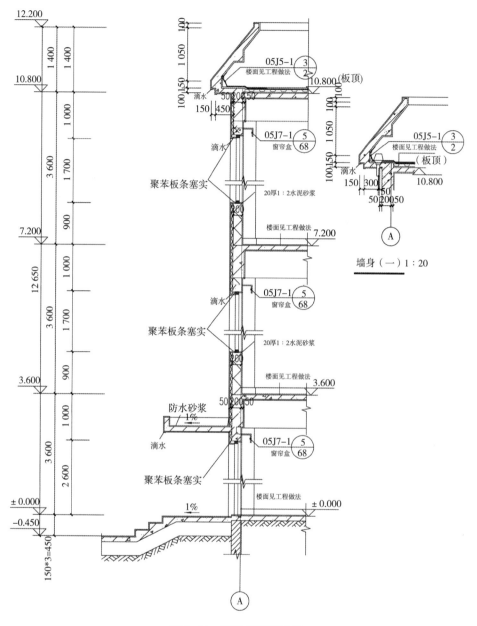

图 8-34 外墙身详图示例

1. 楼梯详图的读图要点

(1)根据轴线编号查清楼梯详图和建筑平面图、立面图、剖面图的关系。

(2)楼梯间门窗洞口及圈梁的位置和标高,要与建筑平面图、立面图、剖面图和结构图对照阅读。

(3)楼梯间地面标高低于首层地面标高时,应注意楼梯间墙身防潮层的做法。

(4)当楼梯详图建筑、结构两专业分别绘制时,阅读楼梯建筑详图应对照结构图,校核楼梯梁、板的尺寸和标高是否与建筑装修相吻合。

2. 楼梯平面图

楼梯平面图是用假想的剖切平面在距地面 1 m 以上的位置进行水平剖切，然后向下作的正投影图。因此，楼梯平面图与建筑平面图的形成是完全相同的。

由于建筑平面图选用的比例较小，楼梯的构配件和尺寸无法详细清楚地表达，所以用较大的比例另行画出楼梯平面图。

（1）表示楼梯平面图中的开间、进深尺寸。楼梯平面图中的尺寸一般包括楼梯间的开间尺寸、进深尺寸、平台深度尺寸、梯段与梯井宽度尺寸，以及楼梯栏杆扶手的位置尺寸等。

（2）表示楼梯平面图中楼梯间地面和休息平台面的标高。对于楼梯平面图中被剖切到的梯段，在平面图中用 45°的折断线来表示。在每一梯段处都要画一长箭头，并注写"上"或"下"的字样和踏步数，用来表示从本层楼面到上层或是下层楼面的总的踏步数。

3. 楼梯剖面图

楼梯剖面图常采用 1：50 的比例绘制。多层建筑如中间各层楼梯构造相同则剖面图可只画出底层、标准层和顶层剖面图，中间用折断线分开。楼梯剖面图宜与楼梯平面图画在同一张图纸内，屋顶剖面图可以省略不画。

4. 楼梯节点详图

对于楼梯平面图和楼梯剖面图没有表达清楚的踏步做法、栏杆（或栏板）做法、梯段端点的做法等，常用较大比例另画出详图，即楼梯节点详图。楼梯节点详图一般包括楼梯段的起步节点、转弯节点、止步节点的详图以及楼梯的踏步、栏杆或栏板、扶手等的详图。一般比较常用的比例有 1：10、1：5、1：2 等，以表明它们的断面形式、细部尺寸、用料、构件连接及面层装修做法等。

### （三）门窗详图

门窗详图常用立面图来表示门窗的外形尺寸和开启方向，并结合较大比例的节点剖面或断面详图，表明门窗的断面、用料、安装位置、门窗扇与框的连接关系等。然后再列出五金材料表和有关的文字说明，对门窗所用的小五金的规格、数量及其门窗制作等作出说明。根据所用的不同的材料，门窗详图可以分为木门窗详图、钢门窗详图和铝合金门窗详图等类型。某木门、木窗详图如图 8-35 和图 8-36 所示。

### （四）厨卫大样图

厨房、卫生间在建筑施工图中的比例一般为 1：100，无法将内部具体布局，如蹲位大小、隔断尺寸及位置、排气道、拖布池等相关构件表示详细，需重按照放大比例画出建筑图样，即厨卫大样图。某住宅厨卫大样图如图 8-37 所示。

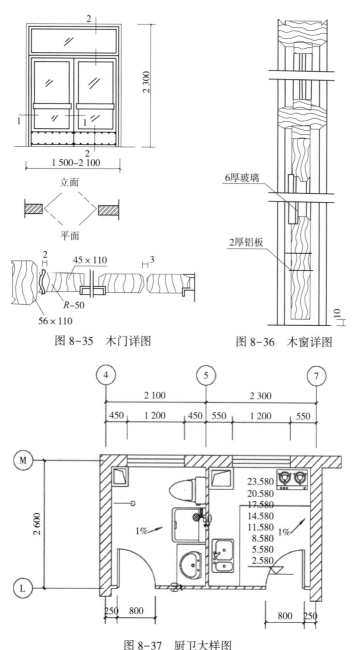

图 8-35 木门详图

图 8-36 木窗详图

图 8-37 厨卫大样图

注：尺寸数值单位为 mm，标高数值单位为 m。

# 第四节 结构施工图

为了建筑物的使用与安全，除了要满足使用功能、美观、防火等要求外，还应按照建筑各方面的要求进行力学与结构计算，决定建筑构件(如基础、梁、板、柱等)的布置、形状、尺寸和详细设计的构造要求，并将结果绘制成图样，作为指导施工的依据，称为结构施工图。

结构施工图是关于承重构件的布置、使用的材料、形状、大小及内部构造的工程图样，是承重构件及其他受力构件施工的依据，也是作为施工放线、开挖基槽、支模板、绑扎钢筋、设置预埋件、浇捣混凝土和安装梁、板、柱等构件，以及编制预算与施工组织计划等的重要依据。

## 一、基本内容

### (一)结构设计总说明

根据工程的复杂程度，结构设计说明的内容一般包括以下 4 个方面。

(1)主要设计依据。应阐明上级机关政府的批文，国家有关的标准和规范，选用的标准图集等。

(2)自然条件及使用说明。即地质勘探资料，地基情况，地震设防裂度，风、雪荷载以及从使用方面对结构的特殊要求等。

(3)施工时的注意事项。

(4)对材料的质量要求。如选用结构材料的类型、规格、强度等级等。

### (二)结构布置平面图

结构布置平面图同建筑平面图一样，属于全局性的图纸。其主要内容包括以下 3 点。

(1)基础平面图、基础详图及节点详图。

(2)楼层结构布置平面图。

(3)屋面结构平面图及节点详图，包括屋面板、天沟板、屋架、天窗架以及支撑系统的布置等。

### (三)构件详图

构件详图属于局部性的图纸，用以表示构件的形状、大小、所用材料的强度等级和制作安装等。其主要内容包括以下 4 个方面。

(1)梁、板、柱及基础结构详图。

(2)楼梯结构详图。

(3)屋架结构详图。

(4)其他详图，如支撑详图等。

## 二、标注识读

绘制结构施工图除应遵守《房屋建筑制图统一标准》中的基本规定外，还应遵守《建筑结构制图标准》(GB/T 50105—2010)。

### (一)图线

结构施工图中各种图线的用法见表 8-7。

表 8-7　结构施工图中各种图线的用法

| 名称 | | 线型 | 线宽 | 一般用途 |
|---|---|---|---|---|
| 实线 | 粗 | | b | 螺栓、钢筋线，结构平面图中的单线结构构件线，钢木支撑及系杆线，图名下横线、剖切线 |
| | 中粗 | | 0.7b | 结构平面图及详图中剖到或可见的墙身轮廓线、基础轮廓线，钢、木结构轮廓线，钢筋线 |
| | 中 | | 0.5b | 结构平面图及详图中剖到或可见的墙身轮廓线、基础轮廓线、可见的钢筋混凝土构件轮廓线、钢筋线 |
| | 细 | | 0.25b | 标注引出线、标高符号线、索引符号线、尺寸线 |
| 虚线 | 粗 | | b | 不可见的钢筋线、螺栓线、结构平面图中不可见的单线、结构构件线及钢、木支撑线 |
| | 中粗 | | 0.7b | 结构平面图中的不可见构件，墙身轮廓线及不可见的钢、木结构构件线，不可见的钢筋线 |
| | 中 | | 0.5b | 结构平面图中的不可见构件，墙身轮廓线及不可见的钢、木结构构件线，不可见的钢筋线 |
| | 细 | | 0.25b | 基础平面图中的管沟轮廓线、不可见的钢筋混凝土构件轮廓线 |
| 单点长划线 | 粗 | | b | 柱间支撑、垂直支撑、设备基础轴线图中的中心线 |
| | 细 | | 0.25b | 定位轴线、对称线、中心线、重心线 |
| 折断线 | 细 | | 0.25b | 断开界线 |
| 波浪线 | 细 | | 0.25b | 断开界线 |

## (二) 比例

绘图时根据图样的用途、被绘物体的复杂程度，应选用表 8-8 中的常用比例，特殊情况下也可以选用可用比例。当构件的纵、横向断面尺寸相差悬殊时，可以在同详图中的纵、横向选用不同的比例绘制。轴线尺寸与构件尺寸也可选用不同的比例绘制。

表 8-8　绘图时的比例

| 图名 | 常用比例 | 可用比例 |
|---|---|---|
| 结构平面图、基础平面图 | 1∶50、1∶100、1∶150 | 1∶60、1∶200 |
| 圈梁平面图、总图平面图、地下设施等 | 1∶200、1∶500 | 1∶300 |
| 详图 | 1∶10、1∶20、1∶50 | 1∶5、1∶25、1∶30 |

## (三) 构件代号

在结构施工图中，构件的名称可用代号来表示。代号一般用汉语拼音的第一个大写字母表示，代号后应用阿拉伯数字标注该构件的型号或编号，也可为构件的顺序号。构件的顺号采用不带角标的阿拉伯数字连续编排。常用的构件代号见表8-9。

表8-9　常用的构件代号

| 序号 | 名称 | 代号 | 序号 | 名称 | 代号 | 序号 | 名称 | 代号 |
|---|---|---|---|---|---|---|---|---|
| 1 | 板 | B | 19 | 圈梁 | QL | 37 | 承台 | CT |
| 2 | 屋面板 | WB | 20 | 过梁 | GL | 38 | 设备基础 | SJ |
| 3 | 空心板 | KB | 21 | 连系梁 | LL | 39 | 桩 | ZH |
| 4 | 槽型板 | CB | 22 | 基础梁 | JL | 40 | 挡土墙 | DQ |
| 5 | 折板 | ZB | 23 | 楼梯梁 | TL | 41 | 地沟 | DG |
| 6 | 密肋板 | MB | 24 | 框架梁 | KL | 42 | 柱间支撑 | ZC |
| 7 | 楼梯板 | TB | 25 | 框支梁 | KZL | 43 | 垂直支撑 | CC |
| 8 | 盖板或沟盖板 | GB | 26 | 屋面框架梁 | WKL | 44 | 水平支撑 | SC |
| 9 | 挡雨板 | YB | 27 | 檩条 | LT | 45 | 梯 | T |
| 10 | 吊车安全走道板 | DB | 28 | 屋架 | WJ | 46 | 雨篷 | YP |
| 11 | 墙板 | QB | 29 | 托架 | TJ | 47 | 阳台 | YT |
| 12 | 天沟板 | TGB | 30 | 天窗架 | CJ | 48 | 梁垫 | LD |
| 13 | 梁 | L | 31 | 框架 | KJ | 49 | 预埋件 | M- |
| 14 | 屋面梁 | WL | 32 | 钢架 | GJ | 50 | 天窗端壁 | TD |
| 15 | 吊车梁 | DL | 33 | 支架 | ZJ | 51 | 钢筋网 | W |
| 16 | 单轨吊车梁 | DDL | 34 | 柱 | Z | 52 | 钢筋骨架 | G |
| 17 | 轨道连接 | DGL | 35 | 框架柱 | KZ | 53 | 基础 | J |
| 18 | 车挡 | CD | 36 | 构造柱 | GZ | 54 | 暗柱 | AZ |

## （四）定位轴线

结构施工图上的定位轴线及编号应与建筑施工图一致。

## （五）尺寸标注

结构施工图上的尺寸应与建筑施工图相符合，但也不完全相同，结构施工图中所注尺寸是结构的实际尺寸，即一般不包括结构表面粉刷层或面层的厚度。在桁架结构的单线图中，其集合尺寸可直接注写在杆件的一侧，而不需要画尺寸线和尺寸界线。对称桁架可在左边注尺寸，右边注内力。

## 三、基础施工图

基础施工图主要用来表示基础、地沟等的平面布置及基础、地沟等的做法，包括基础平面图、基础详图和文字说明三部分，主要用于放灰线挖基槽、基础施工等，是结构施工图的重要组成之一。基础的构成如图8-38所示。基础图可分为基础平面图和基础详图两部分。

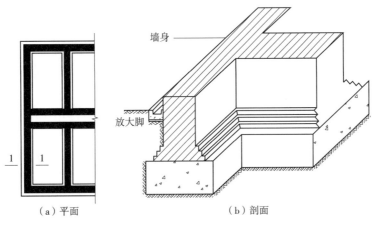

图 8-38　基础的构成

### （一）基础平面图

假设用水平剖切面，沿建筑物底层室内地面把整栋建筑物剖开移去截面以上的建筑物回填土后，作水平投影，就得到基础平面图。在绘制基础平面图时，绘图的比例、轴线编号及轴线间的尺寸必须同建筑平面图一样。线形的选用是基础墙用粗实线、基础底宽度用细实线、地沟等用细虚线。

（1）在基础平面图中，只画出基础墙或柱及基础底面的轮廓线，其他细部轮廓线都省略，这些细部的形状和尺寸在基础详图中表示。

（2）由于基础平面图实际上是水平剖面图，故剖到的基础墙、柱的边线用粗实线画出，其他用细实线画出。在基础内留有孔、洞及管沟位置并用细虚线画出。

（3）凡基础截面形状、尺寸不同时，即基础宽度、墙体厚度、大放脚、基底标高及管沟做法不同，均标有不同编号的断面剖切符号，表示画有不同的基础详图。根据断面剖切符号的编号可以查阅基础详图。

### （二）基础详图

基础详图主要表示基础各组成部分的具体形状、大小、材料及埋深等，通常采用垂直剖面图或断面图表达，剖切代号应与基础平面图一致。

## 四、楼层结构平面图

楼层结构平面图是假想沿着楼板面将建筑物水平剖开所作的水平剖面图。表示各层梁、板、柱、墙、过梁和圈梁等的平面布置情况，以及现浇楼板、梁的构造与配筋情况及构件之间的结构关系。

楼层结构平面图为施工中安装梁、板、柱等各种构件提供依据，同时为现浇构件立模板、绑扎钢筋、浇筑混凝土提供依据。

一般用虚线画出被楼板挡住的梁、柱、墙面，楼板块用细实线画出。用构件代号及构件数量、规格标记楼层上的各种梁板构件。

结构平面图的定位轴线必须与建筑平面图一致。对于承重构件布置相同的楼层，只画一个结构平面布置图,称为标准层结构平面布置图。

楼板厚度可在图中单独标出,也可在图名下注明。楼梯间的结构布置一般不在楼层结构平面图中表示,而在楼梯详图中表示。

## 五、屋面结构平面图

屋面结构平面图是表示屋面承重构件平面布置的图样,其图示内容和表达方法与楼层结构平面图基本相同。

混合结构的房屋,根据抗震和整体刚度的需要,应在适当位置设置圈梁。圈梁用粗实线表示,并在适当位置画出断面的剖切符号,以便与圈梁断面图对照阅读。圈梁平面图的比例会小些(1:200),图中会标注定位轴线间的距离尺寸。

## 六、结构构件详图

### (一)钢筋混凝土构件详图的种类

1. 模板图

模板图也称外形图,它主要表明钢筋混凝土构件的外形,预埋铁件、预留钢筋、预留孔洞的位置,各部位尺寸和标高、构件以及定位轴线的位置关系等。

2. 配筋图

配筋图包括立面图、断面图和钢筋详图,主要表示构件内部各种钢筋的位置、直径、形状和数量等。

3. 钢筋型号表

为便于编制预算,统计钢筋用料,对配筋较复杂的钢筋混凝土构件应列出钢筋型号表,以计算钢筋用量(表8-10)。

表8-10 钢筋型号

| 构件名称 | 构件数 | 钢筋编号 | 钢筋规格 | 简图 | 长度(mm) | 每件肢数 | 总肢数 | 累计质量(kg) |
|---|---|---|---|---|---|---|---|---|
| L1 | 1 | 1 | Φ12 | | 3 640 | 2 | 2 | 6.46 |
| | | 2 | Φ12 | | 4 204 | 1 | 1 | 3.73 |
| | | 4 | Φ6 | | 650 | 18 | 18 | 2.60 |

### (二)钢筋混凝土构件详图

表示方法采用正投影并视构件混凝土为透明体,以重点表示钢筋的配置情况,如图8-39所示。

断面图的数量应根据钢筋的配置而定,凡是钢筋排列有变化的地方,都应画出其断面图。为防止混淆,方便看图,构件中的钢筋都要统一编号,在立面图和断面图中要注出一致的钢筋编号、直径、数量、间距等。单根钢筋详图按由上而下,用同一比例排列在梁立面图的下方,与之对齐。

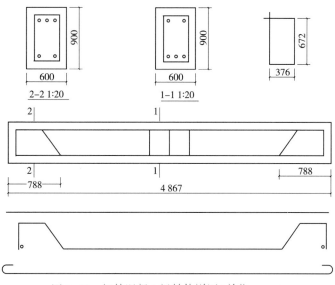

图 8-39 钢筋混凝土梁结构详图(单位：mm)

# 第五节 室内给水排水施工图

室内给水系统：给水引入管→干管→立管→支管→用水设备。

室内排水系统：用水设备排出管→横管→立管→排出管→室外检查井或化粪池。

给水排水系统图例见表 8-11。

表 8-11 给排水图例

| 名称 | 图例 | 名称 | 图例 |
|---|---|---|---|
| 生活给水管 | ——— J ——— | 水表井 | |
| 污水管 | ——— W ——— | 水表 | |
| 通风管 | ——— T ——— | 闸阀 | |
| 交叉管 | | 截止阀 | DN≥50    DN<50 |
| 三通连接 | | 止回阀 | |
| 四通连接 | | 碟阀 | |
| 管道立管 | XL-1 平面    XL-1 系统<br>X：管道类别<br>L：立管<br>I：编号 | 旋塞阀 | 平面    系统 |
| | | 球阀 | |
| 存水管 | | 浮球阀 | 平面    系统 |

(续)

| 名称 | 图例 | 名称 | 图例 |
|------|------|------|------|
| 立管检查口 | ⊢ | 配水龙头 | 平面　系统 |
| 阀门井<br>检查井 | ─○─　─□─ | 多孔管 | ↑↑↑ |
| 清扫口 | 平面　系统 | 台式洗脸盆 | |
| 通气帽 | 成品↑　铅丝球 | 立式洗脸盆 | 平面　系统 |
| 雨水斗 | YD- 平面　XL-1 系统 | 浴盆 | 平面　系统 |
| 排水漏斗 | 平面　系统 | 污水池 | |
| 圆形地漏 | | 蹲式大便器 | |
| 自动冲洗水箱 | | 坐式大便器 | 平面　系统 Y |
| 管道交叉 | 在下方和后面的管道就断开 | 小便槽 | |
| 淋浴喷头 | | 立式小便器 | |

# 一、室内给水系统(图 8-40)

## (一)室内给水系统的组成

(1)引入管。

(2)水表节点。

(3)给水管网:水平干管、立管、支管、配水支管。

(4)给水附件及设备。

(5)升压及储水设备。

(6)室内消防设备。

## (二)室内给水系统分类

(1)下行上给式。

(2)上行下给式。

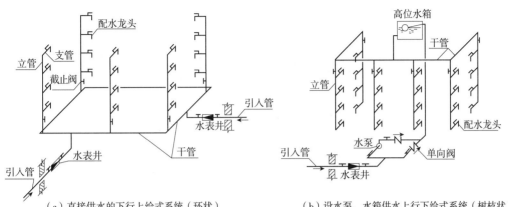

（a）直接供水的下行上给式系统（环状）　　　（b）设水泵、水箱供水上行下给式系统（树枝状）

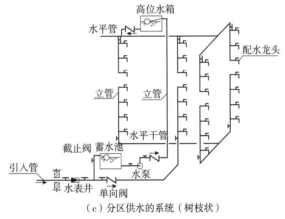

（c）分区供水的系统（树枝状）

图 8-40　室内给水系统

## 二、室内排水系统

### (一)室内排水系统的组成

(1)污水收集设备。

(2)排水管道及附件：存水弯(水封段)、连接管、排水横支管、排水立管、排出管。

(3)清通设备。

(4)通气管。

### (二)室内排水系统的分类

污水性质：生活污水管道、生产污水管道、雨水管道。

排水制度：分流制和合流制两类

### (三)标高(图 8-41)

(1)单位。

(2)标注位置。

（3）标注种类。

（4）标注方法。

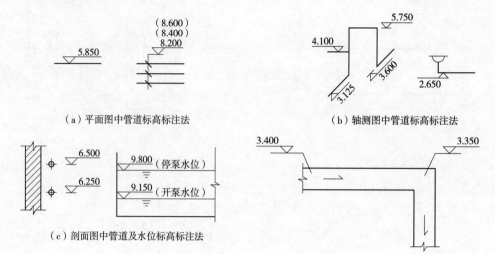

（a）平面图中管道标高标注法　　　　　　（b）轴测图中管道标高标注法

（c）剖面图中管道及水位标高标注法

图 8-41　标高标注

## （四）管径(图 8-42)

（1）单位。

（2）管道的表示方法。

（3）标注方法。

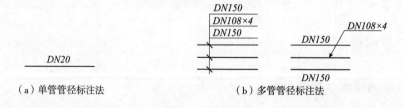

（a）单管管径标注法　　　　　　（b）多管管径标注法

图 8-42　管径标注

## （五）编号(图 8-43)

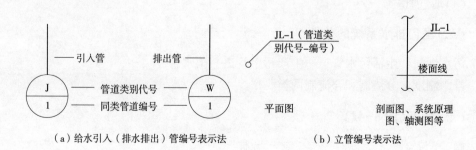

（a）给水引入（排水排出）管编号表示法　　　　　（b）立管编号表示法

图 8-43　编号表示方法

## (六)单线图和双线图(图8-44)

图8-44 平面图中管道标高标注法

## 三、给排水施工图的特点

(1)给排水施工图中所表示的设备装置和管道一般采用统一的图例。

(2)绘制管道系统轴测投影图。

(3)识读给排水施工图,按水的流向进行识读。

(4)给排水施工图中的管道设备安装与建筑施工图相互配合。

给排水施工图的有关制图规定见表8-12和表8-13。

表8-12 给排水施工图的有关制图规定

| 名称 | 线型 | 用途 |
|---|---|---|
| 粗实线 | —————— | 新建各种给水管道线 |
| 中实线 | —————— | 给水排水设备、构件的可见轮廓线;总图中新建的建筑物和构筑物的可见轮廓线;原有的各种给水排水管道线 |
| 细实线 | —————— | 平面图、剖面图中被剖切的建筑构造(包括构配件)的可见轮廓线,原有建筑物、构筑物的可见轮廓,尺寸线、尺寸界线、引出线、标高符号线、较小图形的中心线等 |
| 粗虚线 | — — — — — | 新建各种排水管道线 |
| 中虚线 | - - - - - - | 给水排水设备、构件的不可见轮廓线、新建建筑物、构筑物的不可见轮廓线、原有的给水排水管道线 |
| 细虚线 | - - - - - - | 平面图、剖面图中被剖切的建筑构造的不可见轮廓线,原有建筑物、构筑物的不可见轮廓 |
| 单点长画线 | —·—·—·— | 中心线、定位轴线 |
| 折断线 | ∿ | 断开界线 |
| 波浪线 | ～～～ | 断开界线 |

表8-13 给排水施工图比例要求

| 名称 | 比例 | 备注 |
|---|---|---|
| 区域规划图<br>区域位置图 | 1:50 000、1:25 000、1:10 000<br>1:5 000、1:2 000 | 宜与总图专业一致 |
| 总平面图 | 1:1 000、1:500、1:300 | 宜与总图专业一致 |

（续）

| 名称 | 比例 | 备注 |
|------|------|------|
| 管道纵断面图 | 纵向：1：200、1：100、1：50<br>横向：1：1 000、1：500、1：300 | — |
| 水处理厂（站）平面图 | 1：500、1：200、1：100 | — |
| 水处理构筑物、设备间、卫生间、泵房平、剖面图 | 1：100、1：50、1：40、1：30 | — |
| 建筑给排水平面图 | 1：200、1：150、1：100 | 宜与建筑专业一致 |
| 建筑给排水轴测图 | 1：150、1：100、1：50 或不按比例 | 宜与相应图纸一致 |
| 详图 | 1：50、1：30、1：20、1：10、1：5、<br>1：2、1：1、2：1 | — |

## 四、室内给水工程图的画法

首层给水平面图见图 8-45。

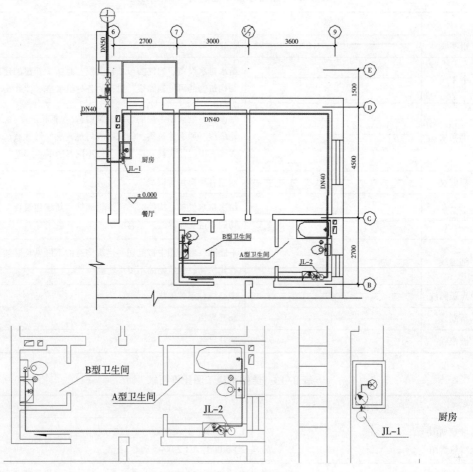

图 8-45　首层给水平面图

# 第六节 采暖施工图

热媒：热水采暖、蒸汽采暖、电采暖。

## 一、采暖系统的组成与分类

### (一)采暖系统的组成

(1)热源。
(2)输热管网。
(3)散热器。

### (二)采暖系统的分类

(1)局部采暖系统。
(2)集中采暖系统。

### (三)标高

(1)采暖施工图中需要限定高度的管道和设备，应标注相对标高，标高以米为单位。
(2)一般管道标注中心标高，此时不用说明，但标高应标在管段的始端或末端。
(3)管道标注管外底或顶标高时，应在数字前加"底"或"顶"字样。
(4)散热器宜标注底标高，同一层、同一标高的散热器只标右端的一组。

### (四)坡度(图 8-46)

图 8-46 坡度标注

### (五)管径(图 8-47)

(1)公称通径的标记由字母"DN"后面加一数值来表示。当需要注明外径和壁厚时，用"D(或 φ)外径×壁厚"表示。
(2)水平管道的规格宜标注在管道的上方，竖向管道的规格宜标注在管道的左侧。双线表示的管道，其规格可标注在管道轮廓线内。
(3)多条管线的规格标注方式。管线密集时采用中间图画法，其中短斜线也可统一用圆点。
(4)多条管线的规格标注方式。管线密集时采用中间图画法，其中短斜线也可统一用圆点。

### (六)系统编号

采暖立管的系统编号用字母"L"加阿拉伯数字表示，采暖入口和系统编号用字母"R"加阿拉伯数字表示。

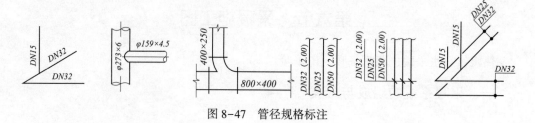

图 8-47　管径规格标注

## （七）图例（表 8-14）

表 8-14　采暖图例

| 序号 | 名称 | 图例 | 序号 | 名称 | 图例 |
|---|---|---|---|---|---|
| 1 | 供水管 | | 17 | 散热器 | |
| 2 | 回水管 | | 18 | 氯气罐 | |
| 3 | 碳止阀 | | 19 | 活接头 | |
| 4 | 闸阀 | | 20 | 保护套管 | |
| 5 | 手动调节阀 | | 21 | 固定支架 | |
| 6 | 球阀、转心阀 | | 22 | 补偿器 | |
| 7 | 蝶阀 | | 23 | 矩形补偿器 | |
| 8 | 角阀 | | 24 | 套管补偿器 | |
| 9 | 平衡阀 | | 25 | 波纹管补偿器 | |
| 10 | 三通阀 | | 26 | 弧形补偿器 | |
| 11 | 四通阀 | | 27 | 球形补偿器 | |
| 12 | 节流阀 | | 28 | 变径管、异径管 | |
| 13 | 止回阀 | | 29 | 法兰 | |
| 14 | 减压阀 | | 30 | 法兰盖 | |
| 15 | 安全阀 | | 31 | 丝堵 | |
| 16 | 自动排气阀 | | 32 | 绝热管 | |

## 二、采暖施工图的有关制图规定

采暖施工图的有关制图规定和常用比例见表 8-15 和表 8-16。

表 8-15　采暖施工图的有关制图规定

| 名称 | 线型 | 用途 |
|---|---|---|
| 粗实线 | —————— | 采暖供水、供汽干管、立管，系统图中的管线 |
| 中实线 | —————— | 散热器及散热器连接支管线，采暖设备的轮廓线 |
| 细实线 | —————— | 平面图、剖面图中土建轮廓线，尺寸、标高、角度等标注线、引出线 |
| 粗虚线 | ------------ | 采暖回水管 |
| 中虚线 | ------------ | 设备及管道被遮挡的轮廓线 |
| 细虚线 | ------------ | 采暖地沟、工艺设备被挡部分的轮廓线 |
| 点画线 | —·—·—·— | 设备中心线、轴心线，部件中心线，定位轴线 |
| 折断线 | ———／——— | 断开界线 |
| 波浪线 | ∽∽∽∽ | 断开界线 |

表 8-16　采暖施工图中常用的比例

| 名称 | 比例 | 可用比例 |
|---|---|---|
| 剖面图 | 1∶50、1∶100、1∶150、1∶200 | 1∶300 |
| 局部放大图、管沟断面图 | 1∶20、1∶50、1∶100 | 1∶30、1∶40、1∶200 |
| 索引图、详图 | 1∶1、1∶2、1∶5、1∶10、1∶20 | 1∶3、1∶4、1∶15 |

### 三、室内采暖平面图

墙身、门窗洞、楼梯等构件用细实线表示，用粗实线表示采暖干管，用粗虚线表示回水干管，散热器、阀门等附件用中实线。

# 第七节　室内电气施工图

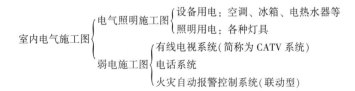

### 一、室内电气施工图的有关规定

### (一)图线

电气施工图图线见表 8-17。

表 8-17　电气施工图图线

| 名称 | 线型 | 用途 |
|------|------|------|
| 粗实线 | —————— | 基本线、可见轮廓线、可见导线、一次线路、主要线路 |
| 线实线 | —————— | 二次线路、一般线路 |
| 虚线 | - - - - - - | 辅助线、不可见轮廓线、不可见导线、屏蔽线等 |
| 点画线 | —·—·—·— | 控制线、分界线、功能围框线、分组围框线等 |
| 双点画线 | —··—··—·· | 辅助围框线、36 V 以下线路等 |

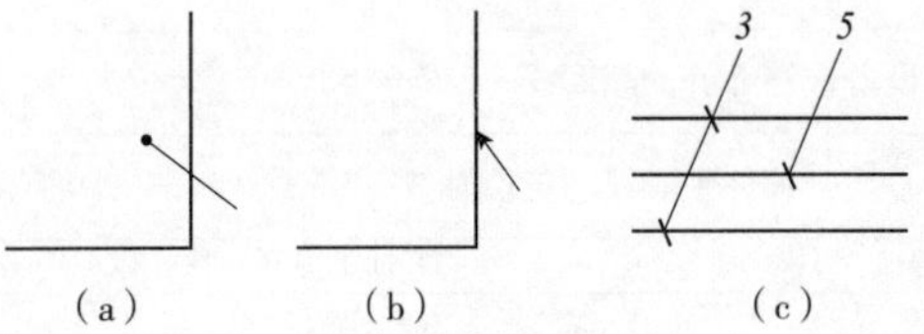

## （二）引出线

（a）　　（b）　　（c）

图 8-48　电气图引出线

若引出线从轮廓线内引出，起点画一实心黑点，如图 8-48（a）所示；

若引出线从轮廓线上引出，起点画一箭头，如图 8-48（b）所示；

若引出线从电路线上引出，起点画一短斜线，如图 8-48（c）所示。

## （三）文字符号和图形符号

常用的电气文字符号和图形符号见表 8-18 和表 8-19。灯具安装方式代号见表 8-20。

表 8-18　常用的电气文字符号

| 代号 | 线路敷设方式 | 代号 | 线路敷设方式 | 代号 | 线路敷设方式 |
|------|------|------|------|------|------|
| PC | 穿硬塑料管敷设 | E | 明敷设 | CE | 沿天棚或顶板面敷设 |
| SC | 穿钢管敷设 | WC | 暗敷设在墙内 | BE | 沿屋架敷设 |
| TC | 穿电线管敷设 | K | 瓷瓶瓷柱敷设 | CLE | 沿柱敷设 |
| WL | 铝皮长钉敷设 | PL | 瓷夹板敷设 | FC | 沿地板或埋地敷设 |
| PRE | 塑料线槽敷设 | SR | 沿钢索敷设 | WE | 沿墙面敷设 |
| T | 电线管配线 | M | 钢索配线 | F | 金属软管配线 |

表 8-19　常用的电气图形符号

| 符号 | 名称 | 符号 | 名称 | 符号 | 名称 |
|------|------|------|------|------|------|
| ○ | 白炽灯 | ⚊ | 普通型带指示灯单级开关（暗装） | ▰ | 电话接线箱 |
| ◗ | 壁灯 | ⚊ | 普通型带指示灯双级开关（暗装） | ▱ | 落地接线箱 |
| ◗ | 吸顶灯 | ⏚ | 单相两孔加三孔插座（暗装） | ⊕ | 二分支器 |
| ⊗ | 防水吊线灯 | ⏛ | 单相两孔加三孔防水插座 | ⎡TV | 电视插座 |
| ⊢⊣ | 单管荧光灯 双管荧光灯 | ⏚ | 空调用三孔插座 | ⎡TP | 电话插座 |
| ⊖ | 声控灯 | ○ | 排气扇 | ⊡ | 对讲分机 |

（续）

| 符号 | 名称 | 符号 | 名称 | 符号 | 名称 |
|---|---|---|---|---|---|
| ▬ | 配电箱 | —⌐•— | 断路器 | ▷ | 放大器 |
| Wh | 电镀表 | —⌐⌐— | 负荷开关 | ▷ | 分配器 |
| Dy | 电源 | / 向上配线<br>/ 向下配线 | | FD | 放大器，分支器箱 |
| ◎ | 按钮 | ⊥ 地线 | | DJ | 对讲楼层分配箱 |

**表 8-20　灯具安装方式的代号**

| 代号 | 线路敷设方式 | 代号 | 线路敷设方式 |
|---|---|---|---|
| Ch | 链吊式 | CP | 线吊式 |
| P | 管吊式（吊杆式） | CL | 柱上安装 |
| W | 壁式 | S | 吸灯式 |
| R | 嵌入式（也适用于暗装配电箱） | | |

### （四）单线和多线的表示方法

单线表示法：将同方向同位置的多根电线用一条线表示。

多线表示法：将每根电线都画出来。

### （五）标注方式

配电线路上的标注格式：$a-b(c×d)e-f$

其中，$a$ 为回路编号；$b$ 为导线型号；$c$ 为导线根数；$d$ 为导线截面积（$mm^2$）；$e$ 为敷设方式及穿管管径；$f$ 为敷设部位。

如某配电线路上标注有：BV（4×25）1×16FPC32-WC，表示有 4 根截面为 25 $mm^2$ 的铜芯塑料绝缘导线；1 根截面为 16 $mm^2$，直径为 32 mm 的塑钢管敷设；WC 表示暗敷在墙内。

照明灯具的表达：$a-b\dfrac{c×d×l}{e}f$

其中，$a$ 为灯具数；$b$ 为灯具型号或编号；$c$ 为每盏灯的灯泡数量或管数；$d$ 为灯泡或灯管的功率（W）；$l$ 为光源种类；$e$ 为安装高度（m）；$f$ 为安装方式。

一般灯具标注，常不写型号，标注格式如下。

$$5\dfrac{1×40W}{2.8}ch$$

### 二、电气照明施工图的识读

#### （一）电气照明施工说明

（1）电源　380/220 V 电源，引自变电所 BX-500 型导线架空及 YJV22-1 kV 电缆直埋引入，进户作重复接地。R≤4 欧，电源为 TN-C-S 系统。

（2）住宅分层计量　设计容量6 kW/每户，户内开关箱箱下皮距地1.8 m暗设。

（3）照明　插座回路板内墙内暗设，均为BV-500V型导线，穿管管径如下：（2~3)×2.5FPC15；（4~6)×2.5FPC20。

（4）灯具开关　灯具开关距地1.3 m暗设，厨房、卫生间插座为单相两孔加3孔防水型，厨房、卫生间插座均距地1.8 m暗设，空调插座距地2.2 m暗设，其余各室内插座为单相两孔加3孔，距地0.5 m暗设，均为安全型插座。

## （二）电气照明系统

电气照明系统如图8-49所示。

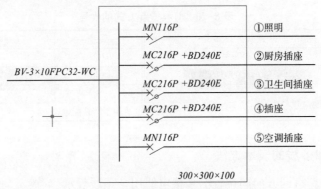

图8-49　用户开关箱系统

## 三、室内弱电施工图

### （一）电话系统（图8-50）

HYA22型电缆经户外手孔引入，直接配线。各层电话分线箱顶距棚0.5 m暗设，电话出线口插座下皮距地0.5 m暗设。

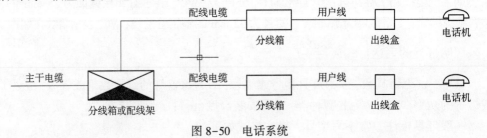

图8-50　电话系统

### （二）电视系统说明

电视电缆引自市有线电视网，采用分配—分支方式，各箱顶距棚0.5 m暗设，用户盒下皮距地0.5 m暗设，用户电平73+5 db（30~300 m）。

### （三）电子防盗门对讲系统

系统为总线制，主机门上安装，各层分配箱顶距棚0.5 m暗设，各户分机距地1.3 m壁挂。电话、电视、电源插座间距＞200 mm。

# 第九章 建筑材料及要求

建筑材料是建筑工程的物质基础，正确选择和使用材料，对于创造良好的经济效益与社会效益具有十分重要的意义。建筑材料的发展赋予了建筑物以时代的特性和风格

## 第一节 乡村建筑常用材料

### 一、建筑材料的分类

市场上建筑材料琳琅满目，种类繁多。农村常用建筑材料包括水泥、大砂、钢筋、木材、石材、烧结砖、铝材和玻璃等。

根据材料来源不同，建筑材料可分为天然材料和人造材料。

根据使用部位不同，可分为墙体材料、楼地面材料和屋面材料。

根据材料功能不同，可分为结构材料、围护材料、功能材料等。

#### （一）结构材料

构成建筑物受力构件和结构所用的材料，如梁、板、柱、基础、框架等构件或结构使用的材料。结构材料要求具有足够的强度和耐久性。

#### （二）围护材料

用于建筑物围护结构的材料，如墙体、门窗、屋面等部位使用的材料。围护材料不仅要求具有一定的强度和耐久性，还要求具有保温隔热等性能。

### （三）功能材料

担负建筑物使用过程中所必需的建筑功能的材料，如防水材料、保温隔热材料、吸声隔音材料、密封材料和各种装饰装修材料等。

按照化学成分对建筑材料进行分类，可分为无机材料、有机材料和复合材料三大类，见表9-1。

表9-1　建筑材料按照化学成分分类

| 分类 | | | 实例 |
|---|---|---|---|
| | 金属材料 | 黑色金属 | 普通钢材、非合金钢、低合金钢、合金钢 |
| | | 有色金属 | 铝、铝合金、铜及其合金 |
| 无机材料 | 非金属材料 | 天然石材 | 毛石、料石、石板材、碎石 |
| | | 烧土制品 | 烧结砖、瓦、陶器 |
| | | 玻璃及熔融制品 | 玻璃、玻璃棒、岩棉 |
| | | 胶凝材料 | 气硬性：石灰、石膏、水玻璃 |
| | | | 水硬性：各类水泥 |
| | | 混凝土类 | 砂浆、混凝土、硅酸盐制品 |
| 有机材料 | 植物质材料 | | 木材、竹板、植物纤维及其制品 |
| | 合成高分子材料 | | 塑料、橡胶、胶凝剂、有机涂料 |
| | 沥青材料 | | 石油沥青、沥青制品 |
| 复合材料 | 金属-非金属 | | 钢钎混凝土、预应力混凝土 |
| | 非金属-有机 | | 沥青混凝土、聚合物混凝土 |
| | 金属-有机 | | PVC涂层钢板、轻质金属夹芯板、铝塑板 |

根据使用历史顺序，还可以分为传统建材和现代建材：如土、木、砖、石等自然材料即为传统建材，钢筋、水泥、混凝土等人工制品就是现代建材。

## 二、建筑材料选取的基本要求

施工中所用的建筑材料，包括水泥、砂、石、木材、金属、沥青、合成树脂、塑料等。建筑材料是建筑工程的物质基础，它直接关系到建筑物的结构形式、使用寿命、建筑质量和建筑造价。

建筑材料的选取和使用，应全部符合国家相关技术标准。它是建筑质量和使用安全的基本保证。

建筑材料的技术标准是材料生产、使用和流通单位检验，确定产品质量是否合格的技术文件。其主要内容有产品规格、分类、技术要求、检验方法、验收规则、包装及标志、运输与储存等。

我国建筑材料的技术标准分为国家标准、行业标准、地方标准、企业标准等，分别由相应的标准化管理部门批准并颁布。

中国国家质量技术监督局是国家标准化管理的最高机构。

各级标准均有相应的代号，见表9-2。

表9-2　国家质量技术监督局标准种类及代号

| 标准种类 | 代号 | 表示内容 | 表示方法 |
|---|---|---|---|
| 国家标准 | GB<br>GB/T | 国家强制性标准<br>国家推荐性标准 | 由标准名称、部门代号、标准编号、颁布年份等组成，例如：《硅酸盐水泥、普通硅酸盐水泥》（GB 175—1999）；《建筑用砂》（GB/T 14684—2001）；《普通混凝土配合比设计规程》（JGJ 55—2000） |
| 行业标准 | JG<br>JGJ<br>YB<br>JT<br>SD | 建材行业标准<br>建设部行业标准<br>冶金行业标准<br>交通标准<br>水电标准 | |
| 地方标准 | DB<br>DB/T | 地方强制性标准<br>地方推荐性标准 | |
| 企业标准 | QB | 适用于本企业 | |

工程中可能涉及的其他技术标准有：国际标准，代号为 ISO；美国材料试验学会标准，代号为 ASTM；日本工业标准，代号为 JIS；德国工业标准，代号为 DIN；英国标准，代号为 BS；法国标准，代号为 NF 等。

不同省市，各种建筑材料在符合国家标准和设计要求的前提下，还应符合本地区本行业的各种标准、规范和要求。

### （一）耐久性

由于建筑物在长期使用过程中，经常受到风吹、日晒、雨淋、冰冻所引起的温度变化、干湿交替、冻融循环等作用，这就要求材料必须具有一定的耐久性能。

### （二）经济性

农村住宅采用的材料应与经济挂钩，造价高的新材料和新技术不适合做大范围的推广，不顾实情的浪费就更加不可取。例如：门窗的节能可以不采用高价格的节能门窗，而是在开始设计时就可在满足采光、日照、通风要求的条件下，尽量减少住宅外门窗洞口的面积；建筑时要控制窗墙比例，缩短窗扇的缝隙长度，在合理地减少可开启的窗扇面积的同时，适当增加固定玻璃及固定窗扇的面积，提高住宅外窗的气密性，减少冷空气渗透。

能使用旧材料的地方使用旧材料。选用新材料建设时要首先考虑减少消耗，避免浪费，并考虑可再生性、可持续生产以及材料的可回收性。

### （三）安全性

指建筑材料除满足正常使用外，应具备必要的强度和承载能力，具有良好的变形性能，在地震、水涝和暴风雪等自然灾害到来时，能维持结构的稳定性和构件的坚固性能，能承受各种外力侵害的基本安全性能。

同时，建筑材料的安全性还强调材料除具有实用功能外，还要对环境没有毒害、没有污染，其性能是环保和健康的，长期居住，也不会对人体产生伤害。

# 第二节 水 泥

水泥的主原料为石灰或硅酸钙，是工程建设的主要建材之一。广泛应用于房屋、道路、水利和国防工程。

水泥主要用于配置混凝土、砌筑砂浆和抹灰砂浆。通常不单独使用，而是用来与砂、砾(骨料)接合，形成砂浆或混凝土。

## 一、水泥的分类

水泥品种繁多，可分为通用水泥(硅酸盐水泥、普通硅酸盐水泥、矿渣硅酸盐水泥、粉煤灰硅酸盐水泥、火山灰质硅酸盐水泥、复合硅酸盐水泥)，专用水泥(砌筑水泥、道路水泥、油井水泥等)和特性水泥(快硬水泥、彩色水泥、膨胀水泥、低热水泥、低碱水泥等)。

农村用途最多，用处最广的主要是硅酸盐类水泥，硅酸盐水泥是以硅酸钙为主要成分的水泥熟料，加入一定量的混合材料和适量石膏共同磨细制成。

共有六大类：硅酸盐水泥、普通硅酸盐水泥、火山灰质硅酸盐水泥、粉煤灰硅酸盐水泥、矿渣硅酸盐水泥、复合硅酸盐水泥。其组分、特性及使用范围见表9-3、常见水泥的特性及应用见表9-4。

**表9-3 硅酸盐水泥的使用范围**

| 水泥品种 | 使用范围 | |
| --- | --- | --- |
| | 适用于 | 不宜用于 |
| 硅酸盐水泥 | 快硬、高强混凝土<br>预应力混凝土<br>道路、低温下施工的混凝土 | 大体积混凝土<br>耐热混凝土 |
| 普通硅酸盐水泥 | 适用性强，无特殊要求的工程都可以使用 | — |
| 矿渣硅酸盐水泥 | 地面、水下、水中各种混凝土<br>耐热混凝土 | 快硬，高强混凝土<br>有抗渗要求混凝土 |
| 火山灰质硅酸盐水泥 | 地下工程、大体积混凝土，受慢侵蚀性介质作用的混凝土 | 受反复冻融及干湿作用变化的结构<br>长期干燥环境中<br>快硬、高强混凝土 |
| 粉煤灰硅酸盐水泥 | | |
| 复合硅酸盐水泥 | | 快硬、高强混凝土 |

表 9-4　常见水泥的特性及应用

| 种类 | 硅酸盐水泥 | 普通水泥 | 矿渣水泥 | 火山灰水泥 | 粉煤灰水泥 | 复合水泥 |
|---|---|---|---|---|---|---|
| 主要特性 | 凝结硬化快、早期强度高 | 凝结硬化较快、早期强度较高 | 凝结硬化慢，早期强度低，后期强度增长较快 | 凝结硬化慢，早期强度低，后期强度增长较快 | 凝结硬化慢，早期强度低，后期强度增长较快 | 凝结硬化慢，早期强度低，后期强度增长较快 |
| | 水化热大 | 水化热较大 | 水化热较小 | 水化热较小 | 水化热较小 | 水化热较小 |
| | 抗冻性好 | 抗冻性较好 | 抗冻性较差 | 抗冻性较差 | 抗冻性较差 | 抗冻性较差 |
| | 耐热性差 | 耐热性较差 | 耐热性好 | 耐热性较差 | 耐热性较差 | 耐热性较好 |
| | 耐蚀性差 | 耐蚀性较差 | 耐蚀性较好 | 耐蚀性较好 | 耐蚀性较好 | 其他性能与所掺入的两种或两种以上混合材料的种类、掺量有关 |
| | 干缩性较小 | 干缩性较小 | 干缩性较大 | 干缩性较大 | 干缩性较小 | — |
| | — | — | 泌水性大、抗渗性差 | 抗渗性较好 | 抗裂性较高 | — |

## 二、水泥鉴别与选购

### (一)看标识

首先看水泥的包装袋是否破损，水泥袋上的标识是否完整齐全。包装袋上的标识应该包含有工厂名称、生产许可证编号、水泥名称、注册商标、品种(包括品种代号)、标号、包装年、月、日和编号。

不同品种的水泥一般采用不同的颜色标识，硅酸盐水泥和普通硅酸盐水泥用红色，矿渣水泥用绿色，火山灰水泥和粉煤灰水泥用黑色。

### (二)看细度

用手指捻水泥粉，感到有少许细、砂、粉的感觉，表明水泥细度正常。

### (三)看色泽

一般来讲，水泥的正常颜色应呈灰色，颜色有明显变化有可能是掺杂其他杂质过多。符合质量要求的硅酸盐水泥一般是深灰色或深绿色。

### (四)看时间

一般而言，超过出厂日期 30 d 的水泥强度将有所下降。储存 3 个月后的水泥其强度下降 10%~20%，一年后降低 25%~40%。能正常使用的水泥应无受潮结块现象，优质水泥用手指捻水泥粉末，感到有颗粒细腻的感觉。包装劣质的水泥，开口检查会有受潮和结块现象；劣质水泥用手指捻水泥粉末，有粗糙感，说明该水泥细度较粗、不正常，使用的时候强度低，黏性很差。规范规定，出厂超过 3 个月的水泥应复查试验，按试验结果使用。

### 三、水泥使用注意事项

#### （一）防受潮结硬

对已受潮成团或结硬的水泥，要过筛后再使用，筛出的团块搓细或碾细后，一般用于次要工程的砌筑砂浆或抹灰砂浆。对一触或一捏即粉的水泥团块，可适当降低强度等级使用。

#### （二）防暴晒速干

混凝土或抹灰如操作后便遭暴晒，随着水分的迅速蒸发，其强度会有所降低，甚至完全丧失。因此，施工前必须严格清扫并充分湿润基层；施工后应严加覆盖，并按规范规定浇水养护。

#### （三）防负温受冻

混凝土或砂浆拌成后，如果受冻，其水泥不能进行水化，兼之水分结冰膨胀，则混凝土或砂浆就会遭到由表及里逐渐加深的粉酥破坏，因此应严格遵照《建筑工程冬期施工规程》（JGJ/T 104—2011）进行施工。

#### （四）防高温酷热

凝固后的砂浆层或混凝土构件，如经常处于高温酷热条件下，会有强度损失，这是由于高温条件下，水泥石中的氢氧化钙会分解；另外，某些骨料在高温条件下也会分解或体积膨胀。对于长期处于较高温度的场合，可以使用耐火砖对普通砂浆或混凝土进行隔离防护。遇到更高的温度，应采用特制的耐热混凝土浇筑，也可在混凝土中掺入一定数量的磨细耐热材料。

#### （五）防基层脏软

水泥能与坚硬、洁净的基层牢固地黏结或握裹在一起，但其黏结握裹强度与基层面部的光洁程度有关。在光滑的基层上施工，必须预先凿毛砸麻刷净，方能使水泥与基层牢固黏结。基层上的尘垢、油腻、酸碱等物质，都会起隔离作用，必须认真清除洗净，之后先刷一道素水泥浆，再抹砂浆或浇筑混凝土。水泥在凝固过程中要产生收缩，且在干湿、冷热变化过程中，它与松散、软弱基层的体积变化极不适应，必然发生空鼓或出现裂缝，从而难以牢固黏结。因此，木材、炉渣垫层和灰土垫层等都不能与砂浆或混凝土牢固黏结。

#### （六）防骨料不纯

作为混凝土或水泥砂浆骨料的砂石，如果有尘土、黏土或其他有机杂质，都会影响水泥与砂、石之间的黏结握裹强度，因而最终会降低抗压强度。所以，如果杂质含量超过标准规定，必须经过清洗后方可使用。

#### （七）防水多灰稠

人们常常忽视用水量对混凝土强度的影响，施工中为便于浇捣，有时不认真执行配合比，而把混凝土拌得很稀。由于水化所需要的水分仅为水泥重量的20%左右，多余的水分蒸发后便会在混凝土中留下很多孔隙，这些孔隙会使混凝土强度降低。因此在保障浇筑密实的前提下，应最大限度地减少拌合用水。许多人认为抹灰所用的水泥，其用量越多抹灰层就越坚固。其实，水泥用量越多，砂浆越稠，抹灰层体积的收缩量就越大，从而产生的裂缝就越多。一般情况下，抹灰时应先用1:(3~5)的粗砂浆抹找平层，再用1:(1.5~2.5)的水泥砂浆抹很薄的面层，切忌使用过多的水泥。

### (八)防受酸腐蚀

酸性物质与水泥中的氢氧化钙会发生中和反应，生成物体积松散、膨胀，遇水后极易水解粉化。致使混凝土或抹灰层逐渐被腐蚀解体，所以水泥忌受酸腐蚀。在接触酸性物质的场合或容器中，应使用耐酸砂浆和耐酸混凝土。矿渣水泥、火山灰水泥和粉煤灰水泥均有较好耐酸性能，应优先选用这3种水泥配制耐酸砂浆和混凝土。严格要求耐酸腐蚀的工程不允许使用普通水泥。

## 四、水泥的凝结

凝结时间：水泥的凝结时间分初凝时间和终凝时间。初凝时间是从水泥加水拌合起至水泥浆开始失去可塑性所需的时间。终凝时间是从水泥加水拌合起至水泥浆完全失去可塑性并开始产生强度所需的时间。水泥的初凝时间和终凝时间对工程建设具有重要意义，如混凝土的施工，要求水泥的初凝时间不能过短，否则在施工前水泥即已失去流动性和可塑性而导致无法施工。水泥的终凝时间也不能过长，否则将延长施工进度和模板周转期。

国家标准规定，六大常用水泥的初凝时间均不得短于45 min，其中，硅酸盐水泥的终凝时间不得长于6.5 h，其他五类常用水泥的终凝时间不得长于10 h。

### (一)体积安定性

水泥的体积安定性是指水泥在凝结硬化过程中，体积变化的均匀性。体积安定性不良，会使混凝土构件产生膨胀性裂缝，降低建筑工程质量，甚至引起严重质量事故。建筑施工中，严禁使用安定性不良的水泥。

### (二)强度及强度等级

国家标准规定，采用胶砂法来测定水泥的3 d和28 d的抗压强度和抗折强度，根据测定结果来确定该水泥的强度等级。需要注意的是，不同种类的水泥不得混合使用。

## 五、水泥的验收和储藏

进场的水泥必须具有质保书，并对其品种、标号、包装(散装仓号)、出厂日期等进行检查验收。

带装水泥在运输和储存时应防潮，堆垛高度不宜超过10袋，不同标号、品种和出厂日期的水泥应分开堆放，不得混杂。对受潮或存放时间超过3个月的水泥，应重新取样检验，强度不合格水泥应降级使用或用于其他次要部位的混凝土构件中。过期水泥受潮结块严禁使用，如图9-1所示。

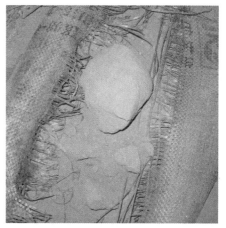

图9-1　过期水泥受潮结块

# 第三节　钢　　筋

## 一、钢筋的分类与性能

钢筋（Rebr）是一种钢制条形物。钢筋混凝土用和预应力钢筋混凝土用钢材，其横截面为圆形，有时为带有圆角的方形。包括光圆钢筋、带肋钢筋、扭转钢筋。

钢筋广泛用于各种建筑结构中，特别是各种大型、重型、轻型薄壁和高层建筑结构。

钢筋种类很多，通常按形式、化学成分、生产方式、直径、力学性能、轧制外形、直径大小，以及在结构中的用途等进行分类。

钢材的主要优点是强度高，材质均匀，性能可靠，具有较好的塑性和韧性，能承受较大的冲击荷载和振动荷载的能力，可焊接、铆接或螺栓连接，便于装配。当然，钢材也有其自身独有的缺点，那就是易锈蚀、耐火性差、维修费用高。

依形式划分，钢筋主要分为柔性钢筋和劲性钢筋两大类。

柔性钢筋（普通钢筋）包括：光圆钢筋、螺纹钢筋、人字纹钢筋、月牙纹钢筋；柔性钢筋经过铁丝绑扎、焊接成钢筋网、做成平面或空间骨架以便在模板中浇筑混凝土。

劲性钢筋包括：由各种型钢、钢轨等焊接成的骨架。钢丝（直径 3~5 mm）、细钢筋（直径 6~10 mm）、粗钢筋（直径大于 22 mm）。

目前农村住宅的建造主要使用钢筋混凝土结构用钢。在钢筋混凝土之中，钢筋用于支撑结构的骨架。钢筋抗拉不抗压，混凝土抗压不抗拉，两者结合后有很好的机械强度，钢筋受到混凝土的保护而不致生锈，而且钢筋与混凝土有着近似相同的热膨胀系数，比较不会产生裂缝而腐蚀，因此成为现代建筑的理想材料，成为广泛使用的钢筋混凝土建筑。

钢筋混凝土结构用的钢筋和钢丝，主要由碳素结构钢和低合金结构钢轧制而成。主要品种有热轧钢筋、冷加工钢筋、热处理钢筋、预应力混凝土用钢丝和钢绞丝。

各类建筑工程中常用的钢材可分为钢结构的型钢和钢筋混凝土结构用的钢筋、钢丝两大类。

钢筋一般配置在混凝土梁、板、柱结构构件中，主要承受拉力。经常在墙体灰缝中加入水平拉结钢筋，以增强强度与延性，提高房屋的抗震性能。

依照力学性质和强度，钢筋分Ⅰ、Ⅱ、Ⅲ、Ⅳ 4 个级别，其中Ⅰ级为圆钢，Ⅱ级、Ⅲ级、Ⅳ级均为螺纹钢，分别用以下字母和符号表示。HPB300 为（Ⅰ级钢）热轧光圆钢筋；HRBF335 为（Ⅱ级钢）细晶粒热轧带肋钢筋；HRB400 为（Ⅲ级钢）热轧带肋钢筋；HRBF400 为（Ⅲ级钢）细晶粒热轧带肋钢筋；RRB400 为（Ⅲ级钢）余热处理带肋钢筋；HRB500 为（Ⅳ级钢）普通热轧带肋钢筋；HRBE500 为（Ⅳ级钢）细晶粒热轧带肋钢筋。

其中，H、P、R、B、F、E 分别为热轧（Hotrolled）、光圆（Plin）、带肋（Ribbed）钢筋（BrS）、细粒（Fine）、地震（Erthquke）6 个词的英文首字母（表 9-5）。

表 9-5　钢筋的中英文名称及代码

| 简写 | 英文名称 | 中文名称 |
| --- | --- | --- |
| HPB | Hot-rolled Plin steel bar | 热轧光圆钢筋 |
| HRB | Hot rolled ribbed-steel bar | 热轧螺纹钢筋 |
| HRBF | Hot rolled Ribbed-steel Bar(FINE) | 细晶粒热轧螺纹钢筋 |
| RRB | Remained-heat-treatment Ribbed-steel Bar | 余热处理螺纹钢筋 |

## 二、钢筋的锚固与搭接

### (一)锚固

钢筋的锚固是混凝土结构受力的基础。钢筋混凝土结构中钢筋能够受力，主要是依靠钢筋和混凝土之间的黏结锚固作用，如锚固达不到效果，则结构将丧失承载能力并由此导致结构破坏。

钢筋的锚固长度一般指建筑三大结构框架结构、剪力墙结构、砌体结构等体系内的六大构件系统：基础、柱、梁、墙、板、楼梯构件的受力钢筋伸入支座或基础中的总长度，可以直线锚固和弯折锚固。弯折锚固长度包括直线段和弯折段。

1. 锚固长度的计算

钢筋锚固长度的计算根据《混凝土结构设计规范》(GB 50010—2010)中 8.3.1 条的规定：当计算中充分利用钢筋的抗拉强度时，受拉钢筋(普通钢筋)的基本锚固长度应按如下公式计算。

$$L_{ab} = \alpha \times (f_y/f_t) \times d$$

式中，$L_{ab}$ 为受拉钢筋的基本锚固长度；$f_y$ 为锚固钢筋的抗拉强度设计值；$f_t$ 为混凝土的轴心抗拉强度设计值；$\alpha$ 为锚固钢筋的外形系数，光圆钢筋取 0.16，带肋钢筋取 0.14；$d$ 为锚固钢筋的直径。

受拉钢筋的锚固长度应根据锚固条件按如下公式计算，且不应小于 200 mm。

$$L_a = \xi_a \times L_{ab}$$

式中，$L_a$ 为受拉钢筋的锚固长度；$\xi_a$ 为锚固长度修正系数。

当考虑抗震时纵向受拉钢筋的抗震锚固长度应按如下公式计算。

$$L_{aE} = \xi_{aE} \times L_a$$

式中，$L_{aE}$ 为纵向受拉钢筋的抗震锚固长度；$L_a$ 为受拉钢筋的锚固长度；$\xi_{aE}$ 为纵向受拉钢筋的抗震锚固长度修正系数，对一、二级抗震等级取 1.15，对三级抗震等级取 1.05，对四级抗震等级取 1.00。

2. 锚固方式和原则

(1)构件无支座时，钢筋收头或封边；有支座时，在支座内锚固。

(2)锚固长度的基本原则是：当钢筋受力屈服的同时正好发生锚固破坏。

(3)锚固方式主要采用直锚、弯锚、机械锚固3种。

## (二)搭接

1. 搭接方式

绑扎搭接：算量时计算搭接长度。

机械连接：算量时计算接头个数。

焊接：算量时计算接头个数。

2. 搭接原则

受力钢筋接头设置在受力较小处。相邻绑扎接头宜错开，接头端面保持一定间距。

3. 机械连接注意事项

(1)机械连接接头连接区段长度取为35 d(d 为钢筋直径)。

(2)同一连接区纵向受拉钢筋接头面积百分比不宜大于50%，纵向受压钢筋不受限制。

(3)直接承受动力荷载的接头。面积百分比不宜大于50%。

(4)机械连接接头连接件的混凝土保护层厚度宜满足纵向受力钢筋的最小保护层厚度的要求。

4. 焊接接头注意事项

(1)纵向钢筋焊接接头应相互错开。连接区段长度35 d(d 为钢筋直径)，且不小于500 mm。

(2)同一连接区焊接接头面积百分比，对于受拉钢筋接头，不宜大于50%，受压钢筋接头面积百分比不受限制。

(3)需进行疲劳验算的构件，如吊车梁等，纵向受拉钢筋不得采用绑扎搭接接头，也不宜采用焊接接头，且严禁在钢筋上焊有任何附件。

5. 钢筋搭接注意事项

(1)受力筋的接头宜设在受力较小处；同一受力筋上宜少设接头；结构重要构件和关键传力部位，纵向受力筋不宜设接头。

(2)轴心受拉及小偏心受拉杆件的纵向受力筋不得采用绑扎搭接；其他构件中的钢筋采用绑扎搭接时，受拉筋直径不大于25 mm，受压钢筋直径不大于28 mm。

(3)同一构件中相邻纵向受力筋的绑扎搭接接头互相错开。

## 三、钢材的理论重量计算

钢材的理论计算公式如下。

$$W = F \times L \times g \times 1/1\,000$$

式中，$W$ 为重量，单位 kg；$F$ 为截面积，单位 $mm^2$；$L$ 为长度，单位 m；$g$ 为比重，单位 $g/cm^3$。

几种钢材理论重量计算方法见表9-6。

表 9-6  几种钢材理论重量计算方法

| 材料名称 | 理论重量 W(kg/m) |
|---|---|
| 扁钢、钢板、钢带 | W = 0.007 85×边宽×厚 |
| 方钢 | W = 0.007 85×边宽 2 |
| 圆钢、线材、钢丝 | W = 0.006 17×直径 2 |
| 钢管 | W = 0.024 66×壁厚(外径−内径) |
| 等边角钢 | W = 0.007 95×边厚(2 边宽−边厚) |

# 第四节  砖

砖分烧结普通砖、烧结多孔砖、烧结空心砖和非烧结砖 4 种(表 9-7)。在国家标准《墙体材料术语》中，将建筑用的人造小型块材，其长度≤365 mm、宽度≤240 mm、高度≤115 mm 时称为砖。将无孔洞或孔洞率小于 28% 的砖称为实心砖。将孔洞率大于等于 28%，孔的尺寸小(孔洞内径小于等于 22 mm)而数量多的砖称为多孔砖。多孔砖强度较高，主要用于砌筑 6 层以下建筑物的承重墙或高层框架结构填充墙。将孔洞率大于等于 40%，孔的尺寸大而数量少的砖称为空心砖，主要用于非承重部位。

表 9-7  常用砌墙砖的规格、标号及用途

| 名称 | 规格尺寸(mm) | 砖强度等级 | 单块重(kg) | 适用范围 |
|---|---|---|---|---|
| 烧结普通砖 | 240×115×53 | MU30 | 2.6 | 用于承重墙、柱、基础 |
| 烧结多孔砖 | 240×115×90 | MU25<br>MU20 | 3.2 | 用于承重墙、柱 |
| 蒸压粉煤灰普通砖 | 240×115×53 | MU15<br>MU10 | 2.1~2.4 | 用于建筑墙体和基础，但用于受易冻融或干湿交替的建筑部位必须使用 MU15 及以上强度等级的砖 |

## 一、烧结普通砖

烧结普通砖：凡以黏土、页岩、煤矸石或粉煤灰为原料，经成型和高温焙烧而制得的用于砌筑承重和非承重墙体的砖统称为烧结砖。烧结砖分为烧结多孔砖、烧结普通砖、烧结页岩砖。烧结砖多为实心黏土砖。

烧结普通砖可用于建筑维护结构，砌筑柱、拱、烟囱、窑身、沟道及基础等。可与轻骨料混凝土、加气混凝土、岩棉等隔热材料配套使用，砌成两面为砖、中间填以轻质材料的轻体墙。可在砌体中配置适当的钢筋或钢筋网成为配筋砌筑体，代替钢筋混凝土柱、过梁等(图 9-2)。

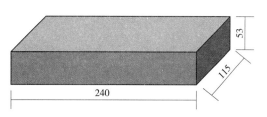

图 9-2  烧结普通砖(单位：mm)

## （一）成分与组成

烧结砖是常见的普通砖。根据原料不同分为烧结黏土实心砖、烧结粉煤灰砖、烧结页岩砖等。烧结砖在中国已有 3 000 多年的生产和使用历史，施工使用的墙体材料中，普通黏土砖仍占主导地位。

普通黏土砖的主要原料为粉质或砂质黏土，其主要化学成分为 $SiO_2$、$Al_2O_3$ 和 $Fe_2O_3$ 和结晶水，由于地质生成条件的不同，可能还含有少量的碱金属和碱土金属氧化物等。黏土砖的生产工艺主要包括取土、炼泥、制坯、干燥、焙烧 5 个步骤。

除黏土外，还可利用粉煤灰、页岩石等为原料来制造，这是因为它们的化学成分与黏土相似。但由于它们的可塑性不及黏土，所以制砖时常常需要加入一定量的黏土，以满足制坯时对可塑性的需要。另外，砖坯中的煤矸石和粉煤灰属可燃性工业废料，含有未燃尽的碳，随砖的焙烧也在坯体中燃烧，节约大量焙烧用外投煤。这类砖也称内燃砖或半内燃砖。

烧结普通砖在焙烧时窑内温度分布难以绝对均匀，因此，除了生产出合品正火砖外，还常出现欠火砖和过火砖。欠火砖(色浅、敲击声发哑、吸水大、强度低、耐久性差)和过火砖(色深、敲击声清脆、吸水率低、强度较高、多弯曲变形)均属不合格产品。

## （二）性能与要求

### 1. 形状尺寸

普通黏土砖为长方体，其标准尺寸为 240 mm×115 mm×53 mm，加上砌筑用灰缝的厚度，则 4 块砖长、8 块砖宽、16 块砖厚分别恰好为 1 m，故每一立方米砖砌体需用砖 512 块。

### 2. 强度等级

普通黏土砖的强度等级根据 10 块砖的抗压强度平均值、标准值或最小值划分，共分为 MU30、MU25、MU20、MU15、MU10 五个等级，在评定强度等级时，若强度变异系数 $\delta \leqslant 0.21$ 时，采用平均值—标准值方法；若强度变异系数 $\delta > 0.21$ 时，则采用平均值—最小值方法。

在农村住宅建设中，所有砌墙砖强度等级不应低于 MU7.5。

### 3. 抗风化性能

砖的抗风化性能通常用抗冻性、吸水率及饱和系数三项指标划分。抗冻性是指经 15 次冻融循环后不产生裂纹、分层、掉皮、缺棱、掉角等冻坏现象。且重量损失率小于 2%，强度损失率小于规定值。吸水率是指常温泡水 24 h 的重量吸水率。饱和系数是指常温 24 h 吸水率与 5 h 沸煮吸水率之比。

严重风化区中的 1、2、3、4、5 五个地区所用的普通黏土砖，其抗冻性试验必须合格，其他地区可不做抗冻试验。

### 4. 石灰爆裂

原料中若夹带石灰或内燃料(粉煤灰、炉渣)中带入 CaO，在高温熔烧过程中生成过火石灰。过火石灰在砖体内吸水膨胀，导致砖体膨胀破坏，这种现象称为石灰爆裂。《烧结普通砖》(GB/T 5101—2017)规定，破坏尺寸大于 2 mm 且小于或等于 15 mm 的爆裂区域，每组砖不得多于 15 处。其中大于 10 mm 的不得多于 7 处。不准许出现最大破坏尺寸大于 15 mm 的爆裂区域。试验后抗压强度损失不得大于 5 MPa。

5. 泛霜

是指砖内可溶性盐类在砖的使用过程中，逐渐于砖的表面析出一层白霜。这些结晶的白色粉状物不仅影响建筑物的外观，而且结晶的体积膨胀也会引起砖表层的疏松，同时破坏砖与砂浆层之间的黏结。《烧结普通砖》(GB/T 5101—2017)还规定，每块砖不准许出现严重泛霜。

6. 技术要求

配砖的尺寸偏差、强度由供需双方协商确定。但抗风化性能、泛霜、石灰爆裂性能、放射性核素限量应符合《烧结普通砖》(GB/T 5101—2017)中 6.4、6.5、6.6、6.8 的规定。外观质量可参照《烧结普通砖》(GB/T 5101—2017)中表 2 执行。

### (三)用途

烧结普通砖既有一定的强度，又有较好的隔热、隔声性能，冬季室内墙面不会出现结露现象，而且价格低廉。虽然不断出现各种新的墙体材料，但烧结砖在今后一段时间内，仍会作为一种主要材料用于砌筑工程中。

烧结普通砖优等品用于清水墙的砌筑，一等品、合格品可用于混水墙的砌筑。中等泛霜的砖不能用于潮湿部位。

## 二、烧结多孔砖和空心砖

烧结多孔砖：是以煤矸石、粉煤灰、页岩或黏土为主要原料，经焙烧而成的孔洞率等于或大于 28%，孔的尺寸小而数量多的烧结砖。

烧结空心砖：是以黏土、页岩、煤矸石为主要原料，经焙烧而成的孔洞率等于或大于 40% 的砖。

### (一)识别与使用

1. 烧结多孔砖

烧结多孔砖是以黏土、页岩或煤矸石为主要原料烧制而成的孔洞率超过 25%，孔尺寸小而多，且为竖向孔。烧结多孔砖由于多孔结构一般不宜用于基础墙的砌筑，常用作六层以下的承重砌体。

多孔砖的技术性能应满足《烧结多孔砖和多孔砌块》(GB 13544—2011)的要求。

烧结多孔砖常用尺寸为 190 mm×190 mm×90 mm 和 240 mm×115 mm×90 mm 两种规格。圆孔直径必须≤22 mm，非圆孔内切圆直径≤15 mm，手抓孔一般为(30 ~ 40 mm)×(75~85)mm(表9-8)。

根据《烧结多孔砖和多孔砌块》(GB 13544—2011)的规定，烧结多孔砖可分为 MU30、MU25、MU20、MU15 和 MU10 五个强度等级(MU 指的是砌体结构中材料强度等级的标示符号，MU10 表示砌块抗压强度平均值不小于 10 MPa）。

多孔砖根据抗压强度平均值和抗压强度标准值或抗压强度最小值分为 MU30、MU25、MU20、MU15、MU10、MU7.5 共 6 个强度等级。并根据强度等级、尺寸偏差、外观质量和耐久性指标划分为优等品（A）、一等品（B）和合格品（C）。优等品和一等品的吸水率分别不大于 22% 和 25%，对合格品的吸水率无要求。

烧结多孔砖主要用于六层以下建筑物的承重墙体。M 型砖符合建筑模数，使设计规范化、系列化，提高施工速度，节约砂浆；P 型砖便于与普通砖配套使用。

表 9-8　烧结多孔砖规格尺寸　　　　　　　　　　单位：mm

| 代号 | 长度 | 宽度 | 厚度 |
| --- | --- | --- | --- |
| M | 190 | 190 | 90 |
| P | 240 | 115 | 90 |

2. 烧结空心砖

烧结空心砖是以黏土、页岩或煤矸石为主要原料烧制而成的孔洞率大于 35%，孔尺寸大而少，且为水平孔的主要用于非承重部位的空心砖。常用于非承重砌体。

空心砖规格尺寸较多，有 290 mm×190 mm×90 mm 和 240 mm×180 mm×115 mm 两种类型，砖的壁厚应大于 10 mm，肋厚应大于 7 mm。

空心砖的技术性能应满足国家规范《烧结空心砖与空心砌块》（GB/T 13545—2014）的要求。根据大面和条面抗压强度分为 5.0、3.0、2.0 三个强度等级，同时按表观密度分为 800、900、1 100 三个密度级别。并根据尺寸偏差、外观质量、强度等级和耐久性等分为优等品（A）、一等品（B）和合格品（C）3 个等级。技术指标见表 9-9。

表 9-9　空心砖密度级别指标　　　　　　　　　　单位：kg/m³

| 密度级别 | 800 | 900 | 1100 |
| --- | --- | --- | --- |
| 五块砖表观密度平均值 | ≤800 | 801~900 | 901~1100 |

烧结空心砖自重较轻，强度较低，多用于非承重墙，如多层建筑的内隔墙或框架结构的填充墙等。

多孔砖和空心砖的抗风化性能、石灰爆裂性能、泛霜性能等耐久性技术要求与普通黏土砖基本相同，吸水率相近。

### （二）结构与用途

空心砖孔洞尺寸大而数量少，孔平行于大面和条面，使用时大面受压，孔洞与承压面平行。因此，砌筑时孔洞均水平方向放置。

空心砖的结构特征决定了其用途：由于自重较轻、强度较低，空心砖一般多用于砌筑非承重墙，如多层建筑内隔墙或框架结构的填充墙等。

黏土制砖取土大量毁坏农田，烧砖能耗高，成品尺寸小且自重大，施工效率低，抗震性能差，等等。用多孔砖和空心砖代替实心砖可节约黏土原料 20%~30%，节省燃料 10%~20%，且烧成率高，造价降低 20%，建筑时施工效率提高 40%，建成后可使建筑物自重减轻 1/3 左右，还能改善砖的绝热和隔音性能，在相同的热工作性能要求下，用空心砖砌筑的墙体厚度可减薄半块砖左右。

因此，我国正大力推广墙体材料改革，以空心砖、工业废渣砖及砌块、轻质板材来代替实心黏土砖。

### 三、非烧结砖

非烧结砖即不经过焙烧制成的砖。一般采用含钙材料（如电石渣、石灰和水泥等）和含硅材料（如砂子、粉煤灰、煤矸石和炉渣等）与水拌合后，经压制成型，然后通过常压或高压，并配合蒸汽或自然养护制备，如灰砂砖、粉煤灰砖和炉渣砖等。实心非烧结砖可承重，多孔非烧结砖一般作隔墙材料。

## 第五节　混凝土砌块

混凝土砌块俗称"大砖"，由水泥和粗骨料（碎石或卵石）组成，是用于砌筑的、形体大于砌墙砖的人造块材，一般为直角六面体。砌块是坚硬的，由胶结材料和矿物质集料加足够的水拌合，从而使水泥凝固和胶结。制作混凝土砌块可充分利用地方材料资源和工业废料（炉渣，粉煤灰等），既可以节省黏土资源和改善环境。同时其规格尺寸有小型、中型和大型 3 种，锯切垒砌均方便灵活。具有设备简单，砌筑速度快的优点，符合了建筑工业化发展中墙体改革的要求。是国家大力推广的一种新型墙体材料。

图 9-3　普通混凝土空心砌块

### 一、混凝土砌块的分类

砌块按尺寸和质量的大小不同分为小型砌块、中型砌块和大型砌块。砌块系列中主规格的高度大于 115 mm 而小于 380 mm 的称作小型砌块、高度为 380~980 mm 称为中型砌块、高度大于 980 mm 的称为大型砌块。使用中以中小型砌块居多。

砌块按外观形状可以分为实心砌块和空心砌块。空心率小于 25% 或无孔洞的砌块为实心砌块；空心率大于或等于 25% 的砌块为空心砌块（图 9-3）。

空心砌块有单排方孔、单排圆孔和多排扁孔 3 种形式，其中多排扁孔对保温较有利。按砌块在组砌中的位置与作用可以分为主砌块和各种辅助砌块。

根据材料不同，常用的砌块有普通混凝土与装饰混凝土小型空心砌块、轻集料混凝土小型空心砌块、粉煤灰小型空心砌块、蒸压加气混凝土砌块、免蒸加气混凝土砌块（又称环保轻质混凝土砌块）和石膏砌块。各砌块采用技术标准包括：《蒸压加气混凝土砌块》（GB/T 11968—2020），《轻集料混凝土小型空心砌块》（GB/T 15229—2014），《烧结空心砖与空心砌块》（GB/T 13545—2014），《粉煤灰混凝土小型空心砌块》（JC/T 862—2008）。

## 二、混凝土原料及质量要求

### （一）细集料（砂）

（1）混凝土使用的细集料，一般应采用级配良好、质地坚硬、颗粒洁净的河砂或海砂，缺乏河砂或海砂时，也可用山砂或用硬质岩石轧制的机制砂。

（2）各类砂应分批检验，各项指标合格后方可使用。

（3）细集料的技术要求主要有：级配和细度模数、有害杂质含量及坚固性。

（4）砂按其细度模数的大小不同分为：细砂（细度模数 1.6~2.2）、中砂（细度模数 2.3~3.0）和粗砂（细度模数 3.1~3.7）。混凝土用砂的细度模数宜大于 2.5。其颗粒组成应符合要求。砂中有害杂质的含量应符合要求。砂子的坚固性应符合要求。

（5）用于滑模施工水泥混凝土路面的机制砂、沉积砂和山砂通过 0.15 mm 筛的石粉含量不大于 1%，并应在混凝土和易性、单位用水量、弯拉强度和抗磨性等检验合格的前提下使用。

### （二）粗集料

粗集料是粒径大于 2.36 mm 以上的碎石、破碎砾石、筛选砾石、矿渣等。粗集料包括岩石天然风化而成的卵石（砾石）及人工轧制的碎石。粗集料的技术性质包括物理性质和力学性质两方面。所选原料应质地坚硬、耐久、洁净，其技术要求有：强度、颗粒级配，最大粒径不应超过 40 mm、压碎值、针片状含量、有害杂质含量及坚固性等，质量标准见相关标准。

施工前应对所用的碎石或卵石进行碱活性检验，在条件许可时可尽量避免采用有碱活性的集料，或采取必要的措施。水泥混凝土路面的粗集料中当怀疑有碱活性集料或夹杂的碱活性集料时，应进行碱集料反应检验，确认无碱集料反应后方可使用。

### （三）水

拌制混凝土用水，应符合下列要求。

（1）水中应不含有影响水泥正常凝结与硬化的有害杂质或油脂、糖类及游离酸类等。

（2）污水、pH 值小于 5 的酸性水及含水硫酸盐量按 $SO_4^{2-}$ 超过水的质量 2.7 mg/cm$^3$ 的水不得使用。

（3）不得使用海水拌制混凝土。

（4）供饮用的水，一般能满足上述要求，使用时可能不经试验。

## 三、混凝土砌块使用要求

当混凝土砌块用作建筑主体材料时，其放射性核素限量应符合《建筑材料放射性核素限量》（GB 6566—2010）的规定。

当建筑主体材料中天然放射性核素镭-226、钍-232、钾-40 的放射性比活度同时满足 IRa≤1.0 和 Ir≤1.0 时，其产销与使用范围不受限制。

对空心率大于 25% 的建筑主体材料，其天然放射性核素镭-226、钍-232、钾-40 的放射性比活度同时满足 IRa≤1.0 和 Ir≤1.3 时，其产销与使用范围不受限制。

建筑砌块执行《环境标志产品技术要求　建筑砌块》(HJ/T 207—2005)标准，其主要技术内容如下：产品中使用的废弃物和工业副产品(如稻草、木屑、炉渣、粉煤灰、煤矸石、硫石膏等)的含量应大于 35%。

### 四、新型混凝土砌块

除普通混凝土砌块外，有特种混凝土和新型混凝土。特种混凝土包含轻骨料混凝土、加气混凝土、防水混凝土、泵送混凝土。新型混凝土包含高强混凝土和绿色高性能混凝土。

其中蒸压加气混凝土砌块较为常用，它以钙质材料或硅质材料为基本的原料，以铝粉等为发气剂，经过配料、搅拌、浇筑成型、切割、蒸压养护等工艺制成的，多孔轻质块状材料。

蒸压加气混凝土砌块的特性和优势：砌块具有生产工艺简单，原材料来源广泛，多孔轻质适应性强，保温、隔热、抗震性能好，可改善墙体功能等优点。这种砌块的缺点是干缩较大，如果使用不当，墙体会产生裂纹。

蒸压加气混凝土砌块主要用于非承重外墙、内墙、框架填充墙及一般建筑的围护结构。

根据国家标准《蒸压加气混凝土砌块》(GB 11968—2006)的规定，其抗压强度可分为 A1.0、A2.0、A2.5、A3.5、A5.0、A7.5、A10.0 七个强度等级。

蒸压加气混凝土砌块、混凝土空心砌块、混凝土夹心聚苯板和填充保温材料的夹心砌块等都属于新型墙体砌筑材料。

这些材料的整体特点是质量轻、力学性能好、保温隔热性能优，用于生产新型墙体材料的原材料大部分是工业废料或其他非黏土资源。保温热性能基本上都能满足目前节能标准要求，因此新农村建设过程中适宜合理推广使用。

# 第六节　建筑砂浆

建筑砂浆是由无机胶结料、细骨料、掺加料和水按比例拌和而成的建筑工程材料，也称灰浆。是砌筑和抹灰工程用量最大、用途广泛的材料。其作用是在建筑工程中起到黏结、衬垫、传递应力。

### 一、砂浆的分类

建筑砂浆和混凝土的区别在于砂浆不含粗骨料，它是由胶凝材料、细骨料和水按一定的比例配制而成的。

按其用途分为砌筑砂浆、抹面砂浆(包括装饰砂浆、防水砂浆，装饰作用)和特种砂浆(如绝热砂浆、耐酸砂浆等)。

砌筑砂浆用于砖、石块、砌块等的砌筑以及构件安装。抹面砂浆则用于墙面、地面、屋面及梁柱结构等表面的抹灰，以达到防护和装饰等要求。

新拌普通砂浆应具有良好的和易性，硬化后的砂浆则应具有所需的强度和黏结力。砂浆的和易性与其流动性和保水性有关，一般根据施工经验掌握或通过试验确定。

砂浆的抗压强度用砂浆标号表示，常用的普通砂浆标号有 4、10、25、50、100 等。对强度要求高及重要的砌体，需要用 100 号以上的砂浆。

砂浆的黏结力随其标号的提高而增强，也与砌体等的表面状态、清洁与否、潮湿程度以及施工养护条件有关。因此，砌砖之前一般要先将砖浇湿，以增强砖与砂浆之间的黏结力，确保砌筑质量。

### （一）砌筑砂浆

将砖、石、砌块等黏结成砌体的砂浆。水泥起着胶结块材及传递荷载的作用，是砌体的重要组成部分。

**1. 影响砌筑砂浆质量的因素**

（1）砌筑砂浆的稠度：①砂浆稠度：指砂浆在自重力或外力作用下是否易于流动的性能。其大小用沉入量（或稠度值）（mm）表示，即砂浆稠度测定仪的圆锥体沉入砂浆深度的毫米数。普通砖的砌筑砂浆稠度为 70~90 mm，多空砖的砌筑砂浆一般是 60~80 mm。②测定砂浆稠度时，将拌合均匀的砂浆一次装入圆锥筒内，至距筒上口 1 cm，用捣棒插捣及轻轻振动至表面平整，然后将筒置于固定在支架上的圆锥体下方，然后突然松开固定螺丝，使圆锥体自由沉入砂浆中，10 s 后，读出下沉的距离（以 cm 计），即为砂浆的稠度值。③取两次测定结果算术平均值作为砂浆稠度的测定结果。如两次测定值之差大于 3 cm，应配料重新测定。④砂浆稠度的测定使用稠度测定仪。稠度测定仪由支架、测杆、指针、刻度盘、滑杆、圆锥体、圆锥筒、底座等部分组成。

（2）砌筑砂浆稳定性：是指砂浆拌合物在运输及停放时内部各组分保持均匀、不离析的性质。砂浆的稳定性用分层度表示。分层度在 10~20 mm 为宜，不得大于 30 mm。分层度大于 30 mm 的砂浆，容易产生离析，不便于施工。而分层度接近于零的砂浆，容易发生干缩裂缝。

（3）砌筑砂浆保水性：是指新拌砂浆保持水分的能力，或砂浆中的各组成材料不易分离的性质。

**2. 砌筑砂浆强度等级的选择**

①一般情况下，多层建筑物墙体选用 M1~M10 的砌筑砂浆；砖石基础、检查井、雨水井等砌体，常采 M5 砂浆；②工业厂房、变电所、地下室等砌体选用 M2.5~M10 的砌筑砂浆；二层以下建筑常用 M2.5 以下砂浆；③简易平房、临时建筑可选用石灰砂浆。

**3. 砌筑砂浆的配合比**

砂浆拌合物的和易性应满足施工要求，且新拌砂浆体积密度：水泥砂浆不应小于 1 900 kg/m³；混合砂浆不应小于 1 800 mg/m³。砌筑砂浆的配合比一般查施工手册或根据经验而定。

4. 砂浆的拌制

砂浆的拌制一般用砂浆搅拌机，要求拌合均匀。为改善砂浆的保水性可掺入黏土、电石膏、粉煤灰等塑化剂。砂浆应随拌随用。如砂浆出现泌水现象，应再次拌合。水泥砂浆和混合砂浆必须分别在拌合后 3 h 和 4 h 内使用完毕，如气温在 30 ℃ 以上，则必须在 2 h 和 3 h 内用完。

（1）砂浆拌成后和使用时，均应盛入储灰器内。如砂浆出现泌水现象，应在砌筑前再次拌合。

（2）砂浆应随拌随用。水泥砂浆和水泥混合砂浆必须分别在拌成后 3 h 和 4 h 内使用完毕；如施工期间最高气温超过 30 ℃，必须分别在拌成后 2 h 和 3 h 内使用完毕。

## （二）抹面砂浆

涂抹在建筑物或建筑构件表面的砂浆统称为抹面砂浆。根据功能的不同，抹面砂浆可分为普通抹面砂浆、装饰砂浆和具有某些特殊功能的特殊砂浆（防水砂浆、绝热砂浆、吸声砂浆、耐酸砂浆等）。

1. 抹面砂浆质量及选取要求

（1）抹面砂浆要具有良好的和易性，容易抹成混匀平整的薄层，便于施工。

（2）要有较好的黏结能力，能与基层黏结牢固，长期使用不会开裂或脱落。

（3）底层砂浆的保水性要好，否则水分易被基础材料吸收而影响砂浆的黏结力。

2. 施工操作技巧

（1）抹面砂浆通常分为 2 层或 3 层进行施工。底层砂浆起黏结基层的作用，要求砂浆应有良好的和易性和较高的黏结力，基层表面粗糙些，有利于与砂浆的黏结。中层抹灰主要是为了找平。面层抹灰主要为了平整美观，因此应选用细砂。

（2）用于砖墙的底层抹灰多用石灰砂浆；用于板条墙或板条顶棚的底层抹灰多用混合砂浆或石灰砂浆；混凝土墙、梁、柱、顶板等底层抹灰多用混合砂浆、麻刀石灰浆或纸筋石灰浆。容易碰撞或潮湿的地方应采用水泥砂浆。水泥砂浆不得涂在石灰砂浆层上。

（3）装饰砂浆是涂抹在基层材料表面兼有保护基层和增加美观作用的砂浆。由于砖吸水性强，砂浆与基层及空气接触面大，水分失去快，宜使用石灰砂浆。有防水、防潮要求时，应用水泥砂浆。装饰砂浆的施工工艺及适用范围：①喷涂。多用于外墙面，它是用挤压式砂浆泵或喷斗，将聚合物水泥砂浆喷涂在墙面基层或底灰上，形成饰面层，最后在表面再喷一层甲基硅醇钠或者甲基硅树脂疏水剂，以提高饰面层的耐久性和减少墙面污染。②弹涂。弹涂是在墙体表面刷一道聚合物水泥浆后，用弹涂器分几遍将不同色彩的聚合物水泥砂浆弹在已涂刷的基层上，形成 3~5 mm 的扁圆形花点，再喷罩甲基硅树脂。适用于建筑物内外墙面，也可用于顶棚饰面。③拉毛。在水泥砂浆或水泥混合砂浆抹灰中层上，抹上水泥混合砂浆、纸筋石灰或水泥石灰浆等，并利用拉毛工具将砂浆拉出波纹和斑点的毛头，做成装饰面层。该工艺适用于有声学要求的礼堂、剧院等室内墙面，也常用于外墙面、阳台栏板或围墙等外墙面。④水刷石。用颗粒细小的石膏所拌成的砂浆做面层，待表面稍凝固后立即喷水冲刷表面水泥浆，使其半露出石碴。水刷石用于建筑物的外墙装饰，具有天然石材的质感，经久耐用。⑤干黏石。将彩色石粒直接粘在砂浆层上。这种做法和水刷石相比，既节约水泥、石粒等原材料，又能减少湿作业和提高功效。⑥斩假石。在水泥砂浆基层上涂抹水泥石粒浆，待硬化后，用剁斧、齿斧及各种凿子等工具剁出有规律的石纹，使其形成天然花岗石粗犷的效果。主要用于室外柱面、勒脚、栏杆、踏步等处的装饰。

（4）防水砂浆则要在普通砂浆中掺入一定的防水剂，常用的防水剂有氯化物金属类防水剂和金属皂类防水剂等。

## 二、各类砂浆的选用标准和质量要求

### （一）各类砂浆配制过程中的注意事项

（1）砂浆常用的细骨料为普通砂，特种砂浆也可以选用白色或彩色砂、轻砂等。

（2）砌筑砂浆用砂宜选用中砂，毛石砌体宜选用粗砂，含泥量不应超过5%，强度等级为M2.5的水泥混合砂浆，砂的含泥量不应超过10%。

（3）拌制砂浆应采用不含有害杂质的洁净水。为改善或提高砂浆的性能，可掺入一定的外加剂，外加剂的品种和掺量必须通过试验确定。

试验确定拌制后的砂浆能满足和易性（包括流动性、稳定性、保水性）要求，能满足设计种类和强度等级要求，还需要具有足够的黏结力。

### （二）砌筑砂浆性能要求

建筑施工中为改善砌筑砂浆的和易性，减少水泥用量，通常掺入一些石灰膏、黏土膏等廉价的胶凝材料制成混合砂浆。

### （三）强度要求

为了保证整体结构的强度满足要求，用来砌筑基础、墙体和柱等建筑部位的砌筑砂浆应有一定的强度要求。

砌筑砂浆需要具有一定的黏结力，黏结力随抗压强度的增加而增强；黏结力又与砖石表面状态、湿润程度有关，与施工养护条件有关。为了保证砌筑质量，砌筑使用的砖施工前需要浇水湿润，让其含水率控制在10%～15%，且表面不要黏泥土，以提高砂浆与砖之间的黏结力。

# 第七节 木 材

## 一、木材的分类

建筑木材分为：原木、方料、板材、胶合材。

原木十分常见。方木是经加工成矩形或方形，且宽厚比小于3。宽厚比大于等于3为板材。胶合材属人造材，是运用各类材料采用相应生产工艺制造的。

原木、方木主要用于柱、梁、屋架等。板材、胶合材多用于墙、顶棚等装饰部位，能起到很好的抗震作用。

在建筑工程当中，木材还会被用作混凝土模板的楞木，能起到加固模板的作用。在房屋装修方面，建筑木方常常做木龙骨。

## 二、木材的加工

木材的加工主要是防腐和防火。木材是一种天然有机材料，易被菌、虫等生物侵袭。在使用前，根据不同的应用环境，选用合适的防腐剂，进行恰当的防火防腐处理，则可以有效地延缓木材的腐朽和使用寿命。也是节约木材、保护环境和森林资源的重要措施之一。措施主要有3点。

### （一）自然防腐

空气湿度达到80%～100%时，木腐菌才会生长。可放置刚砍伐截断好的木材在通风避雨水的场所（如雨棚），并注意垫高防潮。不添加木材防腐剂，通过通风来降低木材的含水率，使木材干燥。当木材的含水率在18%以下，腐菌便无法繁殖。

### （二）化学浸涂

这种方法是指添加木材防腐剂，从而达到抑制木腐菌繁殖的效果。通过浸涂、刷涂防腐涂料来获得防火防腐能力。高要求的防腐一般要用浸涂福尔马林等药液的方式。

### （三）压力处理

木材防腐进行压力处理主要可以提高木材渗透性，渗透性的提高可以增加木材的可处理性，加速防腐剂在木材内的固着反应。

防火防腐木材的处理，一般是采用阻燃剂和密封加工罐，将待处理的木材放进密封加工罐内后，抽真空，然后输入阻燃剂，再进行加压，加压后，排放多余的阻燃剂，再抽真空，最后对已吸阻燃剂的木材烘干，就得到防火防腐的木材。该种木材防火性能好，生产成本低，对保障人民生命财产安全方面有重大作用。

结构用木材应使用干的木材，不应使用腐朽木材。可选用原木、锯材、方木或板材。乡村住宅普通木结构构件应根据构件的主要用途选用相应材质等级的木材（表9-10）。

表9-10　普通木结构构件的材质等级

| 构件名称 | 材质等级 |
| --- | --- |
| 屋架下弦和其他连接板 | Ia |
| 屋架上弦、大梁、檩、椽、柱等 | IIa |
| 支撑、系杆等一般构件 | IIIa |

用于普通木结构的原木、方木和板材的材质可采用目测法分级，分级时应分别符合表9-11至表9-13的规定。

表 9-11 承重木结构原木材质标准

| 项次 | 缺陷名称 | 木材等级 | | |
| --- | --- | --- | --- | --- |
| | | Ia | Ia | Ia |
| 1 | 腐朽 | 不允许 | 不允许 | 不允许 |
| 2 | 木结：(1)在构件任何 150 mm 长度上沿周长所有木结尺寸的总和，不得大于所测部位原木周长的<br>(2)每个木结的最大尺寸，不得大于所测部位原木周长的 | 1/4<br>1/10<br>(连接部位为1/12) | 1/3<br>1/6 | 不限<br>1/6 |
| 3 | 扭纹：小头 1 m 材长上倾斜高度不得大于 | 80 mm | 120 mm | 150 mm |
| 4 | 髓心 | 应避开受剪面 | 不限 | 不限 |

表 9-12 承重木结构方木材质标准

| 项次 | 缺陷名称 | 木材等级 | | |
| --- | --- | --- | --- | --- |
| | | Ia | Ia | Ia |
| 1 | 腐朽 | 不允许 | 不允许 | 不允许 |
| 2 | 木结：在构件任何 150 mm 长度上所有木结尺寸的总和，不得大于所在面宽的 | 1/3<br>(连接部位为1/4) | 2/5 | 1/2 |
| 3 | 扭纹：小头 1 m 材长上倾斜高度不得大于 | 80 mm | 120 mm | 120 mm |
| 4 | 髓心 | 应避开受剪面 | 不限 | 不限 |
| 5 | 裂缝：<br>(1)在连接的受剪面上<br>(2)在连接部位的受剪面附近，其裂缝深度(有对面裂缝时用两者之和)不得大于材宽的 | 不允许<br><br>1/4 | 不允许<br><br>1/3 | 不允许<br><br>不限 |
| 6 | 虫蛀 | 允许有表面虫沟，不得有虫眼 | | |

表 9-13 椽材材质标准

| 缺陷名称 | 允许限度 |
| --- | --- |
| 漏节 | 全材长范围内不许有 |
| 腐朽 | 全材长范围内不许有 |
| 虫眼 | 全材长范围内不许有 |
| 弯曲 | 最大拱高不得超过该弯曲内曲水平长的 1% |
| 外夹皮 | 长度不得超过检尺长的 40% |
| 外伤、偏枯 | 深度不得超过检尺径的 20% |

# 第八节　石　　材

## 一、分类

主要分天然石材和人工石材(又名人造石)两类。

天然石材分为花岗岩、大理石、砂岩、石灰岩、火山岩等。人造石材是一种人工合成的装饰材料。按照所用黏结剂不同,可分为有机类人造石材和无机类人造石材两类。按其生产工艺过程的不同,又可分为聚酯型人造大理石、复合型人造大理石、硅酸盐型人造大理石、烧结型人造大理石4种类型。人造石产品繁多,质量和美观已经不逊色天然石材。

市场上常见的石材主要有大理石、花岗岩、水磨石、合成石4种,其中,大理石中汉白玉为最上品;花岗岩比大理石坚硬;水磨石是以水泥、混凝土等原料锻压而成;合成石则是以天然石的碎石为原料,加上黏合剂等经加压、抛光而成。后两者因为是人工制成,所以强度没有天然石材高。

石材作为一种高档建筑装饰材料,是建筑、装饰、道路、桥梁建设的重要原料之一。

## 二、石材的性能

### (一)耐火性

石材只有在高温作用下,才会发生化学分解,因材有很强的耐火性。

(1)石膏:在大于107 ℃时分解。

(2)石灰石、大理石:在大于910 ℃时分解。

(3)花岗石:在600 ℃时因组成矿物受热不均而裂开。

### (二)热胀冷缩

美国曾试验由0~100 ℃,再降到0 ℃。石材收缩后不能回复至原来体积,因此,使用中要注意温度变化。

### (三)耐冻性

-20 ℃时,石材会发生冻结,岩石若不能抵抗此种膨胀所发生之力,便会出现破坏现象。若吸水率小于0.5%,可不考虑其抗冻性能。

### (四)耐久性

石材具有良好的耐久性,用石材建造的结构物具有永久的可能。许多重要的建筑物及纪念性构筑物都是使用石材建筑的。

### (五)抗压强度

石材的抗压强度会因矿物成分、结晶粗细、胶结物质的均匀性、荷重面积、荷重作用与解理所成角度等因素，而有所不同。若其他条件相同，通常结晶颗粒细小而彼此黏结一起的致密材料，具有较高强度。

## 三、石材的使用

建筑装饰用的天然石材主要有花岗石和大理石两大种。天然饰面石材装饰的部位不同，选用的石材类型也应该有所区别。

（1）用于室外装饰时，因为室外建筑物需经受长期风吹日晒雨淋，可选用，吸水率小，抗风化能力强的花岗岩。

（2）用于厨房台面，厅堂地面装饰的饰面石材，要求其物理化学性能稳定，机械强度高，亦应首选花岗石类石材。

（3）用于墙裙及家居卧室地面的装饰，美观要求高，机械强度要求稍差，可以使用具有美丽图案的大理石。

（4）部分地区也会用块状青石或花岗岩做地基，因青石属于石灰岩，硬度较低，花岗岩价格昂贵，目前多数地区已用混凝土制品代替，但有少数地区还在使用。

## 四、石材的选购

对于石材防护产品的选择和使用，除了要了解产品性能外，还要注意以下几点。

### （一）石材的鉴别

成品饰面石材，其质量好坏可以从以下 4 个方面来鉴别。

一观，即肉眼观察石材的表面结构。一般来说，均匀的细料结构的石材具有细腻的质感，为石材之佳品；粗粒及不等粒结构的石材其外观效果较差。另外，石材有细微裂缝，最易发生破裂，应注意剔除。至于缺棱角更是影响美观，选择时尤应剔除。

二量，即量石材的尺寸规格。以免影响拼接，或造成拼接后的图案、花纹、线条变形，影响装饰效果。

三听，即通过敲击，听石材的声音。一般而言，质量好的石材其敲击声清脆悦耳；相反，若石材内部存在轻微裂隙或因风化导致颗粒间接触变松，则敲击声粗哑。

四试，即用简单的试验方法来检验石材的质量好坏。通常在石材的背面滴上一小粒墨水，如墨水很快四处分散浸出，即表明石材内部颗粒松动或存在缝隙，石材质量不好；反之，若墨水滴在原地不动，则说明石材质地好。

### （二）选购注意事项

（1）石材应该有放射性合格证，没有证的不要购买，同时要注意，家装要选用的是A类产品。

（2）大理石和花岗岩，要首先考虑大理石，因为在正常情况下，花岗岩的放射性大于大理石的放射性。

（3）一般情况下，石材颜色的优劣顺序为：黑色、灰白色、肉红色、绿色、红色；从放射性来看，从高到低，依次为：红色、绿色、肉红色、灰白色、白色、黑色。

## 第九节　石灰与石膏

### 一、石灰

石灰是由石灰石、白云石或白垩等原料，经煅烧而得到的以氧化钙为主要成分的气硬性无机胶凝材料，人类最早应用的胶凝材料。石灰质硬，土状光泽，不透明，包括生石灰和熟石灰(图9-4)。由于其原料分布广，生产工艺简单，成本低廉，在土木工程中应用广泛。

图9-4　生石灰块与生石灰粉

#### (一)石灰的分类及生成

石灰有生石灰和熟石灰。生石灰的主要成分是 CaO，一般呈块状，纯的为白色，含有杂质时为淡灰色或淡黄色。生石灰吸潮或加水就成为消石灰，消石灰也叫熟石灰，它的主要成分是 $Ca(OH)_2$。熟石灰经调配成石灰浆、石灰膏、石灰砂浆等，用作涂装材料和砖瓦黏合剂。

根据加水量的不同，生石灰可熟化成消石灰粉或石灰膏。石灰熟化的理论需水量为石灰重量的32%。在生石灰中，均匀加入60%~80%的水，可得到颗粒极细、分散均匀的消石灰粉。若用过量的水熟化，将得到具有一定稠度的石灰膏。石灰中一般都含有过火石灰，过火石灰熟化慢，若在石灰浆体硬化后再发生熟化，会因熟化产生的膨胀而引起隆起和开裂。

为了消除过火石灰的这种危害，石灰在熟化后，还应"陈伏"2周左右。

#### (二)调制石灰注意事项

(1)生石灰熟化后形成的石灰浆中，石灰粒子形成氢氧化钙胶体结构，颗粒极细(粒径约为 $1~\mu m$)，比表面积很大($10~30~m^2/g$)，其表面吸附一层较厚的水膜，可吸附大量的水，因而有较强保持水分的能力，即保水性好。将它掺入水泥砂浆中，配成混合砂浆，可显著提高砂浆的和易性。

(2)石灰依靠干燥结晶以及碳化作用而硬化，由于空气中的 $CO_2$ 含量低，且碳化后形成的碳酸钙硬壳阻止 $CO_2$ 向内部渗透，也妨碍水分向外蒸发，因而硬化缓慢，硬化后的强度也不高，1∶3 的石灰砂浆 28 d 的抗压强度只有 0.2~0.5 MPa。在处于潮湿环境时，石灰中的水分不蒸发，$CO_2$ 也无法渗入，硬化将停止；加上氢氧化钙微溶于水，已硬化的石灰遇水还会溶解溃散。因此，石灰不宜在长期潮湿和受水浸泡的环境中使用。

（3）石灰在硬化过程中，要蒸发掉大量的水分，引起体积显著收缩，易出现干缩裂缝。所以，石灰不宜单独使用。一般要掺入砂、纸筋、麻刀等材料，以减少收缩，增加抗拉强度，并能节约石灰。

### （三）调制石灰质量要求

石灰中产生胶结性的成分是有效氧化钙和氧化镁，其含量是评价石灰质量的主要指标。石灰中的有效氧化钙和氧化镁的含量可以直接测定，也可以通过氧化钙与氧化镁的总量和 $CO_2$ 的含量反映，生石灰还有未消化残渣含量的要求；生石灰粉有细度的要求；消石灰粉则还有体积安定性、细度和游离水含量的要求。

国家建材行业将建筑生石灰、建筑生石灰粉和建筑消石灰粉分为优等品和合格品 3 个等级。但在交通部门，《公路路面基层施工技术规范》(JTJ 034—2000) 仍按原国家标准(GB 1594—1979)将生石灰和消石灰划分为 3 个等级。

### （四）石灰的应用

石灰在建筑上的主要用途如下。

1. 石灰乳涂料

石灰加大量的水所得的稀浆，即为石灰乳。主要用于要求不高的室内粉刷。

2. 砂浆

利用石灰膏或消石灰粉可配制成石灰砂浆或水泥石灰混合砂浆，用于抹灰和砌筑。

3. 石灰土和三合土

消石灰粉与黏土拌合后称为灰土，再加砂或石屑、炉渣等即成三合土。灰土和三合土广泛用于建筑物的基础地面的垫层和道路的基层。

4. 硅酸盐混凝土及其制品

以石灰与硅质材料(如石英砂、粉煤灰、矿渣等)为主要原料，经磨细、配料、拌合、成型、养护(蒸汽养护或压蒸养护)等工序得到的人造石材。常用的有蒸汽养护和压蒸养护的各种粉煤灰砖、灰砂砖、砌块及加气混凝土等。

5. 碳化石灰板

将磨细生石灰、纤维状填料(如玻璃纤维)或轻质骨料加水搅拌成型为坯体，然后再通入 $CO_2$ 进行人工碳化(12~24 h)而成的一种轻质板材。适合作非承重的内隔墙板、顶棚等。

### （五）石灰的运输和储存

生石灰块及生石灰粉须在干燥条件下运输和储存，且不宜存放太久。长期存放时应在密闭条件下，且应防潮、防水。

## 二、石膏

石膏是一种用途广泛的工业材料和建筑材料。其制品的微孔结构和加热脱水性，使之具优良的隔音、隔热和防火性能，可用于水泥缓凝剂、石膏建筑制品、模型制作等。对于石膏工业来说，大约有 80% 的熟石膏被用来生产建筑墙板。约 20% 用来生产石膏抹灰料或其他石膏产品。

### （一）石膏的用途

利用建筑石膏生产的建筑制品主要如下。

1. 纸面石膏板

在建筑石膏中加入少量胶黏剂、纤维、泡沫剂等与水拌和后连续浇注在两层护面纸之间，再经辊压、凝固、切割、干燥而成。板厚 9~25 mm，干容重 750~850 kg/m³，板材韧性好，不燃，尺寸稳定，表面平整，可以锯割，便于施工。主要用于内隔墙、内墙贴面、天花板、吸声板等，但耐水性差，不宜用于潮湿环境中。

2. 纤维石膏板

将掺有纤维和其他外加剂的建筑石膏料浆，用缠绕、压滤或辊压等方法成型后，经切割、凝固、干燥而成。厚度一般为 8~12 mm，与纸面石膏板比，其抗弯强度较高，不用护面纸和胶黏剂，但容重较大，用途与纸面石膏板相同。

3. 装饰石膏板

将配制的建筑石膏料浆，浇注在底模带有花纹的模框中，经抹平、凝固、脱模、干燥而成，板厚为 10 mm 左右。为了提高其吸声效果，还可制成带穿孔和盲孔的板材，常用作天花板和装饰墙面。

4. 石膏空心条板和石膏砌块

将建筑石膏料浆浇注入模，经振动成型和凝固后脱模、干燥而成。空心条板的厚度一般为 60~100 mm，孔洞率 30%~40%；砌块尺寸一般为 600 mm×600 mm，厚度 60~100 mm，周边有企口，有时也可做成带圆孔的空心砌块。空心条板和砌块均用专用的石膏砌筑，施工方便，常用作非承重内隔墙。

### （二）石膏砌块的储存要求

（1）石膏砌块堆积，应避免受雨受潮，宜室内堆积。
（2）石膏砌块搬运或安装时轻拿轻放，堆积时保持垂直，连垒不超过 9 层。
（3）墙体黏结资料和饰面层资料必须符合规定的质量标准和运用要求。

# 第十节　防水材料

防水材料是防渗透、渗漏和侵蚀的材料统称。包含防止雨水、地下水、工业和民用的给排水、腐蚀性液体以及空气中的湿气、蒸气等侵入建筑物的材料。

## 一、防水材料的分类

防水材料品种繁多，按其主要原料可分为沥青类防水材料、橡胶塑料类防水材料、水泥类防水材料和金属类防水材料4种。在建筑中，能达到防水、防渗和保护作用。主要用于家庭装修防水、工程建设防水。

使用方法有搅拌、涂刷、养护、检查4种，其特性包含延伸性、弹塑性、抗裂性、抗渗性4个方面。

### （一）沥青类防水材料

以天然沥青、石油沥青和煤沥青为主要原材料，制成的沥青油毡、纸胎沥青油毡、溶剂型和水乳型沥青类或沥青橡胶类涂料、油膏，具有良好的黏结性、塑性、抗水性、防腐性和耐久性。主要用于工程施工，如屋顶、外墙、地下室等。

### （二）橡胶塑料类防水材料

以氯丁橡胶、丁基橡胶、三元乙丙橡胶、聚氯乙烯、聚异丁烯和聚氨酯等原材料，可制成弹性无胎防水卷材、防水薄膜、防水涂料、涂膜材料及油膏、胶泥、止水带等密封材料，具有抗拉强度高，弹性和延伸率大，黏结性、抗水性和耐气候性好等特点，可以冷用，使用年限较长。这种防水材料能与水泥基面结为一体，经久不脱层，是家庭防水的常见选择材料。

### （三）水泥类防水材料

对水泥有促凝密实作用的外加剂，如防水剂、加气剂和膨胀剂等，可增强水泥砂浆和混凝土的憎水性和抗渗性；以水泥和硅酸钠为基料配置的促凝灰浆，可用于地下工程的堵漏防水。

### （四）金属类防水材料

薄钢板、镀锌钢板、压型钢板、涂层钢板等可直接作为屋面板，用以防水。金属防水层的连接处要焊接，并涂刷防锈保护漆。薄钢板用于地下室或地下构筑物的金属防水层。薄铜板、薄铝板、不锈钢板可制成建筑物变形缝的止水带。

## 二、防水材料的用途

农村建筑层数较少，储物晒粮要经常利用屋顶或地下建筑，因此，建造的过程中，合理使用防水措施十分必要。

农村建筑的防水多使用在屋面、地下建筑、建筑物的地下部分、需防水的内室和储水构筑物等。

按其采取的措施和手段的不同，分为材料防水和构造防水两大类。材料防水是靠建筑材料阻断水的通路，以达到防水的目的或增加抗渗漏的能力，如卷材防水、涂膜防水、混凝土及水泥砂浆刚性防水以及黏土、灰土类防水等。

构造防水则是采取合适的构造形式，阻断水的通路，以达到防水的目的，如止水带和空腔构造等。主要应用领域包括房屋建筑的屋面、地下、外墙和室内；城市道路桥梁和地下空间等市政工程；高速公路和高速铁路的桥梁、隧道；地下铁道等交通工程；引水渠、水库、坝体、水利发电站及水处理等水利工程等等。以后还会向更多领域延伸。

### 三、防水材料知识

#### （一）常见防水涂料及性能

市场上防水材料不下上百种，常见的仅三四种，建材市场（超市）主要防水涂料有聚氨酯类、丙烯酸类、聚合物水泥类和水泥灰浆类。

这四类防水材料的防水性能优劣表现为：聚合物水泥类＞聚氨酯类＞丙烯酸类＞水泥灰浆类。

#### （二）聚氨酯类防水涂料的特点

聚氨酯涂料有"液体橡胶"之称，是综合性能最好的防水涂料之一。涂膜坚韧、拉伸强度高、延伸性好，耐腐蚀、抗结构伸缩变形能力强，并具有较长的使用寿命。但是有气味，黑色不环保。

#### （三）丙烯酸防水涂料的主要特点

丙烯酸防水涂料是一种单组分、环保型的弹性防水涂料。它是以自交联纯丙乳液为基础，配合特殊改性剂、功能助剂和填料经过分散研磨而成。该类材料无毒、无害、不可燃，是绿色环保型产品；它具有较好的延伸率和拉伸强度，纯丙烯酸耐老化性非常好，防水层的使用寿命也很长；而且施工方便，辊涂、刮涂均可施工。防水层形成接点的连续弹性膜，对结构复杂的异型部位施工尤为方便。由于其性能特点比较稳定，应用效果理想，价格适中，因此在家装防水中广泛应用。主要用在大型工程中。

#### （四）灰浆类防水涂料的特点

灰浆类防水涂料是以丙烯酸酯乳液和多种添加剂组成的有机乳液料，配以特种水泥及多种填充料组成的无机粉料，经一定比例配制成的双组分水性防水灰浆。该类涂料无毒无害，无污染，是真正的环保型涂料，它可直接在混凝土表面施工并粘接牢固，施工方便，不受基层含水率的限制，干燥快，凝结时间短，施工 2 h 后即可在表面粘贴瓷砖。但由于该类材料属于刚性防水涂料，成膜后缺乏弹性，会因建筑沉隆和错位影响防水效果，一般适用于结构比较稳定的部位。

#### （五）水性防水涂料不一定是环保涂料

市面上大多数的防水涂料属于水溶性材料，商家也都宣称水溶性防水涂料就是环保材料，而大多称油溶性防水涂料是不环保的。实际上这种说法是不正确的。水溶性还是油溶性不是判断环保涂料的标准，不管是水溶性还是油溶性防水涂料，只要经过国家相关环保认证，比如中国环境标志认证或 CTC 产品环保、质量认证等，这些材料就是环保可靠的，大家即可放心使用。

### (六)堵漏王是否能代替水泥直接黏砖

可以代替水泥黏接瓷砖,但需要保持湿润,没有明水。

### (七)堵漏王产品出现颗粒状是否能正常使用

这种产品是水泥基的,如果在保质期内保存不当,容易受外界环境的影响,特别是受潮湿影响,导致产品出现颗粒状结块现象,如果结块了,已经影响了产品本身的性能,尽量不要再继续使用,以免用后无效。

# 第十一节　绿色节能新材料

建筑能耗包括采暖、空调、热水供应、炊事、照明、家用电器等所消耗的能源。有数据表明,现在我国的建筑能耗已经增长到了一个不能忽视的水平。调查数据显示,2015 年中国建筑能源消费总量为 8.57 亿 t 标准煤,占全国能源消费总量的 20%,其中农村建筑能耗为 1.97 亿 t 标准煤。

《中国建筑能耗研究报告(2017 年)》中建议,未来建筑节能工作要与大气污染综合治理相结合,全面推进北方地区清洁采暖,助推生态文明建设;与人民对美好生活的需要相结合,大力发展健康建筑,助推健康中国战略的实施;与市场经济改革相结合,发挥行业协会力量推动行业自主减排行动,助推我国碳减排目标实现。

新农村减少建筑能耗,降低围护结构的热量,是靠降低墙体、屋顶、地面和门窗的热量以及减少门窗空气渗透热来实现,改善围护结构热工性能,是建筑节能取得成效的关键。建筑物热工特性参数主要包括外围护结构墙体热阻、窗户的大小和遮阳状况、屋面隔热情况等。

## 一、节能材料分类

### (一)新型墙体材料

就其品种而言,新型墙体材料主要包括砖、块、板等,如黏土空心砖、掺废料的黏土砖、非黏土砖、建筑砌块、加气混凝土、轻质板材、复合板材等。

### (二)保温隔热材料

墙体保温式根据保温层位置的不同可分为:外墙外保温、外内保温和中空夹心复合墙体保温等 3 种。自然硅藻泥具备保温隔热功效,属于保温隔热材料。

### (三)防水密封材料

我国建筑防水材料的发展十分迅速,已彻底摆脱了纸胎油毡一统天下的落后局面,拥有沥青油毡(含改性沥青油毡)、合成高分子防水卷材、建筑防水涂料、密封材料、堵漏和刚性防水材料等五大类产品。

### (四)节能门窗和节能玻璃

从节能门窗的发展来看,门窗的制造材料从单一的木、钢、铝合金等发展到了复合材料，如铝合金—木材复合、铝合金—塑料复合、玻璃钢等。我国市场主要的节能门窗有：PVC 门窗、铝木复合门窗、铝塑复合门窗、玻璃钢门窗等。

## 二、节能材料的利用

（1）墙体采用岩棉、玻璃棉、聚苯乙烯塑料、聚氨酯泡沫塑料及聚乙烯塑料等新型高效保温绝热材料以及复合墙体，降低外墙传热系数。

（2）门窗采用增加窗玻璃层数、使用低辐射玻璃、加装门窗密封条、窗上加贴透明聚酯膜和绝热性能好的塑料窗等措施，改善门窗绝热性能，有效降低室内空气和室外空气的热传导。

（3）屋面采用高效保温屋面、架空型保温屋面、浮石砂保温屋面和倒置型保温屋面等节能屋面；综合考虑建筑物的通风、自然采光和遮阳等建筑围护结构，优化集成节能技术。

## 三、新型节能材料

### （一）墙体材料

目前适用于新农村房屋建筑的新型墙体材料主要有多孔砖、空心砖、蒸压加气混凝土砌块、蒸压灰砂砖、蒸压粉煤灰砖、混凝土空心砌块、轻集料混凝土小型空心砌块、混凝土夹心聚苯板和填充保温材料的夹心砌块等。

这些材料具有质量轻、力学性能好、保温隔热性能优的特点。而且生产这些新型墙体材料的原材料大部分是工业废料或者其他非黏土资源。

在建筑使用中，新型墙体材料的功效也基本接近黏土实心砖，保温性能基本上都能满足目前节能标准要求。在建筑构造中可以采用夹心墙填充保温材料或采用外墙外保温等结构方式，以进一步提高其保温节能的性能。

### （二）屋面防水材料

筑物的类别、使用功能、重要程度要求确定防水等级，并且按照相应等级进行防水设防。对防水有特殊要求的建筑屋面要进行专项防水设计：一般建筑，防水等级为Ⅱ级，设防要求为一道防水设防；重要建筑和高层建筑的防水等级为Ⅰ级，设防要求为两道防水设防。

### （三）光伏陶瓷瓦

光伏陶瓷瓦是一种新型的高档绿色屋面建材，它将太阳能电池与建筑瓦片完美结合，替代普通建筑瓦片并实现发电功能，真正实现光电建筑一体化。

# 第十章　地基选址与基础

地基基础是一个建筑工程的根基，是建筑物十分重要的组成部分，它的勘察、
设计及施工质量关系到整个建筑的安全和正常使用

## 第一节　选址要求

"百尺高台，起于垒土"，选址位置决定建筑物的所处状况：基础的地基承载力，地震抗震设防情况，采光、通风及排水等诸多因素，属于建筑设计和施工的前置条件，所以针对选址的原则应给予重视。具体要求如下。

### 一、符合村庄规划

首先应符合地方政府的村庄规划，这是建筑属于合法建筑的必要条件。

### 二、地质条件好

依据工程特点，优先选择场地稳定、地质条件好的地段作为建筑场地。

### 三、抗震有利地段

依据工程需要，调查和熟悉本地工程地质及地震活动情况，尽量选择抗震有利地段，避开抗震不利地段和危险地段。

有利地段是指稳定基岩，坚硬土，开阔、平坦、密实、均匀的中硬土等。

不利地段是指软弱土，含水较多的砂土，条状突出的山嘴，高耸孤立的山丘，陡坡，陡坎，河岸和边坡的边缘，状态明显不均匀的土层（含故河道、疏松的断层破碎带、暗埋的塘浜沟谷和半填半挖地基）。

危险地段是指地震时可能发生滑坡、崩塌、地陷、地裂、泥石流等，以及地震断裂带上可能发生地表错位的部位。

### 四、避开洪涝和矿区

应避开洪水淹没、河道冲刷区，矿藏开采架空区，文物发掘区域。

## 第二节 勘察与钎探

在选定建筑处于有利地段的情况下，为确定建筑基础方案，需要针对建筑所在位置地质情况进行踏勘和钎探作业，主要内容如下。

一是调查所在建筑场地周边情况，主要调查：周边建筑的层数、层高、结构形式，楼板及墙体材料及厚度，基础形式及地基处理方式，地下水位情况。

二是通过多个建筑外侧观察基础沉降情况；如存在沉降开裂，可进行初步分析原因，简单判断是否由于不均匀沉降产生，采用加大地圈梁能否减少裂缝，是否是建筑处于湿陷性黄土地区由于土质进水引起。

三是调查所在场地以前的地质情况，有无地坑；地洞，河道沉积，垃圾回填土情况；针对新场地周边无参考建筑等情况，也可进行初步钎探，钎探要求工具可采用小型洛阳铲：条形基础不应小于基础底面宽度的3倍，对单独柱基不应小于基底宽度的1.5倍，且不应小于5 m，如有异常土体可加密或加深取土。

四是钎探过程后如发现大面积异常土体（淤泥、水平向软硬夹层等），可能需要进行复杂地基处理或者需要桩基设计时，就需要专业岩土工程师进行勘察和设计了。轻型圆锥动力触探对应地基承载力见表10-1。

表 10-1 轻型圆锥动力触探对应地基承载力     单位：kPa

| 指标 | 锤击数（个） | | | | | | | | |
|---|---|---|---|---|---|---|---|---|---|
| | 6 | 8 | 10 | 12 | 14 | 16 | 18 | 20 | 23 |
| 黏土与粉土 | 50 | 80 | 100 | 110 | 120 | 130 | 139 | 160 | 180 |

| 指标 | 锤击数（个） | | | | | | | | |
|---|---|---|---|---|---|---|---|---|---|
| | 22 | 32 | 48 | 59 | 75 | — | — | — | — |
| 粉砂与细砂 | 90 | 110 | 140 | 160 | 180 | | | | |

# 第三节 地基处理

地基处理系指为提高天然地基承载力和变形能力，通过改善其变形性质或渗透性质而采取的人工处理地基的方法。与采用桩基础相比，具有造价经济、工期短等优点。由于农居结构简单，考虑基础承载力要求不高，配合施工技术要求较低的特点，平原农居常见的基础处理方案介绍两种：换填垫层法、灰土桩挤密法。

## 一、换填垫层法

换填垫层法(图 10-1)适用于浅层软弱地基及不均匀地基(局部存在松填土层、暗塘、古井等)，处理深度为 3 m 以内。深厚软弱地基，采用浅部的换填垫层处理难以控制地基变形和不均匀变形，从而可能影响建筑物的安全和正常使用，因此换填垫层法不适用于深厚软弱地基。

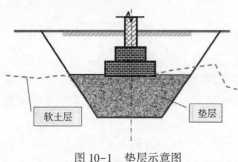

图 10-1 垫层示意图

### (一)垫层的厚度处理

垫层厚度应根据置换软弱土的深度以及下卧土层的承载力确定，厚度不宜小于 0.5 m 及 0.5 倍的基础宽度，考虑以下因素。

(1)当建筑范围浅部软弱土层较薄时，宜全部置换处理。

(2)满足下卧土层的承载力以及建筑物对地基变形的要求。

(3)当局部范围存在松填土、池塘、河道、暗浜、暗塘、暗沟、古墓、古井等浅层不良地质条件时，相应部位的处理厚度宜大于浅层不良土层的厚度，保证地基经处理后的不均匀变形满足要求。

(4)当垫层厚度不同时，垫层顶面标高应相同，在厚度变化处的底面应当做成斜坡，其坡高与坡长的比值可取 1:2，每段坡高不宜大于 1 m。

### (二)垫层的宽度处理

垫层底面的宽度可根据现场具体情况适当放宽，垫层顶面宽度按如下原则确定。
(1)从垫层底面两侧向上，按基坑开挖期间保持边坡稳定的当地经验放坡确定。
(2)垫层顶面每边超出基础底边不宜小于 300 mm。

### (三)垫层材料要求

1. 石

宜选用碎石、卵石、角砾、圆砾、砾砂、粗砂、中砂或石屑，并应级配良好，不含植物残体、垃圾等杂质。当使用粉细砂或石粉时，应掺入不少于总重量 30% 的碎石或卵石。砂石的最大粒径不宜大于 50 mm。对湿陷性黄土或膨胀土地基，不得选用砂石等透水性材料。

2. 粉质黏土

土料中有机质含量不得超过 5%，且不得含有冻土或膨胀土。当含有碎石时，其最大粒径不宜大于 50 mm。用于湿陷性黄土或膨胀土地基的粉质黏土垫层，土料中不得夹有砖、瓦或石块等。

3. 灰土

体积配合比宜为 2∶8 或 3∶7。石灰宜选用新鲜的消石灰，其最大粒径不得大于 5 mm。土料宜选用粉质黏土，不宜使用块状黏土，且不得含有松软杂质，土料应过筛且最大粒径不得大于 15 mm。

4. 粉煤灰

选用的粉煤灰应满足相关标准对腐蚀性和放射性的要求。粉煤灰垫层上宜覆土 0.3~0.5 m。粉煤灰垫层中采用掺加剂时，应通过试验确定其性能及适用条件。粉煤灰垫层中的金属构件、管网应采取防腐措施。大量填筑粉煤灰时，应经场地地下水和土壤环境的不良影响评价合格后，方可使用。

5. 矿渣

宜选用分级矿渣、混合矿渣及原状矿渣等高炉重矿渣。矿渣的松散重度不应小于 11 kN/m³，有机质及含泥总量不得超过 5%。垫层设计、施工前应对所选用的矿渣进行试验，确认性能稳定并满足腐蚀性和放射性安全要求。对易受酸、碱影响的基础或地下管网不得采用矿渣垫层。大量填筑矿渣时，应经场地地下水和土壤环境的不良影响评价合格后，方可使用。

6. 其他工业废渣

在有充分依据或成功经验时，可采用质地坚硬、性能稳定、透水性强、无腐蚀性和无放射性危害的其他工业废渣材料，但应经过现场试验证明其经济技术效果良好且施工措施完善后方可使用。

不同换填材料的压实标准与承载力见表 10-2。

**表 10-2　垫层的压实标准与承载力**

| 施工方法 | 换填材料 | 压实系数 | 承载力标准值（kPa） |
|---|---|---|---|
| 碾压振密或夯实 | 碎石、卵石 | ≥0.97 | 200~300 |
| | 砂夹石（其中碎石、卵石占全重的 30%~50%） | | 200~250 |
| | 土夹石（其中碎石、卵石占全重的 30%~50%） | | 150~200 |
| | 中砂、粗砂、砾砂、角砂、圆砂 | | 150~200 |
| | 石屑 | | 120~150 |
| | 粉质黏土 | ≥0.97 | 130~180 |
| | 灰土 | ≥0.95 | 200~250 |

## （四）垫层施工要求

（1）垫层施工应根据不同的换填材料选择施工机械。粉质黏土、灰土垫层宜采用平碾、振动碾或羊足碾，以及蛙式夯、柴油夯。砂石垫层等宜用振动碾。粉煤灰垫层宜采用平碾、振动碾、平板振动器、蛙式夯。矿渣垫层宜采用平板振动器或平碾，也可采用振动碾。

（2）垫层的施工方法、分层铺填厚度、每层压实遍数宜通过现场的试验确定。除接触下卧软土层的垫层底部应根据施工机械设备及下卧层土质条件确定厚度外，其他垫层的分层铺填厚度宜为 200~300 mm。为保证分层压实质量，应控制机械碾压速度。

（3）粉质黏土和灰土垫层土料的施工含水量宜控制在最优含水量±20%的范围内，粉煤灰垫层的施工含水量宜控制在±40%的范围内，最优含水量可通过击实试验确定，也可按当地经验选取。

（4）当垫层底部存在古井、古墓、洞穴、旧基础、暗塘时，应根据建筑物对不均匀沉降的控制要求予以处理，并经检验合格后，方可铺填垫层。

（5）基坑开挖前应清除填土层底面以下的耕土、植被；开挖后以免坑底土层受扰动，可保留 180~220 mm 厚的土层暂不挖去，待铺填垫层前再由人工挖至设计标高。严禁扰动垫层下的软弱土层，应防止软弱垫层被践踏、受冻或受水浸泡。在碎石或卵石垫层底部宜设置厚度为 150~300 mm 的砂垫层或铺一层土工织物，并应防止基坑边坡塌土混入垫层中。

（6）换填垫层施工时，应采取基坑排水措施。除砂垫层宜采用水撼法施工外，其余垫层施工均不得在浸水条件下进行。工程需要时应采取降低地下水位的措施。

（7）垫层底面宜设在同一标高上，如深度不同，坑底土层应挖成阶梯或斜坡搭接，并按先深后浅的顺序进行垫层施工，搭接处应夯压密实。

（8）粉质黏土、灰土垫层及粉煤灰垫层施工，应符合下列规定：①粉质黏土及灰土垫层分段施工时，不得在柱基、墙角及承重窗间墙下接缝；②垫层上下两层的缝距不得小于 500 mm，且接缝处应夯压密实；③灰土拌合均匀后，应当日铺填夯压；灰土夯压密实后，3 d 内不得受水浸泡；④粉煤灰垫层铺填后，宜当日压实，每层验收后应及时铺填上层或封层，并应禁止车辆碾压通行；⑤垫层施工竣工验收合格后，应及时进行基础施工与基坑回填。

### （五）垫层质量检验

（1）对粉质黏土、灰土、砂石、粉煤灰垫层的施工质量可选用环刀取样、轻型动力触探或标准贯入试验等方法进行检验；对碎石、矿渣垫层的施工质量可采用重型动力触探试验等进行检验。压实系数可采用灌砂法、灌水法或其他方法进行检验。

（2）采用轻型动力触探法检验垫层的施工质量时，每分层平面上检验点的间距不应大于 4 m。

（3）采用预压法检验。

## 二、灰土挤密桩复合地基

### （一）灰土桩地基处理

灰土挤密桩、土挤密桩复合地基处理应符合下列规定：

（1）适用于处理地下水位以上的粉土、黏性土、素填土、杂填土和湿陷性黄土等地基，可处理地基的厚度宜为 3~15 m。

（2）当以消除地基土的湿陷性为主要目的时，可选用土挤密桩；当以提高地基土的承载力或增强其水稳性为主要目的时，宜选用灰土挤密桩。

（3）当地基土的含水量较大或存在管线渗漏、地下水位上升时，地基慎用。

### （二）灰土桩施工要求

成孔应按设计要求、成孔设备、现场土质和周围环境等情况，选用振动沉管、锤击沉管、冲击或钻孔等方法；桩顶设计标高以上的预留覆盖土层厚度，宜符合下列规定。

（1）沉管成孔不宜小于 0.5 m。

（2）冲击成孔或钻孔夯扩法成孔不宜小于 1.2 m。土料有机质含量不应大于 5%，且不得含有冻土和膨胀土，使用时应过 10~20 mm 的筛，混合料含水量应满足最优含水量要求，允许偏差应为±2%，土料和水泥应拌合均匀。

（3）成孔和孔内回填夯实应符合下列规定：①成孔和孔内回填夯实的施工顺序，当整片处理地基时，宜从里（或中间）向外间隔（1~2）孔依次进行，对大型工程，可采取分段施工；当局部处理地基时，宜从外向里间隔（1~2）孔依次进行；②向孔内填料前，孔底应夯实，并应检查桩孔的直径、深度和垂直度；③向孔内分层填入筛好的素土、灰土或其他填料，并应分层夯实至设计标高；④铺设灰土垫层前，应按设计要求将桩顶标高以上的预留松动土层挖除或夯（压）密实；⑤雨期或冬期施工，应采取防雨或防冻措施，防止填料受雨水淋湿或冻结。

### （三）质量验收

（1）桩孔质量检验应在成孔后及时进行，所有桩孔均需检验并作出记录，检验合格或经处理后方可进行夯填施工。

（2）应随机抽样检测夯后桩长范围内灰土或土填料的平均压实系数，抽检的数量不应少于桩总数的 1%，且不得少于 9 根。

（3）承载力检验应在成桩后 14~28 d 后进行，且每项单体工程复合地基静载荷试验不应少于 3 点。采用轻型动力触探法检验的施工质量时，每分层平面上检验点的间距不应大于 4 m。

（4）可采用提前预压法的沉降情况检验地基处理情况。

## 三、地基的局部处理

在开挖基槽施工中发现存在局部异常地基的处理方法和原则：将局部的软弱层或硬物尽可能挖除，回填与天然土压缩性相近的材料，分层夯实；处理后地基应保证建筑物各部分沉降量趋于一致，减少不均匀沉降。

### （一）软松土坑（填土、墓穴、淤泥）的处理

挖除松土，周边均见原土，而后采用与天然土压缩性相近的材料，分层夯实到基底。软松土坑范围较大超过基槽宽度时，应加宽开挖。可做成台阶相接，如图 10-2 所示。

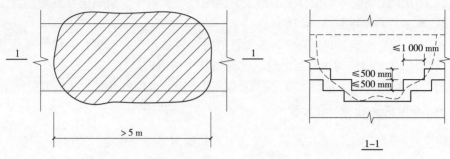

图 10-2　松软土坑的地基处理

### （二）存在枯井、土洞

由地表水形成的土洞或塌陷，应采取地表截流、防渗或堵塞等措施进行处理。根据土洞埋深，分别选用挖填、灌砂等方法进行处理；由地下水形成的塌陷及浅埋土洞应清除软土，抛填块石作反滤层，面层用黏土夯填；深埋土洞宜用砂、砾石或细石混凝土灌填，在上述处理的同时，尚应采用梁、板跨越。

# 第四节　农村常见地基基础

常见地基基础的类型：按照刚度分为刚性基础和柔性基础；按照构造分为独立基础和条形基础、筏板基础等。

## 一、刚性基础

### （一）刚性基础分类

刚性基础又称无筋扩展基础，是指受刚性角限制的基础。一般采用砖、石、灰土、素混凝土建造（注意：钢筋混凝土基础为柔性基础），特点是抗压强度大、而抗弯、抗剪强度小。常用于地基承载力较好、压缩性较小的中小型民用建筑。

刚性角：基础放宽的引线与墙体垂直线之间的夹角。刚性基础经常做成台阶形断面，有时也可做成梯形断面。确定构造尺寸时最主要的一点是要保证断面各处都能满足刚性角的要求，同时断面又应经济合理，便于施工。

*1. 砖基础要求*

砖的尺寸规格多，容易砌成各种形状的基础。砖基础大放脚的砌法有两种，一种是按台阶的宽高比为 1/1.5 进行砌筑；另一种按台阶的宽高比为 1/2 进行砌筑（图 10-3）。

为了得到一个平整的基槽底，以便于砌砖，在槽底可以浇注 100~200 mm 厚的素混凝土垫层。对于低层房屋也可在槽底打两步（300 mm）三七灰土，代替混凝土垫层。为防止土中水分以毛细水形式沿砖基上升，可在砖基中、在室内地面以下 50 mm 左右处铺设防潮层。防潮层可以是掺有防水剂的 1：3 水泥砂浆，也可以铺设厚 20~30 mm 的沥青油毡（图 10-4）。

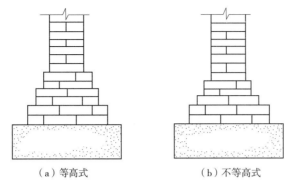

（a）等高式　　　　　　（b）不等高式

图 10-3　砖基础示意图

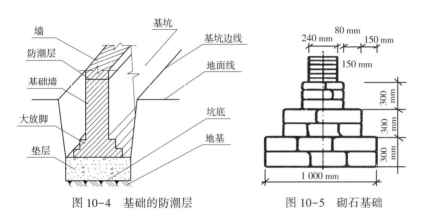

图 10-4　基础的防潮层　　　图 10-5　砌石基础

2. 砌石基础要求

（1）台阶形的砌石基础每台阶至少有两层砌石，所以每个台阶的高度要不小于 300 mm。

（2）为了保证上一层砌石的边能压紧下一层砌石的边块，每个台阶伸出的长度应不大于 150 mm，如图 10-5 所示。

按照这项要求，做成台阶形断面的砌石基础，实际的刚性角小于允许的刚性角，因此往往要求基础要有比较大的高度。有时为了减少基础的高度，可以把断面做成锥形。

3. 素混凝土基础要求

素混凝土基础可以做成台阶形或锥形断面。做成台阶形时，总高度在 350 mm 以内做 1 层台阶；总高度为 350 mm＜A＜900 mm 时，做成两层台阶；总高度大于 900 mm 时，做成 3 层台阶，每个台阶的高度不宜大于 500 mm。置于刚性基础上的钢筋混凝土柱，其柱脚的高度 $h$ 应大于外伸宽度 $b$ 且不应小于 300 mm 以及 20 倍受力钢筋的直径。当纵向钢筋在柱脚内的锚固长度不能满足锚固要求时，钢筋可沿水平向弯折以满足锚固要求。水平锚固长度不应小于 10 倍钢筋直径，不应大于 20 倍钢筋直径(图 10-6，图 10-7)。

4. 灰土基础要求

灰土基础一般与砖、砌石、混凝土等材料配合使用，做在基础下部，厚度通常采用 300~450 mm(2 步或 3 步)，台阶宽高比为 1∶1.5，如图 10-8 所示。由于基槽边角处灰土不容易夯实，所以用灰土基础时，实际的施工度应该比计算宽度每边各放出 50 mm 以上。

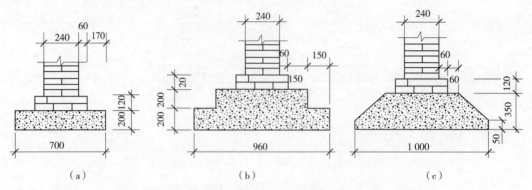

图 10-6 混凝土基础(一阶、二阶、梯形剖面，单位：mm)

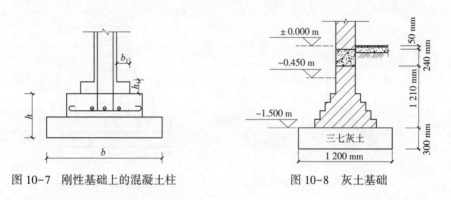

图 10-7 刚性基础上的混凝土柱　　　　图 10-8 灰土基础

## (二)刚性基础的做法和构造要求

(1)素混凝土基础的厚度一般为 300~400 mm。混凝土强度不低于 C15。

(2)毛石混凝土基础可掺入基础体积 20%~30% 的未风化毛石，台阶厚度不宜小于 300 mm，宽度宜小于 350 mm。

(3)毛石基础每台阶不宜少于两层块石或三层毛石。

(4)灰土基础应采用体积比为 3∶7 的灰土。地下水位较高或有酸性介质作用时不得采用。

(5)三合土基础的体积比(石灰∶砂∶骨料)一般为 1∶2∶4 或 1∶3∶6，骨料可用矿渣或碎砖。灰土和三合土基础都是在基槽内分层夯打而成。

(6)一般条形基础底面宽度不小于 600 mm，独立基础底面不宜小于 700 mm× 700 mm。

(7)根据施工的需要，砖、毛石基础需要垫层，而混凝土、毛石混凝土、灰土和三合土基础无须垫层。

基础要求有一定高度，弯曲所产生的拉应力不会超过材料的抗拉强度，刚性基础通过控制基础外伸长度和基础高度的比值不超过规定的容许值来进行设计施工。

依据表 10-3，根据计算荷载对应的基础反力，结合当地经济适用的原则，选择建筑材料和施工技术，即可进行刚性基础设计和施工。

表 10-3　无筋扩展基础台阶宽高比及承载力的允许值

| 基础材料 | 质量要求 | 台阶宽高比的允许值 | | |
|---|---|---|---|---|
| | | K | K | K |
| 混凝土基础 | C15 混凝土 | 1：1.00 | 1：1.00 | 1：1.25 |
| 毛石混凝土基础 | C15 混凝土 | 1：1.00 | 1：1.25 | 1：1.50 |
| 砖基础 | 砖不低于 MU10、砂浆不低于 2.5 | 1：1.50 | 1：1.50 | 1：1.50 |
| 毛石基础 | 砂浆不低于 M5 | 1：1.25 | 1：1.50 | — |
| 灰土基础 | 体积比为 3：7 或 2：8 的灰土，其最小干密度<br>粉土 1 550 kg/m³<br>粉质黏土 1 550 kg/m³<br>黏土 1 450 kg/m³ | 1：1.25 | 1：1.50 | — |
| 三合土基础 | 体积比 1：2：4~1：3：6(石灰：砂：骨料)，每层约虚铺 220 mm，夯至 150 mm | 1：1.50 | 1：1.20 | — |

注：1. pk 为作用的标准组合时基础底面处的平均压力值(kPa)；2. 阶梯形毛石基础的每阶伸出宽度，不宜大于 200 mm；3. 当基础由不同材料叠合组成时，应对接触部分作抗压验算；4. 混凝土基础单侧扩展范围内基础底面处的平均压力值超过 300 kPa 时，尚应进行抗剪验算；5. 对基底反力集中于立柱附近的岩石地基，应进行局部受压承载力验算。

## 二、钢筋混凝土扩展基础

受压构件如墙和柱应充分利用混凝土的抗压强度。以提高其抗压强度等级并缩小截面尺寸以节省材料成本。受拉构件如梁的底筋，应充分利用其抗拉强度，以加截面高度加抗弯刚度及减少配筋量节约钢筋，其实也就是以混凝土量增加减少钢筋用量，让成本存在平衡点；梁顶筋为受压区，在充分利用混凝土的抗压强度的前提下少配钢筋；由于混凝土的成分砂石可就地取材，成本较低。在设计时尽量采用混凝土，少用钢筋为指导原则。基础设计在满足钢筋锚固长度(如框架柱采用直径为 22 mm 的钢筋，基础厚度不小于 450 mm)情况下，尽量采用刚性基础，不需要设置基础钢筋，可依据所计算地基反力通过标准图集来选定基础剖面。当基础宽度大于 2.0 m 时，宜采用钢筋混凝土扩展基础(即柔性基础)。

扩展基础包括柱下钢筋混凝土单独基础和墙下钢筋混凝土条形基础。由于采用钢筋承担弯曲所产生的拉应力，基础不需要满足刚性角的要求，高度可以较小，但需要满足抗弯、抗剪、抗冲切破坏以及局部抗压的要求。

### (一)基础的破坏形式

扩展基础是一种受弯和受剪的钢筋混凝土构件，在荷载作用下，可能发生以下几种破坏形式。

#### 1. 冲切破坏

钢筋混凝土研究表明，构件在弯、剪荷载共作用同下，主要的破坏形式是先在弯剪区域出现斜裂缝，随着荷载增加，裂缝向上扩展，未开裂部分的正应力和剪应力迅速增加。当正应力和剪应力组合后的主应力出现拉应力，且大于混凝土的抗拉强度时，斜裂缝被拉断，出现斜拉破坏，在扩展基础上也称冲切破坏。一般情况下，冲切破坏控制扩展基础的高度。

2. 剪切破坏

当单独基础的宽度较小，冲切破坏锥体可能落在基础以外时，可能在柱与基础交处、台阶的变阶处沿着铅直面发生剪切破坏。

**(二)规范要求的扩展基础的构造**

(1)现浇型的柱下扩展基础一般做成锥形和台阶形(图10-9)。锥形基础的边缘高度通常不小于 200 mm，锥台坡度小于 1 : 3。

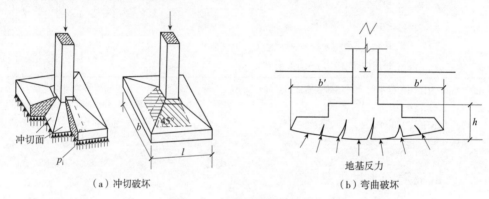

（a）冲切破坏　　　　　　（b）弯曲破坏

图 10-9　扩展基础的破坏形式

(2)为保证基础有足够的刚度，台阶形基础台阶的宽高比不大于 2.5，每台阶高度通常为 300~500 mm。

(3)基础下宜设素混凝土垫层，厚度不小于 70 mm。当有垫层时，钢筋保护层厚度不宜小于 40 mm，没有垫层时不宜小于 70 mm。底板受力钢筋按计算确定，最小配筋率不应小于 0.15%，钢筋直径不宜小于 10 mm，间距宜为 100~200 mm。分布钢筋的面积不应小于受力钢筋面积的 1/15(图10-10)。

要注意柱子与基础的牢固连接，插筋的数量、直径和钢筋种类应与柱内纵向钢筋相同。插筋的锚固长度以及与柱的纵向钢筋连接方法应符合《混凝土结构设计规范》的要求。墙下扩展基础分无肋型和带肋型两种。当墙体为砖砌体，且放大脚不大于 1/4 砖长，计算基础弯矩时，悬臂长度应取自放大脚边缘起算的实际悬臂长度加 1/4 砖长，即 $b_1+0.06$ m，如图 10-11 所示。

## 三、钢筋混凝土独立基础

独立基础(其宽厚度度比小于5；偏心受荷较小，偏心距小于1/6)和墙下条形基础，地基反力反向作用于基础底面，如同倒置板，符合悬挑构件受力特点。

基础底面受拉，顶面受压，基础受力筋(抗拉)放到基础底排，分布筋放到受力筋上部(控制钢筋排布，顶面压区不需要配置钢筋，受场地条件限制，采用矩形基础时，短向钢筋放到底层钢筋下排，长向放到底层钢筋上排；长方向存在偏心荷载时，长向的

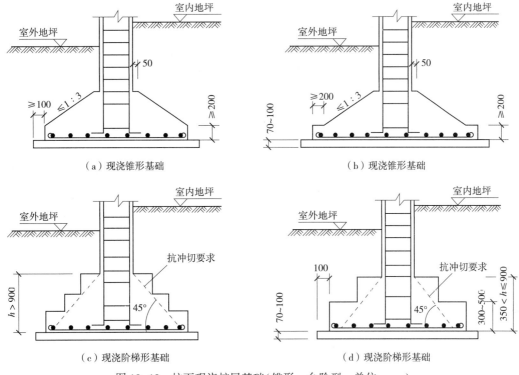

（a）现浇锥形基础　　　　　　　　（b）现浇锥形基础

（c）现浇阶梯形基础　　　　　　　（d）现浇阶梯形基础

图 10-10　柱下现浇扩展基础（锥形、台阶型，单位：mm）

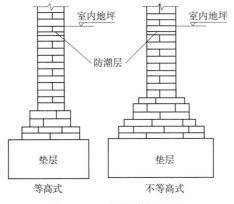

图 10-11　砖墙下扩展基础

计算弯矩 $h_0$ 减少过多，应适当加大长向配筋。独立基础尺寸不满其宽厚比小于 5 或偏心荷载较大时应采用专门软件进行分析；此种独立基础等同筏板基础，需要在受压区配置受压钢筋。对于多个框架柱联合的条形基础，则需要在柱间基础顶面设置抗拉钢筋来平衡顶面弯矩。

## 四、钢筋混凝土梁式条基础

常用于框架柱之间和墙体开洞部位以及砖混砌体下基础，其刚度较大，可调节不均匀沉降。钢筋混凝土墙下不需要设梁，本身可为梁，仅设翼缘板即可；当地基受力层范围内无软弱土层、可液化土层和严重不均匀土层，基础梁高度不小于跨度的 1/6 或基础梁的线刚度大于柱子线刚度的 3 倍时，可按倒置的连续梁计算，反力由翼缘板传到梁，其中砖混结构下梁除洞口部位外主要要调节沉降，可以按构造配筋，控制其高度（刚度）；框架柱间梁受地基反向向上荷载，弯矩图如图 10-12 所示；配筋计算可以查表手算设计；梁在框架柱附近处下侧受拉，梁跨中部位上侧受拉，钢筋搭接部位需要避开两个受拉部位；底筋搭接跨中，顶筋搭接在框架柱中。

不满足倒置梁计算的梁式条基应采用专业软件有限元分析，需要输入地质条件等信息。基础梁不属于抗震构件，没有箍筋加密和箍筋弯钩加长要求（封闭箍筋）；侧面可存在抗扭钢筋"N"；侧面构造钢筋配翼缘以上梁侧；如果施工后及时进行回填和养护，不存在梁侧开裂的机会，梁侧构造钢筋可取消不设。十字交叉梁系，应分清哪个方向梁钢筋为上层，哪个方向为下层。

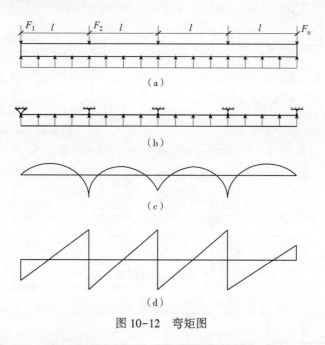

图 10-12　弯矩图

## 五、钢筋混凝土筏板基础

筏板基础可看作扩大的扩展基础，刚度及整体性好，易于调整不均匀沉降。理论上筏板在荷载作用下产生的内力可以分解成两个部分，一是由于地基沉降，筏板产生整体弯曲引起的内力；二是柱间筏板或肋梁间筏板受地基反力作用产生局部挠曲所引起的内力。实际上地基的最终变形是由上部结构、基础和地基共同决定，很难截然区分为"整体变形"和"局部变形"。在实际的计算分析中，如果上部结构属于柔性结构，如框架刚度较小而筏板较厚，相对于地基可视为刚性板，这种情况，如刚性基础的计算一样，用静定分析法，将柱荷载和直线分布的反力作为条带上的荷载，直接求解条带的内力。相反，如果上部结构的刚度很大（20 层以上），且荷载分布比较均匀，墙体间距基本相同，每根墙柱的荷载差别不超过 20%，地基土质比较均匀，压缩层内无较软弱的土层或可液化土层，这种情况可视为整体弯曲，由上部结构承担，筏板只受局部弯曲作用，地基反力也可按直线分布考虑，筏板则按倒楼盖板分析内力。

配筋与荷载大小及分布；筏板厚度；结构形式（刚度）有关；配筋多少与筏板变形有关，变形越大配筋越大荷载一定的条件下；基础下地基土越好（从黏土向岩石过渡），墙下变形减小，底部配筋变小，相应引起跨变形越小，顶部配筋较小；荷载一定，加大筏板厚度及其刚度，变形也将减小，配筋也将减小。但是筏板的受力模式没有独立基础那么直接，会引起其他相关区域较大范围配置受压钢筋。

筏板的施工技术简单，施工进度较快。施工过程应注意以下要求，大体积混凝土温度控措施：混凝土内外不超过 25 ℃温差，否则会引起混凝土基础开裂，故冬季混凝土施工时，混凝土在凝固过程中内部放热升高内部温度，外部应采取保温措施。

# 第五节　地基基础的埋置深度

基础底面埋在地面以下的深度，称为基础的埋置深度。为保证基础安全，同时减少基础的尺寸，要尽量将基础放在良好的土层上。但是基础埋置过深不但施工不安全，造价也会增高，所以需要选择一个合理的埋置深度。原则是：在保证地基稳定和变形不大的前提下，尽量浅埋。除岩基外，基础埋深不宜小于 0.5 m，因为表层土松软，易受雨水及植被和外界影响，不宜作为基础持力层。另外，基础顶面应低于设计地面 100 mm 以上，避免基础外露，遭受外界环境影响。基础埋置深度因素很多，其中最主要的有以下 3 个方面。

## 一、建筑的用途、结构类型和荷载大小

基础的埋置深度首先取决于建筑物的用途，如有无地下室、地下管沟和设备基础等。如果出于建筑物使用要求的考虑，基础需有不同的埋深时（如地下室和非地下室连接段纵墙的基础），应将基础做成台阶形，逐步由浅过渡到深，台阶高度 $\Delta H$ 和宽度 $L$ 之比不大于 1/2。有地下管道时，一般要求基础深度低于地下管道的深度，避免管道在基础下穿过，影响管道的使用和维修（图 10-13）。

如果与邻近建筑物的距离很近时，为保证相邻原有建筑物的安全和正常使用，基础埋置深度宜浅于或等于相邻建筑物的埋置深度。当基础深于原有建筑物基础时，要使两基础之间保持一定距离，其净距 $L$ 一般为相邻两基础底面高差 $\Delta H$ 的 1~2 倍，以免开挖基坑时，坑壁塌落，影响原有建筑物地基稳定。如不能满足这一要求，应采取有效的基坑支护搭施，同时在基坑开挖时引起的相邻建筑物的变形应满足有关规定（图 10-14）。

地基承受基础的荷载后将发生沉降，荷载越大，下沉越多。建筑物的结构类型不同，地基沉降可能造成的危害程度不一样。在对荷载较大的建筑和对不均匀沉降要求严格的建筑物设计中，为减少沉降，往往将基础埋置在较深的良好土层上，这样，基础的埋置深度也就比较大。同时由于挖去了较深的地基土，基底的附加压力（荷载替换部分原位置土体自重）也减小了，从而减少了基础沉降量。此外，承受水平荷载大的基础和地震区的基础，应有足够大的埋置深度，以保证地基的稳定性。

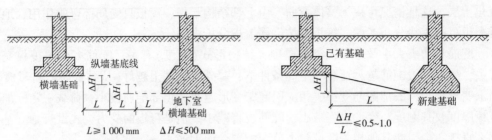

图 10-13 连接不同埋深的纵墙基础布置　　　图 10-14 埋深相邻基础布置

## 二、地基的地质和水文地质条件

在确定浅基础的埋置深度时，应当分析地质勘探资料，尽量把基础埋置到良好土层上。然而土质的好坏是相对的，同样的土层，对于轻型的房屋可能满足承载力的要求，适合作为天然地基，但对重型的建筑就可能满足不了承载力的要求而不宜作为天然地基。所以考虑地基的因素时，应该与建筑物的性质结合起来。地基出土层性质不同，大体上可以分成下列 5 种情况(图 10-15)。

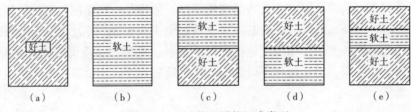

图 10-15 地基土层的组成类型

### (一)第一种情况

地基内部都是好土承载力高，分布均匀，压缩性小，土质对基础埋深影响不大，埋深由其他因素确定(图 10-15a)。

### (二)第二种情况

地基内都是软上，压缩性高，承载力小，一般不宜采用天然土基上的浅基础。对于低层房屋，如果采用浅基础时，则应采用相应的措施，如增强建筑的刚度(图 10-15b)。

### (三)第三种情况

地基由两层土组成，上层是软土，下层是好土(图 10-15c)。基础的埋深要根据软土的厚度和建筑物的类型来确定，分为以下 3 种类型。

(1)软土原在 2 m 以内时，基础宜设置在下层的好土上。

(2)软土厚度在 3~4 m，对于低层建筑物，可考虑将基础做在软土内，避免大量开挖土方，但要适当加强上部结构的刚度。对于重要的建筑物和带有地下室的建筑物，则宜将基础做在下层好土上。

(3)软土厚度大于 5 m 时，除筏形、箱形等大尺寸基础以及地下室的基础外，除按前述第二种情况处理外，还可采用地基处理或者桩基础。

### (四)第四种情况

地基由两层土组成，上层是好土，下层是软土。在这种情况下，应尽可能将基础浅埋，以减少软土层所受的压力，并且要验算软弱下卧层承载力。如果好土层很薄，则应归于前述第二种情况(图 10-15d)。

### (五)第五种情况

地基由若干层好土和软土交替组成。应根据各土层的厚度和承载力的大小，参照上述原则选择基础的埋置深度。基础应尽量埋置在地下水位以上，避免施工时进行基坑排水或降水。如果地基有承压水(泉水)时，则要校核开挖基槽后，承压水层以上的基底隔水层是否会因压力水的浮托作用而发生流土破坏的危险(图 10-15e)。

## 三、寒冷地区地基土的冻胀性和地基的冻结深度

### (一)地基土的冻胀性

地下一定深度范围内，土壤湿度随季节而变化。经过科学研究，在寒冷地区的冬季，上层土中水因温度降低而结冰，冻结时，土中水体积会膨胀，因而整个土层的体积会跟着膨胀，这种体积膨胀有限，处于冻结中的土会产生吸力，会引附近水分渗向冻结区而冻结。土冻结后水分转移，含水量增加，体积膨胀，这种现象称为冻胀现象。春季气温回升解冻，冻土不但体积缩小而且因含水量显著增加、强度大幅度下降而产生融陷现象。冻胀和融陷都是不均匀的，如果基底下有较厚的冻土层，就将产生难以估计的冻胀和融陷变形，影响建筑物的正常使用，甚至导致破坏。

### (二)地基土的冻结深度

地基土的冻结深度首先决定于当地的气象条件，气温越低，低温的持续时间越长，冻结深度就越大。北方部分城市冻结深度：郑州 0.5 m、济南 0.5 m、西安 0.5 m、天津 0.5~0.7 m、太原 0.8 m、大连 0.8 m、北京 0.8~1.0 m，越往北方深度加大。

### (三)季节性冻土地区地基基础的最小埋置深度

在季节性冻土地区，如果地基基础埋置深度太浅，基底下存在较厚的冻胀性土层，可能因为土的冻融变形，导致建筑物开裂甚至不能正常使用，团此在选择基础的埋深时，必须考虑冻结深度的影响。

# 第六节  地基基础材料要求

地基基础埋于土中，经常受到干湿、冻融等因素的影响和侵蚀，而且它是建筑物的隐蔽部分，破坏了不容易被发现和修复，所以对所用的材料必须要有一定的要求。

## 一、砖和砂浆

砖基础所用的砖和砂浆的标号，根据地基土的潮湿程度和地区的寒冷程度而有不同

的要求。按照《砌体结构设计规范》（GB 50003—2011）的规定，地面以下或防潮层以下的砖砌体，所用的材料强度等级不得低于所规定的数值。

## 二、石料

料石（经过加工，形状规则的石块）、毛石和大漂石有相当高的抗压强度和抗冻性，是基础的良好材料。特别是在山区，石料可以就地取料，应该充分利用。做基础的石料要选用质地坚硬、不易风化的岩石。石块的厚度不宜小于 150 mm，石料的强度等级和砂浆的强度等级见表 10-4。

表 10-4　石料的强度等级和砂浆的强度等级

| 基土的潮湿程度 | 烧结普通砖 | 蒸压灰砂砖 | 混凝土砌块 | 石材 | 水泥砂浆 |
| --- | --- | --- | --- | --- | --- |
| | 严寒地区 | 一般地区 | | | |
| 稍潮湿 | MU10 | MU10 | MU7.5 | MU30 | M5 |
| 很潮湿 | MU15 | MU10 | MU7.5 | MU30 | M7.5 |
| 含水饱和 | MU20 | MU15 | MU10 | MU40 | M10 |

## 三、混凝土

混凝土的耐久性、抗冻性和强度都比砖好，且便于现浇和预制成整体基础，可建造比砖和砌石有更大刚性角的基础；因此，同样的基础宽度，用混凝土时，基础的高度可以小一些。但是混凝土基础造价稍高，耗水泥量较大，较多用于地下水位以下的基础及垫层，强度等级一般采用 C15。为节约水泥用量，可以在混凝土中掺入 20%～30% 毛石，称为毛石混凝土。

## 四、钢筋混凝土

钢筋混凝土具有较强的抗弯、抗剪能力，是质量很好的基础材料。用于荷载大、土质软的情况或地下水位以下的扩展基础、筏形基础、箱形基础等。对于一般的钢筋混凝土基础，混凝土的强度等级应不低于 C20。

## 五、灰土

我国在 1 000 多年以前就采用灰土作为基础垫层，效果很好。基础砌体下部受力不大时，也可以利用灰土替代砖、石料或混凝土。作为基础材料用的灰土，一般为三七灰土，即用三分石灰和七分黏性土（体积比）拌匀后分层夯实。灰土所用的生石灰必须在使用前加水消化成粉末，并过 5～10 mm 筛子。土料应用粉质黏土不要太湿或太干。简易的判别方法就是拌和后的灰土要"捏紧成团落地开花"，意即可捏成团，落地则散开。灰土的强度与夯实的程度关系很大，要施工后达到干重度不小于 14.5～15.5 kN/m$^3$。施工时常用每层虚铺 220～250 mm，压实后成 150 mm 来控制，称为一步灰土。灰土在水中硬化慢，早期强度低，抗水性差。此外，灰土早期的抗冻性也较差。所以灰土作为基础材料，一般只用于地下水位以上。

## 六、三合土

用石灰、砂和骨料拌和而成的料称为三合土。用以作为低层房屋基础，配比为
1：3：6~1：2：4，每层虚铺 220 mm，夯实后成 150 mm。

# 第七节　地基基础荷载

## 一、建筑结构的荷载

荷载可分为下列三类。

（1）永久荷载，在结构使用期间，其值
不随时间变化，或其变化与平均值相比可以
忽略不计，或其变化是单调的并能趋于限值
的荷载，包括结构自重、土压力、预应力等
（图 10-16）。

（2）可变荷载，在结构使用期间，其值
随时间变化，且其变化与平均值相比不可以
忽略不计的荷载，包括楼面活荷载、屋面活
荷载和积灰荷载、吊车荷载、风荷载、雪荷
载、温度作用等。

（3）偶然荷载，包括爆炸力、撞击力等。

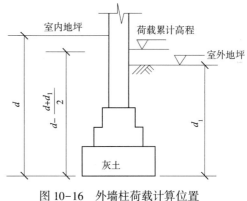

图 10-16　外墙柱荷载计算位置

## 二、混凝土结构的承载能力极限状态

结构构件应进行承载力（包括失稳）计算；直接承受重复荷载的构件应进行疲劳验
算；有抗震设防要求时，应进行抗震承载力计算；必要时应进行结构的倾覆、滑移、漂
浮验算。

经荷载组合后，作用于基础上的作用力或作用效应可分成图 10-17 的 4 种情况。一
般简单房屋建筑物的基础主要是承受竖向力、水平力、土压力、风压力，土压力和风压
力所占的比例很小，因此在上述四种情况中，考虑房屋荷载时要重点考虑第一种和第二
种情况。第一种受力情况，基础是中心受压，称为中心荷载下的基础；第二种情况，基
础底面的压力是非均布的，属偏心荷载下的基础。

基底应力应满足现行国家标准《建筑地基基础设计规范》（GB 50007—2011）的要求，
如不满足要求，或应力过小，地基承载力未能充分发挥，应调整基础尺寸，直至满足要求
而又能发挥地基的承载力为止。若地基中有软弱下卧层时，应进行下卧层的承载力验算。
若建筑物属于必须进行变形验算的范围，应按设计要求进行变形验算。必要时还要对尺寸
进行调整，并重新进行各项验算。荷载和应力计算公式详见现行国家标准《建筑地基基础
设计规范》（GB 50007—2011）。

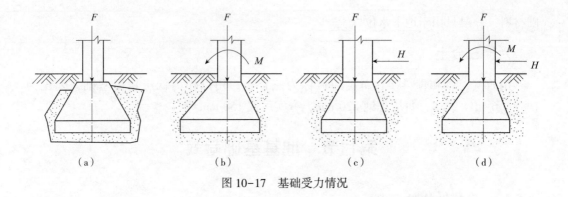

图 10-17　基础受力情况

# 第八节　减轻建筑物不均匀沉降危害的措施

地基不均匀或上部结构荷重差异较大等，会使建筑物产生不均匀沉降，当不均匀沉降超过容许限度，将会使建筑物开裂、损坏，甚至带来严重的危害。采取必要的技术措施，避免或减轻不均匀沉降危害，一直是建筑设计中的重要课题。在设计工作中应尽可能采取综合技术措施，才能取得较好的效果。

## 一、建筑设计措施

### (一) 建筑物体型应力求简单

建筑物的体型设计应当力求避免平面形状复杂和立面高差悬殊。平面形状复杂的建筑物，在其纵横交接处，地基中附加应力叠加，将造成较大的沉降，引起墙体产生裂缝。当立面高差悬殊，会使作用在地基上的荷载差异大，易引起较大的沉降差，使建筑物倾斜和开裂。因此宜尽量采用长高比较小的"一"字形建筑。过长的建筑物，纵墙将会因较大挠曲出现开裂。一般经验认为，2 层、3 层以上的砖承重房屋的长高比不宜大于 2.5。体型简单、横墙间隔较小、荷载较小的房屋可适当放宽比值，但一般不大于 3.0。

### (二) 合理布置纵横墙

地基不均匀沉降最易产生于纵向挠曲方面，因此一方面要尽量避免纵墙开洞、转折、中断而削弱纵墙刚度；另一方面应使纵墙尽可能与横墙连接，缩小横墙间距，以增加房屋整体刚度，提高调整不均匀沉降的能力。

### (三) 合理安排相邻建筑物之间的距离

由于邻近建筑物或地面堆载作用，会使建筑物地基的附加应力增加而产生附加沉降。在软弱地基上，当相邻建筑物越近，这种附加沉降就越大，可能使建筑物产生开裂或倾斜，为减少相邻建筑物的影响，应使相邻建筑保持一定的间隔，在软弱地基上建造相邻的新建筑时，其基础间净距可按表 10-5 采用。

表 10-5　相邻建筑基础净间距对照

| 新建建筑的预估平均沉降量 | 被影响建筑的长高比 | |
|---|---|---|
| （s/mm） | $2.0 \leqslant L/H_f < 3.0$ | $3.0 \leqslant L/H_f < 5.0$ |
| 70~150 | 2~3 | 3~6 |
| 160~250 | 3~6 | 6~9 |
| 260~400 | 6~9 | 9~12 |
| >400 | 9~12 | ≥12 |

注：$L$ 为房屋或沉降缝分隔的单元长度（m），$H_f$ 为自基础底面标高算起的房屋高度（m）；当被影响建筑的长高比为 $1.5 < L/H_f < 2.0$ 时，其基础净间距可适当缩小。

### （四）设置沉降缝

用沉降缝将建筑物分割成若干独立的沉降单元，这些单元体型简单，长高比小，整体刚度大，荷载变化小，地基相对均匀，自成沉降体系，因此可有效地避免不均匀沉降带来的危害。沉降缝的位置应选择在下列部位上。①建筑平面转折处；②建筑物高度或荷载差异处；③过长的砖石承重结构或钢筋混凝土框架结构的适当部位；④建筑结构或基础类型不同处；⑤地基土的压缩性有显著差异或地基基础处理方法不同处；⑥分期建造房屋交界处；⑦拟设置伸缩缝处。

沉降缝应从屋顶到基础把建筑物完全分开。缝内不可填塞（寒冷地区为防寒可填以松软材料），缝宽以不影响相邻单元的沉降为准，特别应注意避免相邻单元相互倾斜时，在建筑物上方造成挤压损坏（表 10-6）。

表 10-6　房屋沉降缝宽度与房屋层数对照

| 房屋层数 | 沉降缝宽度（mm） |
|---|---|
| 2~3 | 50~80 |
| 4~5 | 80~120 |
| >5 | >120 |

为了建筑立面易于处理，沉降缝通常与伸缩缝及抗震缝结合起来设置。如果地基很不均匀，或建筑物体型复杂，或高差（或荷载）悬殊所造成的不均匀沉降较大，还可考虑将建筑物分为相对独立的沉降单元，并相隔一定的距离以减少相互影响，中间用能适应自由沉降的构件（例如简支或悬挑结构）将建筑物接起来。

### （五）控制与调整建筑物各部分标高

根据建筑物各部分可能产生的不均匀沉降，采取一些技术措施，控制与调整各部分标高，减轻不均匀沉降对使用上的影响。①适当提高室内地坪和地下设施的标高；②对结或设备之间的联结部分，适当将沉降大者的标高提高；③在结构物与设备之间预留足够的净空；④有管道穿过建筑时，应预留足够尺寸的孔洞或采用柔性管道接头。

## 二、结构设计措施

### （一）减轻建筑物的自重

一般建筑物的自重占总荷载的 50%~70%，因此在软土地基建造建筑物时，应尽量减小建筑物自重，有以下措施可以选取。

（1）采用轻质材料或构件，如加气砖、多孔砖、空心楼板、轻质隔墙等。

（2）采用轻型结构，如预应力钢筋混凝土结构、轻型钢结构及轻型空间结构索结构、充气结构等）和其他轻质高强材料结构。

（3）采用自重轻、覆土少的基础形式，例如空心基础、壳体基础、浅埋基础等。

### （二）减小或调整基底的附加压力

设置地下室或半地下室，利用挖除的土重去补偿一部分，甚至全部建筑物的重量，有效地减少基底的附加压力，起到均衡与减小沉降的目的。也可通过调整建筑与设备荷载的部位以及改变基底的尺寸，来达到控制与调整基底压力，减少不均匀沉降量。

### （三）增强基础刚度

在软弱和不均匀的地基上采用整体刚度较大的交叉梁、筏形，提高基础的抗变形能力，以调整不均匀沉降。

### （四）设置圈梁

设置圈梁可增强砖石承重墙房屋的整体性，提高墙体的抗挠、抗拉、抗剪的能力，是防止墙体裂缝产生与发展的有效措施，在震区还能起到抗震作用。因为墙体可能受到正向或反向的挠曲，一般在建筑物上下各设置一道圈梁，下面圈梁可设在基础顶面上，上面圈梁可设在顶层门窗以上（可结合作为过梁）。更多层的建筑，圈梁数可相应加多。圈梁在平面上应成闭合系统，贯通外墙、承重内纵墙和内横墙，以增强建筑物整体性。如果圈梁遇到墙体开洞，应在洞的上方添设加强圈梁。圈梁一般是现浇的钢筋混凝土梁，宽度可同墙厚，高度不小于 120 mm，混凝土的强度等级不低于 C15，纵向钢筋宜不小于 $4\phi8$，钢箍间距不大于 300 mm，当兼作过梁时应适当增加配筋。

## 三、施工措施

对于灵敏度较高的软黏土，在施工时应注意不要破坏其原状结构，在浇筑基础前需保留约 200 mm 覆盖土层，待浇筑基础时再清除。若地基土受到扰动，应注意清除扰动土层，并铺上一层粗砂或碎石，经压实后再在砂或碎石垫层上浇筑混凝土。

当建筑物各部分高低差别很大或荷载大小悬殊时，可以采用预留施工缝的办法，并按照先高后低、先重后轻的原则安排施工顺序；待预留缝两侧的结构已建成且沉降基本稳定后再浇筑封闭施工缝，把建筑物连成整体结构。必要时还可在高的或重的建筑物竣工后，间歇一段时间再建低的或轻的建筑物以达到减少沉降差的目的。

此外，施工时还需特别注意基础开挖时，由于井点排水、基坑开挖、施工堆载等原因可能对邻近建筑造成的附加沉降。

# 第十一章　乡村建筑施工

新乡平原新区新型农房，为装配式钢结构，围护为轻质保温装饰一体板

　　建筑工程常规施工程序是：放线→开挖基槽→基础施工→首层墙砌体（一般是承重墙和非承重墙同时施工，以加强建筑整体性）→一层楼面→二层及以上各层墙体和楼面→顶层墙体→屋面施工等。此外就是屋面找平、保温、防水，水暖、电器、空调、智能、消防的安装，门窗、内外装修，最后做室内外清理，然后竣工验收。

　　这种做法适用面广，是国内保证建设进度、质量、造价、安全和环保目标的常用可靠施工程序。

## 第一节　测量与放线

### 一、测量前的准备

#### （一）检查图纸

　　测量放线前，浏览掌握图纸的各种数据，对设计图纸的所有尺寸、新建房屋与相邻建筑物的相互关系进行校核，确认平面、立面、大样图所标注的同一位置的建筑物尺寸、形状、标高是否一致，室内外标高之间的关系是否正确，以及建筑物周围的施工条件和建房户数等。在熟悉图纸时应随时做好记录，以便在具体测放工作时查找。如总平面图的定位尺寸、建筑物的轴线尺寸、基础图的各部位尺寸。

### （二）现场踏勘

全面了解现场的水文地质、地形、地貌情况检查、核实建设方所提供的原有测量控制点，并办理与建设方对测量点的确认工作。根据测量控制点，放出现场平整线，以便为测量施工提供条件。

### （三）准备测量工具和仪器

检查校正测量仪，如全站仪、水准仪、铅锤、激光测距仪、塔尺、锤子、钉子、自喷漆、白线、白灰、记号笔、弹线盒、钢卷尺、盒尺、皮尺等，确保测量精度。

### （四）制定测量计划

按施工进度要求，精度要求，制定测量方案，根据图纸中数据计算并绘制测量草图。

### （五）持证上岗、实施测量

测量主要操作人员必须持证上岗，按照以大定小、以长定短、以精定粗、先整体后局部的原则开展工作。

## 二、建筑定位

建筑物的定位是根据设计图纸，将建筑物外墙各轴线的交点（角点）测设定位在地面上，作为建筑物基础放样和细部放线的依据。

### （一）根据建筑基线或原有建筑物定位

如图 11-1 所示，根据建筑基线或原有建筑物定位。

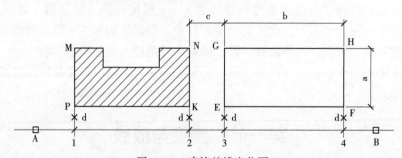

图 11-1　建筑基线定位图

（1）根据总平面提供的定位关系尺寸，定位时先将原有建筑物的 MP、NK 线延长与 AB 线相交得 1 点和 2 点，确保 1、2 点在 AB 直线上，由 2 点量至 3 点，再由 3 点量至 4 点。

（2）分别在 3、4 点安置经纬仪测量 90° 而测定出 EG、FH 方向线。

（3）在该方向线上分别测定出 E、G、F、H 点，该方法也适用于只有原建筑、没有建筑基线 AB 的情况，只要先按一定的距离由原建筑假设 AB 直线即可。

### （二）根据建筑方格网定位

根据建筑方格网定位。如图 11-2 所示，在建筑场地的方格网，根据建筑物坐标用直角坐标法测量。

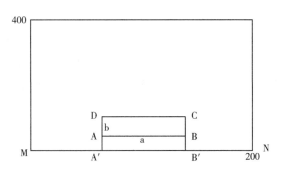

图 11-2 建筑方格网定位

图 11-2 中，点 A、B、C、D 的坐标值见表 11-1。

表 11-1 建筑方格网定位

| 点 | x(m) | y(m) | 点 | x(m) | y(m) |
| --- | --- | --- | --- | --- | --- |
| A | 316.00 | 226.00 | C | 328.24 | 268.24 |
| B | 316.00 | 268.24 | D | 328.24 | 226.00 |

（1）由 A、B 点的坐标值算出建筑物的长度值 a 和宽度值 b。a = 268.24 - 226.00 = 42.2 m，b = 328.24 - 316.00 = 12.24 m。

（2）在 M 点安置经纬仪，照准 N 点在 MN 直线上测定 A'、B'，B'A' = MA' = 226 - 200 = 26.00 m，B 点由 A 点再量取建筑物的长度 a = 42.2 m。

（3）分别在 A'、B' 点安置经纬仪，测 90°，并在视线上分别量取 AA' = 316.00 - 300 = 16 m，得 A、B 点。再由 A、B 点量取建筑物宽度 b = 12.24 m，得 C、D 点。

（4）核验数据。如图 11-2 所示，由 A、B、C、D 点的坐标值可算出建筑物的长度 AB = a 和宽度 AD = b。测设建筑物定位点 A、B、C、D 时，先把经纬仪安置在方格网点 M 上，照准 N 点，沿视线方向自 M 点用钢尺量取 MA' 得 A' 点，量取 A'B' = a 得 B' 点，再由 B' 点沿视线方向量取 B'N 长度以作校核。然后安置经纬仪于 A' 点，照准 N 点，向左测设 90°，并在视线上量取 A'A 得 A 点，再由 A 点沿视线方向继续量取建筑物的宽度 b 得 D 点。安置经纬仪于 B' 点，同样的方法定出 B、C 点。为了校核，应用钢尺丈量 AB、CD 及 BC、AD 的长度，看其是否等于建筑物的设计长度。

（5）坐标定位。在建筑场地附近，如果有测量控制点可以利用，应根据控制点坐标及建筑物定位点的设计坐标，反算出标定角度与距离，然后采用极坐标法或角度交会法将建筑物测设到地面上。

### 三、建筑放线

#### （一）放线包括轴线和控制线

（1）建筑物的放线是指根据已定位的外墙主轴线交点桩及建筑物平面图，详细测设出建筑物各轴线的交点位置，并设置交点中心桩。

（2）然后根据各交点中心桩沿轴线用白灰撒出基槽开挖边界线，以便进行开挖施工。

(3)由于基槽开挖后，各交点桩将被挖掉，为了便于在施工中恢复各轴线位置，还需把各轴线延长到基槽外安全地点，设置控制桩或龙门板，并做好标志。

(4)建筑轴线及其交点确定后，应立即在建筑外侧、定位轴线的延长线上引测设置轴线控制桩和龙门板，作为基坑开挖后各施工阶段恢复轴线的依据(图 11-3)。

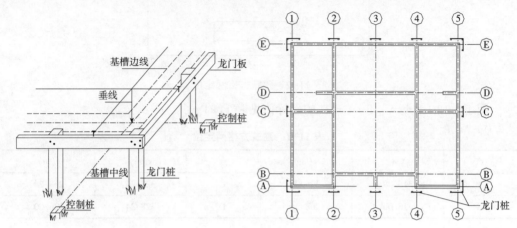

图 11-3  龙门架设置图示

## (二)龙门架设置流程

(1)在建筑物的拐角处和中间隔墙的两端槽外 1.5~2.0 m 处设置龙门桩，桩要竖直、牢固，两桩应与基槽平行。

(2)用水准仪在每个龙门桩上引测建筑物±0.00 标高线，并在标高线位置钉设龙门板，龙门板顶面要平直，正好处于±0.00 标高位置。

(3)用水准仪校验钉好的龙门桩标高，并在中心桩上安置经纬仪，将各控制轴线引测到龙门板上，并钉小铁钉作为轴线标记。

(4)用钢尺沿龙门桩板顶面检查中心钉间距，其误差不得超过 1/2 000。

(5)根据中心钉，将墙宽、基础宽标画在龙门板上。最后根据基槽上口宽拉线，用石灰撒出基槽开挖的白灰线。

## (三)不同位置的放线步骤

(1)建筑物放线。根据建筑规划定位图进行定位，最后在施工现场形成至少 4 个定位桩。放线工具为全站仪或比较高级的经纬仪。

(2)基础施工放线。所有轴线定位桩是根据规划部门的定位桩(至少 4 个)及建筑物底层施工平面图进行轴线定位桩放线的。放线工具为经纬仪。

(3)基础定位放线。完成后，由施工现场人员依据定位的轴线放出基础的边线，进行基础开挖。放线工具：经纬仪、龙门板、线绳、线坠子、钢卷尺等。注意：基础轴线定位桩在基础放线的同时需引到拟建建筑物周围的永久建筑物或固定物上，在轴线定位桩破坏时，用来补救。

(4)主体施工放线。基础工程施工出正负零后，紧接着就是主体一层、二层直至主体封顶的施工及放线工作。放线工具：经纬仪、线坠子、线绳、墨斗、钢卷尺等。根据轴线定位桩及外引的轴线基准线进行施工放线。用经纬仪将轴线打到建筑物上，在建筑物的施工层面上弹出轴线，再根据轴线放出柱子、墙体等边线，每层如此，直至主体封顶。

## 四、施工放线方法

### (一)钉龙门桩

条件允许的场地只要多钉一次龙门桩就可以搞定。一般龙门桩主要用于基础施工放线，基础完工后再把轴线及水平引测到基础上部四大角的侧面，用墨线弹出垂直、水平线作出三角标记，在引之前需用基准点校验龙门桩是否准确，这样不管你放多少次线，只要以基础侧面的基点用仪器或铅锤向上引测轴线，用钢尺量测标高，就可以到主体封顶。这种方法是最简单实用的。

直白地讲，就是把图纸上的形状按 1:1 的比例投放到地面上。所以要首先学会看图纸，学会必要的仪器操作。

### (二)龙门板定位尺量放线

根据图纸已知的控制点或现场确定的控制点，在要放线的建筑物基础外四周一定距离打桩、架设龙门板，在龙门板上用施工线拉一个大致的直角线，尽量把线拉紧，然后用勾股定理采用钢尺合尺，尺寸要大一点，一般用 6 m、8 m、10 m，这样比较准确，首先在两控制线上量取尺寸用红铅笔放点，然后两人拉尺、一人摆动，可以让那根线与钢尺的尺寸吻合，然后在龙门板上固定施工线，用钢尺从头再校对一次，确认无误后四周挂线、钢尺校核，根据图纸上的轴线尺寸用钢尺取放点，用铅锤垂于地面，这样就可以用石灰粉分别放开挖线了，用水准仪在龙门板上测放控制高程。

### (三)仪器测量放线

工具用经纬仪或全站仪，根据图纸已知的控制点或现场确定的控制点，图纸上的距离、角度关系就可测量确定轴线的具体位置。

一般情况下，在预先选好的内控点位置上预埋钢板，用经纬仪在钢板上找出交点，刻痕，作为竖向投测轴线的基点，然后确定用大线锤怎样往上吊比较方便。用线锤尖对准轴线的基点，当线锤对准基准点时，用对讲机通知楼层上人员定位。在对准下方吊锤时，对点人员要从两个相互垂直的方向观测吊锤尖部与钢板的点位差值，并通知楼上人员及时调钢丝线中的位置，当从两侧方向锤尖与十字中都重合时，可通知上层定点。

注意事项：钢丝线会存在弹力问题，关键是在于楼层上的放钢丝线的绞线轮要经过特制，可以进行微小高度调整，并能可靠锁定。

## 五、施工过程中的测量控制

### (一)基槽开挖深度控制

当基槽开挖接近基底标高时，在基础拐角处 3~4 m 位置，在槽壁上每隔一段距离设置一个水平控制桩，一般比基槽设计标高高出 0.5~1.0 m，用于拉线找平基础底标高。

### (二)开挖达到设计标高的控制标记

在开挖达到设计标高后，一般每隔 2~3 m 钉一个 30 mm×30 mm 见方小木桩打入基底，并在小木桩周围撒上白灰点或白灰圈作为基槽开挖到位标记。

### (三)基础放线

(1)在基槽开挖完成后，必须复核槽底的标高及几何尺寸，确认无误后准备砼垫层施工，砼垫层完成后进行基础放线。

(2)首先在控制桩 I 安置经纬仪，对中、整平后照准轴线另一端的控制桩 I′的小钉。固定水平制动螺旋，并使望远镜上下移动，从槽底层的另一端开始向另一端投测轴线标记点。

(3)弹线(轴线)。每隔一段测一个点(一般不超过 3 m)用红笔点圆点。圆点外用红笔画圆圈标记，以便清楚位置。最后将各点用墨线弹成一条直线，此线为主轴线。

(4)其他轴线的弹法(图 11-4)。

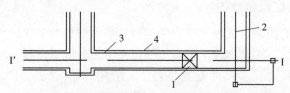

1. 孔洞位置；2. 中心轴线；3. 砌转大放脚；4. 基槽边界线

图 11-4　基础弹线

根据垫层上已弹出的主轴线，测量建筑物其他细部轴线时，由一个主轴线的交点为 0 点，沿主轴线量出细部轴线距离，将细部轴线的两端对应点弹成墨线。最后完成所有轴线的弹线。

(5)细部线的弹法。按图纸所标注的基础宽度，由轴线向两侧量距，定出边界点，再弹出墨线，即为基础宽度线。最后将图纸标注的洞口位置、管井位置、门洞位置、墙、柱尺寸等弹出墨线。注意：①偏轴线尺寸。②洞口、预留口标高(地面标注)。③预留插筋高度、位置。

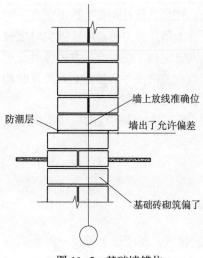

墙上放线准确位

防潮层

墙出了允许偏差

基础砖砌筑偏了

图 11-5　基础墙错位

### (四)首层墙体施工放线

当基层完成后，用控制桩将线引到砌好的基础墙截面上。

(1)用小白线将轴线两端与控制桩对点拉通，对照拉通线每隔一段用红笔标一个圆点，然后将各点连续用墨线弹成该墙的轴线。用同样的方法将所有的轴线都弹出来。

(2)在弹线时对已砌好的基础墙进行复验，利用主轴线检查基础有无偏移，防止出现半边墙跨空现象(图 11-5)，同时还需注意整个建筑物轴线总长误差应控制在 1/5 000～1/2 000 范围内。

### (五)门窗洞口放线

(1)门的位置在基础墙平面上画出。

(2)窗的位置一般在基础的侧面画出。

(3)窗台、门口、洞口的规格尺寸(长×宽×高)及标高一般在皮数杆上的反映(图 11-6)。

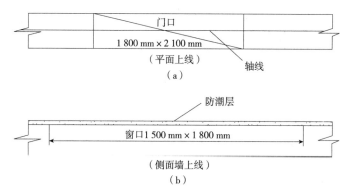

图 11-6 标高在皮数杆上的反映

### (六)皮数杆的设置

在砌筑施工中,墙身各部位的标高是用皮数杆来控制的。皮数杆是根据建筑物剖面图的标高而设定的。内容包括:窗台、门窗洞口、过梁、雨篷、圈梁、楼板等构件的标高位置。皮数杆一般设在建筑物的转角和隔墙处(图 11-7)。

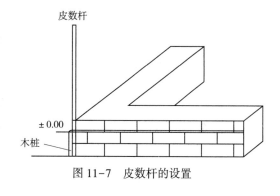

图 11-7 皮数杆的设置

立皮数杆先在地面上打一桩,并用水准仪在桩上测出±0.000 标高。将皮数杆上的±0.000 与桩上的±0.000 线对齐钉牢。皮数杆钉牢后用水准仪进行复核,并将皮数杆立垂直(图 11-7)。

### (七)高程传递

(1)当墙体砌到一步架高时(1.2 m),用水准仪在室内墙所有墙面上测定一条距室内地坪 0.500 m 高的水平线,称为"建筑 50 线",作为该楼层所有标高的控制线。二层及以上各层的标高传递应以首层 50 线为依据,竖直量取,每栋建筑物应由三处分别向上传递,标高传递的允许误差每层±3 mm,总高 $H \leqslant 30$ m 误差应小于±5 mm,总高 30 m＜$H \leqslant 60$ m 误差应小于±10 mm。

(2)施工层找平之前,应先校测从首层用钢尺传递上来的 3 个标高点,当校差小于 3 mm 时,取平均点,再用水准仪后视该点抄测该层 50 线,并弹好墨线,传递位置一般在垂直贯通的地方(如楼梯间、外墙等)。

## 第二节　土方施工

### 一、开挖准备

（1）编制施工方案。根据已有技术资料，提供平面控制点和水准点，作为施工测量和工程验收的依据。

（2）平整场地。是施工前重要的一项内容，施工程序一般为：现场勘察→清理地面障碍物→标定整平范围→设置水准基点→设置方格网，测量标高→计算土方挖填工程量→平整土方→场地碾压→验收。

（3）开挖临时道路。修筑施工场地内机械行走的道路，并开辟适当的工作面，以方便施工。

（4）接通水电。做好现场供水、供电、搭设临时生产和生活用的设施以及施工机具、材料进场等准备工作。

### 二、基槽开挖

#### （一）开挖尺寸

开挖基坑（槽）应按规定的尺寸和计算出来的土方量合理确定开挖顺序和分层开挖深度，连续施工，尽快完成。

挖沟槽工程量：$V$=（垫层边长+工作面）×挖土深度×沟槽长度+放坡增量（图 11-8、表 11-2）。

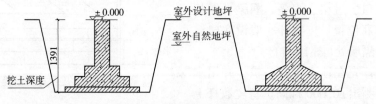

图 11-8　基础挖土工程图示

表 11-2　开挖深度在 5 m 内的基槽（坑）最陡坡度

| 土的类别 | 边坡坡度（高∶宽=1∶m） | | |
|---|---|---|---|
| | 坡顶无荷载 | 坡顶有荷载 | 坡顶有动荷载 |
| 中密的砂土 | 1∶1.00 | 1∶1.25 | 1∶1.50 |
| 中密的砂填碎石土 | 1∶0.75 | 1∶1.00 | 1∶1.125 |
| 硬塑的粉土 | 1∶0.67 | 1∶0.75 | 1∶1.00 |
| 中密的粘填碎石类土 | 1∶0.50 | 1∶0.67 | 1∶0.75 |
| 硬塑的粉质黏土、黏土 | 1∶0.33 | 1∶0.50 | 1∶0.67 |
| 老黄土 | 1∶0.10 | 1∶0.25 | 1∶0.33 |
| 软土 | 1∶1.00 | — | — |

### （二）挖土深度

（1）室外设计地坪标高与自然地坪标高在±0.3 m以内，挖土深度从基础垫层下表面算至室外设计地坪标高。

（2）室外设计地坪标高与自然地坪标高在±0.3 m以外，挖土深度从基础垫层下表面算至自然设计地坪标高。

（3）沟槽长度。外墙按中心线长度、内墙按净长线计算。

（4）放坡增量＝基槽长度×挖土深度×系数。

### （三）挖土方、基坑工程量

（1）$V$＝（垫层边长＋工作面）×（垫层边长＋工作面）×挖土深度＋放坡增量。

（2）放坡增量：（垫层尺寸＋工作面）×边数×挖土深度×系数。

### （四）基槽放坡

基槽边坡的大小主要与土质、开挖深度、开挖方法、边坡留置时间的长短、边坡附近的各种荷载状况及排水情况有关。参考系数见表11-3。

**表 11-3　土壤放坡系数**

| 土壤系数 | 放坡起点 | 人工挖土 | 机械挖土 | |
|---|---|---|---|---|
| | | | 在坑内作业 | 在坑上作业 |
| 一、二类土 | 1.20 | 1：0.5 | 1：0.38 | 1：0.75 |
| 三类土 | 1.50 | 1：0.33 | 1：0.25 | 1：0.67 |
| 四类土 | 2.00 | 1：0.25 | 1：0.10 | 1：0.38 |

注：1. 挖沟槽，基坑需支挡上板时，不得计算放坡；2. 计算放坡时，在交接处重复工程量不予扣除；3. 土方开挖深度，按基础垫层至地表施工场地标高确定。

### （五）基槽开挖安全注意事项

不要影响边坡附近建筑物的稳定；防止机械伤害；防止边坡堆放材料倾落；防止作业人员高处坠落；防止土方塌陷伤人。

## 三、基槽开挖安全保证措施

（1）为防止边坡发生塌方或滑坡，根据土质情况及坑（槽）深度，一般距基坑上部边缘2 m以内不得堆放土方和建筑材料，此距离外堆放，高度不超过1.5 m，机动车辆停放、运输距边坡大于3 m，起重机械作业距边距大于4 m，以保证边坡的稳定。

（2）容易发生危险的地段，搭设高度不小于1.2 m的安全防护栏杆，并在醒目位置悬挂警示牌，夜间在基槽基坑位置设置红色警示灯。

（3）在基坑内适当位置设供人员上下的行人马道或安全通道。

（4）基槽基坑内夜间作业，必须提供足够照明。

（5）如和附近建筑物距离太近，必须采取挡土措施，确保原有建筑安全。

### 四、基槽开挖质量保证措施

(1)严格按土质类型设定边坡放坡系数。

(2)做好基槽基坑内排水措施。

(3)挖土应自上而下水平分段分层进行，每3 m左右修整一次边坡。

(4)到达设计标高后，再统一进行一次修坡清底，检查底宽和标高，要求坑底凹凸不超过2.0 cm。

(5)深基坑一般采用"分层开挖，先撑后挖"的开挖原则。

(6)为了防止基底土(特别是软土)受到浸水或其他原因的扰动，基坑(槽)挖好后，应立即验槽做垫层，否则，应在基底标高以上预留15~30 cm厚的土层，待下道工序开始时再行挖去。

(7)如采用机械挖土，为防止超挖，破坏地基土，应根据机械种类，在基底标高以上预留一层土进行人工清槽。

### 五、基槽开挖施工工艺

#### (一)基坑排水与井点降水

在开挖基坑、地槽、管沟或其他土方时，土的含水层常被切断，地下水将会不断地渗入坑内。雨季施工时，地面水也会流入坑内。为了保证施工的正常进行，防止边坡塌方和地基承载能力的下降，必须做好基坑降水工作。降水方法分为分明排水法和人工降低地下水位法两类。

1. 明排水法

(1)在基坑或沟槽开挖时，采用截、疏、抽的方法来进行排水。

(2)开挖时，沿坑底周围或中央开挖排水沟，再在沟底设集水井，使基坑内的水经排水沟流向集水井，然后用水泵抽走。

(3)基坑四周的排水沟及集水井应设置在基础范围以外，地下水流的上游。

2. 井点降水法

(1)井点降水就是在基坑开挖前，预先在基坑四周埋设一定数量的滤水管(井)，利用抽水设备，在基坑开挖前和开挖过程中不断地抽出地下水，使地下水位降低到坑底以下，直至基础工程施工完毕为止。

(2)井点降水的方法有轻型井点、喷射井点、电渗井点、管井井点及深井井点等。施工时可根据土的渗透系数、要求降低水位的深度、工程特点、设备条件及经济性等具体条件参考选用。

#### (二)深基坑边坡支护

(1)深基坑开挖，采用放坡方法保证施工安全或现场无放坡条件时，一般采用支护结构临时支挡，以保证基坑的石壁稳定。

(2)深基坑支护结构既要确保坑壁稳定、坑底稳定以及邻近建筑物与构筑物和地下管线、道路的安全，又要考虑支护结构技术先进、受力可靠、施工方便、经济合理、有利于土方开挖和地下室的建造。

（3）支护结构分挡土（挡水）及支撑拉结两部分，而挡土部分因地质水文情况不同又分透水部分及止水部分。透水部分的挡土结构需在基坑内外设排水降水井，以降低地下水位。止水部分的挡土结构主要是防止基坑外地下水进坑内，如做防水帷幕、地下连续墙等，只在坑外设降水井。

### （三）地下连续墙和锚杆施工

#### 1. 地下连续墙

是在地面上采用专门的挖槽机械，沿着新开挖工程的周边轴线，在泥浆护壁条件下，开挖一条狭长的深槽，清槽后在槽内吊放钢筋笼，然后用导管法水下浇筑混凝土，筑成一个单元槽段，如此逐段进行，在地下筑成一道连续的钢筋混凝土墙壁，作为截水、防渗、承重和挡土结构。

#### 2. 锚杆

土层锚杆简称土锚杆，是在地面或深开挖的地下室墙面（挡土墙或地下连续墙）或基坑立壁未开挖的土层钻孔或掏孔，达到一定深度后，或在扩大孔的端部，形成球状或其他形状，在孔内放入钢筋、钢管或钢丝束、钢绞线或其他抗拉材料，灌入水泥浆或化学浆液，使其与土层结合成为抗拉（拔）力强的锚杆。

# 第三节　土方回填

## 一、回填准备

建筑工程的填土，主要有地基填土、基坑（槽）或管沟回填、室内地坪回填、室外场地回填平整等。对地下设施工程（如地下结构物、沟渠、管线沟等）的两侧或四周及上部的回填土，应先对地下工程进行各项检查，办理验收手续后方可回填。

## 二、填土方法

机械填土方法一般有人工填土法、机械填土法（推土机填土、铲运机填土）、汽车填土法3种。

压实方法一般有碾压法、夯实法和振动压实法以及利用运土工具压实。对于大面积填土工程，多采用碾压和利用运土工具压实。较小面积的填土工程，则宜用夯实工具进行压实。

### （一）碾压法

碾压机械有平碾及羊足碾等。松土碾压宜先用轻碾压实，再用重碾压实，效果较好。碾压机械压实填方时，行驶速度不宜过快，一般平碾应不超过2 km/h；羊足碾不应超过3 km/h。

## （二）夯实法

夯实法是利用夯锤自由下落的冲击力来夯实土壤。

（1）人工夯实所用的工具有木夯、石夯等。

（2）机械夯实常用的有内燃夯土机和蛙式打夯机和夯锤等。

（3）还有一种强夯法，是在重锤夯实法的基础上发展起来的。适用于黏性土、湿陷性黄土、碎石类填土地基的深层加固。

## （三）振动压实法

振动压实法是将振动压实机放在土层表面，在压实机振动作用下，土颗粒发生相对位移而达到紧密状态。振动碾是一种振动和碾压同时作用的高效能压实机械，比一般平碾提高功效 1~2 倍，可节省动力 30%。用这种方法振实填料为爆破石渣、碎石类土、杂填土和轻亚黏土等非黏性土效果较好。

## （四）填土与压实注意事项

压实工作必须分层进行；压实工作要注意均匀；压实松土时夯压工具应先轻后重；压实工作应自边缘开始向中间收拢。

# 三、填土压实质量保证措施

填土应该满足工程的质量要求，土壤的质量要根据填方的用途和要求加以选择，劣土及受污染的土壤不应放入基坑内，以免影响植物生长和人的健康。

## （一）土料选择和填筑方法

（1）碎石类土、砂土、爆破石渣及含水量符合压实要求的黏性土可作为填方土料。淤泥、冻土、膨胀性土及有机物含量大于 8% 的土，以及硫酸盐含量大于 5% 的土均不能做填土。含水量大的黏土不宜做填土用。

（2）填方应尽量采用同类土填筑。如果填方中采用两种透水性不同的填料时，应分层填筑，上层宜填筑透水性较小的填料，下层宜填筑透水性较大的填料。

（3）各种土料不得混杂使用，以免填方内形成水囊。

（4）填方施工应接近水平地分层填土、分层压实，每层的厚度根据土的种类及选用的压实机械而定。应分层检查填土压实质量，符合设计要求后，才能填筑上层。

（5）当填方位于倾斜的地面时，应先将斜坡挖成阶梯状，然后分层填筑，以防填土横向移动。

## （二）压实功

填土压实后的干密度与压实机械在其上施加的功有一定的关系。在开始压实时，土的干密度急剧增加，待到接近土的最大干密度时，压实功虽然增加许多，但土的干密度几乎没有变化。因此，在实际施工中，不要盲目过多地增加压实遍数。

## （三）含水量

在同一压实功条件下，填土的含水量对压实质量有直接影响。较为干燥的土，土颗粒之间的摩阻力较大，不易压实。当土具有适当含水量时，水可以起润滑作用，土颗粒之间的摩阻力会减小，从而易压实。各种土壤都有其最佳含水量。土在最佳含水量的条件下，使用同样的压实功进行压实，可得到最大干密度。各种土的最佳含水量和所能获得的最大干密度，可由击实试验取得。

### （四）铺土厚度

土在压实功的作用下，压应力随深度增加而逐渐减小，其影响深度与压实机械、土的性质和含水量等有关。铺土厚度应小于压实机械压土时的作用深度，但其中还有最优土层厚度问题，铺得过厚，要压很多遍才能达到规定的密实度。铺得过薄，则要增加机械的总压实遍数。恰当的铺土厚度能使土方压实而机械的功耗费最少（表 11-4）。

**表 11-4　填土施工时的分层厚度及压实遍数**

| 压实机具 | 分层厚度（mm） | 每层压实遍数 |
| --- | --- | --- |
| 平碾 | 25~300 | 6~8 |
| 振动压实机 | 250~350 | 3~4 |
| 柴油打夯机 | 200~250 | 3~4 |
| 人工打夯 | <200 | 3~4 |

# 第四节　基础施工

## 一、基础垫层

基础下一般均设置垫层，垫层可以很好地与地基土层结合，起到均匀受力和良好传力的作用，还可以用来调整标高和找平。混凝土垫层，有基础垫层、地面垫层等，一般用 C10、C15（也就是常说的 100 号至 150 号混凝土）。常见垫层最低厚度是 10 cm，普通农房采用 C10 混凝土垫层即可。

（1）垫层施工前应将基底杂物、浮土清理干净，使基底土平整、清洁、牢固。

（2）在垫层施工时，应纵横每 6 m 设中间水平桩控制垫层厚度。

（3）垫层混凝土浇筑完毕后，用草袋加以覆盖并浇水养护。保持混凝土足够的湿润状态。养护约 24 h 后，方可允许人员在上面走动和进行下一道工序。

（4）垫层的阴阳角处做成圆弧形直径不宜小于 50 mm。

（5）对垫层表面的气孔、凹凸不平、蜂窝、缝隙、起砂等情况应进行修补处理。

（6）集水坑基底两侧斜坡底做一皮砖的胎模，胎模要求砌筑平整、灰缝平直、饱满。胎模面用 1∶3 水泥砂浆抹灰收光，作为防水卷材的基层。

## 二、砖石基础施工

### （一）砖基础施工

砖基础砌筑在垫层之上，分两部分进行。砖基础的下部为"大放脚"，上部为基础墙。

1. 施工要求

（1）砖基础砌筑前，应先检查垫层施工是否符合质量要求，然后清扫垫层表面，将浮土及垃圾清除干净。

（2）砌基础时可依皮数杆先砌几皮转角及交接处部分的砖，然后在其间拉准线砌中间部分。

（3）若砖基础不在同一深度，则应先由底往上砌筑。在砖基础高低台阶接头处，下台面台阶要砌一定长度（一般不小于 500 mm）实砌体，砌到上面后和上面的砖一起退台。

2. 砖基础大放脚施工

砖基础大放脚就是把砖基础砌成台阶（踏步）形状。放大脚是建筑工程上基础的部分，呈梯形状上窄。砖基础大放脚通常采用等高式或间隔式两种形式砌筑，如图 11-9 所示。

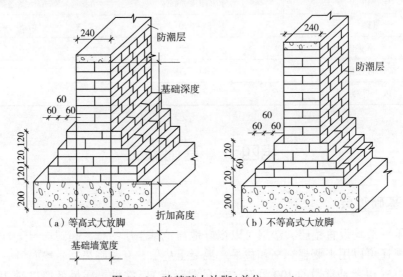

图 11-9 砖基础大放脚（单位：mm）

（1）组砌方式。①等高式大放脚是每二皮砖一收，每次收进 1/4 砖长加灰缝（240+10）/4＝62.5 mm）；②间隔式大放脚是二皮一收与一皮一收相间隔，每次收进 1/4 砖长加灰缝[（240+10）/4＝62.5 mm]。

（2）砌筑质量要求。大放脚宽度不同，砌筑方法不尽相同。（坡度）收分不同，砌筑方法不同。需根据具体情况应用。①最关键的是上下两层（砖工术语两皮）不允许重缝。一般要求第一皮砖和最顶上一皮砖用丁砖。有的要求第一皮砖用侧砖。②灰缝应横平竖直，厚薄均匀，水平灰缝厚度宜为 10 mm，应不小于 8 mm、不大于 12 mm，砖基础要求灰缝饱满度不小于 80%。③大放脚属于基础，应使用耐水、防潮砂浆砌筑，一般用水泥砂浆，不宜使用白灰（石灰）。④砖基础基底标高不同时，应从低处砌起，并应由高处向底处搭砌。当设计无要求时，搭砌长度不应小于砖基础大放脚的高度。⑤砖基础的转角处和交接处应同时砌筑，当不能同时砌筑时，应留置斜槎（踏步槎），斜槎长度应不小于斜槎的高度。⑥砖基础砌完后，应及时清理基槽（坑）内积水，在基础两侧同时回填土，并分层夯实。

(3)砖基础大放脚工程量计算公式：①等高式大放脚折算面积=0.126×(层数+1)×0.062 5×层数；②间隔式大放脚折算面积(高低层数相同时)=［0.126×(高步数+1)+0.063×低步数］×0.062 5×步数；③不等高式大放脚折算面积(高低层数不同时)=(0.126×高步数+0.063×低步数)×0.062 5×(步数+1)；④条形砖基础工程量的计算公式：基础体积=墙厚×(设计基础高度+折加高度)×基础长度-柱及地梁体积。

砖基础大放脚的折加高度是把大放脚断面层数，按不同的墙厚折成高度，也可用大放脚增加断面积计算。为了计算方便，将砖基础大放脚的折加高度及大放脚增加断面积编制成表格。计算基础工程量时，可直接查折加高度和大放脚增加断面积表，见表11-5。

**表11-5 等高、不等高砖基础大放脚折加高度和大放脚增加断面积**

| 放脚层数 | 折加高度（m） | | | | | | | | | | | | 增加断面（m²） | |
| --- | --- | --- | --- | --- | --- | --- | --- | --- | --- | --- | --- | --- | --- | --- |
| | 1/2砖 (0.115) | | 1砖 (0.24) | | 1.5砖 (0.365) | | 2砖 (0.49) | | 2.5砖 (0.615) | | 3砖 (0.74) | | | |
| | 等高 | 不等高 | 等高 | 不等高 | 等高 | 不等高 | 等高 | 不等高 | 等高 | 不等高 | 等高 | 不等高 | 等高 | 不等高 |
| 1 | 0.137 | 0.137 | 0.066 | 0.066 | 0.043 | 0.043 | 0.032 | 0.032 | 0.026 | 0.026 | 0.021 | 0.021 | 0.015 8 | 0.015 8 |
| 2 | 0.411 | 0.342 | 0.197 | 0.164 | 0.129 | 0.108 | 0.096 | 0.08 | 0.077 | 0.064 | 0.064 | 0.053 | 0.047 3 | 0.039 4 |
| 3 | | | 0.394 | 0.328 | 0.259 | 0.216 | 0.193 | 0.161 | 0.154 | 0.128 | 0.128 | 0.106 | 0.094 5 | 0.078 8 |
| 4 | | | 0.656 | 0.525 | 0.432 | 0.345 | 0.321 | 0.253 | 0.256 | 0.205 | 0.213 | 0.170 | 0.157 5 | 0.126 0 |
| 5 | | | 0.984 | 0.788 | 0.647 | 0.518 | 0.482 | 0.380 | 0.384 | 0.307 | 0.319 | 0.255 | 0.236 3 | 0.189 0 |
| 6 | | | 1.378 | 1.083 | 0.906 | 0.712 | 0.672 | 0.530 | 0.538 | 0.419 | 0.447 | 0.351 | 0.330 8 | 0.259 9 |
| 7 | | | 1.838 | 1.444 | 1.208 | 0.949 | 0.900 | 0.707 | 0.717 | 0.563 | 0.596 | 0.468 | 0.441 0 | 0.346 5 |
| 8 | | | 2.363 | 1.838 | 1.553 | 1.208 | 1.157 | 0.900 | 0.922 | 0.717 | 0.766 | 0.596 | 0.567 0 | 0.441 1 |
| 9 | | | 2.953 | 2.297 | 1.942 | 1.510 | 1.447 | 1.125 | 1.153 | 0.896 | 0.958 | 0.745 | 0.708 8 | 0.551 3 |
| 10 | | | 3.610 | 2.780 | 2.372 | 1.834 | 1.768 | 1.366 | 1.409 | 1.088 | 1.171 | 0.905 | 0.866 3 | 0.669 4 |

### （二）毛石基础施工

农村毛石基础一般用毛石混凝土较多，如毛石混凝土带形基础、毛石混凝土垫层等，也有用大体积混凝土浇筑的。为了减少水泥用量减少发热量对结构产生的病害，在浇筑混凝土时一般会加入一定量的毛石。

浇筑混凝土墙体较厚时，也会掺入一定量的毛石，如毛石混凝土挡土墙等。在毛石混凝土施工中，掺入的毛石一般为总体积的25%左右，毛石的粒径控制在200 mm以下。

**1. 具体操作**

先放浆再放入毛石、保证浆体充分包裹住，毛石在结构体空间中应保证其布置均匀。

**2. 施工准备**

毛石应选用坚实、未风化、无裂缝、洁净的石料，强度等级不低于MU20；毛石尺寸不应大于所浇部位最小宽度的1/3，且不得大于30 cm；表面如有污泥、水锈，应用水冲洗干净。

3. 施工方法

（1）浇筑时，应先铺一层 8~15 cm 厚的混凝土打底，再铺上毛石，毛石插入混凝土约一半后，再灌混凝土，填满所有空隙，再逐层铺砌毛石和浇筑混凝土，直至基础顶面，保持毛石顶部有不少于 10 cm 厚的混凝土覆盖层。

（2）所掺加毛石数量应不超过基础体积的 25%。

（3）如果是在钢筋混凝土基础内放置毛石，可以先用绑丝将毛石吊在钢筋上再浇灌混凝土。

（4）毛石铺放应均匀排列，使大面向下，小面向上，毛石间距一般不小于 10 cm，离开模板或槽壁距离不小于 15 cm。

（5）对于阶梯形基础，每一阶高内应整分浇筑层，并有两排毛石，每阶表面要基本抹平；对于锥形基础，应注意保持斜面坡度的正确与平整，毛石不露于混凝土表面。

（6）毛石基础的标高一般砌到室内地坪以下 50 mm，基础顶面宽度应不小于 400 mm。每天砌筑高度应不大于 1.2 m。

## 三、混凝土基础施工

混凝土基础的主要形式有条形基础、独立基础、筏形基础和箱形基础等。

### （一）清理

在地基或基土上清除淤泥和杂物，并应有防水和排水措施。对于操土应用水湿润，表面不得留有积水，在去模的板内清除垃圾、泥土等杂物，并浇水湿润木模板，堵塞板缝和孔洞。

### （二）混凝土拌制

要认真按混凝土的配合比投料；每盘投料顺序为石子水泥、砂子（掺合料）、水（外加剂）。严格控制用水量，搅拌要均匀，最短时间不少于 90 s。

### （三）混凝土的浇筑

混凝土的下料口距离所浇筑的混凝土表面高度不得超过 2 m。如自由倾落超过 2 m 时，应采用串桶或溜槽。混凝土的浇筑应分层连续进行，一般分层为振捣器作用部分长度的 1.25 倍，最大不超过 50 cm。用插入式振捣器应快插慢拔，插点应均匀排列，逐点移动，顺序进行，不得遗漏，做到振捣密实。移动间距不大于振捣棒作用半径的 1.5 倍。振捣上一层时应插入下层 5 cm，以消除两层间的接缝。平板振捣器的移动间距，应能保证振动器的平板覆盖已振捣的边缘。混凝土不能连续浇筑时，一般超过 2 h，应按施工缝处理。

### （四）质量要求

浇筑混凝土时，应经常注意观察模板、支架、管道和预留孔、预埋件有无走动情况。当发现有变形、位移时，应立即停止浇筑，并及时处理好，再继续浇筑。混凝土振捣密实后，表面应用木抹子搓平。

### (五) 混凝土的养护

混凝土浇筑完毕时，应在 12 h 内加以覆盖和浇水，浇水次数应能保持混凝土有足够的湿润状态。养护期一般不少于 7 昼夜。

## 四、基础回填注意事项

基础砌筑或浇筑完成后，应及时回填。回填土要在基础对应的两侧同时进行，避免基础移位或倾覆，并分层夯实。回填过程要注意以下几个方面。

(1) 基底为耕植或松土时，先将基底碾压密实后再进行回填。

(2) 基底为软土时，可采用换土或抛石挤淤等方法；或软土层厚度较大时，采用砂垫层进行加固。

(3) 回填土建议用房屋周围的同类土回填，不能采用含有生活垃圾和腐蚀性成分、含水量很大的土回填。

(4) 填好土如果遇到水浸，把稀泥铲除后，土含水量不大于 10%，符合要求后再进行压实施工。

(5) 冬季回填土方时，每层铺设厚度应比常温施工时减少 20%~25%，粒径不大于150 mm，不得有冻土块。

# 第五节　墙砌体施工

墙体砌筑是农村建筑施工的重要环节，对于工程整体质量有着举足轻重的影响。墙体起保温、隔热、隔声、防火、防水、抗震的作用。砌筑质量的好坏和砌筑水平的高低直接决定房屋质量和使用寿命。因此，墙体砌筑对农村建筑工匠的技术水平和砌筑工艺都有很高的要求。

## 一、墙体材料与厚度

### (一) 墙体材料

农村墙体的种类主要有砖墙、加气混凝土砌块墙、石材墙、板材墙、整体墙 5 种。

1. 砖墙

有普通黏土砖、黏土多孔砖、黏空心砖、焦碴砖等。黏土砖用黏土烧制而成，有红砖、青砖之分。焦渣砖用高炉硬矿渣和石灰蒸养而成。农村建筑较常用。

2. 加气混凝土砌块墙

加气混凝土是一种轻质材料，其成分是水泥、砂子、磨细矿渣、粉煤灰等，用铝粉作发泡剂，经蒸养而成。加气混凝土具有体积质量轻、隔音、保温性能好等特点。这种材料多用于非承重的隔墙及框架结构的填充墙。

3. 石材墙

石材是一种天然材料，主要用于山区和产石地区。分为乱石墙、整石墙和包石墙等做法。

4. 板材墙

板材以钢筋混凝土板材、加气混凝土板材为主，玻璃幕墙亦属此类。

5. 整体墙

框架内现场制作的整块式墙体，无砖缝、板缝，整体性能突出，主要用材以轻集料钢筋混凝土为主，操作工艺为喷射混凝土工艺，整体强度略高于其他结构，再加上合理的现场结构设计，特适用于地震多发区、大跨度厂房建设和大型商业中心隔断。

## (二)墙厚

砖墙的厚度以我国标准黏土砖的长度为单位，我国现行黏土砖的规格是 240 mm× 115 mm×53 mm(长×宽×厚)。连同灰缝厚度 10 mm 在内，砖的规格形成长∶宽∶厚＝ 4∶2∶1的关系。同时在 1 m³ 的砌体中有 4 个砖长、8 个砖宽、16 个砖厚，这样在1 m³ 的砌体中的用砖量为4×8×16＝512块，用砂浆量为 0.26 m³。现行墙体厚度用砖长作为确定依据，常用的有以下几种。

(1)半砖墙。图纸标注为 120 mm，实际厚度为 115 mm。

(2)一砖墙。图纸标注为 240 mm，实际厚度为 240 mm。

(3)一砖半墙。图纸标注为 370 mm，实际厚度为 365 mm。

(4)二砖墙。图纸标注为 490 mm，实际厚度为 490 mm。

(5)3/4 砖墙。图纸标注为 180 mm，实际厚度为 180 mm。

(6)其他墙体。如钢筋混凝土板墙、加气混凝土墙体等均应符合模数的规定。钢筋混凝土板墙用作承重墙时，其厚度为 160 mm 或 180 mm；用作隔断墙时，其厚度为 50 mm。加气混凝土墙体用于外围护墙时，常取 200～250 mm，用于隔断墙时，常取 100～150 mm。

## 二、墙体施工要求

### (一)主材要求

底层室内地坪标高上 0.5 m 墙体、卫生间自楼面起 1.5 m 以下墙、厨房楼面起 1.5 m 标高墙体均为实心墙。其余墙体采用煤矸石砖，在砖砌体中，至楼层面起先砌三匹标砖配砖，转角处、墙体端部、构造柱相连处及门窗和洞口边缘均为实心砖套砌。

### (二)砌筑要求

(1)横平竖直、砂浆饱满、上下错接，其中搭接不小于1/4。

(2)接槎可靠，斜槎长度不应小于高度的2/3，留斜槎有困难时可留直槎，地震区不得留直槎，并加设拉结筋，拉结筋沿墙 500 mm 留一层，每 120 mm 厚墙留一根，但每层最少为 2 根。

(3)灰缝厚度要求控制在 8～12 mm 为宜。

### (三)工艺要求

(1)横平竖直。

(2)砂浆饱满(达 80%以上)。

(3)上下错缝(搭接不小于 1/4)。

(4)接槎可靠(斜槎长度不应小于高度的 2/3)。

当遇到墙体有转角又不能同时砌筑时,采用马牙槎,不可以采用母槎,也不宜采用老虎槎,最好采用斜槎,斜槎长度不应小于高度的 2/3。当留置马牙槎时要设置拉结筋。

(5)灰缝厚度要求控制在 8~12 mm 为宜。

(6)每日的砌筑高度不宜超过 1.8 m,雨天施工不宜超过 1.2 m。

### (四)施工工艺流程

(1)抄平、放线。用 M7.5 水泥砂浆(H<20 mm)或 C10 细石混凝土(≥20 mm)抄平:使各段墙面的底部标高在同一水平面上。

(2)摆砖(摆脚)样。在放线的基面上按选定的组砌方式用于干砖试摆。目的:竖缝厚度均匀。①校对所放出墨线在门窗洞口、附墙垛等处是否符合砖的模数。②尽量少砍砖,且使砌体灰缝均匀、组砌得当。

(3)立皮数杆。使水平缝厚度均匀。设在四大角及纵横墙的交接处,中间 10~15 m 立一根,皮数杆上±0.00 与建筑物的±0.00 相吻合。

(4)盘角、挂线。确保盘角质量;挂线上跟线、下靠棱。

(5)砌筑。常用的是"三一砌砖法":一块砖、一铲灰、一揉压。砌筑过程中应三皮一吊、五皮一靠,保证墙面垂直平整。

(6)勾缝、清理。砖墙勾缝宜采用凹缝或平缝,凹缝深度一般为 4~5 mm。勾缝完毕后,应进行墙面、柱面和落地灰的清理。

### (五)施工要点

(1)接槎牢固,清理干净、浇水润湿、填实砂浆、保持灰缝平直。

上下错缝,内外搭接,以保证砌体的整体性,同时组砌要有规律,少砍砖,以提高砌筑效率,节约材料。

(2)缝宽 8~12 mm,水平饱满度≥80%。严禁用水缝。

(3)砖砌体的转角处、交接处留斜槎、直槎(阳槎),抗震设防地区不得留直槎。应同时砌筑,严禁无可靠措施的内外墙分砌施工。检验方法:观察检查。

(4)非抗震设防及抗震设防烈度为 6 度、7 度地区的临时间断处,当不能留斜槎时,可留直槎,但直槎必须做成凸槎。

## 三、墙体砌筑方法

墙体的砌筑方法是指砖块在砌体中的排列组合方法。应满足横平竖直、砂浆饱满、错缝搭接、避免通缝等基本要求,以保证墙体的强度和稳定性。农村墙体的砌筑方法主要有"一顺一丁"式、"多顺一丁"式、"梅花丁"式、"全顺"式、"全丁"式 5 种,如图 11-10 所示。

### (一)"一顺一丁"

适用于一砖和一砖以上的墙厚。这种砌法是一层砌顺砖、一层砌丁砖,相间排列,

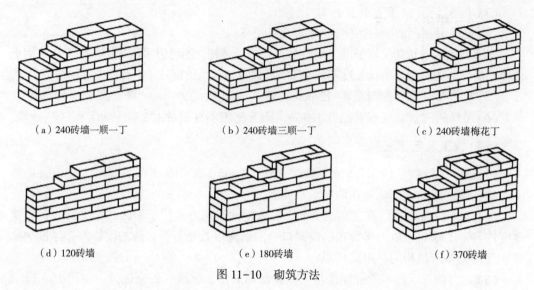

(a) 240砖墙一顺一丁　　　(b) 240砖墙三顺一丁　　　(c) 240砖墙梅花丁

(d) 120砖墙　　　　　　　(e) 180砖墙　　　　　　　(f) 370砖墙

图 11-10　砌筑方法

重复组合。上下层错缝 1/4 砖长，在转角部位要加设 3/4 砖（俗称七分头）进行过渡。这种砌法的特点是搭接好、无通缝、整体性强，因而应用较广。

### （二）"多顺一丁"

砌法有三顺一丁和五顺一丁之分，其做法是每隔三皮顺砖或五皮顺砖加砌一皮丁砖相间叠砌而成。上下层错缝 1/4 砖长。这种砌法的优点是灰缝容易饱满，黏结性好，墙面整洁，缺点是存在通缝。适用于一砖和一砖以上的墙厚。

### （三）"梅花丁"

砌法是每层中顺砖与丁砖相互间隔砌成。上下层错缝 1/4 砖长。它整体性好，且墙面美观。至少是一砖厚。适用于一砖和一砖以上的墙厚。

### （四）"全顺"

这种砌法是全部用顺砖砌筑而成。上下层错缝 1/2 砖长。仅用于砌筑半砖厚的墙体。

### （五）"全丁"

砌法是全部用丁砖砌筑而成。上下层错缝 1/4 砖长。仅用于砌筑圆弧形砌体。

# 第六节　模板工程

模板工程新浇混凝土成型的模板以及支承模板的一整套构造体系，是混凝土施工中的一项临时性辅助结构。它接触混凝土并控制预定尺寸、形状、位置，支持和固定模板的杆件、桁架、联结件、金属附件、工作便桥等构成支承体系，因此在混凝土施工中至关重要。其立模与绑扎钢筋以及组装工艺是混凝土施工中不容忽视的一个重要环节。

## 一、支模安全要求

（1）钢管立柱底部应设置垫木和底座。以扩大受力面，当底层支撑体系搭设时需严格控制基底回填夯实等加固措施确保不会下沉。

（2）钢管支撑立杆纵横间距均应满足梁立杆间距≤900 mm（指梁两侧立杆间距）、平板立杆间距≤1 200 mm（同时满足方案及计算书要求），扫地杆距地 200 mm 处设置、大横杆步距≤1 200 mm，梁底必须设置大横杆严禁梁底小横杆直接固定在立杆上进行支撑。

（3）所有纵向、横向水平杆在同一步内必须连成整体以确保脚手架的整体稳定性，严禁出现梁、板脚手架断开设置现象。

（4）工作前应戴好安全帽，检查使用的工具是否牢固，扳手等工具必须用绳索系挂在身上，防止掉落伤人。工作时应集中精神，避免钉子扎脚和空中滑落。

（5）安装与拆除 5 m 以上的模板，应搭设脚手架，并设防护栏杆，防止在同一垂直面上下操作。高处作业要系牢安全带。

（6）不得在脚手架上堆放大批模板等材料。

（7）支撑、牵杠等不得搭在门窗框和脚手架上。通路中间的斜撑、拉杆应设在高1.8 m 以上处。支模过程中，如需中途停歇，应将支撑、搭头、柱头板等钉牢。拆模间歇，应将已活动的模板、牵杠、支撑等运走或妥善堆放。

（8）支模应按规定的作业程序进行，模板未固定前不得进行下一道工序。严禁在连接件和支撑件上攀登上下，并严禁在上下同一垂直面安装、拆模板。

## 二、模板工程中的混凝土施工要求

（1）模板在浇注砼之前保持清洁并涂刷脱模剂。

（2）模板与钢筋安装工作配合进行，妨碍绑扎钢筋的模板待钢筋安装完毕后安设。

（3）板安装完毕，签认后方可浇筑混凝土。

（4）底模拆除时，混凝土强度应符合表 11-6 的规定。

表 11-6　底模拆除时的混凝土强度要求

| 构件类型 | 构件跨度（m） | 达到设计的混凝土抗压强度标准值的百分率（%） |
|---|---|---|
| 板 | ≤2 | ≥50 |
|  | ＞2，≥8 | ≥75 |
|  | ＞8 | ≥100 |
| 梁、拱、壳 | ≤8 | ≥75 |
|  | ＞8 | ≥100 |
| 悬臂构件 | — | ≥100 |

### 三、拆模安全要求

（1）模板拆除按设计的顺序进行。设计无规定时，遵循"先支后拆、后支先拆"、"先非承重部位、后承重部位"以及自上而下的原则。拆时严禁抛扔。

（2）多层楼板支柱的拆除：上层楼板正在浇筑砼时，下一层楼板的模板支柱不得拆除，再下一层楼板模板的支柱，仅可拆除一部分。跨度 4 m 及 4 m 以上的梁下均应保留支柱，其间距不得大于 3 m。

（3）拆模时，操作人员应站在安全处，禁止上下层同时作业，以免发生安全事故。

（4）拆模时应避免用力过猛、过急，严禁用大锤和撬棍硬砸硬撬，以免损坏砼表面或模板。

（5）拆除的模板及配件应有专人接应传递并分散堆放，不得对楼层形成冲击荷载。

（6）模板及支架清运至指定地点，应及时加以清理、修理，按尺寸和种类分别堆放，以便下次使用。

（7）拆模时必须设置警戒线，应派人监护。拆模必须拆除得干净彻底，不得留有悬空模板。

（8）拆模高处作业，应配置登高用具或搭设支架，必要时应戴安全带。

（9）拆下的模板不准随意向下抛掷，应及时清理。临时堆放处离楼层边沿不应小于 1 m，堆放高度不得超过 1 m，楼层边口、通道口、脚手架边缘严禁堆放任何拆下物件。

（10）拆模间隙时，应将已活动的模板、牵杠、支撑等运走或妥善堆放，防止因踏空、扶空而坠落。

（11）高处拆模时，应有专人指挥，并在下面标出工作区。组合钢模板装拆时，上下应有人接应，随装拆随运送，严禁从高处掷下。

（12）墙模的拆除：单块组拼的在拆除对拉螺栓、大小钢楞和连接件后，从上而下逐步水平拆除；预组拼的应先挂好吊钩，检查所有连接件是否拆除后，方能拆除临时支撑，脱模起吊。

（13）梁、板模板：先拆除梁侧模，再拆除楼板底模，最后拆除梁底模。

（14）拆除模板一般用长撬棍。人不许站在正在拆除的模板上。在拆除模板时，应防止整块模板掉下，以免伤人。

### 四、模板工程施工安全要求

（1）模板工程作业高度在 2 m 及以上时，应根据高处作业安全技术规范的要求进行操作和防护，在 4 m 以上或两层及两层以上周围应设安全网和防护栏杆。

（2）支设高度在 3 m 以上的柱模板，四周应设斜撑，并应设立操作平台，低于 3 m 的可用马凳操作。

（3）支设悬挑形式的模板时，应有稳定的立足点。支设临空构筑物模板时，应搭设支架。模板上有预留洞，应在安装后将洞盖没。混凝土板上拆模后形成的临边或洞口，应按规定进行防护。

（4）操作人员上下通行时，不许攀登模板或脚手架，不许在墙顶、独立梁及其他狭窄而无防护栏的模板面上行走。

（5）模板支撑不能固定在脚手架或门窗上，避免发生倒塌或模板位移。

（6）在模板上施工时，堆物不宜过多，不宜集中一处，大模板的堆放应有防倾措施。

（7）冬季施工，应对操作地点和人行通道的冰雪事先清除；雨季施工，对高耸结构的模板作业应安装避雷设施；5级以上大风天气，不宜进行大块模板的拼装和吊装作业。

# 第七节 钢筋工程

## 一、施工要求

（1）钢筋的表面洁净，使用前将表面油鳞锈等清除干净。

（2）钢筋平直，无局部弯折，成盘的钢筋和弯曲的钢筋均调直。

（3）钢筋焊接前，需根据施工条件进行试焊，焊工持证上岗。

（4）钢筋的级别、直径、根数和间距均符合设计要求。

## 二、材料保护

（1）钢筋砼所用材料及模板保持清洁，在存放和搬运过程中避免机械损伤和有害的锈蚀，如进场后需长时间存放时，安排定期的外观检查。

（2）钢筋在仓库内保管时，仓库要干燥、防潮、通风良好、无腐蚀气体和介质；在室外存放时，不能直接堆放在地面上，必须采取垫以枕木并用毡布覆盖等有效措施，防止雨露和各种腐蚀气体、介质的影响。

## 三、钢筋加工与安装

### (一)钢筋加工质量标准

（1）钢筋形状正确，平面上没有翘曲不平现象。

（2）钢筋末端弯钩的净空直径满足设计要求，无要求时不小于钢筋直径的2.5倍。

（3）钢筋弯起点处不得有裂缝，为此，钢筋不能弯过头再回弯。

（4）钢筋的弯钩形式有3种：半圆弯钩、直弯钩及斜弯钩。半圆弯钩是最常用的一种弯钩，斜弯钩只用在直径较小的钢筋中。

（5）钢筋弯钩增加长度，按图的计算简图(弯心直径为2.5 d、平直部分为3 d，d为钢筋直径)，其计算值为：对半圆弯钩为6.25 d，对直角弯钩为3.5 d，对斜弯钩为4.9 d。

（6）在顶板模板上弹出钢筋位置线及预留洞位置，钢筋绑扎时严格按线操作、双层及以上钢筋采用马凳支撑将板上筋撑起，保证了板上筋的位置及保护层的厚度，该马凳钢筋支撑放在板下筋的上面、钢筋搭接相互错开，严格按规范执行；板筋绑扎要做到横平竖直、长度一致；操作人员必须蹲在跳板上进行顶板上筋绑扎；加强过程检查，落实到具体操作班组和操作人员，挂牌施工。

### (二)钢筋接头注意点

当钢筋长度不够时，可以在适当的位置进行搭接，钢筋的接头注意下列几点。

(1)基础梁上部钢筋在两个支柱之间的跨中 1/2 范围内不得搭接，基础梁下部钢筋在每个支柱左右各 1/3 跨长范围内不得搭接。

(2)上部主体结构的梁，上部钢筋在每个支柱左右各 1/3 跨长范围内不得搭接，上部主体结构梁的下部钢筋在两个支柱之间的跨中不得搭接。

(3)抗震圈梁外墙转角 1 m 范围内应当连续，接头应当在距外墙转角 1 m 以外搭接。

(4)钢筋直径 $\Phi > 22$ mm 时，不宜采用非焊接的搭接接头；对轴心受压和偏心受压柱中的受压钢筋，当钢筋直径 $\Phi \leqslant 32$ mm 时，可采用非焊接的搭接接头，但接头位置应设置在受力较小处。

(5)在可以搭接的纵向钢筋搭接范围内，有以下几点必须注意：①首先，纵向钢筋搭接接头数量在同一截面有限制：受拉钢筋 $\leqslant 1/4$，受压钢筋 $\leqslant 1/2$，如果搞不清这个钢筋是受拉还是受压，那就应当从严掌握，按受拉钢筋 1/4 实施。②其次，在纵向钢筋搭接接头范围内的箍筋必须加密，当搭接钢筋为受拉时，箍筋间距不应大于 5 $d$($d$ 为纵向钢筋较小直径)，并且不应大于 100 mm；当搭接钢筋为受压时，箍筋间距不应大于 10 $d$，并且不应大于 200 mm($d$ 为受力钢筋中的最小直径)。③有抗震要求的柱子的箍筋应做 135°弯钩；箍筋弯钩的平直段长度应 $\geqslant 10$ $d$，在钢筋用量计算中注意。

### (三)常见钢筋电弧焊规定

(1)钢筋焊接前，必须根据施工条件进行试焊，合格后方可施焊；焊工必须有焊工考试合格证，并在规定的范围内进行焊接操作。

(2)钢筋电弧焊包括帮条焊、搭接焊、坡口焊、窄间隙焊和熔槽帮条焊 5 种接头形式。村镇建房中宜采用搭接焊，如图 11-11 所示；帮条焊如图 11-12 所示。

(3)钢筋帮条(或搭接)长度 L 和焊条型号应符合表 11-7 的规定。

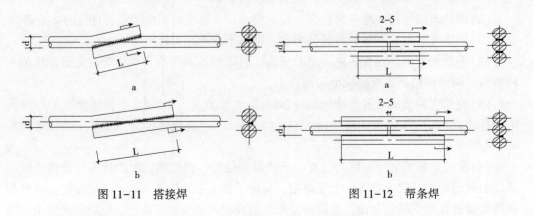

图 11-11 搭接焊　　　　　　　图 11-12 帮条焊

表 11-7 钢筋帮条(或搭接)长度和焊条型

| 钢筋牌号 | 焊缝形式 | 帮条(或搭接)长度 L | 焊条型号 |
|---|---|---|---|
| Q235(Ⅰ级钢) | 单面焊 | ≥8 d | E4303 |
| | 双面焊 | ≥4 d | |
| HRB400(Ⅲ级) | 单面焊 | ≥10 d | E4303 |
| | 双面焊 | ≥5 d | |

(4)焊接时,引弧应在垫板、帮条或形成焊缝的部位进行,不得烧伤主筋;宜采用双面焊,当不能进行双面焊时,方可采用单面焊;焊接过程中应及时清渣,焊缝表面应光滑。

(5)焊缝厚度不应小于主筋直径的 0.3 倍;焊缝宽度不应小于主筋直径的 0.8 倍。

(6)搭接焊时,焊接端钢筋应预弯,并应使两钢筋的轴线在同一直线上。

# 第八节 混凝土工程

混凝土工程贯穿于钢筋工程和模板工程,是建筑施工中的主导工种工程。

## 一、混凝土的拌制

混凝土搅拌装料顺序:石子→水泥→砂子→水。分人工搅拌和机械搅拌。

### (一)人工搅拌

(1)严格按照经批准的施工配合比称量原材料,其最大允许偏差应符合:胶凝材料 ±1%,外加剂±1%,粗、细骨料±2%,拌合用水±1%。

(2)搅拌时力求动作敏捷,搅拌时间从加水时算起,应大致符合下列规定:①搅拌物体积为 30 L 以下时 4~5 min;②搅拌物体积为 30~50 L 时 5~9 min;③搅拌物体积为 51~75 L 时 9~12 min。

(3)拌好后,根据试验要求,立即做坍落度测定或试件成型。从开始加水时算起,全部操作须在 30 min 内完成(表 11-8)。

表 11-8 混凝土浇筑时的坍落度          单位:mm

| 结构种类 | 坍落度 |
|---|---|
| 垫层、无配筋或者配筋稀疏的大体积结构 | 10~30 |
| 梁、板和大中型截面的柱子 | 30~50 |
| 配筋密集的结构 | 50~70 |
| 配筋特密的机构 | 70~90 |

### (二)机械搅拌

(1)按拌合物的配合比先预拌一次,即先涮膛。

（2）开动搅拌机，向搅拌机内依次加入石子、水泥、砂，干拌均匀，再将水徐徐加入，全部加料时间不超过 2 min，水全部加入后，继续拌和 2 min。

（3）将拌合物自搅拌机卸出，倾倒在拌打捞上，再经人工拌和 1～2 min，即可做坍落度测定或试件成型。从开始加水时算起，全部操作必须在 30 min 内完成。

## 二、混凝土的浇筑

混凝土浇筑指的是将混凝土浇筑入模子里制成预定形体，直至塑化的过程。

### （一）材料准备

1. 水泥

P.S32.5 矿渣硅酸盐水泥。有出厂合格证及复试报告。

2. 砂、细砂

混凝土低于 C30 时含泥量不大于 5%，高于 C30 时含泥量不大于 3%。

3. 石子

粒径 16～30 mm，混凝土低于 C30 时含泥量不大于 2%。高于 C30 时不大于 1%。

4. 混凝土外加剂

FJ-1 泵送剂。应符合有关标准的规定，其掺量经试验符合要求后，方可使用。

### （二）作业准备

（1）浇筑混凝土层段的模板、钢筋、顶埋件及管线等全部安装完毕，经检查符合设计要求，并办完隐检、预检手续。

（2）浇筑混凝土用的架子及马道已支撑完毕，并经检查合格。

（3）水泥、砂、石及外加剂等经检查符合有关标准要求，试验室已下达混凝土配合比通知单。

（4）磅秤（或自动上料系统）经检查核定计量准确，振捣器（棒）经检验试运转合格。

（5）工长根据施工方案对操作班组已进行全面施工技术培训，混凝土浇筑申请书已被批准。

### （三）操作工艺

1. 清理

浇筑前应将模板内的垃圾、泥土，钢筋上的油污等杂物清除干净，并检查钢筋的水泥砂浆垫块、塑料垫块是否垫好。如使用木模板时应浇水使模板湿润。柱子模板的扫除口应在清除杂物及积水后再封闭。

2. 搅拌

（1）根据配合比确定每盘各种材料用量，骨料含水率应经常测定及时调整配合比用水量。

（2）装料顺序：一般先倒石子，再装水泥，最后倒砂子。掺外加剂时，粉状外加剂应根据每盘加量应预加工装入小包装内（塑料袋为宜），用时与细粗骨料同时加入；液状外加剂应按每盘用量与水同时装入搅拌机搅拌。

（3）搅拌时间：为使混凝土搅拌均匀，自全部拌合料装入搅拌筒中起到混凝土开始卸料为止，混凝土搅拌的最短时间为 90 s（1.5 min）。

3. 运输

泵送混凝土时须保证混凝土泵连续工作，如发生故障、停歇时间超过 45 min 或混凝土出现离析现象，应立即用压力水或其他方法冲洗管内残留的混凝土。

4. 振捣

混凝土自料口下落的自由倾落高度不得超过 2 m，如超过 3 m 时必须采取措施。

5. 浇筑

（1）浇筑混凝土时应分段分层连续进行，每层浇筑厚度应根据结构特点、钢筋疏密程度决定，插入式振捣一般分层厚度为振捣器作用部分长度的 1.25 倍，最大不超过 50 cm。对不同的振捣手段和不同的振捣对象，浇筑层的厚度应该有所不同（表 11-9）。

表 11-9 混凝土浇筑层厚度　　　　　　　　　　　　单位：mm

| 项次 | 捣实混凝土的方法 | | 浇筑层的厚度 |
|---|---|---|---|
| 1 | 插入式振捣 | | 振捣器作用部分长度的 1.25 倍 |
| 2 | 表面振动 | | 200 |
| 3 | 人工振捣 | 基础、无筋混凝土或配筋稀疏的结构中 | 250 |
| | | 梁、墙板、柱结构中 | 200 |
| | | 在配筋密列的结构中 | 150 |
| 4 | 轻骨料混凝土 | 插入式振捣 | 300 |
| | | 表面振动（振动时需加荷） | 200 |

（2）使用插入式振捣器应快插慢拔，插点要均匀排列，逐点移动，顺序进行，不得遗漏，做到均匀振实。移动间距不大于振捣棒作用半径的 1.5 倍（一般为 30～40 cm）。振捣上一层时应插入下层 5 cm，以消除两层间的接隙。

（3）浇筑混凝土应连续进行。如必须间歇，其间歇时间应尽量缩短，并应在前层混凝土初凝之前，将次层混凝土浇筑完毕。混凝土浇筑后的最长间歇时间，见表 11-10。

表 11-10 混凝土浇筑的最长间歇时间　　　　　　　　　单位：min

| 混凝土浇筑气温（℃） | 允许间隔时间 | |
|---|---|---|
| | 普通硅酸盐水泥 | 矿渣硅酸盐水泥及火山硅酸盐水泥 |
| 20～30 | 90 | 120 |
| 10～20 | 135 | 180 |
| 5～10 | 195 | — |

（4）浇筑混凝土时应经常观察模板、钢筋、预留孔洞、预埋件和插筋等有无移动、

变形或堵塞情况，发现问题应立即停止浇灌，并应在已浇筑的混凝土凝结前修正完好。①台阶式基础浇筑：可按台阶分层一次浇筑完毕(预制柱的高杯口基础的高台部分应另行分层)，不允许留设施工缝。每层混凝土要一次浇筑，顺序是先边角后中间。②条形基础浇筑：浇筑前，应根据混凝土基础顶面的标高在两侧木模上弹出标高线；如采用原槽土模时，应在基槽两侧的土壁上交错打入长 100 mm 左右的标杆，并露出 20~30 mm，标杆面与基础顶面标高平，标杆之间的距离约 3 m。根据基础深度宜分段分层连续浇筑混凝土，一般不留施工缝。各段层间应相互衔接，每段间浇筑长度控制在 2~3 m 距离，做到逐段逐层呈阶梯形向前推进。③柱的浇筑：柱浇筑前底部应先填以 5~10 cm 厚与混凝土配合比相同的减半石子混凝土，柱混凝土应分层振捣，使用插入式振捣器时每层厚度不大于 50 cm，振捣棒不得触动钢筋和预埋件。除上面振捣外，下面要有人随时敲打模板。柱高在 3 m 之内，可在柱顶直接下灰浇筑，柱高超过 3 m 时应采取措施用串筒分段浇筑。每段的高度不得超过 2 m。柱子混凝土应一次浇筑完毕，如需留施工缝时应留在主梁下面。④梁板浇筑：肋形楼板的梁板应同时浇筑，浇筑方法应由一端开始用"赶浆法"，即先将梁根据梁高分层浇筑成阶梯形，当达到板底位置时再与板的混凝土一起浇筑，随着阶梯形不断延长，梁板混凝土浇筑连续向前推进。和板连成整体的大断面允许将梁单独浇筑，其施工缝应留在板底以下 2~3cm 处。浇捣时，浇筑与振捣必须紧密配合，第一层下料慢些，梁底充分振实后再下二层料。用"赶浆法"保持水泥浆沿梁底包裹石子向前推进，每层均应振实后再下料，梁底及梁板部位要注意振实，振捣时不得触动钢筋及预埋件。梁柱结点钢筋较密时，浇筑此处混凝土时宜用细石子同强度等级混凝土浇筑，并用小直径振捣棒振捣。浇筑板的虚铺厚度应大于板厚，用插入式振捣器顺浇筑方向拖拉振捣，并用铁插尺检查混凝土厚度，振捣完毕后用长木抹子抹平。施工缝处或有预埋件及插筋处用木抹子找平。浇筑板混凝土时不允许用振捣棒铺摊混凝土。施工缝位置留置。沿着次梁方向浇筑楼板，施工缝应留置在次梁跨度的中间 1/3 范围内。施工缝的表面应与梁轴线或板面垂直，不得留斜槎。施工缝宜用木板或钢丝网挡牢。施工缝处须待已浇筑混凝土的抗压强度不小于 1.2 MPa 时，才允许继续浇筑，在继续浇筑混凝土前，施工缝混凝土表面应凿毛，剔除浮动石子，并用水冲洗干净后，先浇一层水泥浆，然后继续浇筑混凝土，应细致操作振实，使新旧混凝土紧密结合。⑤楼梯浇筑：楼梯段混凝土自下而上浇筑，先振实底板混凝土，达到踏步混凝土一起浇捣，不断连续向上推进，并随时用木抹子将踏步上表面抹平。施工缝：楼梯混凝土宜连续浇筑完，多层楼梯的施工缝应留置在楼梯段 1/3 部位。

## 三、养护

混凝土浇筑完毕后，应在 12 h 以内加以覆盖和浇水，浇水次数应保持混凝土有足够的湿润状态，养护期一般不少于 7 d。

## 四、施工注意事项

(1)混凝土入模，不得集中倾倒冲击模板或钢筋骨架，当浇筑高度大于 2 m 时，应采用串筒，溜管下料，出料管口至浇筑层的倾落自由高度不得大于 1.5 m。

（2）混凝土必须在 5 h 内浇筑完毕（从发车时起），为防止混凝土浇筑出现冷缝（冷缝：指上下两层混凝土的浇筑时间间隔超过初凝时间而形成的施工质量缝），两次混凝土浇筑时间不超过 1.5 h，交接处用振捣棒不间断地搅动。

（3）浇筑过程中，振捣持续时间应使混凝土表面产生浮浆，无气泡，不下沉为止。振捣器插点呈梅花形均匀排列，采用行列式的次序移动，移动位置的距离应不大于 40 cm。保证不漏振，不过振。

（4）浇筑梁板混凝土时，先浇筑梁混凝土，从梁柱节点部位开始，保证梁柱节点部位的振捣密实，再用赶浆法循环向前和板一起浇筑，但不得出现冷缝。

（5）混凝土浇筑快要完成时，应估算剩余混凝土方量和剩余混凝土量，联系搅拌站进行合理调度。

（6）混凝土浇筑完成后用刮杠刮平表面，刮平后用毛刷进行拉毛（附拉毛处理：用水泥和混凝土界面处理剂和成水泥砂浆，将以上水泥砂浆通过拉毛滚筒或者笤帚，抹到墙面上，形成刺状突起，干燥后即成拉毛。主要作用是加强粘接能力；现在的毛坯房墙面一般不需要拉毛处理即可贴砖，但要看具体情况，如果墙面比较光滑，则需要做拉毛处理）。

（7）混凝土表面进行二次压抹及三次抹压后，及时进行覆盖养护。待混凝土终凝后，先洒水充分润湿后，用塑料薄膜进行密封覆盖，并经常检查塑料薄膜表面，但薄膜表面无水珠时，应再洒水。地下 3 层至地下夹层顶板养护时间为 7 d，地下 1 层顶板养护时间为 14 d。

## 五、混凝土浇筑质量防范措施

### （一）防止离析

在混凝土浇筑过程中，应时刻注意保持混凝土的均匀性和密实性，若有较大变异，应立即处理。下料时混凝土自由倾落的高度不宜超过 2 m，超过 2 m 要使用串筒、斜槽及溜管下料，以防止混凝土离析。

### （二）竖向结构处理

浇筑竖向结构混凝土前，应先在底部填以 50~100 mm 厚与混凝土内砂浆成分相同的水泥砂浆。混凝土的水灰比与坍落度应随浇筑高度的上升酌情递减。

### （三）防止变形、移位

混凝土浇筑过程中应经常观察模板、支架、钢筋、预埋件和预留孔洞的情况，发现变形、移位时应立即停止浇筑，并在已浇筑混凝土凝结前修复完毕。

### （四）防止裂缝

由于混凝土沉降与干缩产生的表面裂缝，应在混凝土终凝前修整完毕。在浇筑连成整体的墙、柱、梁、板时，应在墙、柱浇筑至梁、板底口下方时停歇 1~1.5 h，待混凝土初步沉实后再继续浇筑，以防接缝处裂缝的产生。

# 第九节　细部工程施工

主要是对梁柱接头及预留洞口的处置,楼梯踏步及异形构件的处理是难点,对洞口的预留要特别准确:门窗洞口、通风及消防洞口、位置和尺寸要特别注意;要充分考虑墙高与圈梁及构造柱的配合。

## 一、控制要点

砌筑前,先把浮浆、残渣清理干净并弹线。填充墙的边线、门窗洞口位置线应准确,偏差控制在规范允许范围内。

### (一)砌筑准备

(1)根据设计要求将门洞和有水房间混凝土导墙的位置,用墨线在楼面进行标注。

(2)按墙段实量尺寸、洞口位置和砌块规格尺寸绘制砌体排版图。

### (二)构造柱部位设置

(1)不同材料交接处;

(2)内外墙交接处;

(3)墙长大于 4 m;

(4)砌体无约束端;

(5)洞口宽度大于 2 m。

## 二、细部砌体实测实量

### (一)垂直、平整度测量

1. 测量完成时间

每层大面墙砌筑完成两个日历天内。

2. 测量工具

2 m 检测尺(用带靠脚面检测)、楔形塞尺。

3. 合格标准

垂直度-[0,4]mm;平整度-[0,5]mm。

4. 测区选取

每一砌体正手墙面均须实测,每一测尺作为一个计算点。

5. 测量方法

实测主要反映砌筑墙体垂直度和平整度,应避开墙顶梁、墙底灰砂砖或墙反坎、墙体斜砌砖,消除其测量值的影响,如 2 m 检测尺过高不易定位,可采用 1 m 检测尺。

(1)0 m＜墙长≤1 m 时,只取墙中测垂直度。

(2)1 m＜墙长≤1.5 m 时,取墙中测垂直度,旋转至尺端对齐墙端测平整度。

(3)1.5 m＜墙长≤4 m 时，同一面墙距两端头 100 mm 的位置。

### (二)砌体实测实量原则

(1)检测尺顶端接触上部砌体位置时测量垂直度，而后逆时针转动检测尺，当与左上角夹角为 45°时，测量平整度，如墙体较高，可将上文提及的"接触上部砌体位置"改为"距地面 3 m 的位置"。

(2)检测尺底端距下部地面 300 mm 位置时测量垂直度，而后逆指针转动检测尺，当与右下角夹角为 45°时，测量平整度。

(3)当墙长度＞4 m 时，须在墙中间位置加测一次，取墙中测量垂直度后，将检测尺放水平距地 1 300 mm 测量平整度。

(4)遇有门窗洞口处需加测一次，与洞口呈 45°测量过口平整度。

### (三)门窗洞口尺寸的测量

(1)测量时间：门窗洞口砌筑完成后两日内。

(2)测量工具：激光测距仪、盒尺。

(3)合格标准：[-10，10]mm。

(4)测区选取：每一门窗洞口为一测区，包括室内门窗、公共部位防火门，其中宽、高作为两个计算点。

(5)测量方法：以砌体边对边，测量洞口的宽度及高度尺寸，宽度测量位置为距窗台 10 cm 和窗高 1/2 处，以偏差较大值作为窗宽测量值；高度测量位置为距窗两边 10 cm，以偏差较大值作为窗高测量值。入户门按户内 1 m 线控制。

## 三、窗台防水做法

### (一)正确安装窗户

室外窗台以低于室内窗台板 20 mm 为宜，并设置顺水坡，使雨水排放畅通。金属窗外框与室内窗台板的间隙必须采用耐候高弹性密封胶进行封闭，确保水密性，防止产生渗漏。窗楣、窗台应做出足够的滴水槽和流水坡度。

### (二)窗台防水施工工艺

主要是在窗户的外面做防水处理，一般是墙面上批刮耐水腻子、刷防水涂料。从防潮的角度来看，室内做防水处理还是有好处的，要打玻璃胶或在外面做防水。

### (三)渗漏处理

(1)清理窗框周边，查找渗漏缝隙。

(2)对于墙体内部存在空穴的地方，根据具体情况考虑化学灌浆。

(3)出现窗框与墙体、窗台的缝隙造成的漏水，将缝隙重新密封即可。对于外面窗框和墙体窗台间的缝隙，最好把原先的密封物清除，填入耐候型玻璃胶进行密封；而对于外面窗框和窗台的缝隙，最好把原先的密封物清除，填入耐候型玻璃胶进行密封，然后用泥砂浆封死做防水。

（4）若为窗框排水槽堵塞造成的漏水，通畅排水槽即可；如果排水孔的位置有问题，需要封闭原洞口，重新开孔。

（5）窗户墙体本身漏水，解决的办法是，敲开外层的墙，进行修补，修补完检查是否牢固，然后铺上一层防水层。

# 第十节　屋面工程与防水

屋面工程主体涵盖屋顶上部屋面板及其上面的所有构造层次，包括隔气层、通风防潮层、保温隔热层、防水层、保护层等，是综合反映屋面多功能的系统工程。

## 一、常见构造做法

屋面工程常见构造做法，如图 11-13 所示。

## 二、屋面工程发展方向

屋面工程发展的方向是提倡发展系统技术。不仅满足各类农村建筑的使用功能，还要达到经济、适用、美观的要求。以下所列 9 类屋面系统是我国屋面工程发展的趋向和目标。沥青瓦屋面系统、彩色混凝土瓦屋面系统、单层卷材屋面系统、金属屋面系统、种植屋面系统、保温隔热屋面系统、轻型坡屋面系统、膜结构屋面系统、太阳能屋面系统。

## 三、女儿墙与防水

女儿墙是建筑物屋顶四周的矮墙，农村建筑较为常见（图 11-14）。主要作用除维护安全外，亦会在底处施作防水压砖收头，以避免防水层渗水或是屋顶雨水漫流。依照国家建筑规范，上人屋面女儿墙高度一般在 1.2～1.5 m。

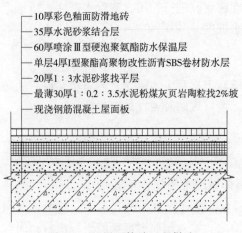

- 10厚彩色釉面防滑地砖
- 35厚水泥砂浆结合层
- 60厚喷涂Ⅲ型硬泡聚氨酯防水保温层
- 单层4厚Ⅰ型聚酯高聚物改性沥青SBS卷材防水层
- 20厚1∶3水泥砂浆找平层
- 最薄30厚1∶0.2∶3.5水泥粉煤灰页岩陶粒找2%坡
- 现浇钢筋混凝土屋面板

图 11-13　屋面构造工程做法

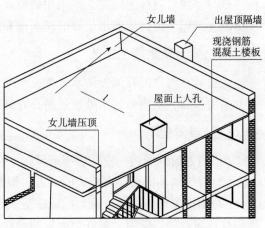

图 11-14　普通农房女儿墙

### (一)普通农房女儿墙做法要求

1. 要求

屋面形式应简单,宜采用有组织外排水。生产过程中散发腐蚀性粉尘较多的建筑物,不宜设女儿墙。

2. 说明

采用有组织排水的目的是避免带有腐蚀性介质的雨水漫流而腐蚀墙面。调查表明,散发腐蚀性粉尘较多的建筑物屋面上设置女儿墙后,在女儿墙处大量积聚粉尘,不易排除,加重腐蚀。

3. 施工要求

(1)多孔砖房屋局部尺寸限值(m):6度、7度、8度、9度无锚固女儿墙(非出入口处)最大高度分别为 0.5、0.5、0.5、0.0。

(2)砌块建筑局部尺寸无锚固女儿墙最大高度 0.50m,超过出入口上女儿墙应有锚固。

(3)非结构构件的构造应符合下列要求,当不符合时位于出入口或临街处应加固或采取相应措施。

(4)无拉结女儿墙和门脸等装饰物,当砌筑砂浆的强度等级不低于 M2.5 且厚度为 240 mm 时,其突出屋面的高度,对整体性不良或非刚性结构的房屋应不大于 0.5 m;对刚性结构房屋的封闭女儿墙不宜大于 0.9 m。

### (二)老年活动场所女儿墙

(1)供老人活动的屋顶平台或屋顶花园,其屋顶女儿墙护栏高度应不小于 1.10 m。

(2)出平台的屋顶突出物,其高度应不小于 0.60 m。

### (三)女儿墙压顶处理

根据国家标准,女儿墙常采用混凝土圈梁压顶,圈梁厚度最小为 120 mm。

### (四)女儿墙防水收头

为了做好防水收头,也就是常说的女儿墙泛水,一般屋面,找坡、保温、隔热、防水等做完了,约 250 mm 厚,再考虑防水层端部卷起 250 mm 高,女儿墙总共做 500 mm 高(21 世纪做法一般 600 mm、700 mm 高)。

### (五)屋面防水与保温做法

屋面防水与保温分正置式和倒置式两种,正置式是防水层在上面,保温层在下面;倒置式是防水层在下面,保温层在上面。一般做成倒置式屋面较好,可以防止水泥保温面膨胀而破坏防水层。

1. 屋面防水施工工序

常见的施工工序为:验收找平层→清理基层→配制水泥黏合剂→做附加层→基层施工→保护层→养护。

2. 屋面防水做法步骤

(1)从屋面各构造层做起,防水材料严格要求基层表面清洁、干燥、施工温度适合。

（2）先做防水层时，干铺保温板，不留缝隙。

（3）珍珠岩和水泥按8∶1的体积比例，加少量水，人工搅拌均匀，制成水泥砂浆。

（4）将防水卷材铺平、找正，在保温板上浇上调制好的水泥砂浆或者细石混凝土，厚度不小于20 mm。

（5）找坡是根据设计要求3%、5%……的坡度，测量好最高处和最底处用线拉好坡度，用拌好的珍珠岩压实找坡，并在4×4的格用鹅卵石分开作为排气道并在交界处用做好的T型PVC管作为排气孔。

（6）将屋面防水卷材向前推铺，并及时使用刮板排除遗漏于屋面防水卷材内部的空气，将多余的黏合剂刮出来。

（7）隔汽层、防水层与附加层，均采用搭接缝方法。使用水泥黏合剂黏结，宽度为10 cm，而附加层接缝与防水层接缝错开＞5 cm。屋面防水卷材搭接宽度长边在8~10 cm内，短边在10~15 cm内，相邻短边接缝需错开＞100 cm，墙面与地面夹角处均＞30 cm。

（8）待卷材铺黏完毕之后，请于防水层上做1∶2.5的水泥砂浆保护层，厚度为2 cm，分为两次抹成，二层接茬须错开＞20 cm。

（9）保护层要求平整，铺贴完毕后需洒水进行养护。7 d后，人员方可进入。

### 3. 防水施工注意事项

（1）管根固定。穿过屋面和墙面的管根部位，应用内掺3%膨胀剂的细石混凝土填塞密实，将管根固定。

（2）屋面排气道。排气道通常设置间距小于6 m，排气道所围面积小于36 mm²，排气道从保温层开始断开至防水层止。排气道应无砂浆、水泥、砂等粉料掺入，确保潮气畅通排至排气管。

（3）排气出口。应埋设排气管，排气管应设置在结构层上；穿过保温层的管壁应打排气孔，屋面排气孔应做到做法一致、排列整齐、外形美观，应设置在纵横分隔缝的相交点处。

（4）排气口补救方法。当原预留的排气管受到污染或破坏时，可采用管外套管的方式进行补救。套管应套在内管卷起防水卷材的外侧，并向下埋入屋面面层内。

（5）找平层要留分格缝。分格缝的宽度一般为20 mm；水泥砂浆或细石混凝土找平层纵横分格缝的大间距不超过6 m。分格缝内应填嵌沥青砂或弹性密封材料；基层应坡度正确、平整光洁，整度偏差不大于5 mm，无空鼓裂缝；防水找平层、防水保护层、面层的分格缝位置上下相对应，面层分格缝预留位置应满足验收规范规定。

（6）防水层基层处理。基层表面保持干燥，并要平整、牢固，阴阳角转角处做成圆弧。干燥程度的简易检测方法，将1 m²卷材平坦地平铺在找平层上，静置3~4 h后掀开检查，找平层与卷材上未见水印即可涂刷基层处理剂，铺贴。

（7）防水层卷材屋面铺贴方向、位置。铺贴从流水坡度的下坡开始，按照先远后近的顺序进行，使卷材长度与流水坡度垂直，搭接顺流水方向；上下层卷材不得相互垂直铺贴，第二层铺贴的卷材必须与首层错开1/2宽度。

（8）防水层屋面卷材搭接。当采用高聚物改性沥青防水卷材或合成高分子防水卷材时，满粘法搭接80 mm，空铺法、点粘法、条粘法搭接100 mm。合成高分子防水卷材采用焊接法时搭接 50 mm。

4. 屋面材料使用的一般规定

(1)混凝土。细石混凝土防水屋面的厚度不小于 40 mm，混凝土强度等级不低于 C20，每立方米混凝土水泥用量不少于 330 kg，水灰比不大于 0.55。

粗骨料最大粒径不大于 15 mm，含泥量不大于 1%，细骨料含泥量不大于 2%，优先采用普通硅酸盐水泥，强度等级不低于 42.5 级，不得使用火山灰水泥，混凝土应机械搅拌、机械振捣。

(2)分格缝。为避免受温度影响产生裂缝，细石混凝土防水层应设置分格缝，分格缝设在屋面板的支承端、屋面转折处、防水层与突出屋面结构的交接处，并与板缝对齐，其纵横间距不宜大于 6 m。分格缝采用木条留设，上口宽 30 mm，下口宽 20 mm，待砼初凝后取出，分格缝内嵌填油膏等密封材料，缝口上还需做覆盖保护层。

(3)配筋。细石混凝土防水屋面应配置 $\phi 4 \sim 6$、间距 $100 \sim 200$ mm 的双向钢筋网片，位置以居中偏上为宜。钢筋网片在分格缝处应断开，钢筋保护层不小于 10 mm。

(4)隔离层。为减少结构变形和温度应力对防水层的不利影响，应在防水层与基层之间设置隔离层，让防水层能自由伸缩并提高抗伸缩变形能力。隔离层一般采用铺一层 $5 \sim 8$ mm 干细砂滑动层并干铺一层卷材，或在找平层上直接铺塑料薄膜的方法。

(5)与立墙及突出屋面结构的连接。刚性防水层应在与女儿墙等立墙及突出屋面结构部位留设缝隙，并用柔性密封材料进行处理，防止刚性防水层的温度变形推裂女儿墙。

5. 保护层施工

(1)为防止屋面工程老化，通常在防水层上增加一层保护层，多采用绿豆砂、水泥方砖、缸砖、浅色涂膜或现浇细石混凝土等。

(2)绿豆砂保护层是在各层卷材铺贴完后，在上层表面浇一层 $2 \sim 4$ mm 的沥青胶，趁热撒上一层粒径为 $3 \sim 5$ mm 的豆石，并加以压实，使豆石与沥青胶黏结牢固，未黏结的豆石应扫除干净；

(3)采用水泥砂浆、块材或细石混凝土等刚性保护层时，保护层与防水层之间应设置隔离层，保护层应设分格缝，水泥砂浆保护层施工分隔面积宜为 $1 \text{ m}^2$，块体材料不宜大于 $100 \text{ m}^2$，细石混凝土保护层分隔不大于 $36 \text{ m}^2$。刚性保护层与女儿墙、山墙之间应预留宽度为 30 mm 的缝隙，并用密封材料嵌填严密。

(4)混凝土强度符合设计要求，灌缝密实，隔气层涂刷厚薄均匀，不见白露底。

(5)保温层按设计要求铺筑，准确控制厚度、坡度、保证排水顺畅。

(6)找平层施工前应做标高基准点标志，监理校核，基层表面应压实、平整、二次压光，充分养护，不得有疏松、起砂现象。

(7)与突出屋面结构的连接部位，转角处做成半径 $100 \sim 150$ mm 弧形，按规范留设 20 mm 宽的分格缝，并嵌填柔性防水材料。

(8)为保护聚酯布铺贴质量，找平层上做一道基层处理剂(冷底子油、氯丁胶沥青乳胶、橡胶改性沥青溶液等)。

(9)屋面防水严禁在雨天、雪天和五级以上大风时施工。

# 第十一节　水电暖安装工程

应找专业的设计公司出一份完整的水电施工图，便于施工时严格按图施工，也便于通过图纸来检查验收施工的各个环节是不是合格。而且一旦日后需要检修或者要在墙面打钉子，也是需要图纸的，才能防止电线被打坏。

电气安装工程是建筑工程中非常重要的一项工作，与土建施工之间具有密切联系，因此必须加强建筑电气安装与土建施工之间的相互配合。在建筑工程电气安装中，电管暗敷是重要施工部分之一，是电气安装的基础性工作，所以在电管暗敷过程中对其技术要求较高，作业人员必须严格按照电气安装设计要求与操作步骤严格进行，其中尤其浇筑混凝土环节，必须加强电气安装与土建工程之间的相互配合工作。首先是混凝土浇筑前配合工作，施工人员在混凝土浇筑前必须严格按照设计图纸与相关要求在指定位置上安装线盒与线管，在墙柱钢筋绑扎过程中预留、预埋线管与线盒。如果电气设备安装与钢筋网之间出现冲突，可以将钢筋位置进行调整，当电气设备全部安装完成后，再根据土建工程施工要求钢筋位置重新调整，或者加筋补强处理

## 一、室外电气

### (一)接户线

1. 作用

增加用电安全性，提高供电能力和满足居民用电需求。

2. 做法

接户线改造的主要方面是增大接户线的直径和增加穿线导管。从低压线路引入到集中装表箱的接户线，三相四线水平排列，在每一单元口穿入 PVC 套管引入表箱，也可用电缆架空敷设方式。

对于平房由同一电杆引下的接户线较多的情况，接户线宜先接入分线箱，再由分线箱到集中装表箱。接户线使用铝芯绝缘导线，线径大小要根据表箱内表的数目确定，如装有 12 块表的表箱，接户线选择 50 mm² 的铝芯绝缘线；对于多于 12 块表的表箱和接入分线箱的接户线，选择 70 mm² 的铝芯绝缘线。中性线与相线截面相同。

3. 电线电缆穿管

主要有焊接钢管(SC)、聚氯乙烯硬质电线管(PC)、聚氯乙烯半硬质电线管(PVC)。

(1)电线穿保护管管径的选择。电线穿管时管内容积面积：1~6 mm² 时按不大于电线管内孔总面积的 33% 计算；10~50 mm² 时按不大于电线管内孔总面积的 30% 计算；>70 mm² 时按不大于电线管内孔总面积的 22% 计算。

(2)缆护管长在 30 m 以下时管径的选择。直线段管内径应不小于电缆外径的 1.5 倍；一个弯曲时管内径应不小于电缆外径的 2 倍；二个弯曲时管内径应不小于电缆外径的 2.5 倍；当长度在 30 m 以上的直线段管内径应不小于电缆外径的 2.5 倍。

(3)电缆导管管径。导管管路两拉线点之间的距离超过下列长度或转弯较多时应加中

间接线盒：无弯曲时 30 m；有 1 个弯曲时 20 m；有 2 个弯曲时 15 m；有 3 个弯曲时 8 m。

（4）相关规定。3 根及以上的绝缘导线或电缆穿于同一根管内时，其绝缘导线的总面积（包括外护层）不应超过管内截面积的 40%；两根绝缘导线或电缆穿于同一根管内时，管内径不应小于两根导线或电缆外径之和的 1.35 倍（立管可取 1.25）；明敷或暗敷在干燥场所的金属导管，其管壁厚度不宜小于 1.5 mm；明敷在潮湿场所或埋地敷设的金属，应采用管壁厚度不宜小于 2 mm 的镀锌钢管；暗敷混凝土墙内或楼板内的硬质塑料导管，应选用能承受中等机械应力的中型管以上的导管。其冲压强度不应小于 750 N，埋地敷设时不应小于 1 250 N。下面列出金属管材（表 11-11）和聚氯乙烯电线管（表 11-12）规格以备查用。

表 11-11　金属管材规格

| 管材种类<br>（图注代号注） | 公称口径<br>（mm） | 外径<br>（mm） | 壁厚<br>（mm） | 内径<br>（mm） | 内孔总面积<br>（mm²） |
|---|---|---|---|---|---|
| 电线管<br>（TC） | 16 | 15.87 | 1.6 | 12.67 | 126 |
| | 20 | 19.05 | 1.6 | 15.85 | 197 |
| | 25 | 25.4 | 1.6 | 22.20 | 387 |
| | 32 | 31.75 | 1.6 | 28.55 | 640 |
| | 40 | 38.1 | 1.6 | 34.90 | 957 |
| | 50 | 50.8 | 1.6 | 47.60 | 1 780 |
| 焊接钢管<br>（SC） | 15 | 20.75 | 2.5 | 15.75 | 194 |
| | 20 | 26.25 | 2.5 | 21.25 | 355 |
| | 25 | 32.00 | 2.5 | 27.00 | 573 |
| | 32 | 40.75 | 2.5 | 35.75 | 1 003 |
| | 40 | 46.00 | 2.5 | 41.00 | 1 320 |
| | 50 | 58.00 | 2.5 | 53.00 | 2 206 |
| | 70 | 74.00 | 3.0 | 68.00 | 3 631 |
| | 80 | 86.50 | 3.0 | 80.50 | 5 089 |
| | 100 | 112.00 | 3.0 | 106.00 | 8 824 |

表 11-12　聚氯乙烯硬质电线管（PC）

| 管材种类<br>（图注代号注） | 公称口径<br>（mm） | 外径<br>（mm） | 壁厚<br>（mm） | 内径<br>（mm） | 内孔总面积<br>（mm²） |
|---|---|---|---|---|---|
| 聚氯乙烯半<br>硬质电线管（PVC） | 16 | 16 | 2 | 12 | 113 |
| | 18 | 18 | 2 | 14 | 154 |
| | 20 | 20 | 2 | 16 | 201 |
| | 25 | 25 | 2.5 | 20 | 314 |
| | 32 | 32 | 3 | 26 | 531 |
| | 40 | 40 | 3 | 34 | 908 |
| | 50 | 50 | 3 | 44 | 1 521 |

（续）

| 管材种类<br>（图注代号注） | 公称口径<br>（mm） | 外径<br>（mm） | 壁厚<br>（mm） | 内径<br>（mm） | 内孔总面积<br>（mm²） |
|---|---|---|---|---|---|
| 聚氯乙烯硬质电线管（PC） | 16 | 16 | 1.9 | 12.2 | 117 |
| | 20 | 20 | 2.1 | 15.8 | 196 |
| | 25 | 25 | 2.2 | 20.6 | 333 |
| | 32 | 32 | 2.7 | 26.6 | 556 |
| | 40 | 40 | 2.8 | 34.4 | 929 |
| | 50 | 50 | 3.2 | 43.2 | 1 466 |
| | 63 | 63 | 3.4 | 56.2 | 2 386 |
| 聚乙烯塑料波纹电线管（PE） | 15 | 18.7 | 2.45 | 13.8 | 150 |
| | 20 | 21.2 | 2.60 | 16.0 | 201 |
| | 25 | 28.5 | 2.90 | 22.7 | 405 |
| | 32 | 34.5 | 3.05 | 28.4 | 633 |
| | 40 | 45.5 | 4.95 | 35.6 | 995 |
| | 50 | 54.5 | 3.80 | 46.9 | 1 728 |

### （二）集中装表箱

（1）一般对于6层及以下的楼房一个单元装一台表箱，6层以上的楼以每6层楼安装1台表箱，为了方便抄表，6层及以下的电表箱安装在1层。为了实现集中抄表，表箱内安装集抄器。表箱内配总开关，每块表都配出线开关，还必须装有集中抄表用的采集器。

（2）表箱采用壁挂式，对于平房，表箱的安装地点应在避雨处，便于维护管理。

（3）集中装表箱必须标准化、规范化、系列化，对不同类型的住宅应选用不同规格的集中装表箱。

（4）一般以8~12户采用一台表箱，一台表箱内安装1块公用表，用于计量楼道内走廊灯的用电。公共部位的照明灯应配声控、光控的节能自熄开关。

（5）合理选择表箱的安放地点，使送出每户的单相线路以不超过30 m为宜。

（6）对于新住宅，优先采用长寿命技术单相感应脉冲电能表；对于旧住宅，可以选用平均寿命不小于10年的感应电子型单相脉冲电能表，还应根据电价政策，逐步使用峰谷分时电能表。

（7）电能表规格的选择，对于家庭用电较小的居民户，安装5（20）A的电能表，保证在4 kW以内可靠用电；对于用电容量在4~10 kW内的居民户，安装10（40）A的电能表。

### （三）接地线

为了使所有的用电装置都能够可靠接地，必须在楼层内安装独立的接地导线，用最小截面为50 mm²铝线。个楼层单元口和平房的每个表箱都应有可靠的接地，接地线引入每户居民住宅。在每户住宅中，形成单相三线制，接地线用不小于2.5 mm²的铜芯绝缘线，并使每个配电板和每个三线插座都能可靠接地。

由于农村供电一般采用 TT 接地方式，即变压器中性点直接接地，系统内所有受电设备的外露可导电部分用保护接地线接至电气与电力系统接地点无直接关联的接地极上。根据同一低压电力网中不应采用两种保护接地方式的要求，农村住宅的接地保护应符合 TT 接地方式要求，如图 11-15 所示，即各类用电器的金属可导电外壳通过接地线同大地保持良好接触。因

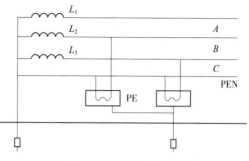

图 11-15　TT 系统

此，每户都要将单相三极插座的接地极进行等电位联结后，由配电箱内引出接地线，接至室外接地体，绝不允许在插座内将接地极和中性线直接相连。室外接地体应按照接地体的要求敷设安装，其接地电阻应不大于 $4\ \Omega$，考虑到各户的接地电流并不大，为节约投资，可 2~3 户共用一个接地体。如住宅钢筋混凝土结构，也可利用建筑物的钢筋作为接地体。

### （四）进户线

（1）由表箱到各居民户门口接线盒的进户线，采用截面积为 $10\ mm^2$ 的铜芯绝缘线，对特殊的用户特别配线。

（2）三相四线送进表箱内三相电力，出线按户数平均分配在三相负荷上，使三相负荷尽量保持平衡。有特殊用电的用户可特殊对待。

（3）从表箱至每户接线盒的进户线，应根据现场的实际情况，统一布局，安装要牢固、可靠，达到线进管、管进箱的要求。

### （五）接线盒

在每家门口的接线盒内，安装一个闸刀和剩余电流动作保护器，或直接安装一个漏电开关（如 DZL18-20 型），接线盒外壳要接地。其额定漏电动作电流不大于 30 mA，时间不大于 0.1 s。

## 二、室内电气

### （一）总的要求

室内布线应在基建施工时布置在墙内，墙上应留有足够的插座，保证居民住进去后不需要布置明线而各种家电都可以使用。由于单相用电设备的使用是经常变化的，不可能做到两相平衡，因此一般情况下不要两个单相支路共用一根中性线。

### （二）配线

室内配线不仅要使电能的输送可靠，而且要使线路布置合理、整齐、安装牢固，符合技术规范的要求。配线工程不能降低建筑物的强度和建筑物的美观。在施工前要考虑好与给水排水管道、热力管道、风管道以及通信线路布线等的位置关系。室内配线技术

要求如下。

（1）室内线缘的颜色分清火线、中线和地线。

（2）选用的绝缘导线其额定电压应大于线路工作电压，导线的绝缘应符合线路的安装方式和敷设的环境条件。导线的截面应满足供电能力和供电质量的要求，还应满足防火的要求。

（3）配线时应尽量避免导线有接头。因为往往接头由于工艺不良等原因而使接触电阻太大，发热量较大而引起事故。必须有接头时，可采用压接和焊接，务必使其接触良好，不应松动，接头处不应受到机械力的作用。

（4）当导线穿过楼板时，应装设钢管或 PVC 管加以保护，管子的长度应从高出楼板面 2 m 处到楼板下出口处为止。

（5）当导线相互交叉时，为避免碰线，在每导线上应套上塑料管或绝缘管，并需将套管固定。

### （三）穿管

若导线所穿的管为钢管时，钢管应接地。当几个回路的导线穿同一根管时，管内的绝缘导线数不得多于 8 根。穿管敷设的绝缘导线的绝缘电压等级不应小于 500 V，穿管导线的总截面积（包括外护套）应不大于管内净面积的 40%（图 11-16 至图 11-19）。

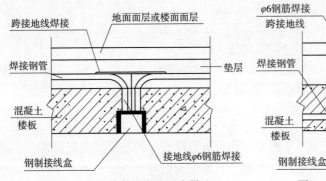

图 11-16　钢管敷设在垫层内做法

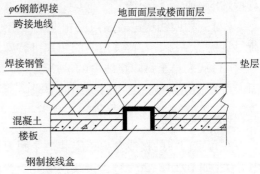

图 11-17　钢管敷设在楼板内做法

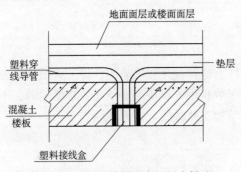

图 11-18　塑料管敷设在垫层内做法

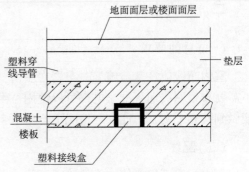

图 11-19　塑料管敷设在楼板内做法

### （四）开关

住宅室内的总开关、支路总开关和所带负荷较大的开关（如电炉、取暖器等）应优先选用具有过流保护功能、维护操作简单且能同时断开火线和中性线的负荷开关，如 $HK_2$ 系列闸刀等。表箱内每户出线的火线上安置 1 个单极自动开关，用户住宅门口的接线盒内安装 1 个漏电开关，室内总开关和分支总开关用闸刀。所有灯具的开关必须接火线（相线），否则会影响到用电安全。

### （五）插座

住宅内的插座应有足够的数量，以确保住户所有家用电器都能够用而不再布线。

（1）厅、室的插座数目。客厅应有 4 组由 1 个单相三线和 1 个单相二线的组合插座，其他室内应在不同位置有 2 组。

（2）插座应有质量监督管理部门认定的防雷检测标志，壳体应使用阻燃的工程塑料，不能使用普通塑料和金属材料。

（3）插头、插座的额定电流应大于被控负荷电流，以免接入过大负载因发热而烧坏或引起短路事故。

（4）电源引线与插头的连接入口处，压板压住导线，切忌直接连入插头内接线柱（螺丝）。

（5）插座宜固定安装，切忌吊挂使用。插座吊挂会使电线受摆动，造成螺丝松动，并使插头与插座接触不良。

（6）安装在居室的插座离地面的高度应不低于 1.8 m，以免儿童玩弄不安全。

（7）对于单相双线或三线的插座，接线时必须按照左中性线、右相（火）线、上接地的进行，与所有家用电器的三线插头配合。

（8）电冰箱、洗衣机、电饭锅、饮水机等功率较大和需要接地的家用电器，应使用单独安装的专用插座，不能与其他电器共用一个多联插座。

### （六）电气接线布置

按照规定，从集中装表箱出线以后的电气设备产权属居民用电户，从电能表出线经过门口接线盒刚进室内时设置一个小的总配电箱，分 4 路出线，都用闸刀控制，一路进厨房，一路进卫生间，一路接室内所有照明，一路接厅室内的所有插座。厨房和卫生间设置小配电板，配电板要满足防火的要求。

## 三、弱电工程

### （一）网络通信系统

每户引入 1 根 2 芯光纤，户内家居配线箱内设置 ONU 单元。户内电话线采用 HPVV-2×0.5 电话电缆，网线采用增强五类非屏蔽 4 对对绞电缆（Cat5eUTP4）。

### （二）有线电视系统

系统设计及产品选型应符合数字双向传输标准设计，系统的接入及分配装置由当地有线电视网运营商提供。每户引入 1 根 SYWV-75-7 到家居配线箱，到每个电视插座采用 SYWV-75-5。

### （三）可视对讲和紧急求助系统

每户设置可视对讲主机。有访客时，住户可开启入口电锁门。每户主卧室或老人房设置紧急呼叫按钮，室内主机采用可扩展型，并联网至社区值班室。

### （四）线路敷设

线缆经室外弱电手孔引入。户内线缆穿阻燃 PVC 管暗敷于现浇板、墙、梁和地坪内。

（1）网线：1 根穿 PVC20，2~3 根穿 PVC25，4 根穿 PVC32；

（2）电视线：1 根穿 PVC20，2~3 根穿 PVC25，4 根穿 PVC32；

（3）电话线：1~2 根穿 PVC20，3~4 根穿 PVC255，4 根穿 PVC32。

## 四、给水工程

### （一）技术参数

为确保农村居民用水的水质水量，农村住宅给水应首先考虑自来水入户。农村生活用水定额见表 11-13，主要禽畜饲养用水定额见表 11-14。

表 11-13　农村生活用水定额

| 户内给水设备类型 | 最高日用水量[L/(人·日)] | 时变化系数 |
| --- | --- | --- |
| 有给水龙头，无卫生设备 | 50~100 | 3.0~2.0 |
| 有卫生设备，无淋浴设备 | 100~150 | 3.0~2.0 |
| 有淋浴设备 | 150~200 | 3.0~2.5 |

表 11-14　主要禽畜饲养用水定额

| 禽畜类别 | 马 | 牛 | 猪 | 羊 | 鸡 | 鸭 |
| --- | --- | --- | --- | --- | --- | --- |
| 用水定额<br>[L/(只·日)] | 40~50 | 50~120 | 20~90 | 5~10 | 0.5~1 | 1~2 |

### （二）特点与适用情况

根据当地具体情况，城市郊区农村可选择城市给水管网延伸的给水系统，有利于节能和保证水质。当城市给水管网水压不能满足要求时，应设置区域集中增压设施。

但由于农村地区一般范围较广，居民点分散，在城市给水管网不能供水至农村居民点的地区，可选择集中式给水系统，如适度规模的全区域统一给水系统，多水源给水系统，分压式给水系统以及村级独立给水系统。集中式给水工程规划应服从当地乡镇的总体规划。

## （三）局限性

严重缺水或苦咸水地区，无条件实现自来水入户，可以选择雨水收集系统。

## （四）做法

集中式给水系统水质应按《农村实施"生活饮用水卫生标准"准则》中的规定执行。杂用水水质应按《城市污水再生利用 城市杂用水水质》和《城市污水再生利用 景观环境用水水质》中的规定执行。住宅给水系统应按现行国家标准《建筑给水排水设计规范》（GB 50015—2019)中的规定执行（图11-20）。

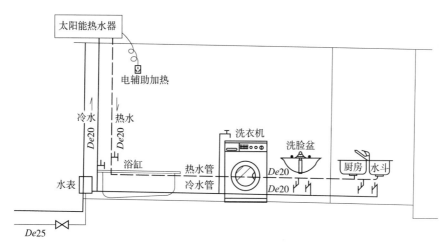

图 11-20　给水系统示意图

## （五）水表

### 1. 规格

进户水表采用口径不小于 20 mm 水表。杂用水计量水表口径不小于 15 mm。杂用水管道严禁与生活饮用水管道直接连接。

### 2. 设置方式

水表的数字显示宜设在户外。一般有如下两种方式。

（1）集中设置。这种方式常用于多层单元式住宅中。一般一个单元水表设一个水表井（箱），分户水管沿室内管井或建筑外墙引入户内。其优点为：抄表方便，抄表人员劳动强度低。缺点是：管材耗量大，管道水头损失大，分户支管不易检修。

（2）每户分设。每户设一水表箱，将水表箱嵌入户外墙体中。其优点为：分户支管短，较节约管材，管道水头损失也较小，缺点是：水表分散设置，抄表人员劳动强度较大。

## （六）管材

普通农村地区，可选用卫生级硬聚氯乙烯管（PVC-U）作为给水管，以降低造价；有条件的地区可选用改性聚丙烯（PPR）、高密度聚乙烯（HDPE）、交联聚乙烯（PEX）、铝塑复合管、钢塑复合管等作为给水管。热水管道可采用薄壁铜管、薄壁不锈钢管、塑料热水管等。

### (七)给水管道布置与敷设

**1. 立管敷设形式**

(1)明设在厨房、卫生间墙角处或不受撞击处，如不能避免撞击时，应在管外加保护措施。明设管道每隔一定距离加管卡固定。此做法施工方便，对生产和生活影响小。但明露管道有碍居室美观，可用轻质材料给予隐藏。

(2)明设在建筑物外墙阴角处。此做法仅适用于南方天气较暖和的地区，冬季最低温度不低于 0 ℃。

(3)敷设在管道井内。此做法适用于新建或进行大规模改造的多层农村住宅。这种方式使居室洁净美观，但施工期较长，对生产和生活有一定的影响。

**2. 支管敷设形式**

(1)给水管、热水管宜暗敷。一般做法是暗设在砖墙里。新建房屋易直接埋设墙里，否则，施工时在砖墙面开管槽，管槽宽度为管子外径 $De+20$ mm，深度为管子外径 $De$，管道直接嵌入管槽，并用管卡将管子固定在管槽内。对于小管径给水支管 $De \leqslant 20$ mm，可暗设在楼(地)面找平层里。施工时在楼(地)板面上开管槽，槽宽为 $De+10$ mm，深为 $1/2De$，管道半嵌入管槽里，并用管卡将管子固定在管槽内。设于找平层内给水支管施工完毕后，应在其位置做上明显的标记，以免日后被破坏。暗敷管道使居室洁净美观，无水管结露的烦恼，但现场施工的湿作业时间长，对生产和生活有一定的影响。

(2)如果对室内景观要求不高或无条件开凿墙(地)面，管也可以明设。明设时注意应设置在不受撞击处，每隔一定距离加管卡固定。厨房内的明设塑料给水管不得布置在灶台上边缘，立管距灶台边缘距离 0.4 m 以上。

### (八)热水器安装

家用热水器一般有燃气、电、太阳能 3 种。太阳能热水器使用简便安全，无需燃料及电力，运行费用低，使用寿命长，无污染，比较适合在农村地区广泛使用。

太阳能热水器一般安装在屋顶上，卫生间与屋面热水器之间的冷热水管道有几种做法。

冷热管道沿建筑物外墙敷设，这样对住户生产和生活有影响较小，但安装时的难度和管线投资增加，又影响建筑的美观。

敷设在管道井内。此做法适用于新建或进行大规模改造的农村住宅。这种方式施工期较长，对生产和生活有一定的影响。

在卫生间靠近沐浴器的墙角增设一根 $De110$ 的 UPVC 排水管作为太阳能热水器热水管道的套管，在每户卫生间距地面 1 m 处设一个 $De110×75$ 三通，作为冷热水管的接入口。

设置太阳能热水系统的住宅，生活给水管道应预留与太阳能热水器冷热水管道连接的阀门和接头。

**(九)维修及检查**

1. 水压试验

检验方法：金属及复合管在试验压力下观测 10 min，压降不大于 0.02 MPa，工作压力下不渗不漏；塑料管在试验压力下观测 1 h，压降不大于 0.05 MPa。试验压力不得小于 0.6 MPa。

2. 通水试验

检验方法：观察和开启阀门、水嘴等放水。

## 五、排水

**(一)目的**

逐步实现村庄排水的"雨污分流"体制。提高室内外环境卫生水平。污水处理达标后可排放或利用。

**(二)局限性**

如果是改造项目，地漏和埋地管敷设需开挖地面，对生产生活造成一定影响。

**(三)做法**

室内采用塑料排水管。厨房排水管应避免布置在热源附近。厨房水斗排水管一般采用 DN40。厨房通常不设地漏。若将洗衣机设于厨房时，洗衣机的排水可采用在排水管道上设一管径为 DN32 带存水弯的排水接口，采用上排水洗衣机。

洗澡间可采用淋浴房和浴缸形式，设地漏。设洗衣机的洗澡间采用洗衣机专用地漏。

排到室外污水井的管道上必须设水封装置。管道敷设必须沿水流方向有一定坡度，一般不小于 1%(图 11-21)。

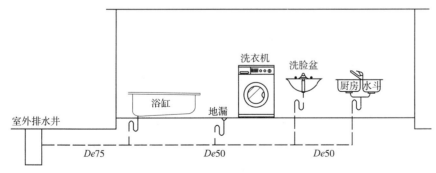

图 11-21 排水系统示意图

**(四)维修及检查**

隐蔽或埋地的排水管道在隐蔽前做灌水试验：满水 15 min 水面下降后，再灌满观察 5 min，管道及接口无渗漏。

## 六、采暖

### (一)蜂窝煤采暖

主要用于家庭生火、取暖,用无烟煤制成的蜂窝状的圆柱形煤球。

优点:简单、成本低、易操作。

缺点:有污染,燃烧气体对身体有害,容易发生煤气中毒。

### (二)电地暖系统

目前,国内的电地采暖方式主要分为发热电缆地板辐射采暖、电热膜地暖系统暖和远红外碳晶地暖系统气等。

优点:可根据自己的需要调控不同的室内温度,分户分间使用。

缺点:初装成本高,后期需要养护。

### (三)秸秆燃气采暖

秸秆燃气炉,是利用植物燃料通过制气炉,在密闭缺氧条件下,采用干馏热解及热化学氧化法后产生的一种可燃性气体,这种气体是一种混合燃气。

优点:使用成本低,对一些秸秆资源多的农村好一些。

缺点:秸秆气化炉的致命问题就是焦油的排放问题,设备会经常坏,维护麻烦。

### (四)太阳能采暖

以太阳能作为采暖系统的热源,利用太阳能集热器将太阳能转换成热能,满足人们冬季室内取暖的需求,同时还能满足一年四季厨房、浴室、卫生间等多处热水需求。

优点:天然能源为主要能源,取之不尽、用之不竭、安全、经济、无污染。

缺点:并没有普及开,市面上产品还不太成熟,在热水需求上能满足,但在采暖效果方面还稍差一些。

### (五)空调采暖

空调即空气调节器,挂式空调是一种用于给空间区域(一般为密闭)提供处理空气的机组它的功能是对该房间(或封闭空间、区域)内空气的温度、湿度、洁净度和空气流速等参数进行调节,以满足人体舒适或工艺过程的要求成本。

优点:使用方便。

缺点:空气对流猛烈,快流速会加快空气中的水分蒸发和扬起灰尘,对流散热时热空气向上,头热脚凉容易疲倦同时对中空复式结构的房型效果很差。

### (六)电暖气采暖

电暖气是一种将电能转化为热能的产品随着我国供暖制度的改革和人民生活水平的提高,新的采暖方式不断涌现,其中电采暖日益成为不可或缺的采暖方式。

优点:能够方便快捷地通过开停电源来控制电暖气的温度,无室内管道,产品本身精致、美观,无需装修包装,使用方便,无噪声。

缺点：供热质量难以保证，发热元件如果长期高温工作，会降低使用寿命。

### (七)暖气片采暖

是采用水暖方式由散热器散发出热量，达到取暖的效果粗略算来，100 m² 左右的房子，安装土暖气的总费用在 3 500 元上下，采暖炉可将室温保持在 15~20 ℃；100 m² 的房子，整个采暖季将用 1 200 元，那么在这个采暖季，暖气安装和煤的成本算下来，100 m² 的房子约需要 5 000 元。

优点：采暖的效果要较好，空气湿度温度适宜，发热均匀，热能由下而上均匀恒流，完全符合人体生理需要尽显中医提倡的"温足而顶凉"的养生理念。

缺点：与蜂窝煤相比初装费用稍高。

### (八)空气能热泵采暖

空气能热泵是通过低电量驱动压缩机，从空气中吸收低温热量转化为高温热量，再传递到水中，进而通过风机盘管、地暖、暖气片为室内提供恒温、稳定、舒适的温度环境。其中热泵的意思是可以把不能被直接利用的低位热能(空气、土壤、水中所含的热量)转换为可以被利用的高位热能，从而起到节约部分高位能(煤、天然气、油、电等产生的热量)的目的。

优点：节能效率高，环保性高，安全，使用成本低，采暖舒适性高，使用范围广，稳定性好，智能化能力强，使用寿命长，安装条件简单。

缺点：环境温度局限，安装费用较高，设备体型大，能耗高，容易漏水。

# 第十二节　装修装饰工程

## 一、吊顶工程施工技术要求

### (一)轻钢龙骨石膏板吊顶施工技术要求

1. 施工准备要点

(1)按设计说明可选用石膏板、配套龙骨、铝压逢条或塑料压逢条，其材料品种、规格、质量应符合设计要求。

(2)吊顶工程中的预埋件、钢筋吊杆和型钢吊杆应进行防锈处理。

(3)安装龙骨前，应按设计要求对房间净高、洞口标高和吊顶管道、设备及其支架的标高进行交接检验。

(4)安装完顶棚内的各种管线及通风道，确定好灯位，通风口及各种露明孔口位置。

(5)吊顶工程的木吊杆、木龙骨必须进行防火处理，并应符合有关设计防火规范的规定。

(6)吊杆距主龙骨端部距离不得大于 300 mm，当大于 300 mm 时，应增加吊杆。当吊杆长度大于 1.5 m 时，应设置反支撑。当吊杆与设备相遇时，应调整并增设吊杆。吊

筋不应小于 $\phi 6$。

（7）轻钢骨架顶棚在大面积施工前，应做样板间，对顶棚的起拱度，灯槽，通风口的构造处理，分块及固定方法等应经试装并经鉴定认可后方可大面积施工。

（8）重型灯具、电扇及其他重型设备严禁安装在吊顶工程的龙骨上，并进行过载验算。

2. 常见施工质量问题及防治措施

（1）吊顶不平。主龙骨安装时吊杆调平不仔细，造成各吊杆点的标高不一致。施工时应检查各吊点的紧挂程度，并接通线检查标高与平整度是否符合设计和施工规范要求。

（2）轻钢骨架局部节点构造不合理。在留洞、灯具口、通风口等处，应按图相应节点构造设置龙骨及连接件，使构造符合图册及设计要求。

（3）轻钢骨架吊固不牢。顶棚的轻钢骨架应吊在主体结构上，并应拧紧吊杆螺母以控制固定设计标高；顶棚内的管线、设备件不得借用吊顶吊筋或吊固在轻钢龙骨上。

（4）石膏板分块间隙缝不直。防范措施：施工时注意板块规格，拉线找正，安装固定时保证平正对直。

（5）拼板处不平整。防范措施：产生的原因主要是主龙骨未调平整，要在安装主龙骨时注意边安装边调平，只要主龙骨标高一致，板面的平整度就可以得到改善。

（6）接缝处产生裂缝。严格按照石膏板安装要求操作，接缝处使用专用工具和配套材料；在板缝处理完后严禁再对龙骨或板材进行振动。

（7）板面产生挠度。要按规定在楼板底面弹好吊杆位置线，按石膏板规格尺寸确定合同的吊杆间距，以防止产生吊杆间距大小不均或间距过大。次龙骨间距过大也容易产生明显挠度龙骨与墙面之间的距离应小于 10 cm，板上螺钉间距应按要求均匀布置。

（8）压缝条、压边条不严密平直。施工时应拉线，对正后固定、压粘。

3. 成品保护

（1）轻钢骨架及石膏板安装应注意保护顶棚内各种管线。轻钢骨架的吊杆，龙骨不准固定在通风管道及其他设备件上。

（2）轻钢骨架、石膏板及其他吊顶材料在入场存放、使用过程中应严格管理，保证不变形、不受潮、不生锈。

（3）施工顶棚部位已安装的门窗，已施工完毕的地面、墙面、窗台等应注意保护，防止污损。

（4）已装轻钢骨架不得上人踩踏，其他工种吊挂件，不得吊于轻钢骨架上。

（5）为了保护成品，石膏板安装必须在顶棚内管道，试水、保温等一切工序全部验收后进行。

4. 暗龙骨吊顶工程施工质量控制要点

（1）吊顶标高、尺寸、起拱和造型应符合设计要求。

（2）饰面材料的材质、品种、规格、图案和颜色应符合设计要求。

（3）暗龙骨吊顶工程的吊杆、龙骨和饰面材料的安装必须牢固。

（4）吊杆、龙骨的材质、规格、安装间距及连接方式应符合设计要求。金属吊杆、龙骨应经过表面防腐处理；木吊杆、龙骨应进行防腐、防火处理。

(5)石膏板的接缝应按其施工工艺标准进行板缝防裂处理。安装双层石膏板时，面层板与基层板的接缝应错开，并不得在同一根龙骨上接缝。

(6)饰面材料表面应洁净、色泽一致，不得有翘曲、裂缝及缺损。压条应平直、宽窄一致。

(7)饰面上的灯具、感应器、喷淋头、风口箅子等设备的位置应合理、美观，与饰面板的交接应吻合、严密；感应器、喷淋头与灯具的间距不得小于300 mm。

(8)金属吊杆、龙骨的接缝应均匀一致，角缝应吻合，表面应平整，无翘曲、锤印。木质吊杆、龙骨应顺直，无劈裂、变形。

(9)吊顶内填充吸声材料的品种和铺设厚度应符合设计要求，并应有防散落措施。

5. 明龙骨吊顶工程施工质量控制要点

(1)吊顶标高、尺寸、起拱和造型应符合设计要求。

(2)饰面材料的材质、品种、规格、图案和颜色应符合设计要求。当饰面材料为玻璃板时，应使用安全玻璃或采取可靠的安全措施。

(3)饰面材料的安装应稳固严密。饰面材料与龙骨的搭接宽度应大于龙骨受力面宽度的2/3。

(4)吊杆、龙骨的材质、规格、安装间距及连接方式应符合设计要求。金属吊杆、龙骨应进行表面防腐处理；木龙骨应进行防腐、防火处理。

(5)明龙骨吊顶工程的吊顶和龙骨安装必须牢固。

(6)饰面材料表面应洁净、色泽一致，不得有翘曲、裂缝及缺损。饰面板与明龙骨的搭接应平整、吻合，压条应平直、宽窄一致。

(7)饰面板上的灯具、烟感器、喷淋头、风口箅子等设备的位置应合理、美观，与饰面板的交接应吻合、严密。

(8)金属龙骨的接缝应平整、吻合、颜色一致，不得有划伤、擦伤等表面缺陷。木龙骨应平整、顺直、无劈裂，应作干燥处理，含水率不大于12%，并应经过防腐、防水处理。

(9)吊顶内填充吸声材料的品种和铺设厚度应符合设计要求，并应有防散落措施。

**(二)轻钢龙骨铝板吊顶工程施工技术要求**

1. 施工准备要点

(1)吊顶内的通风、水电管道安装完毕；消防管道安装完毕并试压完毕。

(2)对开敞式吊顶的基层明露部分进行施涂处理，必要时对较明显的管道和设备等进行涂装，以保证开敞式吊顶面的美观效果。

(3)材料进场存放应采取措施，防止龙骨变形、生锈，防止面板受潮变形。铝板在运输、存放和使用过程中，严禁雨淋和受潮；包装箱不能直接置于地面，应铺垫木板，并与墙壁保持40 cm以上距离。

(4)进行图纸会审，明确设计意图和工程特点，在此基础上进行现场实测，掌握房间吊顶面的实际尺寸，对吊筋、龙骨骨架进行合理排布。

(5)吊筋固定采用膨胀螺栓吊点承载，应由设计经计算和试验而定。

2. 施工质量控制要点

(1)吊顶裂缝修复方法是将裂缝处的饰面及嵌缝材料取下，调整和修理吊顶结构，重新铺钉饰面和嵌缝。

(2)施工前必须经过图纸会审，明确设计意图及条板排列方向，特别是吊顶面设置有带式和点式照明、空调送风口、消防设施的外露部分及其他较复杂的装饰布置时，应严格掌握其尺寸、纵横走向，以及与条板线型关系。

## 二、墙面装饰工程施工技术要点

### (一)乳胶漆施工技术要求

1. 乳胶漆施工准备要点

(1)基层处置。是保证施工质量的关键环节，应保证基层完全干透是最基本条件，基层必须平整，最少应满刮两遍腻子，至满足尺度要求。

(2)腻子应与涂料性能配套，坚实牢固，不得粉化、起皮、裂纹。洗手间等潮湿处使用耐水腻子。

(3)涂液要充分搅匀，黏度太大可不加增稠剂，黏度小可加增稠剂。

(4)涂饰工程施工的环境温度应在 5~35 ℃，室内不能有大量灰尘，最好避开雨天。

(5)所用涂料的品种、型号和性能应符合设计要求。

2. 施工质量控制要点

(1)涂刷乳胶漆时应均匀，不能有漏刷、透底、起皮和掉粉等现象。涂刷一遍，打磨一遍，一般应两遍以上。

(2)乳胶漆涂刷可以采用滚涂、喷涂和刷涂法。涂刷时应连续迅速操作，一次刷完。

滚涂法：将蘸取漆液的毛辊先按 W 方式运动将涂料大致涂在基层上，然后用不蘸取漆液的毛辊紧贴基层上下、左右来回滚动，使漆液在基层上均匀展开，最后用蘸取漆液的毛辊按一定方向满滚一遍。阴角及上下口宜采用排笔刷涂找齐。

喷涂法：喷枪压力宜控制在 0.4~0.8 MPa 范围内。喷涂时喷枪与墙面应保持垂直，距离宜在 500 mm 左右，匀速平行移动。两行重叠宽度宜控制在喷涂宽度的 1/3。

刷涂法：直按先左后右、先上后下、先难后易、先边后面的顺序进行。

3. 乳胶漆起皮、剥落的原因及防范措施

(1)乳胶漆起皮、剥落的原因有以下 3 种：①基层湿度太高；②表面处理不干净导致涂层附着不牢；③使用了劣质底漆。

(2)防范措施：①解决墙体渗漏问题并使墙体充分干燥；②将起皮及剥落层铲去进行正常的表面处理后涂装；③选用配套底漆。

(3)乳胶漆防火措施：①采用涂刷工艺；②在设备安装完毕的情况下，做好清洁隔离措施(纤维布、油布等)，做到不污染其他物体；③使用前，被涂物的表面要将油污、尘土等清除干净，刷上防锈漆；④先将防火涂料桶滚匀后，搅拌均匀，即可施工；⑤涂刷厚度按防火规范要求而定，每隔 4~6 h 即可刷第二道；⑥遇防火涂料过稠，可加入 200#溶剂稀释，施工时要注意通风，严禁火种；⑦遇到雨天、雾天(温度较高)时停止施工，以防影响质量。

### (二)墙纸裱糊施工技术要求

1. 墙纸裱糊施工准备

(1)清理基层：裱糊墙纸的基层必须有一定的强度、平整度和一定的含水率。将基层表面的毛刺、残留的灰渣用铲刀清掉，如发现基层有超过规范要求的空鼓应处理，缺棱掉角的部位应补平，抹灰表面无松散、起皮、脱落现象，木基层接缝应嵌平，钉子应涂防锈漆。

(2)刮腻子找平：刮腻子的作用是为了找平，清理基层后用腻子满刮基层表面，刮腻子应用泥工钢抹子进行刮抹，分多遍进行，其遍数可视基层抹灰情况而有所区别，但一般应保证两遍腻子，直至刮平基层，待干后用砂纸打平。

2. 施工质量控制要点

(1)墙纸裱糊施工工序上主要控制两点：其一是拼缝要严密，其二是拼缝部位溢出的黏合剂和墙纸表面的脏痕要及时清理干净；作到 1.5 m 内正视不显拼缝，斜视无胶痕。

(2)施工裁纸时，应比实际长度多出 2~3 cm，剪口要与边线垂直。

(3)粘贴时墙纸要铺好铺平，用毛辊沾水湿润基材，纸背的湿润程度以手感柔软为好。

(4)将配制好的 PVC 黏结剂刷到基层上，将湿润的墙纸从上而下，用刮板向下刮平，因花线往往垂直布置，因此不宜横刮。

(5)拼接时，拼缝部位应平齐，纱线不能重叠或留有空隙。

(6)纺织纤维墙纸可以横向裱糊，也可竖向裱糊；横向裱糊时纱线排列应与地面平行，可增加房间的纵深感；纵向裱糊，纱线排列与地面垂直，在视觉上可增加房间的高度。

3. 施工注意事项

(1)严格检查和修整基层，阴阳角必须垂直、方正，表面平整，干湿度适当。

(2)及时检查墙纸垂直线，每黏几张可用线坠检查，出现偏差及时纠正。

(3)不同基层接缝处应先贴一层绷带，再刮腻子。

(4)大面积裱糊时，应先做样板间，根据使用的材料和裱糊的部位，统一操作要领。裱糊墙纸后的墙面，不得随意开洞，以免产生后补的"补丁"效果。

(5)裱糊墙面的另一面如果是湿度较大的房间，要考虑水分或水蒸气对墙壁的影响，所以，要采取必要的防潮措施。

(6)在潮湿季节，裱糊后白天应开窗透气，夜晚应关闭门窗，防止潮气侵入。如房间通风不够，墙纸表面易产生黑色霉斑。

(7)交工前，做好阴阳角保护，防止磕碰掉角情况发生。

4. 质量要求

(1)保证项目。符合设计要求。

(2)基本项目。裱糊表面色泽一致，无斑污、无胶痕、无凸粒点。各幅拼接横平竖直，图案端正，接缝图案、花纹吻合，距1.5 m处正视不显拼缝，斜视不显胶痕，阴角断逢、搭缝，阳角处无接缝。交接紧密、无缝隙，无漏贴和补贴。

### (三)墙砖施工技术要求

1. 施工准备要点

(1)基层处理。基层表面的灰砂、污垢和油渍等，应清理干净。如果基层混凝土墙面是光面应凿毛，凸出部分应剔平刷净，并用水泥砂浆分层修补找平，浇水湿润。

(2)贴灰饼冲筋。从500 mm基准线检查基层表面的平整度和垂直度，找出控制线及控制尺寸，拉线找方、垂直、方正，根据厚度贴饼冲筋。

2. 施工质量控制要点

(1)铺贴面基层已按照墙砖粘贴施工要求处理。

(2)选砖。应按设计图案要求的颜色、几何尺寸进行选砖并编号分别存放，便于粘贴时对号入座。

(3)弹线分格。根据高度弹出若干水平线，两线之间的砖应为整块数，按设计要求砖的规格确定分格缝宽度。

(4)排砖。排砖分格时应使横缝与贴脸、窗台相平；应根据墙垛等，首先绘制出细部构造详图，然后按整排砖模数分格，以保证墙面粘贴各部位操作顺利。

(5)粘贴。一般由下而上进行。整间或电气部位宜一次完成。底层先浇水湿润，在弹好水平线下口支上一根垫尺，并用水平尺找平。

(6)嵌缝。待黏结水泥凝固后，用素水泥浆找补擦缝。方法是：先用橡皮刮板将水泥浆在墙砖表面刮一遍嵌实嵌平缝隙，再擦净砖面。如有浅色瓷砖使用白水泥。

3. 质量要求

(1)饰面砖的品种、规格、图案、颜色和性能应符合设计要求。

(2)饰面砖粘贴工程的找平、防水、粘贴和勾缝材料及施工方法应符合设计要求及国家现行产品标准和工程技术标准的规定。

(3)饰面砖粘贴必须牢固。

(4)满粘法施工的饰面砖工程应无空鼓、裂缝。

(5)墙面突出周围的饰面砖应整砖套割吻合，边缘应整齐。墙裙、贴脸突出墙面的厚度应一致。

(6)饰面砖接缝应平直、光滑、填嵌应连续、密实；宽度和深度应符合设计要求。

### (四)装饰板墙面施工技术要求

1. 施工准备要点

(1)基层防潮处理。为了防止墙面的潮气使夹板产生翘曲，墙面应采取防潮措施。其方法有两种：一种在基层上先做防潮砂浆抹灰，干燥后再涂刷防水涂料如1 mm涂膜橡胶；另一种是在墙面比较干燥的情况下，采用护墙面板与墙面之间通气，即在罩面板的上、下留透气孔，保证墙龙骨、罩面板干燥。

（2）按设计要求规格加工饰面板。金属板（或铝塑板）加工时，应按板面标示考虑下料方向，保证安装同一装饰面朝向一致，折光效果统一；制作平台上应铺满毡垫，使用大力钳时可采用电胶布分开包封钳口做保护，防止人为污染及损坏饰面。

2. 装饰板质量控制要点

（1）铺钉基层板。为使金属板（或铝塑板）安装平整垂直，固定牢固，在木筋上铺钉9 mm或12 mm厚木夹板衬板（根据设计图纸要求）。要求基层板表面无翘曲、起皮现象，表面平整、清洁。板与板之间缝隙应在竖木筋处，并按设计要求在衬板上弹出分块尺寸的墨线。

（2）金属板（或铝塑板）安装。金属板（或铝塑板）应表面平整，边缘整齐，不应有污垢、裂缝、翘曲等缺陷，质量均应符合显形国家标准、行业标准的规定。

3. 施工质量控制要点

（1）墙面立筋就考虑罩面板材尺寸，即长与宽，来确定立筋间距同时确定横撑的间距。立筋距一般在450~600 mm。如有门口，其两侧需各立一根通天立筋。

（2）横撑加在立筋之间，与立筋不一定要垂直，但横撑应基本水平，钉子使其与立筋楔紧钉牢。所以横撑实际尺寸应比立筋间距之间的尺寸稍长。

（3）窗口的上下及门口的上边应加横楞木，其尺寸应比门窗口20~30 mm，在安装门客口时同时钉上。门窗樘上部宜加钉人字撑。

（4）安装沿地、沿顶楞木时，应将木楞两端头伸入砖墙至少150 mm。

（5）罩面板安装一般用钉固定。板块接头形式多种，主要分盖缝与不盖缝两大类。有做肖巴油漆要求的墙面，其胶合板应在上墙前进行挑选，相邻面的木纹、颜色应接近，否则观感效果不好。

（6）罩面板应根据设计图加工裁制。安装时先按分块尺寸弹线，其余墙面或顶棚也用同种罩面板罩耐用，则其接缝交圈。

（7）生活电器等的底座，应嵌牢固，其表面应与罩面板的底面齐平。门窗框与罩面板相接板处亦应齐平，并加贴脸板覆盖，或做筒子板。踢脚若采用木踢脚板者，罩面板可离地20~30 mm，若用石材（包括预制磨石踢脚板）做踢脚者，罩面板上端应与踢脚板上口接缝严密。

（8）用胶合板罩面时，钉长为25~35 mm，钉距为80~150 mm，钉帽应打扁，并钉入板面0.5~1 mm，钉眼应用油性腻子抹平，以防止板面空鼓、翘曲，钉帽生锈。若用盖缝条固定胶合板时，钉距不应大于200 mm，钉帽应顺木纹钉入木条0.5~1 mm。

4. 质量验收要求

（1）饰面板的品种、规格、颜色和性能应符合设计要求，木龙骨、木饰面板燃烧性能等级应符合设计要求。

（2）饰面板孔、槽的数量、位置和尺寸应符合设计要求。

（3）饰面板安装工程的预埋件（或后置埋件）、连接件的数量、规格、位置、连接方法和防腐处理必须符合设计要求。后置埋件的现场拉拔强度必须符合设计要求。饰面板安装必须牢固。

（4）饰面板表面应平整、洁净、色泽一致，无裂痕和缺损。石材表面应无泛碱等污染。

（5）饰面板嵌缝应密实、平直，宽度和深度应符合设计要求，嵌填材料色泽应一致。

（6）饰面板上的孔洞应套割吻合，边缘应整齐。

## 三、楼地面装饰工程施工技术要求

### （一）地砖地面施工技术要求

1. 施工准备要点

（1）地砖。进场验收合格后，在施工前应进行挑选，将有质量缺陷的先剔除，然后将面砖按大中小三类挑选后分别码放在垫木上。

（2）作业条件。①墙上四周弹好+50 cm水平线。②地面防水层已经做完，室内墙面湿作业已经做完。③穿楼地面的管洞已经堵严塞实。④楼地面垫层已经做完。⑤板块应预先用水浸湿，并码放好，铺时达到表面无明水。⑥复杂的地面施工前，应绘制施工大样图，并做出样板间，经检查合格后，方可大面积施工。

2. 施工质量控制要点

（1）板块空鼓。基层清理不净、洒水湿润不均、砖未浸水、水泥浆结合层刷的面积过大、风干后起隔离作用、上人过早影响黏结层强度等因素都是导致空鼓的原因。

（2）板块表面不洁净。主要是做完面层之后，成品保护不够，油漆桶等放在地砖上、在地砖上拌合砂浆、刷浆时不覆盖等，都造成层面被污染。

（3）有地漏的房间倒坡。做找平层砂浆时，没有按设计要求的泛水坡度进行弹线找坡。因此必须在找标高、弹线时找好坡度，抹灰饼和标筋时，抹出泛水。

（4）地面铺贴不平，出现高低差。对地砖未进行预先选挑，砖的薄厚不一致造成高低差，或铺贴时未严格按水平标高线进行控制。

（5）地面标高错误。多出现在厕浴间。原因是防水层过厚或结合层过厚。

（6）厕浴间泛水过小或局部倒坡。地漏安装过高或+50 cm线不准。

3. 成品保护

（1）在铺贴板块操作过程中，对已安装好的门框、管道都要加以保护。

（2）切割地砖时，不得在刚铺贴好的砖面层上操作。

（3）刚铺贴砂浆抗压强度达1.2 MPa时，方可上人进行操作，但必须注意油漆、砂浆不得存放在板块上，铁管等硬器不得碰坏砖面层。喷浆时要对面层进行覆盖保护。

4. 质量验收要点

（1）面层所有的板块的品种、质量必须符合设计要求。

（2）面层与下一层的结合（黏结）应牢固，无空鼓。

（3）砖面层的表面应洁净、图案清晰，色泽一致，接缝平整，深浅一致，周边顺直。板块无裂纹、掉角和缺棱等缺陷。

（4）面层邻接处的镶边用料及尺寸应符合设计要求，边角整齐、光滑。

（5）楼梯踏步和台阶板块的缝隙宽度应一致、齿角整齐；楼层梯段相邻踏步高度不应大于 10 mm；防滑条顺直。

（6）面层表面的坡度应符合设计要求，不倒泛水、不积水，与地漏、管道结合处应严密牢固，无渗漏。

### （二）木地板地面施工技术要求

**1. 施工准备要点**

（1）作业条件。①加工定货材料已进场，并经检验符合设计图纸要求。②木地板不宜在潮湿的室内施工，防止地面潮湿导致地板变形。③弹好+0.5m 水平控制线。

（2）基层处理。基层地面要求平整、干燥、干净；保证地面的平整度。一般平整度要求地面高低差不大于 3 mm/m$^2$。

（3）查门套及门扇离地距离。门与地面的间距应留有间隙，保证安装后留有约 5 mm 的缝隙。

**2. 施工质量控制要点**

（1）铺设过程中应注意缺损、纹路、色差等现象，并及时调整。

（2）底板不宜使用密度板或者大芯板。

（3）空铺式木格栅（其间无填料）的两端应垫实钉牢，木格栅与墙间应留出不小于 30 mm 的缝隙。木格栅作防腐处理。

（4）实铺式木格栅（其间有填料）的截面尺寸、间距及稳固方法等均应按设计要求铺设。

（5）毛地板铺设时，应与格栅成 30°或 45°斜向钉牢，并使其髓心向上，板间的缝隙不大于 3 mm，与墙之间留有 8~12 mm 空隙，表面应刨平。

（6）踢脚板厚度不得小于 1.2 cm，要与墙紧贴，上口平直；踢脚板接缝处应作企口或错口相接，在 90°转角处应作 45°斜角相接；踢脚板与木地板面层交接处钉设木压条。

（7）在施工过程中，若遇到管道、柱角等情况，应适当进行开孔切割安装，还要保持适当的间隙。

**3. 成品保护**

（1）木地板材料应码放整齐，使用时轻拿轻放，不可以乱扔乱堆，以免损坏棱角。

（2）木地板上作业应穿软底鞋，且不得在地板面上敲砸，防止损坏面层。

（3）木地板施工应注意保证环境的温湿度。施工完应及时覆盖塑料薄膜，防止开裂变形。

（4）通水和通暖时应注意节门及管道的三通、弯头等处，防止渗漏后浸湿地板造成地板开裂和起鼓。

**4. 木地板施工中常见质量问题及处理**

（1）空鼓、固定不实。主要：毛板与龙骨、毛板与地板，钉子数量少，或钉得不牢；由于板材含水率变化，引起收缩，或胶液不合格所致。

严格检验板材含水率、胶黏剂等质量；安装时钉子不宜过少，并应确保钉牢，每安装完一块板，用脚踩检验无响声后，再装下一块，如有响声应即刻返工。

（2）表面不平。基层不平或地板条变形起拱所致。在安装施工时，应用水平尺对龙骨表面找平，如果不平应垫垫木调整。板边距墙面应留出 10 mm 的缝隙。保温隔音层材料必须干燥，防止术地板受潮后起拱。

（3）拼缝不严。安装不规范、板材宽度尺寸误差大、企口加工质量差。认真检验地板质量；安装时企口梅应平铺，在板前钉扒钉，用模块将地板缝隙模得一致后再钉钉子。

（4）局部翘鼓。板子受潮变形、毛板拼缝太小或无缝、水管漏水泡湿地板所致。施工在安装毛板时留 3 mm 缝隙，木龙骨刻通风槽；地板铺装后，涂刷地板漆应漆膜完整；日常使用中要防止水流入地板下部，要及时清理面层的积水。

5. 质量验收要点

（1）材质、品种、等级符合要求，表面含水率不应大于 8%。

（2）木龙骨、垫木防腐处理，安装牢固、平直、间距、固定方法符合要求，板面铺钉牢固、粘贴牢固、无空鼓，胶品种符合要求。

（3）木地板表面刨平、磨光，无创痕、毛刺，图案清晰，清油面层颜色一致，铺装方向正确，面层接缝严密，接头位置错开，表面洁净。

（4）踢脚板铺设接缝严密，表面光滑，高度及出墙厚度一致。用 2 m 靠尺检查，地面平整度误差小于 0.2 mm，缝隙宽度小于 0.15 mm，踢脚板上口平直度误差小于 3 mm，拼缝平直度误差小于 2 mm。

# 第十三节 抗震与减灾

在农房中，采用有效抗震措施，实现主动防御，对于减轻农房地震灾害意义重大。国内外一些发生地震的事件表明，倒塌的房屋基本都是砖混结构的房屋，而真正的混凝土框架结构房屋受地震影响很小，因为框架结构的房屋，有清晰的结构形式、可靠的传力系统。

综合国内外实践经验说明，抗震性能最好的首先是钢结构房屋，其次是木结构房屋，然后是钢筋混凝土结构房屋，砖结构房屋几乎不抗震。所以在砖混结构房屋居多的农村，农房采取最起码的抗震措施是必不可少的。

## 一、构造柱的设置

（1）构造柱在转角处受力钢筋应放大，箍筋全程加密。

（2）楼梯四周的构造柱全程加密。

（3）构造柱与圈梁的锚固长度足够长。

（4）构造柱与砖墙之间应设计马牙搓，且拉结筋锚固长度足够。

## 二、圈梁设置

（1）圈梁与构造柱的锚固长度应足够。

（2）在转角处丁字接头设附加筋。

（3）在楼梯处，为了避免圈梁被窗户隔断，窗上面的过梁应与构造柱形成一个整体。

## 三、使用抗震材料

### （一）结构方面

地震频发的日本被公认为世界第一的抗震强国。众所周知，就算地震来袭，日本民房也很少会出现大面积房屋倒塌的情况，这和日本的房屋构造及所使用的材料是密不可分的。

日本建筑的结构，在抗震方面基本上分为3类。一是耐震结构；二是制震结构；三是免震结构。

耐震属于最普通级别，主要用在低层建筑中。制震和免震用于高层建筑，建筑成本要高于一般楼房5%~10%。

日本几乎不使用砖混结构，而是用轻型墙面材料的钢筋混凝土结构。这种结构的建筑既安全抗震，又节省能源。

### （二）材料方面

日本房屋建筑中普遍使用的新型材料的共同特征是质量轻、强度高，比如树脂、加气混凝土、碳纤维，这些材料即便房屋倒塌坠落，也不会对人体造成严重伤害，而且安装方便，盖房子跟搭积木一样。

从建筑材料的角度来看，抗震建筑材料必须具备轻质、高强、高韧等特性，如木、轻钢、钢、钢筋混凝土、复合材料等。目前国内可利用的新型抗震材料，主要有以下12种。

（1）记忆合金SMA棒材钢筋。利用形状记忆合金的伪弹性性能和动阻尼特性，起到抗震的作用。

（2）可弯曲的混凝土复合材料。是一种新型的超强韧性纤维混凝土，简称"ECC"。

（3）加气混凝土。为轻质多孔硅酸盐制品，因其经发气后含有大量均匀而细小的气孔，故名加气混凝土（AAC）。

（4）活性粉末混凝土（RPC）。它具有超高的力学性质，优异的耐久性，较低的收缩和徐变性能，具有抗震性能。

（5）钢纤维混凝土。钢纤维混凝土是在普通混凝土中掺入乱向分布的短钢纤维所形成的一种新型的多相复合材料。显著地改善了混凝土的抗拉、抗弯、抗冲击及抗疲劳性能，具有较好的延性。

（6）轻钢。这种结构体系有着更强的抗震及抵抗水平荷载的能力，适用于抗震烈度为8度以上的地区。

（7）木结构。木结构是一种柔性结构，在房屋承受地震作用引起的晃动时，木结构可以更好地释放力量。因此木结构房屋更不容易散开和松动。

（8）橡胶。建筑物中央部分使用积层橡胶，当烈度为6的地震发生时，建筑物的受力可减少至1/2。橡胶既能保护木材不受潮，也能在地震中起到缓冲的作用。

(9)钢木复合梁(轻型H钢+集成木材)。钢木复合梁最下层为钢筋混凝土基础，往上为木方柱，再往上就是钢木复合梁。钢材和木材本身都是柔性材料，复合在一起，钢抗拉，木抗压，抗震效果非常好。

(10)碳纤维材料。碳纤维主要是与树脂、金属、陶瓷等基体复合制成的结构材料。抗震方面，楼板采用粘贴碳纤维加固法。可以使碳纤维与混凝土结构产生良好的黏结性，加固补强原结构受拉纵向钢筋和受剪、抗扭箍筋的不足，从而提高结构抗弯、抗剪、抗扭承载力。

(11)碳纤维复合材料。碳纤维增强环氧树脂复合材料，其比强度、比模量等综合指标在现有结构材料中是最高的。在密度、刚度、重量等要求严格领域，碳纤维复合材料都颇有优势。

(12)绿色高韧性水泥基复合材料。是在传统混凝土物料中，加入纤维聚乙烯醇，使其具备延性，控制裂缝不易张开，达到提高抗震性能和防止钢筋生锈两大好处。

虽然现在我国抗震材料的发展取得了很大的进步，但我们的应用意识还远远不够。随着乡村建设工匠职业技能培训的加强，农村专业施工队伍的扩大，再加上我国科技的发展与建筑科研人员的努力，不仅抗震材料会逐渐增多，相信我们的房屋也会建设得越来越坚固，可以更好地抵御各种自然灾害。

# 第十二章　农房改造与加固

兰考县农房品质提升项目抗震加固，采用的是抹高延性混凝土加固法

## 第一节　农村危房常见结构形式和危险类型

### 一、农村危房常见结构形式

农村住宅的结构类型有很多种，常见的有砌体结构（包括砖混结构、砖木结构、砌块砌体结构）、生土结构、木结构、混凝土结构、钢结构、窑洞。按照墙体承重材料与屋盖形式综合考虑的分类原则，河南省农村危房主要分为3种结构形式：砖混结构、砖墙承重—木屋盖结构、砖土混合承重—木屋盖结构。

**（一）砖混结构**

层数分单层和两层；使用的楼面和屋面有现浇板、预制板；竖向荷载为砖墙承重（横墙承重或纵墙承重）+局部框架承重，有无承重外廊柱等形式。

**（二）砖墙承重—木屋盖结构**

层数分单层和两层；使用的楼面有现浇板、预制板，屋面为木屋盖；屋面形式有"一坡水"屋面（单坡）、"两坡水"屋面（双坡）、前平后坡；木屋盖其他特征：有椽子坡向布置（挂椽），椽子纵向布置（滚椽），屋面有无举折，檐口有无飞椽（飞子）。竖向荷载为砖墙承重（横墙承重或纵墙承重）。

### (三)砖土混合承重-木屋盖结构

承重墙体有底砖上土，外砖内土(俗称"外熟内生")，一般木屋架、木托梁下设有砖柱，椽子坡向布置(挂椽)，椽子纵向布置(滚椽)，屋面有无举折，檐口有无飞椽(飞子)。另外，根据山墙材料不同，还有"土山""砖山"之分等。经过近些年的精准扶贫、危房改造，这类房子基本上已处理完毕(拆除重建)。

## 二、农村危房主要危险类型

### (一)不均匀沉降现象

房屋出现地基基础不均匀沉降现象，表现为：局部承重墙或山墙被斜向拉裂，纵墙或窗下墙出现竖向裂缝等。

### (二)墙体根部风化严重

一般墙体根部风化严重，表现为：土墙根部外侧严重酥化，砌体灰土流失严重，墙体有一定风化深度及风化高度，致使墙体承载力和稳定性受到很大削弱。

### (三)构件(主要是墙体)自身承载力不足

主要包括过梁支承长度不足或木过梁损毁、梁下墙体局部承压强度不足、独立砖柱承载力不足等情况。

### (四)部分木质构件开裂、腐朽严重

木材干缩出现裂缝，不但裂缝宽度大，而且裂缝深度大；部分木构件(屋架、梁、檩、椽子)、木节点就会发生腐朽、白化现象，严重的出现腐烂或断裂。

### (五)结构体系不合理

(1)承重墙体材料混用即为结构体系不合理。

(2)独立砖柱承重且存在裂缝，单梁下无梁垫且存在裂缝，栏板缺少连接且存在破坏。

(3)河南省的"前平后坡"房屋，很多走廊位置的板使用预制板+砖的形式(即板带嵌入砖的形式)。

### (六)构件之间缺乏有效连接，房屋整体性较差

(1)纵横墙接茬处理不好，出现竖向裂缝，交缝处明显松动或已经脱开。

(2)外砖内土房屋的纵墙与山墙、纵墙与内横墙，同样在交接部位出现竖向通缝。

(3)木屋架或木梁与纵墙之间、檩条与承重山墙之间，也基本上没有可靠连接，构件之间相互约束很弱。

(4)纵墙过长(有的达到15 m)，中间无内横墙、墙垛或有效的构造措施，整体性比较薄弱。

### (七)檐口破损及屋面漏水

传统的农村房屋檐口具有独特造型，地方特色浓郁，但是其受力不合理，多数出现外裂，具有一定安全隐患；屋面漏水严重影响人们的使用。

### (八)结构改造需加固

(1)房屋加层。比如一层加改到二层,不考虑一层的结构状况适宜性,上下结构布置存在较大差异等,均涉及原结构的加固,待加固实施完毕后方可加层。

(2)房屋抬升。就是房子比较低或者下沉厉害,为了升高房子而采取的措施之一,抬高前势必要局部加固处理,用以保证在抬升过程中不会破坏,具体的施工工艺必须有专项方案,特别是安全措施要充分得当。

(3)开洞拆墙。由于使用要求需对墙体开洞,甚至对整个墙拆除,这种情况下必须进行必要的加固,且做法及措施要求极为严格。

(4)楼(屋)面局部增加荷载。由于使用要求需要在楼(屋)堆放较大荷载(比如粮食、设备等),这种情况一般要对下面的梁板进行加固处理。

(5)室内建筑布局改变。通常在楼上增加厨房卫生间时,增加实心墙体且不在梁上时,均需采取加固措施适应新的布局后的安全要求。

# 第二节 农房改造与加固的一般程序和常用材料

## 一、农房改造与加固的一般程序

### (一)改造加固前鉴定

应按照现行标准规范进行检测鉴定,确定危险点、危险构件及危房级别。

### (二)制定加固方案

根据每户住房结构类型、危险点、范围、操作空间、本地地材等具体情况选择经济实用的加固方法。

### (三)加固施工

包括熟悉加固方案→进行技术交底→准备(人材物)→制定施工方案→进行卸载及支撑→认真实施分布分项施工并不脱离过程监督。

### (四)质量验收

施工完毕应组织相关人员进行资料检查(技术资料、影像资料等),核查完成内容,质量进行现场实测实量验收。

## 二、农房改造与加固常用材料

### (一)水泥及石灰

(1)用矿渣硅酸盐水泥或火山灰质硅酸盐水泥,但其强度等级不应低于42.5级;

必要时，还可采用快硬硅酸盐水泥或复合硅酸盐水泥。配制聚合物砂浆用的水泥，其强度等级不应低于 42.5 级，且应符合其产品说明书的规定。

(2)加固工程中，严禁使用过期水泥、受潮水泥、品种混杂的水泥以及无出厂合格证的水泥。

(3)地基加固用生石灰性能应符合现行行业标准《建筑生石灰》(JC/T 479—2013)的规定。

**(二)砌筑材料**

(1)砌体加固用的块体(块材)，宜采用与原构件同品种块体；其强度等级应按原设计块体等级确定，且不应低于 MU10。

(2)结构加固用的砌筑砂浆，宜采用水泥砂浆或水泥石灰混合砂浆(常用水泥砂浆重量配比参考见表 12-1)；但对防潮层、地下室以及其他潮湿部位，应采用水泥砂浆或聚合物砂浆。其砂浆抗压强度等级应比原砂浆抗压强度等级提高一级，且不宜低于 M10。砌体结构外加面层采用普通水泥砂浆时，不应低于 M10；采用水泥复合砂浆时，不应低于 M25。

**(三)混凝土**

(1)结构加固用混凝土强度等级应比原结构混凝土提高一级，且不应低于 C20，其性能和质量应符合现行国家标准《混凝土结构设计规范》(GB 50010—2010)的规定。

(2)混凝土拌合用水应采用饮用水或水质符合现行行业标准《混凝土用水标准》(JGJ 63)规定的天然洁净水。常用混凝土重量配比参考见表 12-2。

**表 12-1　常用水泥砂浆重量配比参考**　　　　　　　　　　单位：kg

| 水泥强度等级 | 每立方米材料用量 | | | | | |
| --- | --- | --- | --- | --- | --- | --- |
| | 粗砂 | | 中砂 | | 细砂 | |
| | 水泥 | 砂子 | 水泥 | 砂子 | 水泥 | 砂子 |
| 32.5 | 294 | 1 450 | 306 | 1 400 | 321 | 1 350 |
| 42.5 | 267 | 1 450 | 276 | 1 400 | 287 | 1 350 |
| 32.5 | 322 | 1 450 | 343 | 1 400 | 377 | 1 350 |
| 42.5 | 296 | 1 450 | 306 | 1 400 | 321 | 1 350 |

**表 12-2　常用混凝土重量配比参考**　　　　　　　　　　单位：kg

| 水泥强度等级 | 每立方米材料用量 | | | | | |
| --- | --- | --- | --- | --- | --- | --- |
| | 粗砂 | | 中砂 | | 细砂 | |
| | 水泥 | 砂子 | 水泥 | 砂子 | 水泥 | 砂子 |
| 32.5 | 294 | 1 450 | 306 | 1 400 | 321 | 1 350 |
| 42.5 | 267 | 1 450 | 276 | 1 400 | 287 | 1 350 |
| 32.5 | 322 | 1 450 | 343 | 1 400 | 377 | 1 350 |
| 42.5 | 296 | 1 450 | 306 | 1 400 | 321 | 1 350 |

（3）结构加固用聚合物混凝土、微膨胀混凝土、喷射混凝土等，应在施工前进行试配。

**（四）钢材及焊接材料**

（1）混凝土结构加固用钢筋宜选用 HRB400 级或 HPB300 级钢筋；砌体结构加固用钢筋可采用 HRB400 级或冷轧带肋钢筋；也可采用 HPB300 级的热轧光圆钢筋。结构加固不得使用无出厂合格证、无标志或未经进场检验的钢筋及再生钢筋。

（2）钢筋网质量应符合现行国家标准《钢筋混凝土用钢 第 3 部分：钢筋焊接网》（GB 1499.3—2022）的有关规定；其性能设计值应按现行行业标准《钢筋焊接网混凝土结构技术规程》（JGJ 114—2014）的有关规定采用。

（3）钢板、型钢、扁钢和钢管应采用 Q235 或 Q355 钢材；对重要结构的焊接构件，若采用 Q235 级钢，应选用 Q235-B 级钢。

（4）锚固件和拉接件采用植筋时，应采用热轧带肋钢筋，不宜使用光圆钢筋；当锚固件或连接件为钢螺杆时，应采用全螺纹的螺杆。螺杆的钢材等级可为 Q235 级或 Q355 级。

（5）加固用螺栓、螺帽应有产品质量合格证书，其性能应符合现行国家标准《六角头螺栓》（GB/T 5782—2016）和《六角头螺栓 C 级》（GB/T 5780—2016）的有关规定。

（6）后锚固件为碳素钢锚栓时，其性能指标应符合表 12-3 的规定。

**表 12-3　碳素钢锚栓的钢材抗拉性能指标**

| 性能等级 | | 4.8 | 5.8 |
|---|---|---|---|
| 碳素钢锚栓钢材性能指标 | 抗拉强度标准值 fstk（MPa） | 400 | 500 |
| | 屈服强度标准值 fyk 或 fs，0.2k（MPa） | 320 | 400 |
| | 伸长率 δs（%） | 14 | 10 |

（7）焊接材料型号和质量应符合下列规定：①焊条型号应与被焊接钢材的强度相适应；②焊条的质量应符合现行国家标准《非合金钢及细晶粒钢焊条》（GB/T 5117—2012）和《热强钢焊条》GB/T 5118 的有关规定；③焊接工艺应符合现行行业标准《钢筋焊接及验收规程》（JGJ 18—2012）的有关规定；④焊缝连接的设计计算应符合现行国家标准《钢结构设计规范》（GB 50017—2017）的有关规定。

**（五）木材**

（1）加固用木材，对普通木结构构件受拉或拉弯构件应选用一等材（Ⅰa），受弯或压弯构件应选用二等（Ⅱa）及以上木材，受压及次要受弯构件可采用Ⅲa 级；对胶合木结构和轻型木结构材料等级的选用应符合国家现行标准《木结构设计规范》（GB 50005—2017）的规定。

（2）加固用原木、方木、板材规格材等分级选材和设计指标的选用应符合国家现行标准《木结构设计规范》（GB 50005—2017）的规定。承重木柱采用圆木时，梢径不应小于 150 mm；采用方木时，边长不应小于 120 mm；木材的含水率不应大于 25%。

（3）加固用木材应干燥、节疤少、无腐朽，且应经过防白蚁、防腐、防火处理。不应采用有较大变形、开裂、腐蚀、虫蛀或榫孔较多的旧构件。

# 第三节　农房加固修缮方案与施工技术

## 一、地基基础加固

常见的地基基础问题主要表现为房屋不均匀沉降及墙体开裂、地基滑动失稳、地基液化失效、基础断裂或拱起5个方面。一旦发现这些现象，要及时找出地基基础破坏的原因，对地基基础采取相应的处理措施，以改善地基基础的受力及变形性能，提高其承载力。

### (一)地基处理与加固

对既有房屋地基土进行处理的方法主要有挤密法、托换法和灌浆法。

1. 地基土挤密法

按使用的材料分为石灰桩挤密加固和混合桩挤密加固。

(1)石灰桩挤密加固。①适用范围及特点：石灰桩挤密加固适用于处理饱和黏性土、淤泥、淤泥质土、素填土和杂填土等地基；用于地下水位以上的土层时，宜增加掺和料的含水量并减少生石灰用量，或采取土层浸水等措施。由于湿陷土遇水会产生软化现象，一般只用于处理不太严重的地基湿陷事故。②施工工序：应由外及里进行处理，如邻近建筑物或水源，可先施工"隔断桩"将施工区隔开；对很软的黏性土地基，应先大间距打桩，间隔一段时间按设计间距补桩。③施工工艺：即成孔→填灰→封孔。成孔：采用打入钢管法或用洛阳铲成孔。孔可稍向墙中心倾斜，孔径多为100~150 mm，孔距取2.5~3.0 d(d为桩的直径)，深度为2~4 m。视场地情况加固要求可在基础两侧各布置1~3排，排距为2.0~2.6 d，按等边三角形布置。如图12-1所示。填灰：成孔后，向孔内分层填入粒径为20~25 mm的生石灰，每层厚度200~250 mm，用夯锤分层夯实，填灰至基底标高附近为止。封孔：在最后一次填料夯实后，桩身上段用膨胀力小、密度大的灰土或黏土将桩顶夯实，封顶长度一般在1.0 m左右。

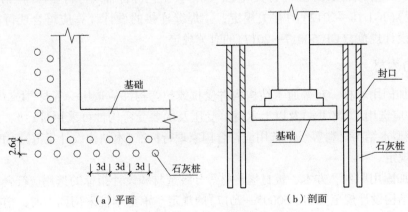

（a）平面　　　　　　　　　　　（b）剖面

图12-1　石灰桩孔沿基础周边布置

（2）混合桩挤密加固。①适用范围及特点：适用地下水位以上湿陷性黄土、新近堆积黄土、素填土和杂填土的地基处理。其刚度及承载力都较石灰桩高，且不会出现石灰软化现象。②根据混合材料不同，有灰砂桩、灰土桩(石灰和土，比例为 2 : 8 或 3 : 7)、二灰桩(石灰和粉煤灰混合)、灰砂土桩(水泥、石灰、砂和土)。③施工工(序)艺：与上述石灰桩挤密加固基本相同。灰砂桩有两种，一种是将 15% ~ 30% 的细砂掺入石灰中，经拌和后灌孔夯实成桩；另一种先在直径 160 ~ 200 mm 的孔内灌入生石灰并压密成桩。2 ~ 4 d 后再在原孔位重新打入外径为 100 ~ 120 mm 的钢管，使周围土进一步挤密。钢管拔出后，向孔内填入细砂与小石子的混合料，分层夯实，形成灰砂桩。理的相邻桩孔中心距为 2 ~ 3 倍桩孔直径。

2. 地基土托换法

（1）适用范围及特点。该方法适用于易于开挖，开挖深度范围内无地下水，或虽有地下水但采取降低水位措施较为方便者。考虑到易产生土流失，托换深度一般不大，最好为条形基础。此法对于软弱地基，特别是膨胀土地基处理较为有效。

（2）施工工序。先将持力层地基土分段挖去，然后浇筑混凝土墩或砌筑砖墩。

（3）施工工艺。①在贴近被托换的基础旁，人工开挖比原基础底面深 1.5 m，长 1.2 m、宽 0.9 m 的导坑。②将导坑横向扩展到原基础下面，如图 12-2 所示，并继续下挖至所要求的持力层。③用微膨胀混凝土浇筑基础下的坑体(或砌砖墩)，并注意振捣密实和顶紧原基础底面。若没有膨胀剂，则要求在离基础底面 80 mm 处停止浇筑，待养护 1 d 后，再用 1 : 1 水泥砂浆填实 80 mm 的空隙。④注意事项：监测水位的变化，做好防范措施；保证原基础下方紧密接触。

3. 地基灌浆法

按照使用的材料分为水泥灌浆加固(纯水泥浆、水泥和水玻璃混合浆)、硅化加固(氯化钙溶液)和碱液加固(氢氧化钠溶液)，以水泥灌浆加固最为常见。加固前均需了解地质勘察情况，由专业工程师出具详细的处理方案。

（1）水泥灌浆加固适用范围及特点。适用于地基土为砂土、粉土淤泥质土的地基土，最便宜的浆液材料。

（2）施工工序。注浆顺序一般不宜采用自注浆地带某一端单向推进压注方式，应按跳孔间隔注浆方式进行，以防止串浆。对渗透系数相同的土层，首先应完成最上层封顶注浆，然后再按由下而上的原则进行注浆，以防浆液上冒。

（3）施工工艺。灌浆施工时孔口封口可采用自上而下分段灌浆，也可以采用自下而上栓塞分段灌浆。孔可稍向中心倾斜，使水泥浆能直接渗入地基下的土层中。水泥浆液可以灌注直径大于 0.2 mm 的孔隙。灌浆时应使用压浆设备压入浆液。水泥浆液里可掺入 1% ~ 2% 的速凝剂来调整浆液的硬凝速度。

**（二）基础处理与加固**

对已有房屋的基础进行加固，是解决地基基础问题的另一条途径。处理的主要方法有增大截面法(分为单面加宽、双面加宽、四面加宽、基础加厚)、抬梁法、混凝土围法。

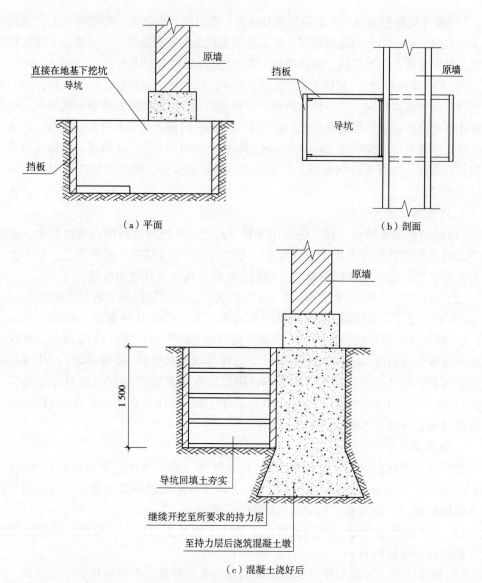

（a）平面　　　　　　　　　　　（b）剖面

（c）混凝土浇好后

图 12-2　墩式加深基础开挖示意图

**1. 增大基础截面法**

（1）单面加宽基础。①适用范围及特点：常用于基础底面积小而产生过大沉降或不均匀沉降的处理，以及采用直接法加层时对地基基础的补偿加固。施工简单、所需设备少。②做法与要求：当原基础承受偏心荷载时，或受相邻建筑基础条件限制，或为不影响室内正常使用时，可采用单面加宽基础。为使新加部分与原基础有很好的连接，常将原基础面凿毛，每隔一定间距设置角钢挑梁，且用膨胀混凝土将其牢固地锚固在原基础上。在浇捣混凝土前，界面处应涂覆界面剂。如图 12-3 所示。

（2）双面加宽基础。①适用范围及特点：适用于条形基础加固，常用于基础底面积太小而产生过大沉降或不均匀沉降事故的处理，以及采用直接法加层时对地基基础的补偿加固。施工简单，所需设备少。②做法与要求：图 12-4（a）、图 12-4（b）表示采用钢

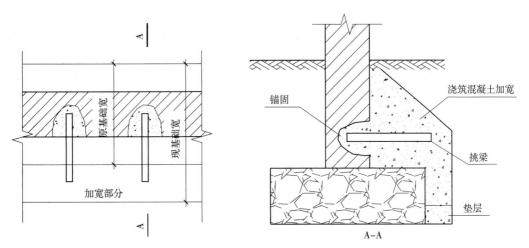

图 12-3　单面加宽基础示意图

筋混凝土对砖、石基础加宽。新旧基础的连接，采用掏挖原基础灰浆缝并在原基础上凿凹坑以形成剪力键的办法。图 12-4(c)、图 12-4(d)为采用型钢或钢筋加强新旧基础连接的方法。要求基层清理干净。

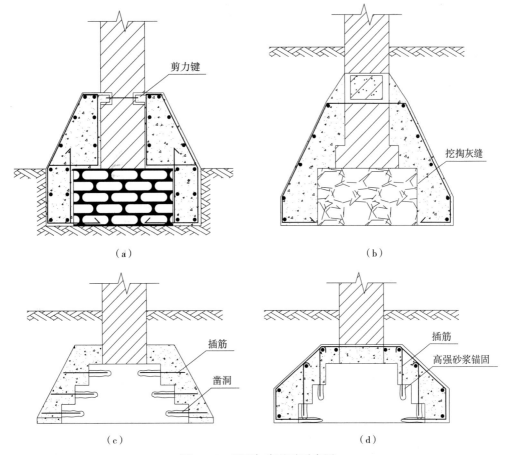

（a）

（b）

（c）

（d）

图 12-4　双面加宽基础示意图

（3）四面加宽基础。①适用范围及特点：适用于独立基础加固，可以均匀提高基础的承载力。②做法与要求：当每边加宽小于300 mm时，采用素混凝土圈套；当每边加宽大于300 mm时，则应在圈套内配置钢筋。在增大基础截面的三种方法施工中，应注意以下几点施工要求：一是在灌注混凝土前应将原基础凿毛并刷洗干净，再涂一层高强度等级水泥浆沿基础高度每隔一定距离应设置锚固钢筋，也可在墙角处圈梁钻孔穿钢筋，再用植筋胶填满，穿孔钢筋须与加固筋焊牢。二是对加套的混凝土或钢筋混凝土加固部其地上应铺设的垫层及其厚度，应与原基础垫层的材料及厚度相同，使加套后的基础与原基础的基底标高相同。三是应特别注意不得在基础全长或四周挖贯通式地槽，基底不能裸露，以免饱和土从基底挤出，导致不均匀沉降。施工时，应根据当地水文地质条件将条形基础按1.5~2 m长度划分成许多区段，然后分段挖出宽1.2~2 m、深度达基底的坑。相邻施工段浇筑混凝土3 d后，才可开挖下一施工段。另外，基坑挖好后应将地基土夯实，并铺设100 mm厚碎石垫层，再浇筑新基础混凝土。

2. 外加基础法（抬梁法）

（1）适用范围及特点。适用有较大的操作空间，新加抬墙梁应设置在原基础上或圈梁的下部。该方法具有对原基础扰动少、设置数量灵活的特点。

（2）做法与要求。在基础两侧挖坑并做新基础，通过钢筋混凝土梁将墙体荷载部分转移到新的基础上，图12-5（a）、图12-5（b）分别表示在原基础两侧新增条形基础、独立基础的抬梁以扩大基底面积。采用抬梁法加大基底面积时，应注意抬梁应避开底层的门、窗和洞口；在抬梁的顶部需要钢板楔紧。对于外增独立基础，可用千斤顶将抬梁顶起并打入钢楔。

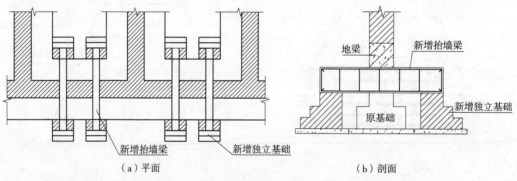

（a）平面 　　　　　　　　　　　（b）剖面

图12-5　外增独立基础抬梁扩大基础面积示意图

## 二、墙体承载力不足加固与处理

墙体承载力不足的处理方法主要有增加扶壁柱法、钢筋网—水泥砂浆面层法。处理对象有：墙体砖、砂浆强度较低，墙体多条裂缝或承重墙体截面不大于180 mm的砌体。

### （一）增加扶壁柱法

1. 使用范围及特点

适用于墙体跨度、长度较大的墙体，能有效地提高墙体的承载力和稳定性，施工工艺简单，适应性强，并具有成熟的设计和施工经验。

2. 分类

根据使用材料的不同，扶壁柱分砖扶壁柱和混凝土扶壁柱。

3. **砖扶壁柱做法与要求**

增设的扶壁柱与原砖墙的连接，可采用插筋法实现，以保证两者共同作用。具体做法如下。

（1）将新旧砌体接触面间的粉刷层剥去，并冲洗干净。

（2）在砖墙的灰缝中打入 Φ6 的连接插筋，如果打入插筋有困难，可先用电钻钻孔，然后将插筋打入。插筋的水平间距应小于 120 mm，如图 12-6 所示，竖向间距以 240~300 mm 为宜。

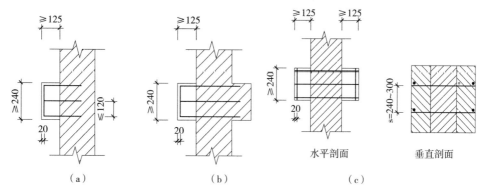

图 12-6　扶壁柱法处理示意图（单位：mm）

（3）在开口边绑扎封口钢筋。

（4）用 M5~M10 的砂浆，MU10 级的砖砌筑壁柱，扶壁柱的宽度不应小于 240 mm，厚度不应小于 125 mm。在砌至楼板底或梁底时，应采用膨胀水泥砂浆砌筑最后 5 层水平灰缝。

4. **砖扶壁柱做法与要求**

（1）新旧柱间的连接如图 12-7（a）、图 12-7（b）、图 12-7（c）所示，箍筋竖向间距不应大于 1 m。

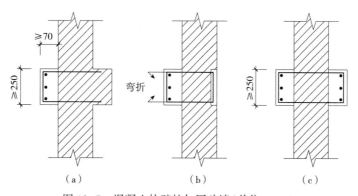

图 12-7　混凝土扶壁柱加固砖墙（单位：mm）

（2）混凝土扶壁柱宜采用 C20 级混凝土，截面宽度不宜小于 250 mm，厚度不宜小于 70 mm。

### （二）钢筋网-水泥砂浆面层法

该法是指把需要加固的墙体表面剔除粉刷层后，表面附设钢筋网片，然后抹砂浆面层或喷射砂浆的加固方法。加固节点图如图 12-8 及图 12-9 所示。

1. 适用范围及特点

可以较大幅度地提高墙体的承载力、抗侧移刚度及墙体的延性，常用于以下情况加固。

（1）因地震或火灾而使整片墙体的承载力或刚度不足。

（2）因房屋加层或超载而引起砖墙承载力的不足。

（3）因施工质量而使砖墙承载力普遍达不到设计要求。

2. 施工工艺

（1）铲除原墙体灰层，将灰缝剔除至深 5~10 mm，用钢丝刷刷净残灰，吹净表面灰粉。

（2）编制钢筋网片。

（3）在墙体上打间距为 1 000 mm 或 600 mm 的孔，梅花形布置。

（4）用钢丝刷将墙面刷洗干净。

（5）将钢筋网片贴于墙面上，并用"S"形或"L"形钢筋连接。钢筋网在墙面上的固定应平整牢固，与墙面净距宜≥5 mm，网外保护层厚度应≥10 mm。

（6）孔内间隙用水泥砂浆填实，孔洞较大时，采用细石混凝土填实。

（7）用水将墙面润湿，刷一层水泥浆，再抹 35 mm 厚 M15 水泥砂浆。可采用手工分层抹制。

（8）加强养护。

3. 构造要求

（1）采用水泥砂浆面层加固时，厚度宜为 20~30 mm；采用钢筋网水泥砂浆面层加固时，厚度宜为 30~45 mm，钢筋外保护层厚度不应小于 10 mm，钢筋网片与墙面的空隙不宜小于 5 mm。

（2）钢筋网的钢筋直径宜为 4 mm 或 6 mm；网格尺寸实心墙宜为 300 mm×300 mm，空心墙宜为 200 mm×200 mm；间距不宜小于 150 mm，不宜大于 500 mm。

（3）面层的砂浆强度等级宜采用 M10。

（4）单面加固层的钢筋应采用 6 mm 的 L 形锚筋，用水泥砂浆固定在墙体上；双面加面层的钢筋网应采用 6 mm 的"S"形穿墙筋连接；"L"形锚筋的间距宜为 600 mm，"S"形穿墙筋的间距宜为 900 mm，并呈梅花状布置。

（5）当钢筋网的横向钢筋遇有门窗洞口时，单面加固宜将钢筋弯入窗洞口侧边锚固；双面加固宜将两侧钢筋在洞口处闭合。

（6）墙面穿墙"S"筋的孔洞必须用机械钻孔。楼板穿筋孔洞也宜用机械钻孔。

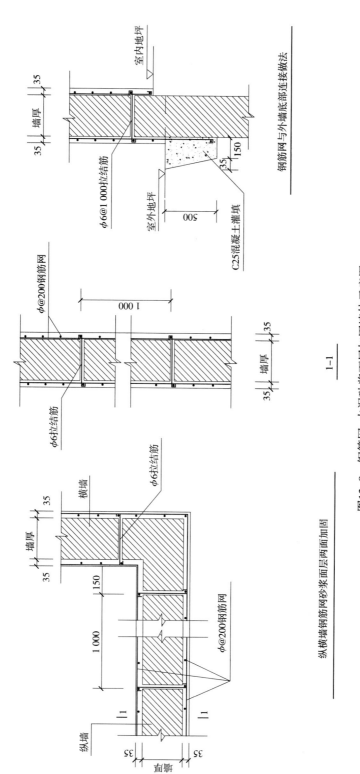

钢筋网–水泥砂浆面层加固墙体示意图

图12–8　钢筋网–水泥砂浆面层加固墙体示意图

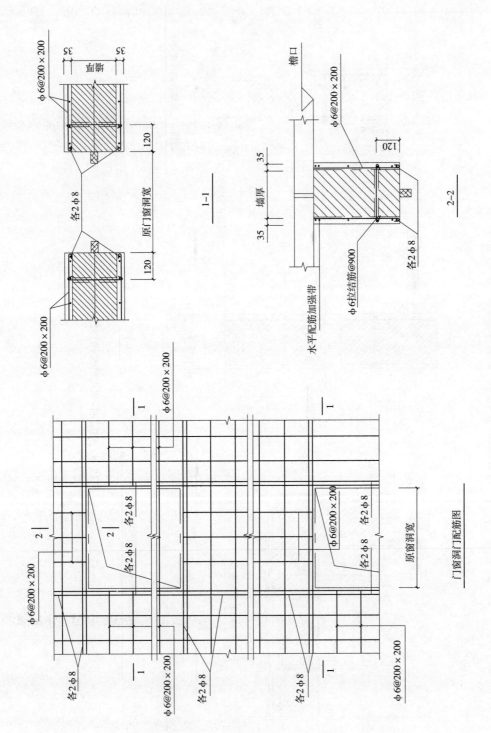

图12-9 钢筋网-水泥砂浆面层加固墙体时门窗洞口处加固示意图

（7）钢筋网四周应与楼板或大梁、柱或墙体连接，可采用锚筋、插入短筋、拉结筋等连接方法。

（8）门窗洞口两侧的 $2\phi8$ 钢筋遇配筋加强带时，可不设置。

## 三、墙体裂缝的修复与加固

处理方法主要有压浆法、灰缝镶嵌钢筋法、置换法、抹灰或喷浆法。

### （一）压浆法

1. 适用范围与特点

适用于处理宽度不小于 0.5 mm 的裂缝，且深度较深或贯穿的裂缝。适用于满丁满条、满铺满挤的实芯砖墙，对于空斗砖墙、掺灰泥砌筑的老墙应考虑采取其他措施。

2. 施工工序

清理裂缝→安装灌浆嘴→封闭裂缝→压力试漏→配浆→压浆→封口处理。

3. 施工工艺

（1）用钢丝刷除去裂缝屑浮碴，采用高压气吹干净并保持干燥。

（2）裂缝灌浆段，每隔 400~500 mm（水平缝每隔 200~300 mm）埋设注浆嘴，再用腻子骑缝抹上 30 mm 宽、1~2 mm 厚的长带。

（3）浆嘴周围要用腻子加封，以防漏气。这样将裂缝形成一个封闭腔，可先试气，若无漏气现象，即可灌浆。

（4）接通各条管路，浆液倒入灌浆桶，将压缩空气输入储浆罐，打开阀门把浆顶入裂缝，待临近嘴出浆立即止浆，卸压换临近嘴打开阀门进浆顶入裂缝，顺序换嘴进浆。

（5）对竖向裂缝换嘴顺序由下向上，否则裂缝中空气不易排出。对水平裂缝按嘴顺序由中向右再向左（图 12-10）。

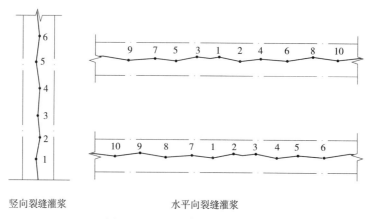

竖向裂缝灌浆　　　　水平向裂缝灌浆

图 12-10　裂缝灌浆顺序示意图

### （二）灰缝镶嵌钢筋法

1. 适用范围与特点

适用数量少间距大的竖向或斜向裂缝，对结构扰动小，加固后不改变墙体的外观。

**2. 做法与要求**

跨裂缝每隔二或一皮砖且沿着砖的水平灰缝清理砂浆成槽，深度不小于 10 mm，跨缝长度不小于 300 mm，浮灰清理干净后，槽内埋置一定长度钢筋(一般为≥6 mm，长 500 mm)，后填抹水泥砂浆并勾缝，如图 12-11 所示。

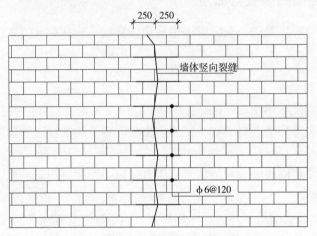

图 12-11　灰缝镶筋法示意图

### (三)置换法

**1. 适用范围与特点**

适用于砌体裂缝受力不大，砌体块材和砂浆强度不高的开裂部位，以及局部风化、剥腐部位的加固。

**2. 做法与要求**

沿拆除裂缝周围的砌体，清理浮灰，采用高强度等级水泥砂浆重新砌筑拆除的砌体。在凿打过程中，应避免扰动不置换部分砌体。清除浮沉后充分润湿墙体，修复过程中应保证填补砌体材料与原有砌体可靠嵌固，如图 12-12 所示。

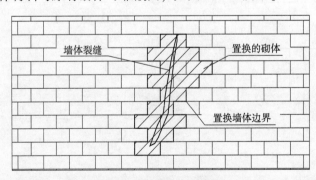

图 12-12　置换法示意图

### (四)抹灰、喷浆法

**1. 适用范围与特点**

适用于砌体上裂缝多，且宽度不大的裂缝处理。

2. 做法与要求

在墙体表面裂缝处(剔除装饰层)铺钢丝网,抹 M10 水泥砂浆修复。钢丝网敷设宽度应超过裂缝两侧各 200~300 mm。

## 四、墙体的严重风化处理

常见的处理方法主要有置换勾缝法、清理抹灰法。

### (一)置换勾缝法

1. 适用范围及特点

适用于局部或个别处存在严重风化的现象。

2. 做法与要求

可用砖或砂浆置换后再对灰缝进行勾缝处理。置换用的砌体块材可选择原砌体材料,也可选择其他材料,如配筋混凝土实心砌块等。

### (二)清理抹灰法

1. 适用范围及特点

适用于风化面积较大,如外围墙体根部。

2. 做法与要求

清理风化表层及灰缝后抹一定高度的 M10 水泥砂浆墙裙。

## 五、墙体的鼓闪处理

常见的处理方法主要有加扶壁柱墙法、围箍法。

### (一)加扶壁柱墙法

1. 适用范围及特点

适用于外墙局部向外(内)变形的墙体。方法工艺传统、简单。

2. 做法与要求

在鼓闪部位增加扶壁柱或梯形墙。增加扶壁柱位置、数量和高度要根据鼓闪范围及高度确定。扶壁柱的材料可以是砖砌体、混凝土及钢构件等。

3. 施工工艺

采用插筋法或挖镶法连接砌体扶壁柱与原砌体施工应符合下列规定。

(1)插筋法要求。①将原砌体表面的粉刷层凿去,清理干净并用水冲洗湿润;②在砌体的灰缝中插入直径为 6 mm 的连接筋,单面增设的扶壁柱,可采用"U"形插筋。插筋的水平间距应不大于 120 mm,竖向间距宜为 240~300 mm;③当砌体扶壁柱砌至楼板或梁底时,用膨胀水泥砂浆填塞最后 5 皮水平灰缝。

(2)挖镶法要求。①采取可靠的支顶措施,保证正在施工砌体的稳定性;②在原砌体上沿高度方向每隔三皮剔除一皮,将孔洞清理干净,并洒水湿润;③根据设计的增设扶壁柱的截面面积,在剔除的孔洞处镶砌。在原砌体内镶砌时,砂浆掺入适量的膨胀水泥,以保证新镶砌体与原砌体之间顶紧。

### (二)围箍法

1. 适用范围及特点

适用于外墙大面积向外(内)变形的墙体，方法工艺简单，不改变墙体立面。

2. 做法与要求

对鼓闪墙体增加一道或多道水平封闭箍，加密区可以是"U"形箍，位置、数量和高度要根据鼓闪范围及高度确定。箍的材料可以是钢板箍、型钢箍、钢筋箍、钢绞线箍等。

## 六、砖柱的加固

常见的处理方法主要有加大截面法、外包钢法。

### (一)加大截面法

1. 适用范围及特点

适用于轴心受压砖柱及小偏心受压砖柱加固。该法采用传统施工方法，能显著提高柱承载能力。

2. 做法与要求

单面加固应增加拉结筋，双面加固应采用连通的箍筋；单面加固应在原砖柱上打入混凝土或膨胀螺栓等物件，以加强两者的连接。此外，无论单面加固还是双面加固，应将原砖柱的角砖每隔 5 皮打掉 1 块，使新混凝土与原柱能很好地咬合。新浇混凝土强度等级宜用 C20，受力钢筋距砖柱的距离不应小于 50 mm，受压钢筋的配筋率不宜小于 0.2%，直径不应小于 8 mm。采用四周外包混凝土加固砖柱时，若外包层较薄，外包层亦可用水泥砂浆。砂浆强度等级不得低于 M7.5。外包层应设置直径 $\phi 4 \sim 6$ mm 封闭箍筋，间距不宜超过 150 mm。

### (二)外包钢法

1. 适用范围及特点

适用于不允许增大原构件截面尺寸，却又要求大幅度提高截面承载力的砌体柱的加固。该方法施工简单，现场湿作业少，受力较可靠。

2. 施工工序

剔除原面层洗刷干净→砖柱角抹水泥浆一层→安放角钢→焊接缀板→去夹具→水泥砂浆保护。

3. 施工工艺

先将砖柱的四周粉刷层铲除，洗刷干净，在砖柱的表面抹一层 10 mm 厚水泥砂浆找平，用水泥砂浆将角钢粘贴于受荷砖柱的四周，并用卡具卡紧，随即用缀板将角钢连成整体，最后去掉卡具，粉刷水泥砂浆以保护角钢。角钢应很好地锚入基础，在顶部也应有可靠的锚固措施，以保证其有效地参加工作。角钢不宜小于∟50×4。加固图如图 12-13 所示。

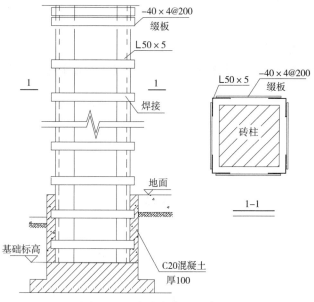

图 12-13　柱包钢加固示意图

## 七、过梁的加固

常见的处理方法主要有组合法、镶筋法、置换法。

### (一)组合法

1. 适用范围及特点

适用于过梁支撑长度不满足要求，砖过梁开裂、混凝土过梁截面过小、断裂及钢筋锈蚀、木过梁严重腐朽等。

2. 做法与要求

组合法就是把新加的型钢通过钢筋箍把原过梁围成一体共同受力的方法(图 12-14)。

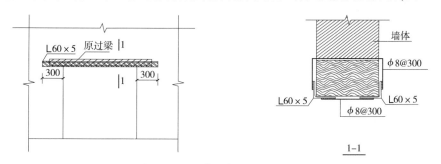

图 12-14　组合法加固过梁示意图

3. 工艺

过梁支撑端下部沿水平灰缝开槽→放置角钢→打对穿孔→放置箍筋并与角钢焊接→角钢和过梁间灌注水泥胶浆或填塞砂浆→抹灰保护。过梁支撑长度不小于 300 mm，基层需清理干净。

### (二)镶筋法

*1. 适用范围及特点*

适用于过梁支撑长度不满足要求,砖过梁开裂、混凝土过梁截面过小、断裂及钢筋锈蚀、木过梁严重腐朽等。

*2. 做法与要求*

过梁支撑端下部两侧面沿水平灰缝开槽(深度 30~50 mm,长度不小于 300 mm),清理槽内浮灰,湿润后槽内先填抹水泥砂浆,然后把钢筋镶嵌于槽内,沿长度方向安装水平短筋,最后外部抹水泥砂浆。

### (三)置换法

*1. 适用范围及特点*

适用于原过梁严重破坏,丧失了承载能力的过梁加固。

*2. 做法与要求*

对原构件进行支撑,拆除原过梁,安装新的木过梁、混凝土过梁、型钢梁。要求拆除过程中尽量减小对周围的震动和破坏,新过梁支撑处采用膨胀性砂浆或细石混凝土填塞,确保密实。

## 八、屋架、大梁下墙体加固

常见的处理方法主要有增设扶壁柱法、增加混凝土梁垫法,以增设砌体扶壁柱法最为常见。增设砌体扶壁柱法要求如下。

### (一)适用范围及特点

用于屋架、大梁下墙体出现裂缝、缺少梁垫、截面不足的情况。受力明确、直接,施工工艺传统。

### (二)做法与要求

在屋架、梁下新增设砌体扶壁柱的截面宽度不应小于 240 mm,其厚度不应小于 120 mm。砌体扶壁柱与原砌体的连接,可采用插筋法或挖镶法。当增设扶壁柱以提高墙体的承载力时,应沿墙体两侧增设扶壁柱。

加固用的块材强度等级应比原砌体块材强度等级提高一级,不得低 MU10;并应选用整块材砌筑。加固用的砂浆强度等级,不应低于原砌体的砂浆强度等级,且不应低于 M5;要求新加柱顶部与屋架、大梁充分接触,一般采用顶部浇筑膨胀性的混凝土或砂浆处理。

插筋法或挖镶法的扶壁柱与原砌体连接的施工,规定同其他章节相关要求。

## 九、木梁(屋架)加固

一般根据不同位置、不同部件存在的不同问题采取相应的处理措施,主要有以下几种情况。

**（一）木梁、木檩条的腐朽或破坏加固**

（1）当木梁、木檩条端部腐朽需加固时，应先将构件临时支撑牢靠，可锯掉已腐朽的端部，采用短槽钢及螺栓与原木构件连接。槽钢宜放在木构件的底部，沿构件长度方向的螺栓不少于两排，其数量和直径应通过计算确定（图12-15）。螺栓距离构件边缘不宜小于 100 mm。

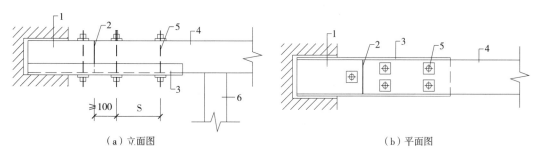

（a）立面图　　　　　　　　　　（b）平面图

1.原腐朽部分更换后的新料；2.新旧界面缝；3.新增槽钢；4.原构件；5.新增螺栓；6.临时支撑

图 12-15　端部腐朽的加固（一）

（2）当腐朽的位置位于支座内时，可在原支座边附加木柱，木柱与原木梁间增加铁件连接（图12-16）；当腐朽的位置位于支座外时，可增加木托梁和木柱进行加固（图12-17）。连接铁件厚度不宜小于 6 mm，宽度不宜小于 80 mm；螺栓距离构件边缘不宜小于 50 mm；铁箍厚度不宜小于 2 mm，宽度不宜小于 40 mm。

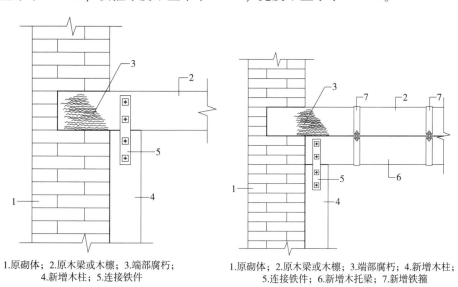

1.原砌体；2.原木梁或木檩；3.端部腐朽；
4.新增木柱；5.连接铁件

图 12-16　端部腐朽的加固（二）

1.原砌体；2.原木梁或木檩；3.端部腐朽；4.新增木柱；
5.连接铁件；6.新增木托梁；7.新增铁箍

图 12-17　端部腐朽的加固（三）

**（二）木梁、木檩条跨中受损或承载力不足时加固**

（1）对于木檩条，可加设"八"字形斜撑进行加固（图12-18），新增构件与原构件间可采用钢扒钉连接，扒钉直径不应小于 6 mm，宜双向对称设置。

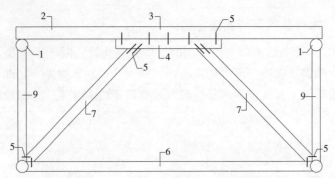

1.屋架上弦；2.原木檩条；3.受损部位；4.新增加固短木檩；
5.新增钢扒钉；6.屋架间水平系杆；7.新增斜撑

图12-18　加设"八"字形斜撑加固

（2）对于木梁，可在跨中底部增设槽钢加固，并采用螺栓连接（图12-19），槽钢的截面高度不宜小于木梁的宽度，螺栓的数量、直径及间距应通过计算确定。

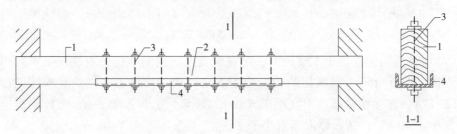

1.需加固木梁；2.跨中受损部位；3.新增螺栓；4.加固槽钢

图12-19　梁底跨中加设槽钢加固

（3）对中部出现腐朽、疵病、严重开裂而丧失承载能力的木梁，采用增设木托梁和木柱的方法进行加固。

（4）对木梁或木檩的干缩裂缝，当构件的水平裂缝深度（当有对面裂缝时，用两者之和）小于构件宽度或直径的1/4时，可采用嵌补的方法进行修整，即先用木条和耐水性胶黏剂，将缝隙嵌补黏结严实，再用两道以上铁箍箍紧。铁箍厚度不宜小于2 mm，宽度不宜小于30 mm。

（5）当木梁或木檩条的裂缝深度超过以上限值时，加固处理可按木梁、木檩条的腐朽或破坏加固和木梁、木檩条跨中受损或承载力不足时加固的情况执行，也进行更换处理。新构件的截面尺寸不应小于原构件，新构件的材料强度等级不应低于原构件，新构件与原结构构件间应采取可靠的连接措施。

（6）木屋架存在杆件缺失、承重结构体系不完整时，应采取增设杆件、支撑、拉杆等处理措施。对无下弦杆人字木屋架，可采用增设下弦钢拉杆的方式进行处理（图12-20）。

（7）木屋架端部与支撑木柱、砖柱（墙）、混凝土构件间无可靠连接，或仅采用榫头连接，出现榫头拔出或损坏时，可在节处间增加扁铁、角钢及螺栓连接（图12-21、图12-22、图12-23）。连接扁铁厚度不宜小于6 mm，宽度不宜小于80 mm；角钢不宜小于∟63×5，螺栓直径不宜小于12 mm，螺栓距离构件边缘不宜小于50 mm，螺栓植入混凝土深度不宜小于150 mm，孔径为螺栓直径1 mm。

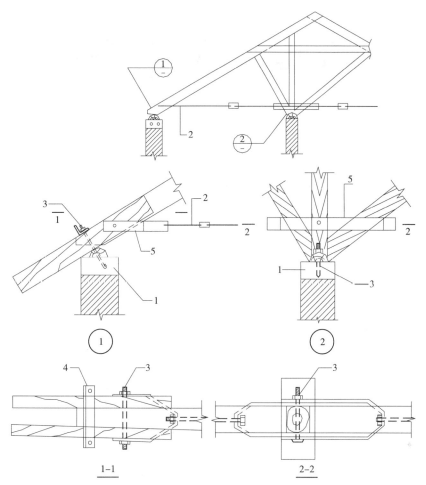

1.新加圈梁；2.钢拉杆12～14；3.螺栓2M16；4.角钢L63×6；5."U"形兜袢-60×6

图 12-20　无下弦"人"字木屋架加固做法

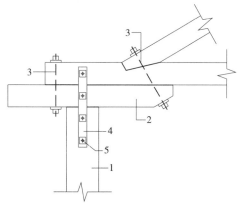

1.原木柱；2.原木屋架；3.原屋架螺栓；4.新增扁铁；5.新增螺栓

图 12-21　木屋架与木柱节点加固

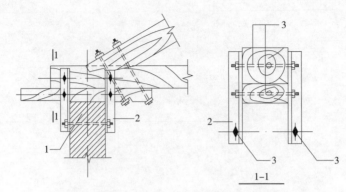

1.原有圈梁；2.角钢L75×6；3.螺栓M12~M16

图 12-22　木屋架与砖砌体节点加固

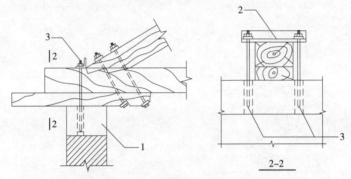

1.原有圈梁；2.角钢L75×6；3.螺栓M16~M20，采用植筋方式植入圈梁

图 12-23　木屋架与混凝土构件节点加固

（8）木檩条与木屋架上弦间、木次梁与木主梁间无连接时，可新增截面面积不小于 50 mm²的扒钉连接。当木屋架或木梁在墙上的支承长度不足且无可靠锚固措施时，可采用附木柱、扶壁砖柱或沿墙加托木、加夹板接长支座等加固方法。

（9）当木屋架侧向稳定性不足或存在大于屋架高度的 $h/120$ 的平面倾斜时，应校正屋架平面外垂直度，并可在屋架之间或屋架与墙体间增设上弦横向支撑或在屋架之间增设斜向支撑。支撑可采用角钢，圆拉杆或方木等，支撑截面尺寸应符合《木结构设计规范》（GB 50005—2017）与《钢结构设计规范》（GB 50017—2020）的规定。

## 十、悬臂阳台、雨篷板加固

常见的处理方法有粘贴钢板法、粘贴碳纤维布法、增加支撑法、沟槽嵌筋法。有条件的可采用粘贴钢板法、粘贴碳纤维布法，该方法方便快捷，但需要专业人员实施。增加支撑法将会影响外观或使用功能，一般采用沟槽嵌筋法较为实用。沟槽嵌筋法的简要介绍如下。

### (一)适用范围及特点

该方法用于配筋不足或位置偏下的悬臂阳台板、雨篷板加固。该方法工艺传统，不影响使用功能。

**(二)施工工艺**

悬臂构件的上面纵向凿槽→在槽内补配受拉钢筋→浇筑细石混凝土，做法如图12-24所示。

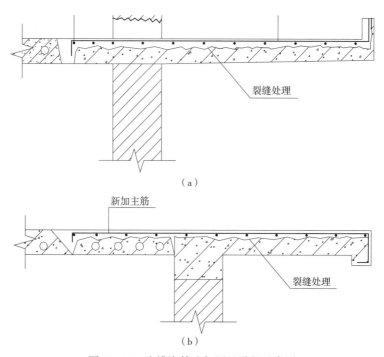

图 12-24 沟槽嵌筋法加固悬臂板示意图

**(三)技术要求**

为了增强新旧混凝土间的黏结，常在浇捣新混凝土之前，在原板面及后补钢筋上刷一层建筑胶聚合水泥浆或丙乳水泥或乳胶水泥浆。剔凿前，要进行可靠的支撑。此外，由于后补钢筋参与工作晚于板中原筋而出现应力滞后现象，因此应验算使用阶段的原筋的应力，使其不超过允许应力，并控制加固梁的裂缝和挠度。为了减弱后补钢筋的应力滞后现象，以及保证施工安全，在加固施工时应对原悬臂构件设置顶撑，并施加预顶力。后布钢筋的锚固，可通过其端部的弯钩或焊上 12~14 的短钢筋的办法解决。具体操作步骤如下。

(1)将悬臂板上的表面凿毛，凸凹不平度不小于 4 mm。

(2)沿受力钢筋方向，按所需不加钢筋的数量和间距，凿出 25 mm×25 mm 的沟槽，直到板端并凿通墙体(当无配重板时，如檐口板应将屋面的空心板凿毛，长度一般为一块空心板宽)。

(3)在阳台根部裂缝处，凿"V"形沟槽，其深度大于裂缝深，以便灌注新混凝土，修补原裂缝。

(4)清除浮灰砂砾，冲水清洗板面。

(5)就位主筋，并绑扎分布筋，分布筋用 $\phi4@200$ 或 $\phi6@250$。

（6）在沟槽内或板面上，涂刷丙乳水泥浆或乳胶水泥浆。若原料有困难，应至少刷一道素水泥浆。

（7）紧接上道工序，浇捣比原设计强度高一级的细石混凝土（厚度一般取30 mm），并压平抹光。

（8）若钢筋穿过墙体，还需用混凝土填实墙体孔洞。

## 十一、挑梁加固

常见的处理方法有粘贴钢板法、粘贴碳纤维布法、梁端增撑法、加大截面法。

有条件的可采用粘贴钢板法、粘贴碳纤维布法，这两种方法方便快捷，但需要专业人员实施。一般采用梁端增撑法较为实用（图12-25）。梁端增撑法介绍如下。

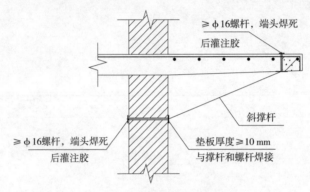

图12-25　下加斜撑加固挑梁

### （一）适用范围及特点

该方法用于配筋不足或位置偏下的挑梁加固。该方法传力明确，效果明显。

### （二）施工工艺

安装固定梁端底部锚固钢板→梁根部一定高度安装固定钢板→焊接斜支撑→钢板内侧注浆。

### （三）技术要求

梁端底部锚固钢板与原梁底间注浆或填塞结构胶、砂浆。

## 十二、预制板拼缝处理

预制板拼缝处开裂，在农村危房改造加固中普遍存在，一般采用较多的方法为板缝填充处理法，方法如下。

### （一）适用范围及特点

适用于修补预制板拼缝开裂。该处理方法简单、实用。

### （二）做法与技术要求

沿预制板拼缝应把原灌缝的填料剔凿至密实处，彻底清除碎渣和粉尘，并用高压气泵把粉尘吹干净，然后采用密封材料、柔性环氧树脂、聚合物水泥砂浆或细石混凝土等材料填充平整、当钢筋腐蚀，应先将钢筋除锈再做填充修补。

### 十三、屋面裂缝漏水处理

常见的处理方法有凿沟填塞炉灰法、防水油膏糊缝法、两油一纸平贴法、蜡液灌缝法、密封胶抹缝法、瓦屋面更换或重新倒瓦法。

#### (一)平屋面防水油膏糊缝法

1. 适用范围及特点

适用于宽度较大的平屋顶裂缝渗漏的修补处理。该方法施工方面、工期短。

2. 做法与技术要求

裂缝清扫处理好后，即把油膏直接涂刷在干燥洁净的裂缝处，涂刷宽度约 100 mm，要反复刷平、刷匀。刷后立即贴上一层拉力较好的纸(如牛皮纸或绵纸)，纸的宽度不得超过第一遍油膏的涂痕，如油膏涂宽 100 mm，纸宽可取 80 mm。贴纸时要随贴随用刷子拨匀、压实，决不能出现空鼓或虚边。贴纸后在纸上再涂刷一遍油膏并注意挤出纸下的气泡。用防水油膏处理屋顶裂缝时，对裂缝的干燥和洁净要求严格。

#### (二)平屋面重做防水层法

1. 适用范围及特点

适用于裂缝多、面层空鼓面积大、漏水严重的平屋顶处理。该方法处理彻底不留隐患。

2. 做法与技术要求

层面做法参考图 12-26。

清理面层所有垃圾，并对落水管附近的有尘土部位用水清洗干净。采用热熔铺贴法时，首先对清理掉 PVC 油膏的基层涂刷水乳型橡胶沥青涂料，待干燥后铺设 SBS 卷材，铺设时将卷材按位置摆正，由两端向中间铺贴，同时要求按长方向配位，并从水坡的下坡开始，由两端向高处顺序铺贴，顺水搭茬。用喷灯加热时要使卷材受热均匀，待卷材表面熔化后再向前滚铺，并注意不要卷入空气及异物，然后再移开用滚子压实压平，在卷材未冷却前用喷灯对接缝处加热，抹平压好，以防止翘边。女儿墙泛水部位要钉牢固，以防脱落后从女儿墙缝隙处渗水。女儿墙底

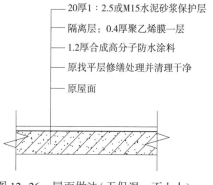

——20厚1:2.5或M15水泥砂浆保护层
——隔离层:0.4厚聚乙烯膜一层
——1.2厚合成高分子防水涂料
——原找平层修缮处理并清理干净
——原屋面

图 12-26 屋面做法(无保温，不上人)

阴角用水泥砂浆补成弧形，以防 SBS 因弯曲而断裂，构造做法如图 12-27 所示。

3. 瓦屋面局部更换瓦或者重新倒瓦法

(1)适用范围及特点。适用于屋面局部破损严重及大面积漏水。该方法工艺传统，效果明显。

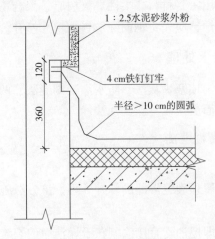

图 12-27　屋顶女儿墙泛水构造

（2）做法与技术要求。做法参考图 12-28 局部更换瓦，要求各道工序务必仔细做好。

图 12-28　换瓦或重新倒瓦

## 十四、室内返潮处理

常见的处理方法有翻新处理法、涂刷防水材料法、塑料薄膜处理法。

### （一）翻新处理法

1. 适用范围及特点

适合室内未做地坪或地坪破坏严重，返潮严重的地面。

2. 做法与技术要求

对原地坪进行拆除、夯实，可重新按图 12-29 做法进行防水地面施工，外墙外面做散水参照图 12-29。

### （二）涂刷防水材料法

1. 适用范围及特点

适用于普通水泥砂浆地面，存在有规则的地面裂缝、地面空鼓及地面返潮现象，该处理方法简单、实用。

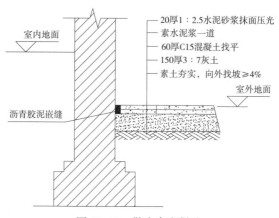

室内地面

20厚1：2.5水泥砂浆抹面压光
素水泥浆一道
60厚C15混凝土找平
150厚3：7灰土
素土夯实，向外找坡≥4%
室外地面

沥青胶泥嵌缝

图 12-29　散水参考做法

2. 做法与技术要求

对于裂缝应凿成"V"形槽，将缝内清理干净后，用沥青油膏进行封闭。对有空鼓的地方，应将面层敲掉，将垫层凿毛，在垫层上刷一道水泥浆，随即用与面层相同的材料修补平整。

地面裂缝及空鼓局部处理完后，现将面层凿毛，清理干净，涂刷两道防水涂料，待第一道涂料实干后再涂刷第二道。在地面与墙面转角处，涂料应刷至墙面踢脚板高度。在对原地面进行防潮处理后，再做新面层。

## 十五、抗震加固

常见的处理方法有外加配筋砂浆带法、外加混凝土圈梁及构造柱法、外加型钢圈梁及构造柱法、外加高延性混凝土带法。

### (一)外加钢筋网水泥复合砂浆组合圈梁、构造柱(配筋砂浆带)法

1. 适用范围及特点

用于无圈梁、构造柱的农房；采用配筋砂浆带做法代替圈梁、构造柱，与传统的外加钢筋混凝土构件相比，湿作业少，工具设备简单，减少了模板、浇筑混凝土工艺，工期短，操作空间要求小。

2. 外加钢筋网水泥复合砂浆砌体组合圈梁应满足的要求

(1)外加圈梁应靠近楼(屋)盖设置并在同一水平标高交圈闭合。

(2)钢筋网水泥复合砂浆砌体组合圈梁梁高不应小于 300 mm，穿墙拉结钢筋宜呈梅花状布置，穿墙筋位置应在丁砖上(对单面组合圈梁)或丁砖缝(对双面组合圈梁)。

(3)钢筋网水泥复合砂浆砌体组合圈梁面层砂浆强度等级：水泥砂浆不应低于 M10，水泥复合砂浆不应低于 M20。面层厚度宜为 30~45 mm。钢筋网的钢筋直径宜为 6 mm 或 8 mm，网格尺寸宜为 120 mm×120 mm。单面组合圈梁的钢筋网，宜采用直径为 6 mm 的"L"形锚筋；双面组合圈梁的钢筋网，宜采用直径为 6 mm 的"Z"形或"S"形穿墙筋连接；"L"形锚筋间距宜为 240 mm×240 mm；"Z"形或"S"形锚筋间距宜为 360 mm×360 mm。

(4)钢筋网水泥复合砂浆砌体组合圈梁钢筋网的水平钢筋遇有门窗洞时，单面圈梁宜将水平钢筋弯入洞口侧面锚固，双面圈梁宜将两侧水平钢筋在洞口闭合。

(5)对承重墙，不宜采用单面组合圈梁。

3. 外加钢筋网水泥复合砂浆组合砌体构造柱应满足的要求

(1)构造柱的材料、构造、设置部位应符合现行设计规范要求。

(2)增设的构造柱应与墙体圈梁连接成整体，若所在位置与圈梁连接不便，应采取措施与现浇混凝土楼(屋)盖可靠连接。

(3)钢筋网水泥复合砂浆砌体组合构造柱截面宽度不应小于 500 mm。穿墙拉结钢筋宜呈梅花状布置，其位置应在丁砖缝上。

(4)钢筋网水泥复合砂浆砌体组合构造柱面层砂浆强度等级：水泥砂浆不应低于 M10，水泥复合砂浆不应低于 M20。钢筋网水泥复合砂浆面层厚度宜为 30~45 mm。钢筋网的钢筋直径宜为 6 mm 或 8 mm，网格尺寸宜为 120 mm×120 mm。构造柱的钢筋网应采用直径为 6 mm 的"Z"形或"S"形锚筋，"Z"形或"S"形锚筋间距宜为 360 mm×360 mm。

**(二)外抹高延性混凝土条带加固法**

(1)高延性混凝土竖向条带最小宽度外墙拐角处为 1 000 mm，外墙中部为 800 mm；水平及墙顶最小宽度为 800 mm。最小厚度均为 15 mm。

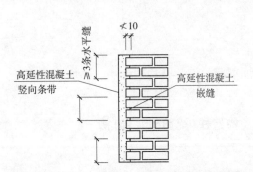

图 12-30　高延性混凝土加固嵌缝处理示意图

(2)条带加固部位对应的墙面应采用高延混凝土嵌缝处理，嵌缝深度不小于 10 mm。如图 12-30 所示。

(3)高延性混凝土竖向条带宜设置在房屋外墙拐角处、长墙中部、纵横墙交接处及一字型外墙端部，加固砌体结构的竖向条带净间距不应大于 5.0 m。

(4)高延性混凝土水平条带宜设置在外墙楼(屋)盖处，山墙应沿墙顶设置，最小厚度均为 15 mm。

# 第四节　农村危房加固施工质量控制与注意事项

## 一、质量控制

(1)加固设计方应根据加固设计方案，向施工人员进行技术交底；施工方应编制施工组织设计和施工技术方案。

(2)所使用材料、产品应进行进场验收，不合格的材料和产品不得使用，有必要时进行现场取样复试。

(3)结构加固工程施工前，应对原结构、构件进行清理、修整和支护。

（4）每道工序均应进行质量控制，每道工序完成后应进行检查验收，合格后方允许进行下一道工序的施工。

（5）加固施工应由具有相应资质的单位实施，并且施工单位应具备完备的质量保证体系。

（6）加固施工中出现一般质量问题时，应及时整改至合格；出现对结构构件存在安全隐患的质量问题时，应及时会同加固设计人员制定有效的处理措施。

### 二、注意事项

（1）加固过程中，房屋不得使用。

（2）加固施工前，应熟悉周边情况，了解加固构件受力和传力路径的可能变化。对危险构件、受力大的构件进行加固时，应有切实可行的安全措施。

（3）加固施工的全过程，应有可靠的安全措施。加固工程搭设的安全支护体系和工作平台，应定时进行安全检查并确认其牢固性。

（4）施工时应采取避免或减少损伤原结构的措施。应按本规范的要求对原结构构件进行清理、修整和支护。当更换、拆改结构构件时，应预先采取有效的安全措施。

（5）施工中发现原结构构件或相关隐蔽部位的构造存在缺陷时，或在加固过程中发现结构构件变形增大、裂缝扩展或增多等异常情况，应暂停施工，并及时会同加固设计人员商定处理措施。

（6）加固后的构件应采取适当的防护措施，外露铁件应进行可靠的防锈处理。

（7）加固处理措施均应由专业施工队伍施工，施工中应严格按有关规范执行。

# 第五节　工程实例

## 一、工程概况

（1）建造于 1982 年，一层砖木结构，檐口高度为 5.400 m。基础为 50 mm 厚、500 mm 宽的砖基础。

（2）2.950~5.400 m 的墙体为 120 mm 砖加 240 mm 土坯，0~2.950 m 为 370 mm 砖墙（俗称"外熟内生"）。墙体轻微风化，局部风化深度为 20 mm，范围在距地面 1 m 左右。砂浆采用灰土。

（3）该房屋的屋面存在漏水现象。

（4）该房屋正立面一层门、窗过梁为预制混凝土构件，二层窗过梁为木构件，过梁支撑长度约为 200 mm。门、窗上方有多条裂缝，裂缝宽度为 40~60 mm。

（5）该房屋无圈梁及构造柱，且无散水和墙裙。另外，屋檐四角出现构件开裂现象。

## 二、加固内容与方案

（1）对该房屋加设三道圈梁，并在纵横墙交界处设置构造柱，以增强房屋的整体性，如图 12-31 和图 12-32 所示。

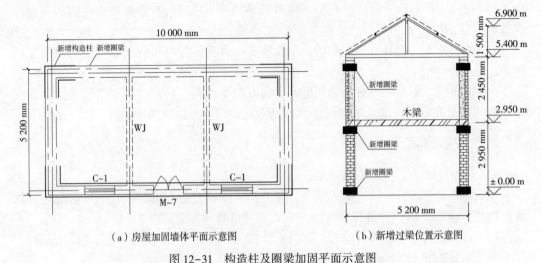

（a）房屋加固墙体平面示意图　　　　（b）新增过梁位置示意图

图 12-31　构造柱及圈梁加固平面示意图

注：需对正立面纵墙的墙体裂缝进行灌缝处理，后采取增设钢筋网片砂浆面层的方法进行加固。

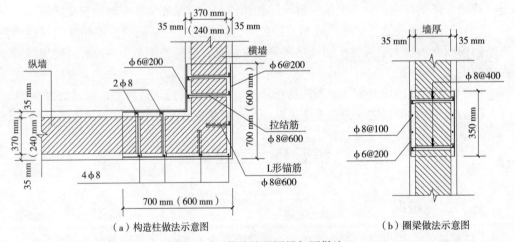

（a）构造柱做法示意图　　　　（b）圈梁做法示意图

图 12-32　构造柱及圈梁加固做法

注："L"形锚筋是通过钻孔植筋到砖上，植筋深度不小于 150 mm。构造柱的纵向钢筋锚入基础。当墙体采用土坯和砖时，土坯一侧的墙体需先剔槽 35 mm 厚，再做圈梁。

（2）对该房屋承重墙体出现的较深较宽裂缝，先进行灌浆处理，后采用双面钢筋网片砂浆面层加固法加固墙体，来增强房屋整体性和承载能力。

（3）对屋檐四角损坏的砖进行置换，并用钢筋箍加强。

（4）对于根部风化的墙体，应进行砖或砂浆置换，并清理灰缝后设置强度为 M10 水泥砂浆墙裙（高度不小于 1 200 mm）和散水（宽度不小于 600 mm）来保护墙体和防水防潮等。

（5）对于屋面漏水的，可根据具体情况采用局部更换瓦或者重新倒瓦进行处理。

（6）在加固过程中如发现檩条支撑端缺少有效连接，采用扒钉或增加木梁托进行固定。

# 第十三章　装配式农房

信阳平桥区装配式钢结构农房，2层，共200 m²，外墙为轻质、保温、装饰一体板

随着现代工业技术的发展，建造房屋可以像机器生产一样，成批成套地制造，使用预制品得部件在工地装配而成的建筑，被称为装配式建筑。

装配式建筑的出现是我国建筑行业发展到一定阶段的产物，也是我国建筑行业拓宽眼界的一个标志。装配式建筑作为一种新的建筑模式，不仅在创新方面表现得标新立异，而且也顺应了我国环保政策的发展变化。首先，装配式建筑属于工厂直接加工，可以有效减少施工环节工序，从而使工期及建筑成本得到有效控制。其次，装配式建筑有效控制了材料及资源，加入了更多的环保理念，使绿色建筑得到了有效的体现，同时使用标准的生产工艺，使得建筑质量有效提升，建筑外观变得更加现代化。

## 第一节　装配式农房状况

### 一、国内政策与行动

2013年1月，国务院办公厅以国办发〔2013〕1号转发国家发改委、住建部制定的《绿色建筑行动方案》，提出要加快促进建筑工业化的设计、施工、补品生产等环节的标准体系，推广适合工业化生产的钢结构等建筑体系，加快发展建设工程的预支和装配技术。《河南省绿色建筑行动实施方案》（豫政办〔2013〕)57号）中指出要大力发展绿色新型建材产业，重点发展装配整体式和钢结构住宅体系，积极推进绿色农房建设。

2015年，住建部联合工信部颁发的《促进绿色建材生产和应用行动方案》中指出推进轻钢结构农房建设。

2016年9月，国务院出台了《关于大力发展装配式建筑的指导意见》，提出力争用10年左右的时间，使装配式建筑占新建建筑面积的比例达到30%。2019年2月住房和城乡建设部下发《关于开展农村住房建设试点工作的通知》，提出开展农村住房建设试点，推广应用农房现代建造方式，应用绿色节能的新技术、新产品、新工艺，探索装配式建筑、被动式阳光房等建筑应用技术，建设一批功能现代、风貌乡土、成本经济、结构安全、绿色环保的宜居型示范农房。

2019年中央一号文件《中共中央国务院关于坚持农业农村优先发展做好"三农"工作的若干意见》要求，扎实推进乡村建设，加快补齐农村人居环境和公共服务短板。随后住建部印发《关于开展农村住房建设试点工作的通知》（建办村〔2019〕11号），要求绿色农房建设作为乡村振兴的有力抓手，推进装配式绿色农房建设，有利于提高农房建筑质量改善农房舒适性和安全性，强化农房节能减排；有利于延长农房使用寿命，帮助农民减支增收，提升农村宜居性，加快美丽乡村建设，推动乡村振兴。

2021年，会同农业农村部、国家乡村振兴局印发《关于加快农房和村庄建设现代化的指导意见》（建村〔2021〕47号），鼓励选用装配式钢结构等安全可靠的新型建造方式。2021年4月，会同财政部、民政部、国家乡村振兴局印发《关于做好低收入群体等重点对象住房安全保障工作的实施意见》（建村〔2021〕35号），提出在确保房屋基本安全的前提下，以实施乡村建设行动、接续推进乡村全面振兴为目标加强农房设计，提升农房建设品质，完善农房使用功能。鼓励有条件的地区推广绿色建材应用和新型建造方式，改善农村住房条件和居住环境。河南省明确提出建设现代化农房和农村的要求：提升农房设计建造水平，农房建设要先精心设计后按图建造。鼓励就地取材，利用乡土材料，推广使用绿色建材，鼓励选用装配式钢结构等安全可靠的新型建造方式。

2022年3月，住建部印发《"十四五"建筑节能与绿色建筑发展规划》（建标〔2022〕24号），要求各级住房和城乡建设部门加强与发展改革、财政、税务等部门沟通，争取落实财政资金、价格、税收等方面支持政策，对采用装配式钢结构等新型建造方式的绿色农房给予政策扶持。支持引导企业开发建筑节能与绿色建筑设备和产品，培育建筑节能、绿色建筑、装配式建筑产业链，推动可靠技术工艺及产品设备的集成应用，促进农房建设品质提升。

2023年1月4日，住建部网站发布对十三届全国人大五次会议第5462号建议的答复：推广装配式钢结构农房，对于提升农房质量安全、改善农房居住功能与环境品质、转变农房建造方式、促进农房建设现代化，以及推动农村建筑产业转型升级具有重要意义。为贯彻落实乡村振兴战略，推动村镇建设高质量发展，近年来，住建部会同有关部门统筹推进装配式钢结构农房，不断健全完善相关技术标准，积极推进装配式建筑产业创新发展，取得了一定工作成效。

2023年河南省多部门联合发河南省城乡建设领域碳达峰行动方案（豫建科2023年29号）中：推进绿色建造。实行工程建设项目全生命周期内的绿色建造，推动工程建设组织方式变革，大力推进工程总承包和全过程咨询；推动智能建造与建筑工业化协同发展，支持建筑企业应用节能型施工设备，推动建造设备转型升级，指导郑州开展国家智能建造试点城市建设，推荐公布一批智能建造试点项目，一批新技术新产品典型案例，开展智能建造推介活动。大力发展装配式建筑，推进预制构件工厂化生产，扩大标准化构件和部品部件使用规模；支持郑州、新乡等 5 个装配式建筑示范城市建设，到 2025 年全省打造高品质装配式建筑标准化技术示范 100 个以上，创建装配式建筑生产基地 5 个以上，新开工装配式建筑占新建建筑的面积比例力争达到 40%。加强施工现场建筑垃圾管控，到 2030 年新建建筑施工现场建筑垃圾产生量不高于 300 t/hm²。

### 二、装配式农房发展的制约

（1）传统的农民住宅缺乏科学的规划设计，农村住宅建设主要采用居民自建自住，分散建设的模式，住宅商品化率极低，住宅和住宅区的工程质量、功能质量与环境质量差，传统落后的建设方式不仅导致房子造型单一、功能简单，不好看、不好用，而且浪费严重、污染环境。这种传统的自建房，由于没有城市建筑所具有的正规的设计程序和规范的建造流程，因此无法保证达到设计强度要求，在抗震性能、安全性能、卫生条件、配套设施等方面存在严重缺陷。在近些年发生的几次大地震中，造成群众生命财产损失最严重的大多是未经正规设计建造的自建房。自古以来，建房子是中国农民一辈子最重要的事情之一，也是花费农民辛辛苦苦积累的财富最多的一项。但是由于无专业设计，建设质量差，致使中国农村的房子使用寿命在 20 年左右，基本上是隔代新建甚至一代人建两次房子，造成大量的浪费和财富损失，也因为建房使很多农民背上沉重的债务负担，甚至致贫、返贫。

（2）传统砖混结构住房浪费资源、能源、污染环境我国农村新建住宅大多是砖混结构，砖和混凝土是不可再生资源，会对耕地，环保等带来负面影响，为了追求低成本，农民建房往往会选用相对便宜的建材，尤其是实心黏土砖是墙体首选材料。据有关资料统计，我国每年生产黏土砖耗用黏土资源达 10 余亿 m³，约相当于损毁耕地 50 万亩。同时，每年生产黏土砖消耗 7 000 余万 t 标准煤，并产生大量二氧化碳，破坏的矿山和排放的污水难以统计，更为严重的是混凝土是不可再生材料，一次性使用后形成的建筑垃圾难以处理，对环境破坏十分严重，2010 年底，全国所有城市全面禁止使用实心黏土砖，但部分农村地区，受各方面条件的限制至今仍无法彻底禁止黏土砖的使用。由于对节能缺乏认识，大多数农民在建房时不会考虑采取任何节能措施，在这种情况下，落后的建造技术和材料，势必会造成生态环境的破坏和能源的过多消耗。

（3）传统建筑对劳动力的依赖程度高传统建筑对劳动力的依赖与我国劳动力人口下降形成尖锐的矛盾。劳动力供给的持续下降带来建筑成本的迅速上涨，严重制约着建筑业的健康发展，劳动者的年龄结构和知识结构无法再支撑传统建筑所需的人力资源。

## 第二节　装配式结构的优缺点

### 一、装配式结构优点

（1）节能环保。装配式建筑能够减少施工过程中的物料无辜损耗，同时减少施工现场的建筑垃圾。

（2）缩短工期。构件是由生产车间完成后直接运到现场装配，减少了人力需求，并且让施工人员的劳动强度有所下调。所以施工进度也会比较快，工期相对就会缩短。

（3）满足个性化需求。装配式建筑的造型相比于传统建筑更个性，其采用大开间灵活分割的方式，根据住户的需要，可分割成大厅小居室或小厅大居室。

（4）保温性好。装配式住宅的墙体采用轻型节能标准化预制墙板代替黏土砖，保温性能好，比钢筋混凝土建筑节能50%，冬夏恒温。

## 二、装配式结构缺点

（1）成本高。传统建筑工程造价相对于装配式建筑工程造价会便宜很多，并且因其构件是由工厂直接运往工地使用，运输成本带有不确定性。

（2）尺寸限制。由于装配式结构的构件的大小不一致，容易使生产设备受到限制，所以尺寸较大的构件再生产时会有一定难度，相对也会增加运输难度。

（3）抗震性较差。装配式建筑的抗震冲击能力较差，目前装配式建筑在建筑总高度以及层高上受到很大限制。

（4）技术不成熟。装配式结构建房在我国兴起的时间较短，缺乏熟练的施工人员，房屋建造也可能会因此出现一些问题，房屋售后和维修方面会比较困难。

# 第三节　装配式农房特点

## 一、砌块建筑的特点

（1）砌块建筑的适应性很强，还可以利用地方材料和工业废料，环保性也很好。

（2）生产工艺也非常简单，施工容易。

（3）价格比较低廉。

## 二、板材建筑的特点

（1）板材建筑可以减轻结构的重量，提高劳动生产率，扩大建筑使用面积和防震能力。

（2）板材建筑的内墙板多为钢筋混凝土的实心板或空心板。

（3）外墙板多为带有保温层的钢筋混凝土复合板，也可用轻骨料混凝土、泡沫混凝土或大孔混凝土等制成带有外饰面的墙板。

## 三、盒式建筑的特点

（1）钢管柱为市售钢管，每一单位盒式建筑房模是由一片外墙板和三片内墙板围成的墙体、分设在四角并与墙板焊接的四板钢管柱、及与顶板模焊接成一体的五面立体结构房模。

（2）房模可运至现场后再浇筑砂浆，故制作方便，运输量小。

### 四、骨架板材建筑的特点

（1）骨架板材建筑结构合理，可以减轻建筑物的自重，内部分隔灵活，适用于多层和高层的建筑。

（2）钢筋混凝土框架结构体系的骨架板材建筑有全装配式、预制和现浇相结合的装配整体式两种。

（3）保证这类建筑的结构具有足够的刚度和整体性的关键是构件连接。柱与基础、柱与梁、梁与梁、梁与板等的节点连接，应根据结构的需要和施工条件，通过计算进行设计和选择。

（4）节点连接的方法，常见的有榫接法、焊接法、牛腿搁置法和留筋现浇成整体的叠合法等。

### 五、升板升层建筑的特点

（1）升板建筑在施工时有大量操作是在地面进行的，可以有效减少高空作业和垂直运输，节约模板和脚手架，减少施工现场面积等。

（2）多采用无梁楼板或双向密肋楼板，楼板同柱子连接节点常采用后浇柱帽或采用承重销、剪力块等无柱帽节点。

（3）若柱距较大，那楼板承载力也会比较强，多用作商场、仓库、工场和多层车库等建筑。

（4）可以加快施工速度，在场地受限的地方可以发挥大作用。

## 第四节　装配式农房类型

按上部结构材料分，当前装配式农房有钢结构装配式（包括轻钢装配式及型钢装配式）、钢筋混凝土装配式、水泥板墙装配式、木结构装配式等（图13-1至图13-7）。

图13-1　型（重）钢装配式农房

图 13-2　轻钢装配式农房

图 13-3　钢筋混凝土整体装配式农房

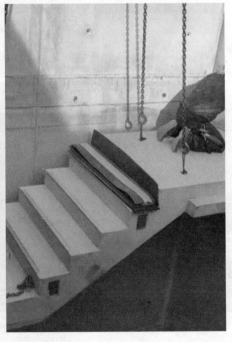

图 13-4　水泥装配式农房部件安装

图 13-5 水泥墙板配钢图

图 13-6 轻质复合墙板装配式农房

图 13-7 木结构装配式农房

# 第五节 装配式农房基础

装配式农房基础可以采用传统基础，也可以采用装配式基础。

## 一、装配式混凝土独立基础

是装配式建筑体系的重要组成部件，具有缩短现场作业时间、施工周期短、提高强度等优势，且经工厂标准化生产，产品质量远远高于现场浇筑，可广泛应用于民用住宅、工业厂房、学校及办公楼等建筑物。装配式预制独立基础规格为最大长度 4.5 m、最大宽度 3.6 m、最大高度 2.3 m。

### 二、装配式混凝土偏心独立基础

是为满足特殊工程需求，在标准装配式独立基础的制作工艺上科学计算而生产的，主要在工程边界较窄或周围空间不足的工程上使用。另外对于门式钢架厂房边柱而言，柱底推力将在基础底面产生一定的弯矩，基础底面的合力与柱底轴线存在偏心，将基础设计为偏心基础，基础中心线与合力重合。

### 三、装配式带梁独立基础

是在原有装配式独立基础上增加地梁，用干式连接的方式和基础连接形成地圈梁，适用于工业厂房的建设。

### 四、装配式独立基础生产流程

清理组装模具→放置钢筋主笼及预埋件→浇筑混凝土→拆模。

## 第六节　装配式农房主要节点及构配件

### 一、结构墙板与基础、柱节点

(1)装配式保温装饰结构墙板，以下简称一体板，如图 13-8 所示。从外向内依次是：外饰面层(外墙保温装饰结构一体板)、轻质墙板(轻钢与木组合龙骨+轻混凝土)、内保温层、轻质墙板、内装饰层。

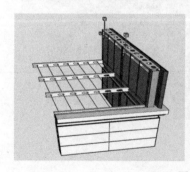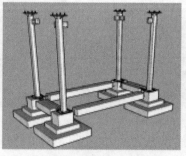

图 13-8　装配式保温装饰结构墙板

(2)一体板与装配式带梁基础、钢结构柱通过扣条、扣件、预埋件、高强螺栓、高强沉头燕尾螺丝、螺母、角码等构件连接，空腔用轻混凝土进行填充，缝隙采用结构胶密封。此做法能有效抑制空间内部能量严重流失，满足国家建筑节能 75% ~ 90%标准。

## 二、保温装饰结构墙板与梁节点

（1）装配式保温装饰结构墙板，以下简称一体板，如图13-9所示。从外向内依次是：外饰面层（外墙保温装饰结构一体板）、轻质墙板（轻钢与木龙骨+轻混凝土）、内保温层、轻质墙板、内装饰层。

（2）一体板与钢结构梁通过扣条、扣件、预埋件、高强螺栓、高强沉头燕尾螺丝、螺母、角码等构件连接，空腔用无毒不燃的柔性材料进行填充，外表面用无机板材包覆装饰，缝隙采用结构胶密封。此做法能有效抑制空间内部能量严重流失，满足国家建筑节能75%~90%标准。一体化施工如图13-10所示。

图13-9　装配式保温装饰结构墙板

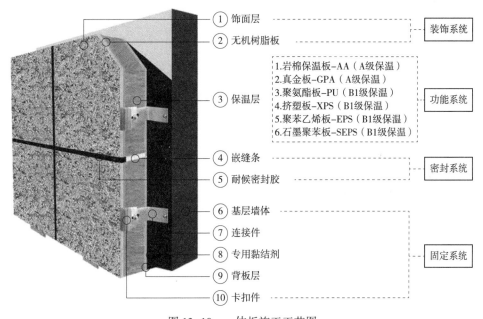

图13-10　一体板施工工艺图

## 三、保温装饰结构墙板

（1）装配式保温装饰结构墙板，以下简称一体板。分为外围护墙和内隔断墙两类。外围护墙从外向内依次是：外饰面层（外墙保温装饰结构一体板）、轻质墙板（轻钢与木龙骨+轻混凝土）、内保温层、轻质墙板、内装饰层。内隔断墙从外向内依次是：祥巍微晶石塑挂板、方木、轻混凝土。

（2）一体板与钢结构梁或柱，一体板之间，一体板内部通过扣条、扣件、预埋件、高强螺栓、高强沉头燕尾螺丝、螺母、角码等构件连接，空腔用无毒不燃的柔性材料进行填充，外表面用无机板材包覆装饰，缝隙采用结构胶密封。此做法能有效抑制空间内部能量严重流失，满足国家建筑节能75%~90%标准。

（3）挂板内带凹槽，可盘敷暖管；内带空腔，可有效保温、防潮、隔声；屋面气体循环装置或地下地温循环装置通过暖管与室内联通，主机联控光热、光伏、风能装置辅助调节达到室温恒定。

## 四、窗户窗框一体化

窗套实行工厂化生产，卡扣式连接，密封性良好，可有效减少材料损耗和辅材使用，节省工期，减少劳动力，有利于降低能源浪费，可满足国家建筑节能75%~90%标准。

## 五、楼承板

### （一）装配式轻型钢结构楼承板施工工艺

切割、组装钢骨架→板底敷设免拆模板→骨架上梁连接固定→浇筑轻混凝土→养护→验收（图13-11）。

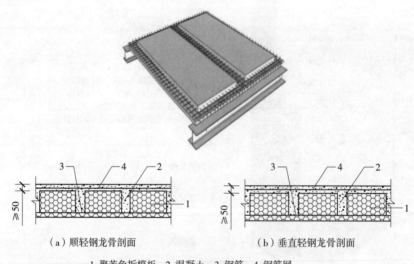

（a）顺轻钢龙骨剖面　　　　　　（b）垂直轻钢龙骨剖面

1.聚苯免拆模板；2.混凝土；3.钢筋；4.钢筋网

图13-11　聚苯免拆模板混凝土楼板构造

### （二）装配式钢结构楼承板原材料

装配式钢结构楼承板原材料为轻质PC构件，所用浇筑材料为轻混凝土，楼承板边角呈梯状，搭接处水平向钢筋采用绑扎搭接，垂直向加强筋采用焊接与钢结构梁连接。

### （三）轻钢桁架轻混凝土楼板的构造要求

（1）轻钢桁架间距不宜大于900 mm，轻钢桁架高度$h_1$不宜小于160 mm，肋梁宽度不宜小于120 mm（见图13-12）。

（2）相邻腹杆中心距不宜大于轻钢桁架高度的2倍。

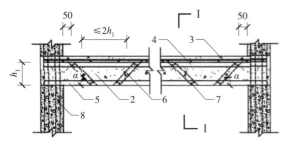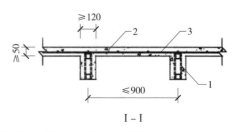

1.轻钢桁架；2.混凝土；3.钢筋网片；4.上弦管；5.下弦管；6.腹杆；7.螺钉；8.支承墙

图13-12　轻钢桁架轻混凝土楼板构造

（3）支座端部1倍轻钢桁架高度内的腹杆与桁架下弦管的夹角 $\alpha$ 不宜大于90°，腹杆与上弦管的交点至支座最近距离宜为 50 mm。

（4）腹杆与轻钢上下弦管每个接触面的螺钉数量不宜少于2个。

（5）面板厚度不宜小于 50 mm，钢筋网纵向和横向间距均不宜大于 250 mm，钢筋直径不宜小于 5 mm。

## 六、屋面板构造

### （一）楼盖用免拆模板的制作与安装要求

（1）现场切割聚苯免拆模板时宜用钢锯条，切割龙骨时宜用无齿锯，严禁电气焊切割。

（2）模板拼装时企口应合槽，拼缝严密。拼缝局部破损处用聚氨酯发泡胶密封。

（3）现场开槽时宜用热熔法。切割或开槽时采取可靠防火或防止聚苯碎块散落的措施。

（4）吊运时采用专用吊架，吊绳不应接触聚苯免拆模板。

（5）安装轻拿轻放，严禁抛投，避免磕碰破损。

### （二）楼盖用免拆模板安装要求

楼盖用免拆模板安装时，模板两端可利用墙体轻钢立柱作为竖向支撑，并符合下列规定。

（1）连接轻钢立柱侧边角钢规格不宜小于∟40×40×2。

（2）角钢与轻钢立柱每个接触面的螺钉数量根据施工荷载计算确定，且不宜少于3个。

### （三）硅酸钙板、纤维水泥平板作为楼盖底模的要求

硅酸钙板、纤维水泥平板作为楼盖底模时，应采用螺钉与轻钢梁或钢拉条连接，其制作与安装符合下列规定。

（1）模板拼缝应设置在轻钢梁或钢拉条处，拼缝宽度宜为 3~5 mm。

（2）螺钉宜采用十字槽沉头自钻自攻螺钉，间距不宜大于 200 mm；螺钉钉头应沉入模板表面，钉头表面沉入深度不应大于 1 mm。

# 第十四章 传统村落保护发展

信阳市新县田铺乡田铺大湾村

传统村落是农耕文明和乡土文化的缩影，承载着中华民族的记忆。很多传统村落已有数百年乃至逾千年历史，它们不仅留存着历史的"现场"，还延续文化传统，记录着一代代人的生活轨迹。保护传统村落，就是保护民族记忆。

## 第一节　传统村落保护发展背景和概况

### 一、发展背景

党中央、国务院高度重视传统村落保护发展，习近平总书记 2019 年在河南视察时，在信阳市新县田铺大塆村作出"把传统村落改造好、保护好"的重要指示，为我们高质量做好传统村落保护发展指明了努力方向，提供了重要遵循。

2021 年，中办、国办印发了《关于在城乡建设中加强历史文化保护传承的意见》，明确提出传统村落是城乡历史文化保护传承体系的重要组成部分之一，要求在城乡建设中加强保护利用。

2023 年，河南省委宣传部牵头 11 个部门研究印发了《关于加强历史文化街区、历史建筑、传统村落保护利用的工作方案》，对全面加强传统村落保护利用工作进行了安排部署。

## 二、概况

自 2012 年国家和河南省启动传统村落保护工作以来，全省住房城乡建设系统认真贯彻落实党中央国务院和省委省政府决策部署，积极发挥职责作用，在保护名录建立、保护规划编制、数字信息采集、保护项目实施、财政资金投入等方面开展了大量的工作。

河南省先后组织了六批次全省范围的集中调查，截至目前，全省有中国传统村落274 个，数量上在全国排第 13 名；河南省传统村落 1 018 个。河南省传统村落主要集中在平顶山市（175 个）、信阳市（128 个）、洛阳市（104 个），三市总计 407 个，占全省的 40%。

河南省传统村落类型：农耕型传统村落最多，约占总数的 45%；纪念型传统村落次之，约占总数的 30%，宗教型、工贸型和军事型相对较少，各自约占总数的 10%、6%、5%；交通型和行政型最少，两种类型共占总数的 4%。

### （一）农耕型传统村落

农耕型传统村落主要以农耕生活为主，村民重视通过科举改进生活，庭院建设格局讲究长幼尊卑，建筑材料取自当地，房屋一般具备"坚固耐用""冬暖夏凉"的特点，房屋前后常栽种花果竹木等。如内乡县岞岖乡吴娅村从外观上看就是一座石头城堡：石房、石板路、院墙以及茅房，以及石桌、石凳、石磅、石缝中的老柿树、枣树、竹林等，以小见大，村内处处透露出中原农耕文化印记。

### （二）纪念型传统村落

纪念型传统村落一般是与某（几）个著名人物或某个（些）重要事件相关，这些人物与事件大多与近现代革命历史联系在一起。罗山县铁铺乡何家冲村是红二十五军的摇篮。1934 年，中国工农红军第二十五军从这里出发，并成为第一支到达陕北的红军长征队伍。何家冲村因此成为具有重要纪念意义的红色圣地（图 14-1）。

### （三）宗教型传统村落

宗教型传统村落一般是建在某宗教建筑周围，并为周边群众提供各类需求。义马市东区办事处石佛村，村口处是鸿庆寺，鸿庆寺原名三圣庙，后改为鸿庆寺，鸿庆寺香火鼎盛时，寺庙内和尚有百余，目前寺庙内尚存石窟、佛像、飞天等遗迹，石佛村内的"神树"一千年古柏深受村民敬仰，寄托着村民对未来生活的美好愿望。

### （四）工贸型传统村落

工贸型传统村落多是因当地良好的地理位置或者较为丰富的自然资源的优势发展起来的。工贸型传统村落村民主要从事手工业、商业、采矿业等，但村民本身并未完全与农业生产脱离。如登封市大金店镇大金店老街位于领河谷地，土地肥沃、交通便利，明清至民国时期是登封地区最大的集镇之一，据《登封工商志》记载，民国时期大金店有坐商 87 户，老街两侧旧商铺、老民居继次村比，明清建筑风格清晰可辨（图 14-2）。

图 14-1　罗山县铁铺乡何家冲村

图 14-2　登封市大金店镇大金店老街

### （五）军事型传统村落

军事型传统村落多位于交通要道处，具有重要的军事意义。军事型传统村落的典型景观为兵寨、关隘、垛口、烽火台、城墙等。修武县西村乡双庙村是古代山西泽州凤台县连接河南怀州诸县的十三口隘之一，被称为"全晋门户"（原属山西泽州凤台县，1956年划归河南焦作修武县），在军事上更是有着"要之要者"的口隘（图 14-3）。

图 14-3 修武县西村乡双庙村

## (六)交通型传统村落

交通型传统村落历史上多出现在水陆交通节点、古官道交会处、古茶道、丝绸之路等处。交通型传统村落一般具有的文化景观是驿站、客栈、茶馆、酒楼饭馆、商铺、宅院等。郏县冢头镇西寨村，明清时期是许昌到洛阳、禹州到南阳的两条官道交会处，蓝河水流过西寨村，万里茶道从此经过，从而造就了这里历史上"马蹄声声、商贾云集"的繁华盛况(图 14-4)。

图 14-4 郏县冢头镇西寨村

### (七)行政型传统村落

行政型传统村落往往是地方政府所在地,是当地政治文化与地方文化相结合的村落。浚县卫溪街道办事处西街村,形成于明洪武年间,600 年来,西街村一直是浚县的行政经济、商业、文化中心,村内拥有文庙、王爷庙、浮山寺、白衣阁、明城墙遗址、码头、旧宅故居等传统建筑。新中国成立后,西街村几乎囊括了所有的县直单位(公、检、法、文教、卫生、工业、商业等),是典型的行政型传统村落(图 14-5)。

图 14-5　浚县卫溪街道办事处西街村

# 第二节　传统村落保护措施

## 一、确定保护对象

依据传统村落资源调查、特征分析和价值评价结果,明确村落保护对象,对各类各项资源进行分类分级。传统村落的核心保护对象包括自然景观、格局风貌、传统建筑、传统文化 4 个方面。

## 二、制定保护措施

### (一)自然景观保护

对村落周边山水格局、田林绿化、选址特征等,提出针对性保护措施。山水格局主要保护村落及周边地形地貌、河湖水系、沟渠坑塘等自然生态景观;田林绿化主要保护体现当地气候、雨水等自然特征的乡土树种与农田形式;选址特征主要保护体现村落选址特色、风水格局和特殊功能等的要素。

### (二)格局风貌保护

对村落的结构肌理、整体风貌、院落布局、街巷空间和历史环境要素，提出保护与整治措施。结构肌理主要保护村落的传统格局、空间形态、街巷肌理与水系脉络，保护体现自然环境、血缘宗族、社会组织、劳作生产所影响的村落结构；整体风貌主要保护村落传统建筑与周边环境的整体地域风貌特色；院落布局主要保护集中连片传统建筑和具有村落特色的完整院落；街巷空间主要保护街巷传统尺度、界面、铺装等历史特征，以及村口、渡口等公共空间的功能、形状和尺度，重要的天际线和景观视廊等；历史环境要素主要保护反映历史风貌的古道、古桥、古井、寨墙、石阶、铺地、驳岸、古树名木等。

### (三)传统建筑保护

对村落内的传统建筑种类、建筑组合、建筑特色和建筑细部进行保护，制定详细整治方案。对村落内的文物保护单位、历史建筑、传统风貌建筑等建筑物、构筑物进行分类保护和整治。对于其他建筑物、构筑物，根据对历史风貌的影响程度，分别提出保留、改造、拆除等措施，使其符合村落整体传统风貌要求。

### (四)传统文化保护

对可移动文物，民间文学、美术、传统舞蹈、音乐、戏剧和曲艺，传统体育、游艺与杂技，传统技艺、医药、美食，民俗和文化遗产等传统文化提出保护目标和措施。重点加强非物质文化遗产与传统文化的挖掘、保护、展示和利用，主要包括传统文化及依存场所、载体的保护与利用，传统文化空间、线路的保护；传统建造工艺的保护与传承；传统村落价值及特色的展示；非物质文化遗产传承人和传承人群培育；传统文化的管理扶持、研究宣教等规定与措施。

# 第三节 传统村落发展措施

## 一、改善人居环境

### (一)居住条件

改善居住条件，提出传统民居建筑在提升建筑安全、改善居住舒适性等方面的引导措施。

### (二)道路交通

在不改变街巷空间尺度和风貌的前提下，提出村落的道路网规划，明确道路等级、断面形式和宽度，以及现有道路设施的整治改造措施；提出停车设施布局及措施；确定公交站点的位置；积极谋划潜在的旅游线路和旅游交通组织。

### (三)公共服务设施

合理确定行政管理、教育、医疗、文体、养老、商业等公共服务设施的规模与布局；明确各类旅游服务设施的规模和位置；加强对庙宇、宗祠等重要传统公共建筑的保护和利用，明确公共集会和祭祀等活动的场所。

### （四）基础设施

合理安排给水排水、电力电信、能源利用及节能改造、环境卫生等基础设施。各类基础设施规划建设，要采用新技术和新方法，并充分考虑村落的传统风貌特征。

#### 1. 给水排水

合理确定给水方式、供水规模，确定输配水管道敷设方式、走向、管径等。合理确定村落雨污排放和污水处理方式，确定各类排水管线、沟渠的走向、管径以及横断面尺寸等工程建设要求，提出污水处理设施的规模与布局。

#### 2. 电力电信

确定用电指标，预测生产、生活用电负荷，确定电源及变、配电设施的位置、规模等。确定供电管线走向、电压等级及高压线保护范围；提出现状电力电信杆线整治方案，确定电力电信杆线布设方式及走向。

#### 3. 能源利用及节能改造

确定村落生活生产所需的清洁能源种类及解决方案；提出可再生能源利用措施；提出房屋节能措施和改造方案，明确节水措施。

#### 4. 环境卫生

按照农村生活垃圾分类收集、资源利用，就地减量等要求，确定生活垃圾收集转运和处理方式，合理确定垃圾收集点的布局与规模。

#### 5. 安全韧性

根据村落所处的地理环境，进行村落灾害风险评估；明确村落综合防灾体系，划定洪涝、地质灾害等灾害易发区的范围，明确公共避难场所和避灾疏散路线，制定消防、防洪、防涝、地质灾害及其他灾害的防灾减灾救灾措施及应急预案。

## 二、塑造特色风貌

结合传统村落风貌特色，确定村落整体风貌特征，明确设计引导要求，突出历史风貌的真实性、完整性和延续性。

### （一）总体格局

充分结合原始地形地貌、山体水系等自然环境条件，传承传统村落历史文化与格局风貌，保护和引导村落形成与自然环境、地域特色相融合的空间形态，提出村落与周边山水相互依存的规划设计要求。

### （二）形态肌理

保护好传统村落原有聚落形态，处理好建筑与自然环境之间的关系；保护好街巷尺度、传统民居以及道路与建筑的空间关系；通过对村落原有自然水系、街巷格局、建筑群落等空间肌理的研究，提出传统村落空间肌理保护延续的规划设计要求。

## （三）公共空间

结合生产生活需求，合理布置公共服务设施和开敞休憩空间；从村民的实际需求出发，充分考虑现代化农业生产和村民生活习惯，保护与利用传统公共空间，形成具有地域文化气息的公共空间场所，提出公共空间的规划设计要求。

## （四）景观绿化

充分考虑村落与自然的有机融合，提出村落环境绿化美化的措施，确定乡土绿化植物种类；提出村落闲置房屋和闲置用地的整治和改造利用措施；提出沟渠水塘、壕沟寨墙、堤坝桥涵、石阶铺地、码头驳岸等整治措施；提出村口、路口、主要街巷等重要节点的景观设计要求。

## （五）传统建筑

传统村落建筑设计应因地制宜，重视对传统民俗文化的继承和利用，以及传统建造工艺的保护与传承，体现地方乡土特色；重点提出现状农房、庭院整治措施，并对建筑的风格、色彩、高度、层数等进行规划设计引导。对于新建建筑，应与村落整体风貌相协调。

## （六）环境设施

环境设施主要包括场地铺装、围栏、花坛、灯具、座椅、雕塑、宣传栏、废物箱等，鼓励采用地方性乡土材料和传统工艺。各类环境设施应主要布置于公共空间，尺度适宜，与传统风貌相协调，营造丰富的村落环境。

## （七）竖向设计

根据地形地貌，结合道路规划、排水与防洪排涝规划，进行竖向规划设计，确定道路控制点、道路交叉点、变坡点坐标与控制标高等内容。

# 第四节 传统建筑保护修缮

## 一、传统建筑分类

传统建筑可分为两类，一类是传统公共建筑，历史上供人们进行公共活动的建筑。一般包括祠堂、戏楼、庙宇、商铺、作坊、会馆、寨门等。另一类是传统民居建筑，历史上供人们进行日常生活起居的建筑。传统建筑的修缮等级划分为四类（表14-1）。

表14-1 传统建筑修缮等级划分及修缮要求

| 序号 | 修缮等级 | 划分方法 | 修缮要求 |
|---|---|---|---|
| 1 | 一类修缮 | 具备深厚的历史文化背景或发生过重大历史事件的传统建筑；村落中有威望的名人故居；格局完整并且房屋保存较好的传统建筑 | 应遵循传统材料、原形式、原结构进行加固修缮，内部装修可采用新材料 |

（续）

| 序号 | 修缮等级 | 划分方法 | 修缮要求 |
|---|---|---|---|
| 2 | 二类修缮 | 传统院落格局基本完整，建筑形制完整；体量、尺度满足现代生活基本需求但房屋破损严重的传统建筑 | 可在保留原结构基础上按传统方法修缮保存原风貌，适当采用新材料 |
| 3 | 三类修缮 | 体量、尺度、进深已无法满足现代生活基本需求且房屋破损严重的传统建筑 | 宜进行建筑更新，可在传统建筑基础上改进，但外观须符合传统村落建筑式样 |
| 4 | 四类修缮 | 质量较好的历史风貌建筑 | 宜进行建筑外立面改造 |

## 二、一类传统建筑修缮

传统公共建筑及修缮等级为一类的民居建筑，宜参照"文物保护单位"的标准和级别进行修缮，可进行适当室内功能改造以符合现代功能的需要，改造之前应有详细的设计图纸。

## 三、二类传统建筑修缮

传统公共建筑及修缮等级为一类的民居建筑，宜参照"文物保护单位"的标准和级别进行修缮，可进行适当室内功能改造以符合现代生活生产功能的需要，改造之前应有详细的设计图纸。

修缮等级为二类传统建筑修缮前宜委托有勘察检测资质的单位进行岩土工程地质勘察及结构可靠性鉴定。对于地基承载力不足的应进行基础加固，基础加固可使用现代材料。加固所使用的材料及制品的规格和质量，必须符合设计要求。基础加固中有关砌体、混凝土、钢筋混凝土工程应满足国家标准《既有建筑鉴定与加固通用规范》（GB 55021—2021）的规定。结构可靠性鉴定应满足《民用建筑可靠性鉴定标准》（GB 50292—2015）、《古建筑木结构维护与加固技术标准》（GB/T 50165—2020）的规定。冬期或雨期施工期间不宜进行基础加固施工。如进行施工，应采取防冻或防雨措施。

河南省地域宽广，东西南北建筑文化差异较大，对于本规范未列举的建筑种类，如河南西北部的地坑院、窑洞等传统建筑的维修，应符合设计要求。对于残损严重的二类传统建筑维修，宜召开专家会进行维修方案论证。

《既有建筑鉴定与加固通用规范》（GB 55021—2021）

《民用建筑可靠性鉴定标准》（GB 50292—2015）

《古建筑木结构维护与加固技术标准》（GB/T 50165—2020）

### 四、三类传统建筑修缮

修缮等级为三类的传统建筑，一般宜选择建筑更新。建筑更新包括建筑改造及拆除重建。拆除下来的砖、瓦、石头、木料等，可以继续使用的应继续使用。不可在建筑主体上继续使用的可用到院落铺地、小品的设计上。没有任何可以继续利用价值的构件应做妥善处理。

重新设计的建筑尺寸、形制、样式应与当地传统建筑协调，不应采用官式做法进行设计，严禁出现新、奇、特的建筑样式。

### 五、四类传统建筑修缮

四类传统建筑的修缮宜进行外立面改造。改造之前应委托有相关检测资质的单位对建筑的抗震性能及结构安全性进行检测，若建筑的结构体系无法承受重大改造，应采用轻质材料对其外立面进行改造或不进行改造。改造完的建筑的风貌应同当地传统建筑风貌协调。

## 第五节 传统村落保护发展规划编审程序

传统村落保护发展规划由乡镇人民政府组织编制，报上级人民政府审批；跨乡镇行政区域的多个传统村落集中连片保护发展规划由上级人民政府组织编制和审批。共分为前期准备、实地调研、规划编制、规划公示、规划审批和规划实施6个阶段。

### 一、前期准备阶段

包括组织准备、技术准备和经费准备。

### 二、实地调研阶段

包括资料收集、驻村调研、入户访谈、问卷调查等内容。

### 三、规划编制阶段

注重村民主体地位，保障村民参与规划编制全过程。

#### (一)规划方案

规划编制单位应充分听取村民诉求，结合规划的重点要点，编制初步方案；与村民委员会、乡镇人民政府、县(市)住房城乡建设、自然资源和规划、文旅和文物等部门进行沟通，形成规划方案。

#### (二)意见征询

利用网络、公告栏、自媒体等多种形式进行意见征询，修改完善后形成规划成果。

### (三)论证审查

省、市住房城乡建设主管部门共同组织有关行业专家对规划成果进行技术审查，规划编制单位根据审查意见，修改完善后形成报批成果。

## 四、规划公示阶段

规划成果经村民会议或者村民代表会议审议，并按规定进行公示。公示稿要通俗易懂、简洁易行。

## 五、规划审批阶段

公示结束后，按法定程序审批，规划成果应附专家、公众及相关部门的意见采纳情况及理由。

## 六、规划实施阶段

规划成果通过审批后，经县(市)人民政府公布实施。

河南省传统村落保护发展规划导则(修订版)

# 第四篇

# 乡村公共基础设施建设

信阳市罗山县铁铺乡何家冲村

# 第十五章  乡村公共服务设施建设

信阳市平桥区郝堂村

公共服务设施指与人口规模相对应配建的，满足居民物质与文化生活需要为居民提供公共服务的设施总称。主要包括教育设施、医疗卫生设施、文化体育设施、商业设施、社会福利设施五类。

## 第一节  乡村公共服务设施建设原则

### 一、以人为本，以民为准

公共服务设施的载体是人，一切服务均是为人服务，因此遵循以人民为中心的原则。在乡村这个群体中，村民是主要的受益人，乡村公共服务设施的配置内容充分符合村民的意愿与需求。以民为准，合理配置，帮助村民改善村庄最基本的、最基础的、最急需的公共服务设施建设，让公共服务设施的服务全面化、效益最大化。

### 二、因地制宜，风貌彰显

乡村公共服务设施的配置要从本地实际出发，充分考虑本地的建设规模、人口密度、自有资源和村庄特点采取适用的配置标准。根据不同地区乡村特征，结合资源禀赋，注重文化性、地域性、民族性等元素，加强分类引导、差异管控、特色塑造和有序实施，提供多样化的公共服务。

### 三、全面覆盖，集中布置

乡村公共服务设施的布置应全面，功能齐全。人口规模较小的村可享有与周边相毗邻的中心村或镇公共服务的延伸服务，避免同一类型的公共服务设施配置的重复，资源浪费。同时，公共服务设施应尽量布置在村民居住相对集中的地方，有利于集中村民，组织集体活动，从而形成聚集效应，使其增强村民的娱乐积极性，更好地丰富村民的生活内容。

### 四、公益为主，经营为辅

站在经济学的角度，公共服务设施可分为公益性和经营性两类。乡村公共服务设施的配置目标应充分体现为人民服务这一标准。因此，乡村公共服务设施的建设应以公益性设施为主，经营性设施为辅，突出公共服务设施的公益性，从实际出发保证资源利用最大化。

# 第二节　乡村公共服务设施选址

### 一、教育设施

按照提高教学质量、方便学生入学、保证学生安全的原则，一般应在集镇区以上城镇设中学，重点村以上建设小学，基层村设学前教育设施。距离重点村小学距离远的基层村，可设小学分校或初级小学，安排低年级小学生就近入学。

中、小学校和幼儿园选址应在交通方便、地势平坦开阔、空气清新、阳光充足、环境安静、排水通畅，不危及学生安全的地段，各类有害污染源（物理、化学、生物）的距离应符合国家有关防护距离的规定。

学校教学区与铁路的距离不应小于 300 m，与城镇干道或公路之间的距离不应小于 80 m，主要出入口不应开向公路。

学校不应与集贸市场、公共娱乐场所、医院传染病房、太平间和公安看守所等不利于学生学习和身心健康，以及危及学生安全的场所毗邻。

学校选址应避开建筑的阴影区和不良地质区或不安全地带，架空高压输电线、高压电缆等不得穿越校区。

新规划的学校用地应确保有足够的面积及合适的形状，能够布置教学楼、操场和必要的辅助设施。农村中小学建筑施工标准应符合《农村普通中小学校建设标准》（建标109—2008）。

幼儿园选址应远离各种污染源，并满足有关卫生防护标准要求；方便家长接送，避免交通干扰；日照充足，场地干燥，排水通畅，环境优美或接近村镇绿化带。

3 个班以上的幼儿园应独立建设。3 个班级以下的幼儿园，可设于居住建筑物底层，但不宜设在建筑负一层，且应有独立的出入口和相应的室外游戏场地及安全防护设施。幼儿园建筑施工标准应符合《托儿所、幼儿园建筑设计规范（2019 年版）》。

托儿所、幼儿园建筑
设计规范

农村普通中小学校
建设标准

## 二、医疗卫生设施

医疗卫生设施的选址，应方便群众，满足突发灾害事件的应急医疗需求、位置醒目，交通方便并应避开交通量大的地段；应地基稳固、地形规则、环境安静、远离污染源；应处于居住集中区下风位置，与少年儿童活动密集场所保持一定距离；应远离易燃、易爆物品的生产和储存区，远离高压线路及其设施。

乡镇卫生院、防疫站宜集中设置。

有传染病区、有放射性或需要特殊隔离的医院，应在周边设置隔离措施。

村卫生室(所)宜布置在村庄适中位置，宜与村民中心或村委会统一布置。

综合医院和乡镇卫生院，必须采用双回路电源供电，不能保证持续供电的地区，必须设自备电源。电源装配容量应满足现有设备及规划增容需求；放射检查使用的电源，应有单独的进线。

## 三、文化体育设施

文化体育设施应选址在村镇中心位置、应配建广场、绿地、停车场等。

一般乡镇以下的文化体育设施可与其他公共服务设施集中布置，形成村镇活动中心。

## 四、商业设施

商业设施在乡村地区主要指集贸市场。商业设施的选址应有利于人流和商品的集散，并不得占用公路、镇区干路、车站、码头、桥头等交通量大的地段；不应布置在文化、教育、医疗机构等人员密集场所的出入口附近和妨碍消防车辆通行的地段。重型建筑材料市场、钢材市场、牲畜市场等影响镇容环境和易燃易爆的商品市场，应设在镇区的边缘，并应符合卫生、安全防护的要求。

## 五、社会福利设施

敬老院等老龄设施规划选址宜在村镇环境条件好、市政设施完善，交通便利的地段。儿童福利院是为社会上遗弃儿童和孤儿设置的生活福利设施，选址宜靠近居住区（图15-1，图15-2）。

图 15-1 敬老院示意图

图 15-2 儿童福利院示意图

# 第三节 乡村公共服务设施配置

按照"基本公共服务均等化供给、设施分类差别化布局"的原则，统筹考虑行政村管辖范围、自然村庄分类、人口规模、设施服务能力和村民实际需求等因素，合理确定必要的公共服务设施规划建设内容和要求。鼓励各类设施共建共享，提高使用效率，降低建设成本，避免重复建设和浪费。靠近城镇的村庄，可根据与城区、镇区距离的远近，优化调整公共服务设施配置内容和标准。

## 一、乡驻地公共服务设施配置

乡驻地公共服务设施的配置应符合城乡国土空间总体规划，根据城乡国土空间总体规划统筹安排。中心乡镇公共服务设施的配置和建设，除了为全乡服务，还应考虑为周边乡镇服务；一般乡镇公共服务设施配置和建设应统筹考虑集镇区和乡域服务需要。

一般情况下，乡驻地公共服务设施宜配置卫生服务站、老年活动室、老年人日间照料中心、幼儿园、小学、初中、文化活动室、室外综合健身场地、菜市场、邮政营业场所以及生活垃圾收集站、公共厕所等服务要素；配置满足农民生产所需的农业服务中心和集贸市场；配置保障日常便捷出行的公交换乘车站；建设具有一定规模、能开展各类休闲活动的公园绿地；构建由避难场所、应急通道和防灾设施组成的救援服务体系(图15-3)。

图15-3 党群服务中心示意图

有条件情况下，面向农民就业创业需求，发展职业技术教育与技能培训；人口达到一定规模的乡镇，可配置乡镇卫生院、养老院、高中、乡镇文化活动中心、乡镇体育中心等服务要素；配置公交首末站，提升公共交通可达性。

## 二、村庄公共服务设施配置

保障乡村基本公共服务水平，实现生产生活设施的便利化；有条件地区可结合实际情况，完善各类公共服务，加强人居环境整治和公共空间品质提升。

一般情况下，宜配置村卫生室、老年活动室、文化活动室、农家书屋、便民农家店、村务室等服务要素；改造提升农村寄递物流基础设施，推进电子商务进农村和农产品出村进城；完善通村组道路和入户道路建设，实施道路畅通工程；保障村庄应急通道畅通，提升乡村防灾能力。

有条件情况下，可配置村级幸福院、老年人日间照料中心、村幼儿园、乡村小规模学校、红白喜事厅、特色民俗活动点、健身广场、金融电信服务点以及垃圾收集点、公共厕所、小型排污设施等服务要素；适当提高住房建设标准，改善村容村貌；加强村级客运站点、公交站点建设，完善乡村交通设施。

村庄公共服务设施建设应符合《美丽乡村建设指南》(GB/T 32000—2015)。

# 第四节　乡村公共服务设施升级改造措施

美丽乡村建设指南

当前河南省乡村普遍存在公共服务设施供应不足和建设滞后等问题，严重制约了乡村的进一步发展。在公共服务设施合理配置基础上，通过规范市场，鼓励村民参与，制定维护规章等方式促进乡村公共服务设施的升级改造。

## 一、乡驻地公共服务设施升级配置

乡村公共服务设施规划应考虑城乡统筹，以人为本，创造良好的人居环境和构建和谐社会，并应考虑公共建筑的传统风貌和地方特色，与农村景观风貌相结合。乡公共服务设施建筑往往是乡驻地的景观标志，形成乡驻地的中心空间，其空间布局和风格应结合自然环境、突出乡土特色、强调以人为本。

乡驻地公共服务设施建筑是人群集中活动的场所，其选址、布局应满足防灾、救灾的要求，有利人员疏散。

### （一）教育设施

乡驻地教育设施包括：职业学校、成人教育及培训机构、高中、初中、小学、幼儿园、托儿所。项目配置应结合乡驻地性质、类型、规模，经济社会发展水平、居民经济收入和生活状况，风俗民情和周边条件等实际情况比较选定。教育设施的选址要求，需要考虑教育活动开展对场地特殊要求，以及学生和儿童出入学校、幼儿园、托儿所的安全需要。

### （二）医疗卫生设施

乡驻地医疗卫生设施项目的配置，主要依据乡驻地性质、类型、规模，经济社会发展水平、居民经济收入和生活状况，风俗民情和周边条件等实际情况，并能充分发挥其作用而确定。同时，由于各地的情况千差万别，视不同乡驻地具体情况在规划时进行选定。

### （三）文化体育设施

乡驻地文化体育设施应结合其他公共服务设施集中设置，以共同形成集约高效的公共活动中心，该中心一般位于乡驻地的中心地段，便于服务整个乡驻地，同时还应紧邻乡驻地的主要交通干线，便于人群的集散。

### （四）商业设施

乡驻地商业设施的配置宜适当集中，不同类型的相关项目可结合设置，提高土地的利用效率和行政的管理效率，同时考虑到设施服务半径的要求，同样类型的项目应均衡布局，最大限度地满足乡驻地居民就近使用设施的需求。

乡驻地商业设施要依据乡驻地的性质和规模分级配置，近些年农业旅游的兴起及乡村地区旅游优势的逐渐发掘，对于旅游性质的乡驻地中带有主要服务外部人群的项目，考虑旅游环境的打造和旅游效益的发挥。

### (五)社会福利设施

乡村地区的社会福利事业是体现和美乡村、关注民生的重要指标之一。乡驻地应作为乡村社会福利设施的重点建设地区。近年来，随着农村人口外出求学和进城务工的比例不断增加，农村老人的空巢化趋势日益明显。为了使农村老年人口的生活有保障，同时解决残疾人的生活问题和孤残儿童的抚养问题，应增加乡驻地社会福利设施的设置。

乡社会福利设施包括敬老院(养老院)、孤儿院(儿童福利院)、残疾人服务站，三类布局特点是同类设施分散布置，不同类设施结合设置。即每类设施的布局应考虑服务半径、弱势群体分布特点与潜在需求、周边经济条件发展水平等因素，按实际需要均质化设置。

## 二、村级公共服务设施升级配置

村级公共服务设施的规划应通盘考虑行政村域范围的服务职能，综合考虑村域人口规模和服务半径。大部分行政村是由几个自然村落形成，在山区这种情况尤其常见。

村的人口和用地规模通常都较小，其公共服务设施通常也都很小，但需要配置的类型却不能少。因此，为集约用地，方便实用，各类公共服务设施应根据村总体布局，尽可能集中于公共中心，只有在不适合与其他设施合建或服务半径太远时，才采用分散布局的方式。公共建筑宜集中布置在位置适中、内外联系方便的地段，对外服务的商业、餐饮和市场等设施宜设置在村庄出入口附近或对外交通便利的地段。

公共建筑设计应符合相关规范标准要求，注重功能复合，适应农民群众生产生活习惯，其建筑空间组合、建筑体量、建筑风貌、色彩材质等应与周边环境相互协调、相得益彰，不能贪大求全。

### (一)村级教育设施

教育方面，推动城乡义务教育一体化发展，深入实施农村义务教育学生营养改善计划。实施高中阶段教育普及攻坚计划，加强农村儿童健康改善和早期教育、学前教育。

### (二)村级医疗卫生设施

医疗卫生方面，加快标准化村卫生室建设，实施全科医生特岗计划。建立健全统一的城乡居民基本医疗保险制度，同步整合城乡居民大病保险。

### (三)村级文化体育设施

村级文化体育设施应结合其他公共服务设施集中设置，以共同形成集约高效的公共活动中心，该中心一般位于村的中心地段，便于服务整个村，同时还应紧邻村的主要交通干线，便于人群的集散。

要加快推进农村基层综合性文化服务中心建设，完善农村留守儿童和妇女、老年人关爱服务体系，支持多层次农村养老事业发展，加强和改善农村残疾人服务。建立城乡统筹的基本公共服务经费投入机制，完善农村基本公共服务标准。

## （四）村级商业设施

村级商业设施要考虑其满足村民日常生活需求的功能，主要为市场自发设置。同时考虑到市场调节的不确定性和村民生活需求的刚性，标准规定规划时应结合村的性质、在一定区域内的职能、风俗民情及周边条件等因素，引导配置必要的商业设施。本着集约用地和发挥规模效益的原则，村商业金融设施在选址上应以统筹布局、集中设置的方式为主，同时考虑到设施服务半径的要求及周边村交接的情况，标准规定同类商业金融业设施项目应均匀分布，均衡布局。

## （五）村级社会福利设施

社会保障方面，完善城乡居民基本养老保险待遇确定和基础养老金正常调整机制。统筹城乡社会救助体系，完善最低生活保障制度、优抚安置制度。

# 第十六章　乡村基础设施建设

卫辉市狮豹头乡罗圈村

推进乡村振兴战略，乡村基础设施是基础性物质资源配置，是促进乡村振兴的关键制约因素，也是实现乡村产业振兴等乡村振兴具体建设内容的关键环节。乡村基础设施的建设主要包括乡村给水、排水、供热、燃气、电力、通信等工程的建设。

## 第一节　乡村基础设施规划原则

### 一、给水工程规划原则

（1）乡村给水工程规划应符合当地国土空间总体规划及相关专项规划。乡村给水工程规划应重视近期建设规划，并应兼顾远景发展的需要。

（2）乡村给水工程规划应体现因地制宜、统筹规划、建管并重、安全优先的原则。

（3）乡村给水工程规划应合理利用水资源，注重节约用水，提高水资源利用效率，加强水资源的保护与水质监测，保障安全供水。

（4）在规划水源地、地表水水厂或地下水水厂、加压泵站等工程设施用地时，应节约用地、保护耕地。

### 二、排水工程规划原则

（1）乡村排水体制（分流制或合流制）的选择除降水量少的干旱地区外，新建地区的排水系统应采用分流制。

(2)分流制排水系统禁止污水接入雨水管网，并应采取截流、调蓄和处理等措施控制径流污染。

(3)应与邻近区域内的雨水系统和污水系统相协调。

(4)可适当改造原有排水工程设施，充分发挥其工程效能。

### 三、供热工程规划原则

(1)符合国家能源、生态环境、土地利用和应急管理等政策。

(2)保障人身、财产和公共安全。

(3)采用现代信息技术，鼓励工程技术创新。

(4)保证工程建设质量，提高运行维护水平。

### 四、燃气工程规划原则

(1)符合国家能源、生态环境、土地利用、防灾减灾、应急管理等政策。

(2)保障人身、财产和公共安全。

(3)鼓励工程技术创新。

(4)积极采用现代信息技术。

(5)提高工程建设质量和运行维护水平。

### 五、电力工程规划原则

(1)电力工程应体现以人为本，对电磁污染、声污染及光污染采取综合治理，达到环境保护相关标准的要求，确保人居环境安全。

(2)电力工程的系统配置水平，应与工程的功能要求和使用性质相适应。

(3)电力工程应采用成熟、有效的节能措施，合理采用分布式能源，降低能源消耗，促进绿色建筑的发展。

(4)电力工程应选择符合国家现行标准的产品，亦可采用国际先进标准且满足工程需求的产品。严禁使用已被国家淘汰的产品。

(5)电力工程应采用经实践证明行之有效的新技术，提高经济效益、社会效益。

### 六、通信工程规划原则

(1)通信网络系统应适应乡村建设的发展，促进乡村建筑中语音、数据、图像、多媒体、网络电视等综合业务通信网络系统建设，满足用户对通信多业务的需求，实现资源共享，避免重复建设。

(2)各类通信设备应具有国家电信管理部门颁发的电信设备入网许可证，其中无线通信设备应具有国家无线电管理部门核发的无线电发射设备核准证。

(3)通信网络系统工程建设应与单体或群体乡村建筑同步进行建设。

## 七、管线综合原则

管线综合应遵循下列原则：工程管线应按村庄规划道路网布置。各工程管线应结合用地规划优化布局。工程管线综合规划应充分利用现状管线及线位。工程管线应避开地震断裂带、沉陷区以及滑坡危险地带等不良地质条件区。

当工程管线竖向位置发生矛盾时，宜按下列原则处理：压力管线宜避让重力流管线；易弯曲管线宜避让不易弯曲管线；分支管线宜避让主干管线；小管径管线宜避让大管径管线；临时管线宜避让永久管线。

# 第二节  乡村基础设施建设要求

## 一、给水工程建设

### (一)水源选择

1. 水源选择应满足的条件

(1)应以水资源勘察或分析研究成果作为依据。

(2)当有多水源可供选择时，应对水质、水量、工程投资、运行成本、施工和管理条件、卫生防护条件等因素进行综合比较后确定。当地下水充足时，应优先选择地下水作为饮用水水源。当单一水源水量不足时，可选取地表水和地下水互为补充，或采取多水源供给、调蓄等措施。

(3)应符合当地水资源统一规划管理的要求，按优质水源保证生活用水的原则，协调与其他用水的关系。

(4)有条件时，可设置备用水源。

2. 乡村生活饮用水给水水源的卫生标准应符合的规定

(1)地下水为生活饮用水水源时应符合国家现行标准《地下水质量标准》(GB/T 14848—2017)和《生活饮用水水源水质标准》(CJ 3020—93)的有关规定。

《地下水质量标准》(GB/T 14848—2017)          《生活饮用水水源水质标准》(CJ 3020—93)

(2)地表水为生活饮用水水源时应符合国家现行标准《地表水环境质量标准》(GB 3838)和《生活饮用水水源水质标准》(CJ 3020—93)的有关规定。

3. 地表水水源地应满足的条件

(1)水源地应位于水体功能区划规定的取水河段或水质符合相应标准的河段。

(2)饮用水水源地应位于乡村上游。

4. 地下水取水构筑物的位置应满足的条件

（1）应位于水质好，不易受污染的富水地层。

（2）应靠近主要用水地区。

（3）按地下水流向，应位于乡村的上游地区。

（4）应避开地质灾害区和矿产采空区。

（5）应方便施工、运行和维护。

## （二）集中式给水工程

### 1. 给水系统

给水系统应满足水量、水质、水压、消防及安全供水的要求，并应根据规划布局、地形地质、城乡统筹、用水要求、经济条件、技术水平、能源条件、管网延伸可行性、水源等因素进行方案综合比较后确定（图 16-1）。

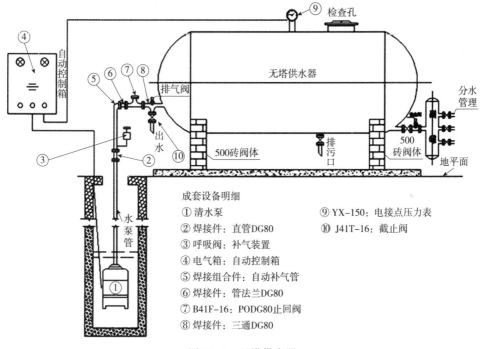

成套设备明细

① 清水泵　　　　　　　　　　⑨ YX-150：电接点压力表

② 焊接件：直管DG80　　　　⑩ J41T-16：截止阀

③ 呼吸阀：补气装置

④ 电气箱：自动控制箱

⑤ 焊接组合件：自动补气管

⑥ 焊接件：管法兰DG80

⑦ B41F-16：PODG80止回阀

⑧ 焊接件：三通DG80

图 16-1　无塔供水器

### 2. 水厂选择

应符合村庄规划和相关专项规划，并应满足下列条件。

（1）供水系统布局应合理，并应满足水厂近、远期布置要求。

（2）工程地质条件应良好。

（3）应充分利用地形，有较好的排涝和废水排除条件。

（4）应有良好的卫生环境，并应便于设立防护地带。

（5）应少拆迁，不占或少占农田。

（6）应方便施工、运行和维护。

（7）供电应安全可靠。

（8）地表水水厂的位置宜靠近主要用水区，有沉沙等特殊处理要求时宜在水源附近。

（9）地下水水厂的位置应考虑水源地的地点和取水方式，宜选择在取水构筑物附近（图16-2）。

图16-2　供水系统示意图

水厂（站）用地规划控制指标应根据规划期给水规模工艺流程和附属建筑等综合考虑后按（表16-1）的规定确定，厂区周围宜设置绿化地带。

表16-1　水厂（站）用地规划控制指标

| 工程规模（m³/d） | 地表水[m²/(m³·d)] | 地下水[m²/(m³·d)] |
|---|---|---|
| W＞5 000 | 0.8~1.4 | 0.4~1.0 |
| 5 000≥W＞1 000 | 1.0~1.6 | 0.8~1.2 |
| W≤1 000 | 1.2~2.0 | 1.0~1.6 |

注：①建设规模大的取下限，建设规模小的取上限；②表中水厂建设用地按常规处理工艺考虑，厂内设置预处理、深度处理或特种处理构筑物时，可根据需要增加用地；③本表指标未包括厂区周围绿化地带用地。

消防给水管道最小直径不应小于100 mm，集中居住点室外消火栓的间距不应大于120 m，并应设在醒目处，且应符合现行国家标准《建筑设计防火规范》（GB 50016—2014）的有关规定。

3. 输水管（渠）线路的选择

应满足下列条件。

（1）供水系统布局应合理。

（2）走向宜沿现有道路或规划道路布置，并宜缩短线路长度。

（3）应减少拆迁、少占农田、少毁植被、保护环境。

（4）应满足管道敷设要求，避免急转弯、较大起伏、穿越地质断层、滑坡等不良地质地段，减少穿越铁路、公路、河流等障碍物。

（5）管道布置应避免穿越有毒、有害、生物性污染或腐蚀性地段，无法避开时应采取防护措施。

（6）应方便施工、运行和维护，节省投资，运行应安全可靠。

（7）应考虑近远期结合和分步实施的可能。

4. 配水管网选线和布置应满足的条件

（1）管网应合理分布于整个用水区，并宜缩短线路，且应符合有关规划。

（2）规模较小的乡村，可布置成枝状管网，但应考虑将来连成环状管网的可能，并应采取保证水质的措施；规模较大的乡村，宜布置成环状管网，当允许间断供水时，可采用枝状管网。

（3）管线宜沿现有道路或规划道路布置。

（4）管道布置应避免穿越有毒、有害、生物性污染或腐蚀性地段，无法避开时应采取防护措施。

（5）干管的走向应与给水的主要流向一致，并应以较短距离引向用水大户。

（6）地形高差较大时，应根据供水水压要求和分压供水的需要，设加压泵站或减压设施。

（7）集中供水点应设在取水方便处，严寒地区和寒冷地区应采取防冻措施。

（8）测压表应设置在水压最不利用户接管点处。

5. 配水管网

应按最高日最高时供水量及供水水压进行水力平差计算，并应分别按下列要求进行校核。

（1）发生消防时的流量和消防水压的要求。

（2）最大传输时的流量和水压的要求。

（3）最不利管段发生故障时的事故用水量和供水水压要求。

给水管材及其规格应满足设计内径、敷设方式、地形地质、施工、材料供应、卫生、安全及耐久等条件，宜采用球墨铸铁管和 PE 等塑料材质的管道。

6. 安全性

给水工程设施的抗震要求应符合现行国家标准《室外给水排水和燃气热力工程抗震设计规范》（GB 50032—2003）的有关规定。

给水工程设施选址时，消防间距应符合现行国家标准《建筑设计防火规范》（GB 50016—2014）的有关规定。

《室外给水排水和燃气热力工程抗震设计规范》
（GB 50032—2003）

《建筑设计防火规范》
（GB 50016—2014）

### (三) 分散式给水工程

不适合建造集中式给水系统的地区,可采取分散式给水系统。分散式给水系统形式的选择应根据当地的水源、用水要求、地形地质、经济条件等因素,通过技术经济比较确定,并应满足下列条件。

(1) 在地表水和地下水均缺乏的地区,可采用雨水收集给水系统。

(2) 有良好水质的地下水源、电力不能保证的地区,可采用手动泵给水系统。

(3) 在地表水源地区,可采用山泉水、截潜水、集蓄水池等给水系统。

(4) 根据当地用水要求,可采用移动式一体化供水装置。

(5) 根据建设条件,可采取联户供水或按户供水的方式。

## 二、排水工程建设

### (一) 排水管渠

1. 排水管渠

应经济合理地输送雨水、污水,并应具备下列性能。

(1) 排水应通畅,不应堵塞。

(2) 不应危害公众卫生和公众健康。

(3) 不应危害附近建筑物和市政公用设施。

(4) 重力流污水管道最大设计充满度应保障安全。

2. 操作

操作人员下井作业前,必须采取自然通风或人工强制通风使易爆或有毒气体浓度降至安全范围;下井作业时,操作人员应穿戴供压缩空气的隔离式防护服;井下作业期间,必须采用连续的人工通风。

### (二) 排水泵站

排水泵站应安全、可靠、高效地提升、排除雨水和污水。

排水泵站的布置应满足安全防护、机电设备安装、运行和检修的要求。

污水泵站和合流污水泵站应设置备用泵。道路立体交叉地道雨水泵站和为大型公共地下设施设置的雨水泵站应设置备用泵。

排水泵站集水池应有清除沉积泥沙的措施。

### (三) 污水处理

污水处理厂应具有有效减少乡村水污染物的功能,排放的水、泥和气应符合国家现行相关标准的规定。

污水处理厂应根据国家排放标准、污水水质特征、处理后出水用途等科学确定污水处理程度,合理选择处理工艺。

污水处理厂的总体设计应有利于降低运行能耗,减少臭气和噪声对操作管理人员的影响。

合流制污水处理厂应具有处理截流初期雨水的能力。

污水采用自然处理时不得降低周围环境的质量，不得污染地下水。

乡村污水处理厂出水应消毒后排放，污水消毒场所应有安全防护措施。

污水处理厂应设置水量计量和水质监测设施。

### (四)污泥处理

污泥应进行减量化、稳定化和无害化处理并安全、有效处置。

在污泥消化池、污泥气管道、储气罐、污泥气燃烧装置等具有火灾或爆炸危险的场所，应采取安全防范措施。

污泥气应综合利用，不得擅自向大气排放。

污泥浓缩脱水机房应通风良好，溶药场所应采取防滑措施。

污泥堆肥场地应采取防渗和收集处理渗沥液等措施，防止水体污染。

污泥热干化车间和污泥料仓应采取通风防爆的安全措施。

污泥热干化、污泥焚烧车间必须具有烟气净化处理设施。经净化处理后，排放的烟气应符合国家现行相关标准的规定。

## 三、供热工程建设

### (一)建设要求

#### 1. 供热工程应满足的条件

供热工程应设置热源厂、供热管网以及运行维护必要设施，运行的压力、温度和流量等工艺参数应保证供热系统安全和供热质量，并应满足下列条件。

(1)应具备运行工艺参数和供热质量监测、报警、联锁和调控功能。

(2)设备与管道应能满足设计压力和温度下的强度、密封性及管道热补偿要求。

(3)应具备在事故工况时，及时切断，且减少影响范围、防止产生水击和冻损的能力。

#### 2. 补给水水质应满足的条件

供热工程应设置补水系统，并应配备水质检测设备和水处理装置。以热水作为介质的供热系统补给水水质应满足(表16-2)的条件。

表16-2 补给水水质

| 项目 | 数值 |
| --- | --- |
| 浊度(FTU) | ≤5.0 |
| 硬度(mmol/L) | ≤0.60 |
| pH(25℃下) | 7.0~11.0 |

供热工程应采取合理的抗震、防洪等措施，并应有效防止事故的发生。

供热工程的施工场所及重要的供热设施应有规范、明显的安全警示标志。施工现场夜间应设置照明、警示灯和具有反光功能的警示标志。

3. 供热工程建设应采取下列节能和环保措施

(1)应使用节能、环保的设备和材料。

(2)热源厂和热力站应设置自动控制调节装置和热计量装置。

(3)厂站应对各种能源消耗量进行计量，且动力用电和照明用电应分别计量，并应满足节能考核的要求。

(4)燃气锅炉应设置烟气余热回收利用装置。

(5)采用地热能供热时，不应破坏地下水资源和环境，地热尾水排放温度不应大于20 ℃。

(6)应采取污染物和噪声达标排放的有效措施(图16-3)。

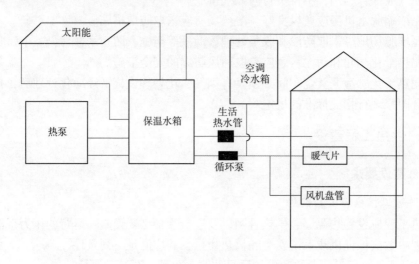

图16-3  乡村太阳能供热工程方案

### (二)运行维护

供热工程的运行维护应配备专业的应急抢险队伍和必需的备品备件、抢修机具和应急装备，运行期间应无间断值班，并向社会公布值班联系方式。

热水供热管网应采取减少失水的措施，单位供暖面积补水量一级网不应大于3 kg/(m² · 月)；二级网不应大于6 kg/(m² · 月)。

(1)供热工程的运行维护及抢修等现场作业应符合下列规定：①作业人员应进行相应的维护、抢修培训，并应掌握正常操作和应急处置方法；②维护或抢修应标识作业区域，并应设置安全护栏和警示标志；③故障原因未查明、安全隐患未消除前，作业人员不得离开现场。

(2)进入管沟和检查室等有限空间内作业前，应检查有害气体浓度、氧含量和环境温度，确认安全后方可进入。作业应在专人监护条件下进行。

(3)供热工程正常运行过程中产生的污染物和噪声应达标排放，并应防止热污染对周边环境和人身健康造成危害。

### (三)供热管网

供热管道的管位应结合地形、道路条件和城市管线布局的要求综合确定。直埋供热管道应根据敷设方式、管道直径、路面荷载等条件确定覆土深度。直埋供热管道覆土深度车行道下不应小于 0.8 m；人行道及田地下不应小于 0.7 m。

供热管沟内不得有燃气管道穿过。当供热管沟与燃气管道交叉的垂直净距小于 300 mm 时，应采取防止燃气泄漏进入管沟的措施。

(1)热水供热管网运行时应保持稳定的压力工况，并应满足下列条件：①任何一点的压力不应小于供热介质的汽化压力加 30 kPa。②任何一点的回水压力不应小于 50 kPa。③循环泵和中继泵吸入侧的压力，不应小于吸入口可能达到的最高水温下的汽化压力加 50 kPa。

通行管沟应设逃生口，蒸汽供热管道通行管沟的逃生口间距不应大于 100 m；热水供热管道通行管沟的逃生口间距不应大于 400 m。

(2)供热管道上的阀门应按便于维护检修和及时有效控制事故的原则，结合管道敷设条件进行设置，并应符合下列规定：①热水供热管道输送干线应设置分段阀门。②蒸汽供热管道分支线的起点应设置阀门。

(3)供热管道安装完成后应进行压力试验和清洗，并应符合下列规定：①压力试验所发现的缺陷应待试验压力降至大气压后进行处理，处理后应重新进行压力试验；②当蒸汽管道采用蒸汽吹洗时，应划定安全区；整个吹洗过程应有专人值守，无关人员不得进入吹洗区。

(4)蒸汽供热管道和热水供热管道输送干线应设置管道标志。管道标志毁损或标记不清时，应及时修复或更新。对不符合安全使用条件的供热管道，应及时停止使用，经修复或更新后方可启用。废弃的供热管道及构筑物应拆除；不能及时拆除时，应采取安全保护措施，不得对公共安全造成危害。

(5)热力站和中继泵站。热水供热管网中继泵站和隔压站的位置和性能参数应根据供热管网水力工况确定。蒸汽热力站、站房长度大于 12 m 的热水热力站、中继泵站和隔压站的安全出口不应少于 2 个。热水供热管网的中继泵、热源循环泵及相关阀门相互间应进行联锁控制，其供电负荷等级不应低于二级。中继泵进、出口母管之间应设置装有止回阀的旁通管。热力站入口主管道和分支管道上应设置阀门。蒸汽管道减压减温装置后应设置安全阀。供热管道不应进入变配电室，穿过车库或其他设备间时应采取保护措施。蒸汽和高温热水管道不应进入居住用房。

## 四、燃气工程建设

### (一)建设要求

燃气供应系统应设置保证安全稳定供气的厂站、管线以及用于运行维护等的必要设施，运行的压力、流量等工艺参数应保证供应系统安全和用户正常使用，并应满足下列条件。

（1）供应系统应具备事故工况下能及时切断的功能，并应具有防止管网发生超压的措施。

（2）燃气设备与管道应具有承受设计压力和设计温度下的强度和密封性。

（3）供气压力应稳定，燃具和用气设备前的压力变化应在允许的范围内。

燃气设施所使用的材料和设备应满足节能环保及系统介质特性、功能需求、外部环境、设计条件的要求。设备、管道及附件的压力等级不应小于系统设计压力。

## （二）运行维护

燃气设施应在竣工验收合格且调试正常后，方可投入使用。

### 1. 燃气设施投入使用前必须具备下列条件

（1）预防安全事故发生的安全设施应与主体工程同时投入使用。

（2）防止或减少污染的设施应与主体工程同时投入使用。

燃气设施的施工、运行维护和抢修等场所及重要的燃气设施应设置规范、明显的安全警示标志。

### 2. 燃气设施现场的操作应符合下列要求

（1）操作人员应熟练掌握燃气特性、相关工艺和应急处置的知识和技能。

（2）操作或抢修作业应标示出作业区域，并应在区域边界设置护栏和警示标志。

（3）操作或抢修人员作业应穿戴防静电工作服及其他防护用具，不应在作业区域内穿脱和摘戴作业防护用具。

（4）操作或抢修作业区域内不得携带手机、火柴或打火机等火种，不得穿着容易产生火花的服装。

## （三）管道和调压设施

### 1. 输配管道

输配管道应根据最高工作压力进行分级，并应满足（表16-3）的条件。

表16-3　输配管道压力分级

| 名称 | | 最高工作压力（MPa） |
| --- | --- | --- |
| 超高压 | | $4.0 < P$ |
| 高压 | A | $2.5 < P \leqslant 4.0$ |
| | B | $1.6 < P \leqslant 2.5$ |
| 次高压 | A | $0.8 < P \leqslant 1.6$ |
| | B | $0.4 < P \leqslant 0.8$ |
| 中压 | A | $0.2 < P \leqslant 0.4$ |
| | B | $0.01 < P \leqslant 0.2$ |
| 低压 | | $P \leqslant 0.01$ |

注：$P$ 表示最高工作压力。

燃气输配管道应结合城乡道路和地形条件，按满足燃气可靠供应的原则布置，并应符合城乡管线综合布局的要求。输配管网系统的压力级制应结合用户需求、用气规模、调峰需要和敷设条件等进行配置。

输配管道及附属设施的保护范围应根据输配系统的压力分级和周边环境条件确定。最小保护范围应满足下列条件：①低压和中压输配管道及附属设施，应为外缘周边 0.5 m 范围内的区域。②次高压输配管道及附属设施，应为外缘周边 1.5 m 范围内的区域。③高压及高压以上输配管道及附属设施，应为外缘周边 5.0 m 范围内的区域。

输配管道及附属设施的控制范围应根据输配系统的压力分级和周边环境条件确定。最小控制范围应满足下列条件：①低压和中压输配管道及附属设施，应为外缘周边 0.5 ~ 5.0 m 范围内的区域；②次高压输配管道及附属设施，应为外缘周边 1.5 ~ 15.0 m 范围内的区域；③高压及高压以上输配管道及附属设施，应为外缘周边 5.0 ~ 50.0 m 范围内的区域。

在输配管道及附属设施的保护范围内，不得从事下列危及输配管道及附属设施安全的活动：①建设建筑物、构筑物或其他设施；②进行爆破、取土等作业；③倾倒、排放腐蚀性物质；④放置易燃易爆危险物品；⑤种植根系深达管道埋设部位可能损坏管道本体及防腐层的植物；⑥其他危及燃气设施安全的活动。

钢质管道最小公称壁厚不应小于表 16-4 列出条件。

表 16-4 钢质管道最小公称壁厚 单位：mm

| 钢管公称直径 DN | 最小公称壁厚 |
| --- | --- |
| DN100 ~ DN150 | 4.0 |
| DN200 ~ DN300 | 4.8 |
| DN350 ~ DN450 | 5.2 |
| DN500 ~ DN550 | 6.4 |
| DN600 ~ DN700 | 7.1 |
| DN750 ~ DN900 | 7.9 |
| DN950 ~ DN1000 | 8.7 |
| DN1050 | 9.5 |

埋地输配管道应根据冻土层、路面荷载等条件确定其埋设深度。车行道下输配管道的最小直埋深度不应小于 0.9 m，人行道及田地下输配管道的最小直埋深度不应小于 0.6 m。

输配管道安装结束后，必须进行管道清扫、强度试验和严密性试验，并应合格。

输配管道进行强度试验和严密性试验时，所发现的缺陷必须待试验压力降至大气压后方可进行处理，处理后应重新进行试验。

输配管道沿线应设置管道标志。管道标志毁损或标志不清的，应及时修复或更新。

2. 调压装置

调压站的选址应符合管网系统布置和周边环境的要求。独立设置的调压站或露天调压装置的最小保护范围和最小控制范围应满足表 16-5 的要求。

表 16-5　独立设置的调压站或露天调压装置的最小保护范围和最小控制范围

| 燃气入口压力 | 有围墙时 | | 无围墙且设在调压室内时 | | 无围墙且露天设置时 | |
|---|---|---|---|---|---|---|
| | 最小保护范围 | 最小控制范围 | 最小保护范围 | 最小控制范围 | 最小保护范围 | 最小控制范围 |
| 低压、中压 | 围墙内区域 | 围墙外 3.0 m 区域 | 调压室 0.5 m 范围内区域 | 调压室 0.5~5.0 m 范围内区域 | 调压装置外缘 1.0 m 范围内区域 | 调压装置外缘 1.0~6.0 m 范围内区域 |
| 次高压 | 围墙内区域 | 围墙外 5.0 m 区域 | 调压室 1.5 m 范围内区域 | 调压室 1.5~10.0 m 范围内区域 | 调压装置外缘 3.0 m 范围内区域 | 调压装置外缘 3.0~15.0 m 范围内区域 |
| 高压、高压以上 | 围墙内区域 | 围墙外 25.0 m 区域 | 调压室 3.0 m 范围内区域 | 调压室 3.0~30.0 m 范围内区域 | 调压装置外缘 5.0 m 范围内区域 | 调压装置外缘 5.0~50.0 m 范围内区域 |

在独立设置的调压站或露天调压装置的最小保护范围内，不得从事下列危及燃气调压设施安全的活动：①建设建筑物、构筑物或其他设施；②进行爆破、取土等作业；③放置易燃易爆危险物品；④其他危及燃气设施安全的活动。

设置调压装置的环境温度应保证调压装置活动部件正常工作，并应满足下列条件：①湿燃气，不应低于 0 ℃；②液化石油气，不应低于其露点。

调压装置的厂界环境噪声应控制在国家现行环境标准允许的范围内。当发生出口压力超过下游燃气设施设计压力的事故后，应对超压影响区内的燃气设施进行全面检查，确认安全后方可恢复供气。

3. 用户管道

用户燃气管道最高工作压力应满足下列条件：①商业建筑、办公建筑内，不应大于 0.4 MPa。②农村家庭用户内，不应大于 0.01 MPa。

4. 用户燃气管道及附件

应结合建筑物的结构合理布置，并应设置在便于安装、检修的位置，不得设置在下列场所：①卧室、客房等人员居住和休息的房间；②建筑内的避难场所、电梯井和电梯前室、封闭楼梯间、防烟楼梯间及其前室；③空调机房、通风机房、计算机房和变、配电室等设备房间；④易燃或易爆品的仓库、有腐蚀性介质等场所；⑤电线(缆)、供暖和污水等沟槽及烟道、通风道和垃圾道等地方。

5. 用户燃气调压器和计量装置

应根据其使用燃气的类别、压力、温度、流量(工作状态、标准状态)和允许的压力降、安装条件及用户要求等因素选择，其安装应便于检修、维护和更换操作，且不应设置在密闭空间和卫生间内。

当用户燃气管道架空或沿建筑外墙敷设时，应采取防止外力损害的措施。

6. 暗埋和预埋的用户燃气管道应采用焊接接头

用户燃气管道的安装不得损坏建筑的承重结构及降低建筑结构的耐火性能或承载力。

## 五、电力工程建设

电力工程建设主要应包括预测用电负荷，确定供电电源、电压等级、供电线路、供电设施。供电负荷的计算应包括生产和公共设施用电、居民生活用电。变电所的选址应做到线路进出方便和接近负荷中心。

### (一)电网规划要求

(1)乡村电网电压等级宜定为 110 kV、66 kV、35 kV、10 kV 和 380/220 V，采用其中 2~3 级和 2 个变压层次；

(2)电网规划应明确分层分区的供电范围，各级电压、供电线路输送功率和输送距离应满足(表 16-6)的条件。

表 16-6  电力线路的输送功率、输送距离及线路走廊宽度

| 线路电压(kV) | 线路结构 | 输送功率(kW) | 输送距离(km) | 线路走廊宽度(m) |
|---|---|---|---|---|
| 0.22 | 架空线 | 50 以下 | 0.15 以下 | — |
| | 电缆线 | 100 以下 | 0.20 以下 | — |
| 0.38 | 架空线 | 100 以下 | 0.50 以下 | — |
| | 电缆线 | 175 以下 | 0.60 以下 | — |
| 10 | 架空线 | 3 000 以下 | 8~15 | — |
| | 电缆线 | 5 000 以下 | 10 以下 | — |
| 35 | 架空线 | 2 000~10 000 | 20~40 | 12~20 |
| 66、110 | 架空线 | 10 000~50 000 | 50~150 | 15~25 |

### (二)供电线路的设置要求

(1)架空电力线路应根据地形、地貌特点和网络规划，沿道路、河渠和绿化带架设；路径宜短捷、顺直，并应减少同道路、河流、铁路的交叉。

(2)设置 35 kV 及以上高压架空电力线路应规划专用线路走廊，并不得穿越乡村中心、文物保护区、风景名胜区和危险品仓库等地段。

(3)电力线路之间应减少交叉、跨越，并不得对弱电产生干扰。

(4)变电站出线宜将工业线路和农业线路分开设置。

重要工程设施、医疗单位、用电大户和救灾中心应设专用线路供电，并应设置备用电源。

结合地区特点，应充分利用小型水力、风力和太阳能等能源。

## 六、通信工程建设

### (一)通信工程主要包括电信、邮政、广播、电视等

电信工程建设应包括确定用户数量、局(所)位置、发展规模和管线布置。

(1)电话用户预测应在现状基础上，结合当地的经济社会发展需求，确定电话用户普及率(部/百人)。

(2)电信局(所)的选址宜设在环境安全和交通方便的地段。

(3)通信线路建设应依据发展状况确定，宜采用埋地管道敷设，电信线路布置应符合下列规定：①应避开易受洪水淹没、河岸塌陷、土坡塌方以及有严重污染的地区；②应便于架设、巡察和检修；③宜设在电力线走向的道路另一侧。

### (二)邮政局(所)址的选择应利于邮件运输、方便用户使用

广播、电视线路应与电信线路统筹建设。

## 七、管线综合建设

### (一)地下敷设

1. 直埋、保护管及管沟敷设

工程管线的最小覆土深度应满足(表16-7)的条件。当受条件限制不能满足要求时，可采取安全措施减少其最小覆土深度。

**表16-7 工程管线的最小覆土深度**　　　　　　　单位：m

| 管线名称 | | 给水管线 | 排水管线 | 电力管线 | | 通信管线 | | 直埋热力管线 | 燃气管线 | 管沟 |
| --- | --- | --- | --- | --- | --- | --- | --- | --- | --- | --- |
| | | | | 直埋 | 保护管 | 直埋及塑料、混凝土保护管 | 钢保护管 | | | |
| 最小覆土深度 | 非机动车道(含人行道) | 0.60 | 0.60 | 0.70 | 0.50 | 0.60 | 0.50 | 0.70 | 0.60 | — |
| | 机动车道 | 0.70 | 0.70 | 1.00 | 0.50 | 0.90 | 0.60 | 1.00 | 0.90 | 0.50 |

工程管线应根据道路的规划横断面布置在人行道或非机动车道下面。位置受限制时，可布置在机动车道或绿化带下面。

工程管线在道路下面的规划位置宜相对固定，分支线少、埋深大、检修周期短和损坏时对建筑物基础安全有影响的工程管线应远离建筑物。工程管线从道路红线向道路中心线方向平行布置的次序宜为：电力、通信、给水(配水)、燃气(配气)、热力、燃气

（输气）、给水（输水）、污水、雨水。

工程管线在庭院内由建筑线向外方向平行布置的顺序，应根据工程管线的性质和埋设深度确定，其布置次序宜为：电力、通信、污水、雨水、给水、燃气、热力。沿道路规划的工程管线应与道路中心线平行，其主干线应靠近分支管线多的一侧。工程管线不宜从道路一侧转到另一侧。

道路红线宽度超过 40 m 的干道宜两侧布置配水、配气、通信、电力和排水管线。各种工程管线不应在垂直方向上重叠敷设。沿铁路、公路敷设的工程管线应与铁路、公路线路平行。工程管线与铁路、公路交叉时宜采用垂直交叉方式布置；受条件限制时，其交叉角宜大于 60°。

当工程管线交叉敷设时，管线自地表面向下的排列顺序宜为：通信、电力、燃气、热力、给水、雨水、污水。给水、排水管线应按自上而下的顺序敷设。工程管线交叉点高程应根据排水等重力流管线的高程确定。

河底敷设的工程管线应选择在稳定河段，管线高程应按不妨碍河道的整治和管线安全的原则确定，并应符合下列规定：①在 I ~ V 级航道下面敷设，其顶部高程应在远期规划航道底标高 2.0 m 以下。②在 VI 级、VII 级航道下面敷设，其顶部高程应在远期规划航道底标高 1.0 m 以下。③在其他河道下面敷设，其顶部高程应在河道底设计高程 0.5 m 以下。

2. 综合管廊敷设

当遇下列情况时，工程管线宜采用综合管廊敷设。

(1)高强度集中开发区域、重要的公共空间。

(2)道路宽度难以满足直埋或架空敷设多种管线的路段。

(3)道路与铁路或河流的交叉处或管线复杂的道路交叉口。

(4)不宜开挖路面的地段。

综合管廊内可敷设电力、通信、给水、热力、燃气、污水、雨水管线等工程管线。干线综合管廊宜设置在机动车道、道路绿化带下，支线综合管廊宜设置在绿化带、人行道或非机动车道下。综合管廊覆土深度应根据道路施工、行车荷载、其他地下管线、绿化种植以及设计冰冻深度等因素综合确定。

### （二）架空敷设

沿道路架空敷设的工程管线，其线位应根据规划道路的横断面确定，并不应影响道路交通、居民安全以及工程管线的正常运行。

架空线线杆宜设置在人行道上距路缘石不大于 1.0 m 的位置，有分隔带的道路，架空线线杆可布置在分隔带内，并应满足道路建筑限界要求。

架空电力线与架空通信线宜分别架设在道路两侧。

架空金属管线与架空输电线、电气化铁路的馈电线交叉时，应采取接地保护措施。

工程管线跨越河流时，宜采用管道桥或利用交通桥梁进行架设，并应符合下列规定：一是利用交通桥梁跨越河流的燃气管线压力不应大于 0.4 MPa；二是工程管线利用桥梁跨越河流时，其规划设计应与桥梁设计相结合。

架空管线之间及其与建(构)筑物之间的最小水平净距应符合表 16-8 的规定。

表 16-8　架空管线之间及其与建（构）筑物之间的最小水平净距　　　单位：m

| 名称 | | 建（构）筑物（凸出部分） | 通信线 | 电力线 | 燃气管道 | 其他管道 |
|---|---|---|---|---|---|---|
| 电力线 | 3 kV 以下边导线 | 1.0 | 1.0 | 2.5 | 1.5 | 1.5 |
| | 3~10 kV 边导线 | 1.5 | 2.0 | 2.5 | 2.0 | 2.0 |
| | 35~66 kV 边导线 | 3.0 | 4.0 | 5.0 | 4.0 | 4.0 |
| | 110 kV 边导线 | 4.0 | 4.0 | 5.0 | 4.0 | 4.0 |
| | 220 kV 边导线 | 5.0 | 5.0 | 7.0 | 5.0 | 5.0 |
| | 330 kV 边导线 | 6.0 | 6.0 | 9.0 | 6.0 | 6.0 |
| | 500 kV 边导线 | 8.5 | 8.0 | 13.0 | 7.5 | 6.5 |
| | 750 kV 边导线 | 11.0 | 10.0 | 16.0 | 9.5 | 9.5 |
| 通信线 | | 2.0 | — | — | — | — |

架空管线之间及其与建（构）筑物之间的最小垂直净距应满足表 16-9 的条件。

表 16-9　架空管线之间及其与建（构）筑物之间的最小垂直净距　　　单位：m

| 名称 | | 建（构）筑物 | 地面 | 公路 | 电车道（路面） | 铁路（轨顶）标准轨 | 铁路（轨顶）电气轨 | 通信线 | 燃气管道 P≤1.6 MPa | 其他管道 |
|---|---|---|---|---|---|---|---|---|---|---|
| 电力线 | 3 kV 以下 | 3.0 | 6.0 | 6.0 | 9.0 | 7.5 | 11.5 | 1.0 | 1.5 | 1.5 |
| | 3~10 kV | 3.0 | 6.5 | 7.0 | 9.0 | 7.5 | 11.5 | 2.0 | 3.0 | 2.0 |
| | 35 kV | 4.0 | 7.0 | 7.0 | 10.0 | 7.5 | 11.5 | 3.0 | 4.0 | 3.0 |
| | 66 kV | 5.0 | 7.0 | 7.0 | 10.0 | 7.5 | 11.5 | 3.0 | 4.0 | 3.0 |
| | 110 kV | 5.0 | 7.0 | 7.0 | 10.0 | 7.5 | 11.5 | 3.0 | 4.0 | 3.0 |
| | 220 kV | 6.0 | 7.5 | 8.0 | 11.0 | 8.5 | 12.5 | 4.0 | 5.0 | 4.0 |
| | 330 kV | 7.0 | 8.5 | 9.0 | 12.0 | 9.5 | 13.5 | 5.0 | 6.0 | 5.0 |
| | 500 kV | 9.0 | 14.0 | 14.0 | 16.0 | 14.0 | 16.0 | 8.5 | 7.5 | 6.5 |
| | 750 kV | 11.5 | 19.5 | 19.5 | 21.5 | 19.5 | 21.5 | 12.0 | 9.5 | 8.5 |
| 通信线 | | 1.5 | 5.5 | 5.5 | 9.0 | 7.5 | 11.5 | 0.6 | 1.5 | 1.0 |
| 燃气管道 P≤1.6 MPa | | 0.6 | 5.5 | 5.5 | 9.0 | 6.0 | 10.5 | 1.5 | 0.3 | 0.3 |
| 其他管道 | | 0.6 | 4.5 | 4.5 | 9.0 | 6.0 | 10.5 | 1.0 | 0.3 | 0.25 |

高压架空电力线路规划走廊宽度可按表 16-10 确定。

表 16-10　高压架空电力线路规划走廊宽度

| 线路电压等级（kV） | 走廊宽度（m） |
|---|---|
| 1 000（750） | 90~110 |
| 500 | 60~75 |
| 330 | 35~45 |
| 220 | 30~40 |
| 66，110 | 15~25 |
| 35 | 15~20 |

# 第五篇

# 乡村人居环境建设

河南卢氏县农村人居环境整治

# 第十七章 乡村道路建设

平顶山市鲁山县库区乡环库路

乡村道路是乡村人居环境建设的重要组成部分，是农村生产生活、农村经济和社会发展的基础。"要想富，先修路""公路通，百业兴"等谚语已经成为乡村道路在农村经济社会发展和广大农民生活中重要作用的集中体现和经验总结。乡村道路的建设是群众最关心、最直接、最现实的根本利益，是一项重要的民心工程和致富工程。

## 第一节 乡村道路建设内容

### 一、乡村道路建设原则

（1）乡村道路建设应遵循安全耐久、经济适用、保护环境、节约资源的原则。

（2）乡村道路建设应与村庄规划相结合。

（3）应注重安全便民，并设置必要的速度控制设施。

（4）应注重利用既有道路，鼓励资源循环利用。

### 二、乡村道路建设基本要求

（1）交通安全设施、防护工程设施、排水设施应与主体工程同时设计、同时施工、同时投入使用。

（2）改扩建应考虑人员出行需求。

（3）应因地制宜，充分吸收地方成功经验，鼓励采用新材料、新设备、新工艺、新技术。

（4）乡村道路应与铁路、公路、水路等对外交通系统密切配合，同时要避免铁路、公路穿过村镇内部。

（5）乡村道路要方便居民与农用机具通向田间，要统一。考虑与田间道路的相互衔接。

（6）道路建设设计应少占田地，少拆房屋，不损坏重要历史文物。

# 第二节　乡村道路建设技术要点

## 一、乡村道路路线建设

（1）乡村之间的连通道路建议选用四级公路（Ⅰ类或Ⅱ类），设计速度为15~20 km/h。

（2）选线结合区域环境、地质、水文条件，合理利用地形，满足使用功能，保证安全。

（3）综合考虑平、纵、横要素，整体均衡，注重与环境和自然景观的协调。

（4）大桥及中长隧道应为路线走向控制点，中小桥、短隧道及一般构造物的设置应服从路线走向。

（5）圆曲线半径较小或纵坡较大的路段，应设置速度控制设施。

（6）停车视距、会车视距与超车视距是满足行车安全的关键因素，应不小于表17-1规定的要求。

表 17-1　停车视距、会车视距与超车视距

| 设计速度（km/h） | 15 |
| --- | --- |
| 停车视距（m） | 15 |
| 会车视距（m） | 30 |
| 超车视距（m） | 75 |

（7）圆曲线最小半径的设置应满足《小交通量农村公路工程技术标准》（JTG 211—2019）的相关要求。

## 二、乡村道路横断面建设

道路横断面指沿着道路宽度、垂直道路中心线方向的剖面。

（1）对横断面设计基本要求是：①保证车辆和行人交通的畅通和安全。②满足路面排水及绿化、地面杆线、地下管线等公用设备布置的工程技术要求。③路幅综合布置应与街道功能、沿街建筑物性质、沿线地形相协调。④节约乡村用地，节省工程费用。⑤减少交通运输所产生的噪声、扬尘和废气对环境的污染。⑥必须远近期相结合，以近期为主，又要为乡村交通发展留有余地（图17-1）。

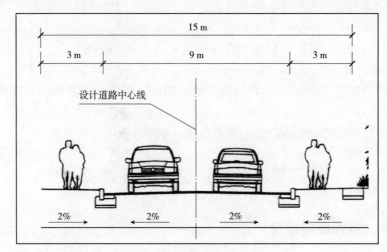

图 17-1　道路横断面示意图

（2）道路横断面的规划宽度被称为路幅宽度，通常指乡村总体规划中所确定的建筑红线之间的道路用地在总宽度，包括车行道、人行道、绿化带以及安排各种管（沟）线所需宽度的总和。车行道是道路上提供每一纵列车辆连续安全按规定行车速度行驶的地带。

（3）道路绿化的布置水平在一定程度上体现了整洁、宁静、文明、绿色、环保的乡村景观面貌。人行道绿化根据规划横断面的用地宽度可布置单行或双行行道树。行道树布置在人行道外侧的圆形或方形（也可用长方形）的穴内，方形坑的尺寸不小于 1.5 m×1.5 m，圆形直径不小于 1.5 m。植物分隔带兼作公共车辆停靠站台或行人过街停留之用，宜有 2.0 m 的宽度（图 17-2）。

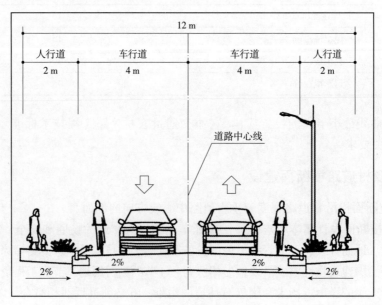

图 17-2　道路断面示意图

(4)分隔带又称分车带，分隔带的宽度宜与道路各组成部分的宽度比例相协调，最窄为 1.2~1.5 m；若兼作公共交通车辆停靠站或停放自行车用的分流分隔带，不宜小于 2 m。

作为分向分隔带除因路段过长而增设人行横道线处中断外，应连绵不断直到交叉口前。分流分隔带仅宜在重要的公共建筑、支路和巷路出入口，以及人行横道处中断，通常以 80~150 m 为宜，其最短长度不少于一个停车视距。

道路横断面的选择除考虑交通外，还应综合考虑环境、沿街建筑使用、乡村景观以及路上、地下各种管线、杆柱设施的协调、合理安排。

### 三、乡村道路结构

依据《05MR101 城市道路图集——施工图设计深度图样》，在乡村道路路面结构设计中，需要根据地区气候和交通流量等因素选择合适的材料。乡村道路建设标准如下。

#### （一）路基

路基是道路的基础，为乡村道路提供一个稳定的基础，承受路面结构及行驶车辆传下来的荷载，是保证路面具有足够强度、耐久性和稳定性的重要条件之一。根据周围地形变化和挖填方情况，一般有 3 种路基形式。

1. 填土路基

填土路基是在比较低洼的场地上，填筑土方或石方做成的路基。这种路基一般都高于两旁场地的地坪，因此也常常被称为路堤。

2. 挖土路基

挖土路基即沿着路线挖方后，其基面标高低于两侧地坪，如同沟堑一样的路基，因而这种路基又被叫做路堑。在这种路基上，人、车所产生的噪声对环境影响较小，其消声减噪的作用十分明显。

3. 半挖半填土路基

在山坡地形条件下，多见采用挖高处填低处的方式筑成半挖半填土路基。这种路基上，路两侧是一侧屏蔽另一侧开敞，施工上也容易做到土石方工程量的平衡。

#### （二）路面

路面是用坚硬材料铺设在路基上的一层或多层的道路结构部分。路面应当具有较好的耐压、耐磨和抗风化性能；要做得平整、通顺，能方便行人或行车。按照路面在荷载作用下工作特性的不同，可以把路面分为刚性路面和柔性路面两类。

1. 刚性路面

刚性路面主要指现浇的水泥混凝土路面。这种路面在受力后发生混凝土板的整体作用，具有较强的抗弯强度。刚性路面坚固耐久，保养翻修少，但造价较高。

2. 柔性路面

柔性路面是用黏性、塑性材料和颗粒材料做成的路面，也包括使用土、沥青、草皮和其他结合材料进行表面处治的粒料、块料加固的路面。柔性路面在受力后抗弯强度很小，路面强度在很大程度上取决于路基的强度。这种路面的铺路材料种类较多，适应性较大，易于就地取材，造价相对较低。

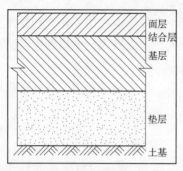

图 17-3　道路横断面结构示意图

## （三）横断面

乡村道路路面是多层结构的，其结构层次随道路级别、功能的不同而有一些区别。路面结构由垫层、基层、结合层和面层(图 17-3)。

1. 垫层

在路基排水不畅、易受潮受冻情况下，需要在路基之上设一个垫层，以便有利排水，防止冻胀，稳定路面。做垫层的材料要求水稳定性良好，一般可采用煤渣土、石灰土、砂砾等。

2. 基层

基层位于路基和垫层之上，承受由面层传来的荷载，并将荷载分布至其下各结构层。要选用水稳定性好，且有较大强度的材料来做，如碎石、砾石、工业废渣、石灰土等。

3. 结合层

在采用块料铺砌作面层时，要结合路面找平，而在基层和面层之间设置一个结合层，以使面层和基层紧密结合起来。结合层材料一般选用 30~50 mm 厚的粗砂、1：3 水泥砂浆等。

4. 面层

位于路面结构最上层，包括其附属的磨耗层和保护层。面层要采用质地坚硬、耐磨性好、平整防滑、热稳定性好的材料来做。面层的材料及其铺装厚度，要根据道路铺装设计来确定。

## （四）附属工程

1. 道牙

一般分为立道牙和平道牙两种形式。它们安置在路面两侧，使路面与路肩在高程上起衔接作用，并能保护路面，便于排水。道牙一般用砖或混凝土制成，在乡村步道中也可以用瓦、大卵石、切割条石等。

2. 明沟和雨水井

明沟和雨水井是为收集路面雨水而建的构筑物，在园林中常用砖块砌成。

3. 种植池

在路边或广场上栽种植物，一般应留种植池。种植池的施工材料，特别是外池壁的贴面砖材料最好与路面层材料一致，色彩或质地略有区别，但反差不宜太大。

## 四、乡村道路建设施工

### (一)填方路基施工

土方路堤操作程序：取土、运输、推土机初平、平地机整平、压路机碾压。土方路堤填筑作业常用推土机、铲运机、平地机、挖掘机、装载机等机械，按以下几种方法作业。

(1)水平分层填筑法。填筑时按照横断面全高分成水平层次，逐层向上填筑。这是路基填筑的常用方法。

(2)纵向分层填筑法。依路线纵坡方向分层，逐层向上填筑。常用于地面纵坡大于12%，用推土机从路堑取料填筑，且距离较短的路堤。此方法的缺点是不易碾压密实(图17-4)。

(3)横向填筑法。从路基一端或两端按横断面全高逐步推进填筑。由于此方法填土过厚，不易压实，仅用于无法自下而上填筑的深谷、陡坡、断岩、泥沼等机械无法进场的路堤。

(4)联合填筑法。路堤下层用横向填筑而上层用水平分层填筑。适用于因地形限制或填筑堤身较高，不宜采用水平分层法或横向填筑法自始至终进行填筑的情况。单机或多机作业均可，一般沿线路分段进行，每段距离以 20~40 m 为宜，多在地势平坦，或两侧有可利用的山地土场的场合采用。

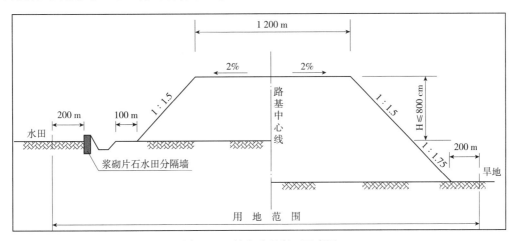

图 17-4　填方路基断面示意图

(5)施工一般技术要领。①必须根据设计断面，分层填筑、分层压实。②路堤填土宽度每侧应宽于填层设计宽度，压实宽度不得小于设计宽度，最后削坡。③填筑路堤宜采用水平分层填筑法施工。如原地面不平，应由最低处分层填起，每填一层，经过压实符合规定要求之后，再填上一层。④原地面纵坡大于12%的地段，可采用纵向分层法施工，沿纵坡分层，逐层填压密实。⑤山坡路堤，地面横坡不陡于1:5且基底符合规定要求时，路堤可直接修筑在天然的土基上。地面横坡陡于1:5时，原地面应挖成台阶(台阶宽度不小于1 m)，并用小型夯实机加以夯实。填筑应由最低一层台阶填起，并分层夯实，然后逐台向上填筑，分层夯实，所有台阶填完之后，即可按一般填土进行。⑥不同土质混合填筑路堤时，以透水性较小的土填筑于路堤下层时，应做成4%的双向横坡；如用于填筑上层时，除干旱地区外，不应覆盖在由透水性较好的土所填筑的路堤边坡上。⑦不同性质的土应分别填筑，不得混填。每种填料层累计总厚度不宜小于0.5 m。⑧凡不因潮湿或冻融影响而变更其体积的优良土应填在上层，强度较小的土应填在下层。⑨河滩路堤填土，应连同护道在内，一并分层填筑。可能受水浸淹部分的填料，应选用水稳性好的土料。

### (二)填石路基施工技术

1. 填料要求

石料强度(饱水试件极限抗压强度)要求不小于15 MPa，风化程度应符合规定，最大粒径不宜大于层厚的2/3。

2. 填筑方法

竖向填筑法、分层压实法、冲击压实法和强力夯实法(图17-5)。

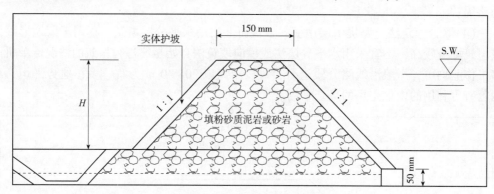

图 17-5　填石路基断面示意图

### (三)土石路堤施工技术

1. 填料要求

石料强度大于20 MPa时，石块的最大粒径不得超过压实层厚的2/3；当石料强度小于15 MPa时，石料最大粒径不得超过压实层厚，超过的应打碎。

2. 填筑方法

土石路堤不得采用倾填方法，只能采用分层填筑，分层压实。当土石混合料中石料含量超过70%时，宜采用人工铺填；当土石混合料中石料含量小于70%时，可用推土机铺填，最大层厚400 mm。

### (四)挖方路基施工技术

1. 土质路堑施工技术

路堑的开挖方法根据路堑深度、纵向长短及现场施工条件，有横向挖掘法、纵向挖掘法和混合式挖掘法等几种基本方法。

（1）横向挖掘法包括适用于挖掘浅且短的路堑的单层横向全宽挖掘法，挖掘深且短的路堑的多层横向全宽挖掘法。

（2）纵向挖掘法具体方法有分层纵挖法、通道纵挖法、分段纵挖法。

（3）混合式挖掘法为多层横向全宽挖掘法和通道纵挖法混合使用。推土机是土方路堑施工中最常用的机械之一。

推土机开挖土方作业由切土、运土、卸土、倒退（或折返）、空回等过程组成一个循环。影响作业效率的主要因素是切土和运土两个环节。因此，必须以最短的时间和距离切满土，并尽可能减少土在推运过程中散失。推土机开挖土质路堑作业方法与填筑路基相同的有下坡推土法、槽形推土法、并列推土法、接力推土法和波浪式推土法。

另有斜铲推土法和侧铲推土法。公路工程施工中以单斗挖掘机最为常见，而路堑土方开挖中又以正铲挖掘机使用最多。正铲挖掘机挖装作业灵活，回转速度快，工作效率高，特别适用于与运输车辆配合开挖土方路堑。正铲工作面的高度一般不应小于 1.5 m，否则将降低生产效率，过高则易塌方，损伤机具。其作业方法有侧向开挖和正向开挖。

2. 石质路堑施工技术

基本要求：在开挖程序确定之后，根据岩石条件、开挖尺寸、工程量和施工技术要求，通过方案比较拟定合理的方式。

（1）开挖方式。①钻爆开挖：是当前广泛采用的开挖施工方法。有薄层开挖、分层开挖（梯段开挖）、全断面一次开挖和特高梯段开挖等方式。②直接应用机械开挖：该方法没有钻爆工序作业，不需要风、水、电辅助设施，简化了场地布置，加快了施工进度，提高了生产能力。但不适于破碎坚硬岩石。③静态破碎法：将膨胀剂放入炮孔内，利用产生的膨胀力，缓慢的作用于孔壁，经过数小时至 24 h 达到 300~500 MPa 的压力，使介质裂开。

（2）石质路堑常用爆破方法。如光面爆破、预裂爆破、微差爆破、定向爆破、硐室爆破。

乡村道路建设施工应满足《农村公路建设管理办法 2018》和《乡村道路工程技术规范》（GB/T 51224—2017）。

《农村公路建设管理办法 2018》

《乡村道路工程技术规范》
（GB/T 51224—2017）

# 第十八章　乡村景观建设

南阳市淅川县九重镇邹庄村

乡村景观指在人与自然之间的相互作用下形成的陆地及水生区域，通过农业、畜牧业、游牧业、渔业、水产业、林业、野生食物采集、狩猎和其他资源开采，生产食物和其他可再生自然资源。乡村景观是多功能资源。同时，生活在这些乡村地区的人和社区还赋予其文化意义——一切乡村地区皆是景观。

## 第一节　乡村景观设计原则

### 一、乡村景观

传统的乡村自然景观，作为一种特定的文化符号，彰显着乡村的文化景观艺术，"茅檐长扫静无苔，花木成畦手自栽。一水护田将绿绕，两山排闼送青来。"这是宋代诗词大家王安石笔下的中国传统村居景象，同时也是人们对于传统乡村景观的记忆模样。乡村景观建设需要满足人民日益增加的生活需求，必须既好看又实用。比如开阔场地的设计，传统的农村开阔场地作为村民集会、活动、农作物晾晒等功能使用。现代农村的广场一般都是作为村民集体活动、锻炼、集会的场所。因此，文化广场的需求在广大乡村越来越大，它的规划建设就需要通过大面积硬质铺装、植被景观完成。

### 二、乡村景观建设

乡村景观建设要以绿水青山就是金山银山的理念为基础，站在人与自然和谐共生的高度谋划发展建设，对每类乡村景观元素进行最大的乡土风情展现。乡村景观可以是自然景观，也可以是具有特色的人工景观。在建设过程中，要挖掘当地自然和人文资源，聚焦村庄的自然景观、历史文化，塑造特色风景，提升乡村整体形象。乡村景观建设一定要走符合乡村实际的路子，遵循乡村自身发展规律，充分体现乡村特点，注意乡土味道，保留乡村风貌，留得住青山绿水，记得住乡愁。

（1）注重乡村环境的整体性、文化性和公众性，尽量利用村边水渠、山林等进行绿化布置，以形成与自然环境紧密相融的田园风光。

（2）拆除乡村街巷两旁和庭院内部的违章建筑，整修沿街建筑立面，种植花草树木，做到环境优美、整洁卫生。

（3）乡村出入口、村民集中活动场所设置集中绿地，有条件的乡村结合村内古树设置；利用不宜建设的废弃场地，布置小型绿地；结合道路边沟布置绿化带，路旁绿化应符合品种乡土、布置自由、形式多样的原则，体现村庄特色，避免僵化的行列式种植。绿化应选择适宜当地生长、符合乡村要求、具有经济生态效果的品种，提倡使用农作物，乡土树种、花卉作为路旁绿化。

（4）房前屋后、庭院内部等宅旁绿化应充分利用空闲地和不适宜建设的地段，灵活布置菜地、果树、攀爬农作物或植物，也可种草、种花，做到见缝插绿。

（5）整治村庄废旧坑（水）塘与河渠水道。根据位置、大小、深度等具体情况，充分保留利用和改造原有的坑（水）塘，疏浚河渠水道；尽量保留现有河道水系，并进行必要整治和疏通，改善水质环境。河道坡岸尽量随岸线自然走向并与绿化、建筑等相结合，形成丰富的河岸景观。滨水绿化景观以亲水型植物为主，布置方式采用自然生态的形式，营造自然式滨水植物景观。滨水驳岸以生态驳岸形式为主，因功能需要采用硬质驳岸时，硬质驳岸不宜过长，在断面形式上宜避免直立式驳岸，可采用台阶式驳岸，并通过绿化等措施加强生态效果。

## 三、乡村景观设计原则

### （一）尊重自然生态景观原则

在乡村景观设计中应该严格遵守景观的生态设计，充分尊重乡村原始的自然生态环境，保护自然生态环境的原真性与健康性。在乡村景观建设过程中，需要充分尊重乡村原始的自然生态环境，保留最原始的乡村地势、建筑和植被等生态系统，将乡村融合到大自然中，让村民望得见山看得见水，记得住乡愁。在乡村建设中还应尽量使建设活动对环境破坏影响达到最小，积极改善乡村居住环境及生态系统，促进乡村的可持续发展。

### （二）坚持本土特色原则

在乡村景观建设过程中，每一个乡村都有自己独特的乡村景观，体现了该村独特的地域特色。因此，在建设过程中，要充分尊重地域景观的特点，并根据乡村的特点，展现地域文化，坚持本土特色，统筹兼顾农村田园风貌保护和环境整治，注重乡土味道，强化地域文化元素符号，综合提升田水路林村风貌，保护乡情美景，促进人与自然和谐共生。这样的规划设计不仅可以美化农村的形象，也有利于提升乡村的知名度，更好地促进农村发展，实现乡村振兴的目标。

从自然景观来讲，必须保持自然景观的完整性和多样性，以创造恬静、适宜、自然的生产生活环境为目标，充分尊重地域景观特性对于展现农村风貌有极其重要的作用。

从人文景观来讲，景观规划设计要深入挖掘农村的文化资源，如当地的风土人情、民俗文化、名人典故等，通过多种形式加以开发利用，提升农村人文品位，以实现景观资源的可持续发展。

### (三)保护整体协调性原则

乡村景观包含因素较多，规划设计乡村景观时要注重各方面元素的整体协调性。乡村景观细分为多个景观元素，各个景观元素之间又是相互映衬、相互关联的。在开展乡村景观设计时，需充分了解和掌握周边和乡村范围内所有的自然环境条件，经过全面综合的分析，规划设计出适宜的景观建设方案，使乡村景观呈现协调统一的状态，从而有效促进乡村经济建设的发展。

在进行村庄的规划布局时要吸纳当地村落布局方式，建筑的设计要体现当地的风格，同时还要尊重村庄中现有的池塘、山坡以及植被状况，因地制宜地设计一些人工景观，尽量保持原汁原味的乡村景观形态。

# 第二节　乡村景观施工技术要点

乡村景观施工主要包括园林土方工程施工、园林土建工程施工、园林水电工程施工、园林绿化种植施工、建筑外立面改造工程以及配套服务设施及小品施工等。

## 一、土方工程施工

乡村景观施工尽量利用原貌，减少对环境的破坏。土方工程施工包括挖、运、填、压四部分内容。其施工方法有人力施工、机械化和半机械化施工。施工方法的选用要依据场地条件、工程址和当地施工条件而定。在土方规模较大、较集中的工程中采用机械化施工更经济。但对工程量不大、施工点较分散的工程或因受场地限制，不便采用机械施工的地段，应该用人力施工或半机械化施工。

### (一)土方施工的方法

1. 土方施工程序
施工前准备工作→现场放线→土方开挖→运方填方→成品修整及保护。
2. 土方施工准备工作
主要包括分析设计图纸、现场踏勘、落实施工方案、清理场地、排水和定点放线，以便为后续的土方施工工作提供必要的场地条件和施工依据等。准备工作的好坏直接影响着工效和工程质量。

## (二)挖土

### 1. 人力施工

施工工具主要有锹、镐、条锄、板锄、铁锤、钢钎、手推车、坡度尺、梯子及线绳等，人力施工的关键是组织好劳动力，而且要注意施工安全和保证工程质量。人力施工适用于一般建筑、构筑物的基坑(槽)和管沟，以及小溪、带状种植沟和小范围整体的挖土工程。

### 2. 机械挖土

常用的挖方机械有推土机、铲运机、正(反)铲挖掘机、装载机等。机械挖土适用于较大规模的园林建筑、构筑物的基坑(槽)和管沟，以及较大面积的水体、绿化、大范围的整地工程挖土。

### 3. 冬季、雨期土方施工

土方开挖一般不在雨期进行，如遇雨天施工应注意控制工作台面不宜过大，应逐段、逐片分期完成。开挖时注意边坡的稳定，必要时可适当放缓边坡或设置支撑，同时要在外侧(或基槽两侧)四周设置土堤或开挖排水沟，防止地面水流入。在坡面上挖方还要应该注意设置坡顶排水设施。整个施工过程都应加强对边坡、支撑、土堤等的检查与维护。

### 4. 挖方中常见的质量问题以及解决办法

(1)基地超挖。开挖基坑(槽)或管沟均不得超过设计基底标高，偶有超过的地方，应及时会同设计单位协商解决，不得私自处理。

(2)桩基产生位移一般出现于软土区域，碰到此土基挖方，应在打桩完成后，先间隔一段时间再对称挖土，并要求制定相应的技术措施。

(3)基底未加保护基坑(槽)开挖后没有进行后续基础施工没有保护土层。因此应注意在基底标高以上留出 300 mm 的厚土层，待基础施工时再挖去。

(4)施工顺序不合理。土开挖应从低处开始，分层分段依次进行，形成一定坡度，以利于排水。

(5)开挖尺寸不足，基坑(槽)或管沟底部的开挖宽度，除结构宽度外，应根据施工需要增加工作面宽度。因此施工放线要严格，要充分考虑增加的面积。对于基地和边坡应加强检查，随时校正。

(6)施工机械下沉采用机械开挖方，务必掌握产出土质条件和地下水位情况，针对不同的施工条件采取相应的措施。一般以推土机、铲运机需要在地下水位 0.5 m 以上推铲土，挖土机则要求在地下水位 0.8 m 以上挖土(图 18-1)。

## (三)运土

按土方调配方案组织劳力、机械和运输路线，卸土地点要明确。应有专人指挥，避免乱堆乱卸。

利用人工吊运土方时，应认真检查平起吊工具、绳索是否牢固。吊斗下方不得站人，卸土应离坑边有一定距离。用手推车运土应先平整道路，且不得放手让车自动翻转卸土。用翻斗汽车运土，运输车道的坡度、转弯半径要符合行车安全。

图 18-1　机械开挖

### (四)填土

填土工程主要为地形整理、堆土造坡以及植物种植土方,填土首先应满足工程的质量要求,根据填土区域的不同用途和要求来选择填方土壤。

**1. 填土的方法**

人工填土主要用于一般园林建筑、构筑物的基坑(槽)和管沟,以及小范围整地、堆山的填土。常用的机具有:蛙式打夯机、振动夯、内燃夯、手推车、筛子(孔径 40 ~ 60 mm)、木耙、平头和尖头铁锹、钢尺、细绳等。其施工工程序为:

清理基底地坪→检查土质→分层铺土、耙平→夯实土方→检查密实度→修整、找平、验收。

填土前应将基坑(槽)或地坪上的各种杂物清理干净,同时检查回填土是否达到填方的要求。人工填土应从场地最低处开始自下而上分层填筑,层层压实。

机械填土主要适用于大面积平整场地及地形堆土造坡。常用的装运机械有铲土机、自卸汽车、推土机、铲运机、翻斗车等。碾压机械有平碾、羊足碾和振动碾等。一般机具有蛙式或柴油打夯机、手推车、铁锹、钢尺等。

**2. 冬季、雨期填方施工要点**

冬季回填土方时,每层铺土厚度应比常温施工时减少 20% ~ 50%,其中冻土体积不得超过填土总体积的 15%,其粒径不得大于 15 mm。冻土块应分布均匀,逐层压实,以防冻融造成不均匀沉陷。回填土方尽可能连续进行,避免基土或已填土受冻。

雨期施工时应采取防雨防水措施。如填土土应连续进行,加快挖土、运土、平土和碾压过程;雨前要及时夯完已填土层或将表面压光,并做成一定坡度,以利于排出雨水和减少下渗;在填方区周围修筑防水埂和排水沟,防止地面水流入基坑、基槽内,造成边坡塌方或基土遭到破坏。

**3. 填土要求**

填土应尽量采用同类土填筑,并宜控制土的含水率在最优含水量范围内。当采用不同的土填筑时，应按土类有规则的分层铺填，将透水性大的土层置于透水性较小的土层之下，不得混杂使用，边坡不得用透水性较小的土壤封闭，以利水分排出和基土稳定，并避免在填方内形成水囊和产生滑动现象。

### (五)压实土方

土方的压实根据工程址的大小、场地条件，可采用人工夯压或机械压实。

1. 人工夯实

人工夯压可用夯、碾等工具。夯压前先将填土初步整平，打夯要按一定方向进行，"一夯压半夯，夯夯相接，行行相连，两遍纵横交叉，分层打夯"的原则进行压实。地坪打夯应从周边开始，逐渐向中间夯进；基槽夯实时要从相对的两侧同时回填夯压；对于管沟的回填，应先用人工将管道周围填土夯实，填土要求至管顶 500 mm 以上，在确保管道安全的情况下方能用机械夯压。

2. 机械压实

机械压实可用碾压机、振动碾或用拖拉机带动的铁碾，小型夯压机械有内燃夯、蛙式夯等。按机械压实方法(即压实功作用方式)可分为碾压、夯压、振动压实 3 种。

3. 填压方成品保护措施

施工时，对定位标准桩、轴线控制桩、标准水准点和桩木等，填运土方时不得碰撞，并应定期复测检查这些标准桩是否正确。

(1)夜间施工应配足照明，防止铺填超厚，严禁用汽车将土直接倒入基坑(槽)内。

(2)基础或管沟的现浇混凝土应达到一定强度，不致因填土而受到破坏时，方可回填土方。

(3)管沟中的管线，或肥槽内从建筑物伸出的各种管线，都应按规定严格保护后才能填土。

4. 填压方中常见的质量问题及解决方法

(1)未按规定测定干土质量密度。回填土每层都必须测定夯实后的干土质量密度，符合要求后才能进行上一层的填土。测定的各种资料，如土壤种类、试验方法和结论等均应标明并签字，凡达不到测定要求的填方部位要及时提出处理意见。

(2)回填土下沉。由于虚铺土超厚或冬季施工时遇到较大的冻土块或夯实遍数不够、漏夯，或回填土所含杂物超标等，都会导致回填土下沉。碰到这些现象应加以检查，并制定相应的技术措施。

(3)管道下部夯填不实。这主要是施工时没有按照施工标准回填打夯，出现漏夯或密实度不够，使管道下方回填空虚。此时，应填实。

(4)回填土夯压不密。如果回填土质含水量过大或土壤太干，都可能导致土方填压不密。此时，对于过干的土壤要先洒水润湿后再铺；过湿的土壤应先摊铺晾干，符合标准后方可作为回填土。

(5)管道中心线产生位移或遭到损坏。这是在用机械填压时，不注意施工规程所致。因此，施工时应先用人工在管子周围填土夯实，并要求从管道两侧同时进行，直到管顶 0.5 m 以上，在保证管道安全的情况下可机械回填和压实。

## 二、土建工程施工

### (一)铺装工程施工

1. 施工工艺流程

施工前准备工作→场地放线→场地平整与找坡→基层施工→垫层施工→面层材料铺设→养护。

2. 施工前准备工作

广场道路施工准备工作主要包括分析设计图纸、现场踏勘、落实施工方案、清理场地、材料准备和定点放线,以便为后续的土方施工工作提供必要的场地条件和施工依据等。准备工作的好坏直接影响着工效和工程质量。

3. 材料准备

园林铺装工程中,铺装材料准备工作任务较大,在分析完施工图后,应根据铺装场地的实际尺寸进行图上放样,确定图纸中边角的方案调整及场地与园路交汇处的过渡方案,然后再确定各种材料的数量及边角料规格、数量。

4. 场地放线

按照铺装场去设计图所绘的施工坐标方格网,将所有坐标点侧设到场地,并打桩定点。然后以坐标桩点为准,根据场区设计图,在场区地面上放出场地边线、主要地面设施的范围线和挖方区,填方区之间的零点线。

5. 路基施工

也称土基,压实密度不应小于90%(重击实体标准),回弹模量不应小于30 MPa。如遇特殊情况,参照《城市道路工程设计规范》(CJJ 37—2012)(2016 年版)相关标准执行另行处理。

填方区的堆填顺序应当先深后浅,分层夯实。当挖填方工程基本完成后,对新完成的地面进行整理,使地面平整度变化限制在 0.05 m 高。根据图纸设计的坡度数据,对场地进行找坡,保证场地内各处地面基本达到设计坡度。

6. 基层施工

基层是直接承受上部荷载并传入地基的受力层。结构要致密,强度应与承载相适应。基层分承载(即可走机动车)与非承载(即人行道),承载负荷标准按支路等级计算执行,即设计荷载为汽车-20 级,验算荷载为挂车-100 级。非承载标准按人群荷载规定计算。

天然级配沙砾是用天然的低塑性砂料,经摊铺整型并适当洒水碾压夯实后所形成的具有一定密实度和强度的基层结构,压实密度不应小于93%(重击实体标准),回弹模量不应小于 80 MPa。它的一般厚度为 100~200 mm,若厚度超过 20 mm 应分层铺筑,一般直接铺设在夯实后的素土基础上。适用于园林中各级路面和广场。

7. 稳定层施工

稳定层主要是在完成的基层上按照设计的材料配置、浇筑和捣实混凝土,其间要注意做出场地的坡度。它的一般厚度为 100~200 mm,园林景观中常用的强度为标号 C15、

C20、C25和C30的混凝土。混凝土面层施工完成后，应及时开始养护。

8. **面层材料铺设**

在铺砌块料之前，将混凝土垫层清扫干净，然后洒水湿润，铺设干硬性水泥砂浆作为结合层。然后按照设计图纸铺砌块料，注意留缝间隙与设计要求保持一致，之后可用干燥水泥粉扫缝。施工完成后，应多浇水进行养护(图18-2，图18-3)。

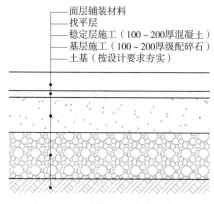

面层铺装材料
找平层
稳定层施工（100~200厚混凝土）
基层施工（100~200厚级配碎石）
土基（按设计要求夯实）

图18-2 铺装工程构造示意图

图18-3 面层材料铺设示意图

9. **混凝土路面变形缝**

路宽小于5m时，混凝土沿路纵向每隔4m分块做缩缝；路宽大于等于5m时，沿路中心线做纵向缩缝，沿路纵向每隔4m分块做缩缝；广场按4m×4m分缝。混凝土纵向长约20m，与不同结构衔接时需做伸缩缝(图18-4，图18-5)。

图18-4 变形缝示意图

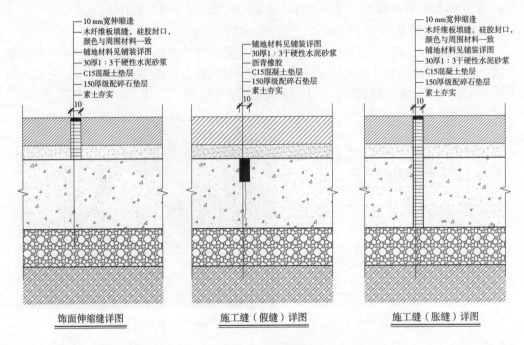

饰面伸缩缝详图　　　　施工缝（假缝）详图　　　　施工缝（胀缝）详图

图 18-5　变形缝施工图

## (二)假山挡墙工程

### 1. 假山工程施工

(1)定点放线。①看懂摸透图纸，掌握山体形式和基础的结构，以便正确放样。之后在平面图上按一定的比例尺寸，依工程大小或平面布置复杂程度采用 2 m×2 m、或 5 m×5 m 或 10 m×10 m 的尺寸画出方格网，以其方格与山脚轮廓线的交点作为地面放样的依据。②实地放样依据方格网放出轮廓线，同时在不影响堆土和施工的范围内，选择便于检查基础尺寸的有关部位。如假山平面的纵横中心线，纵横方向的边端线，主要部位的控制线等位置的两端。设龙门桩或埋地木桩，以供挖土或施工时地放样白线被挖掉后，作为测量尺寸或再次放样的基本依据点。

(2)基础施工。假山坐落于天然的岩基上是最理想的。常见的基础做法：①桩基。柏木桩或杉木桩。②灰土基础。安放好的线拓宽 500 mm，向下挖 500～800 mm，再用灰土夯实均匀。③混凝土基础。与灰土基础施工原理相同。

(3)拉底技术要点。①起脚石应选择憨厚实在、质地坚硬的山石。②砌筑时先砌筑山脚线凸出部位的山石，再砌筑凹进部位的山石，最后砌筑连接部位的山石。③假山的起脚宜小不宜大、宜收不宜放。④起脚石全部摆砌完成后，应将其空隙用碎砖石填实灌浆，或填筑泥土打实，或浇筑混凝土筑平。⑤起脚石应选择大小相间、高低不等的料石，使其犬牙交错，首尾连接。底石以上，顶层以下的部分，是假山造型的主要部分，要求做到用材广泛，单元组合丰富。同时综合运用各种结构手法。收顶即是处理假山最顶层的山石。收顶的山石要求体量大，以便合凑收压。由于顶层山石往往起到画龙点睛的作用，因此在选择山石上要注意选择轮廓和体态都富有特征的山石。

2. 园林挡墙施工

(1)挡墙施工工艺流程。放线→挖槽→夯实地基→浇筑混凝土基础→砌筑岸墙→砌筑压顶。

(2)砌石挡墙施工要点。①放线。布点放线应依据施工设计图上的常水位线来确定驳岸的平面位置，并在基础两侧各加宽200 mm放线。②挖槽。一般采用人工开挖，工程址大时可采用机械挖掘。为了保证施工安全，挖方时要保证足够的工作面，对需要放坡的地段，务必按规定放坡。岸坡的倾斜可用木制边坡样板校正。夯实地基基槽开挖完成后将基槽夯实，遇到松软的土层时，必须铺设一层厚150 mm左右灰土(石灰与中性黏土之比为3∶7)加固。③浇筑基础。采用块石混凝土基础。浇筑时要将块石垒紧，不得列置于槽边缘。然后浇灌C15或C20混凝土，基础厚度400~500 mm，高度常为驳岸高度的0.6~0.8倍。灌浆务必饱满，要渗满石间空隙。④砌筑墙体。使用M5水泥砂浆砌块石，砌缝宽10~20要求挡墙墙面平整、美观、砂浆饱满、勾缝严密。每隔10~25 m设置伸缩缝，缝宽30 mm，用板条、沥青、石棉绳、橡胶、止水带或塑料等材料填充，填充时最好略低于砌石墙面。挡土墙应设置泄水孔，在设置的时候，应设粗粒料反滤层；孔与孔之间的间距须在2~3 m，并且要上下交错的来设置，防止堵塞的情况；对于底下的泄水孔，其高度应比墙趾前地面高0.3 m，避免出现水流倒灌的现象。⑤砌筑压顶。压顶宜用大块石(石块的大小可视墙顶的设计宽度选择)或预制混凝土板砌筑。

### (三)花坛、景墙工程

1. 材料准备

包括砖、水泥、中砂掺合料等，材料的品种、强度等级须符合设计要求，并应规格一致，有出厂证明、试验单。

2. 作业条件

已放好基础轴线及边线，立好皮数杆(一般间距15~20 m，转处均应设立)，并办完预检手续。常温施工时，黏土砖必须在砌筑的前一天浇水湿润，一般以水浸入砖四边1.5 cm左右为宜，砂浆配合比已经试验室确定，现场准备好砂浆试模(6块为一组)。

3. 砌筑

(1)确定组砌方法。组砌方法应正确，一般采用满丁、满条。里外咬槎，上下层错缝，采用"三一"砌砖法(即一铲灰、一块砖、一揉压)，严禁用水冲砂浆灌缝的方法。

(2)排砖撂底。基础大放脚的撂底尺寸及收退方法必须符合设计图纸规定，如一层一退，里外均应砌丁砖；如二层一退，第一层为条砖，第二层砌丁砖。大放脚的转角处，应按规定放七分头，其数量为一砖半厚墙放三块，二砖墙放四块，以此类推。

(3)砖基础砌筑。砖基础砌筑前，基础垫层表面应清扫干净，洒水湿润。先盘墙角，每次盘角高度不应超过5层砖随盘随靠平、吊直。砌基础墙应挂线，24墙反手挂线(图18-6)。基础标高不一致或有局部加深部位，应从最低处往上砌筑，并经常拉线检查，以保持砌体通顺、平直，防止砌成螺丝墙。基础大放脚砌至基础上部时，要拉线检查轴线及边线，保证基础墙身位置正确，同时还要对照皮数杆的砖层及标高。如有偏差时，应在水平灰缝中逐渐调整，使墙的层数与皮数杆一致。各种预留洞、埋件、拉结筋按设计要求留置，避免后剔凿，影响砌体质量。变形缝的墙角应按直角要求砌筑，先砌的墙要把舌头灰刮尽；后砌的墙可采用缩口灰，掉入缝内的杂物随时清理。安装管沟和洞口过梁，其型号、标高必须正确，底灰饱满。如坐灰超过 20 mm 厚，用细石混凝土铺垫，两端搭墙长度应一致。抹防潮层。将墙顶活动砖重新好，清扫干净，浇水湿润，随即抹防水砂浆，设计无规定时，一般厚度为 15~20 mm，防水粉掺量为水泥重量的 3%~5%。

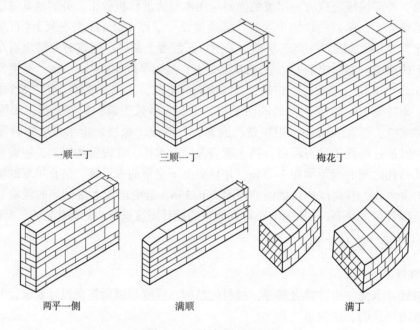

| 一顺一丁 | 三顺一丁 | 梅花丁 |
| 两平一侧 | 满顺 | 满丁 |

图 18-6　砖墙砌法示意图

（4）砌砖墙。①组砌方法：砌体一般采用一顺一丁、满丁、满顺、梅花丁或三顺一丁砌法。②排砖撂底（干摆砖）：一般第一层砖撂底时，根据弹好的门窗洞口位置线，认真核对其长度是否符合排砖模数。如不符合模数时，有破活、七分头或丁砖应排在中间或其他不明显的部位。③选砖：砌清水墙应选择棱整齐，无弯曲、裂纹，颜色均匀，规格基本一致的砖。敲击时声音响亮，焙烧过火变色。变形的砖可用在基础及不影响外观的内墙上。④盘角：砌砖前应先盘角，每次盘角不要超过 5 层，新盘的大角及时进行吊、靠，如有偏差要及时修整。盘角时要仔细对照皮数杆的砖层和标高，控制好灰缝大小，使水平灰缝。

## 三、绿化工程施工

### （一）施工工艺流程

地形细整→定点放线→乔木栽植→灌木种植→地被草坪栽植→施工期养护→养护管理期养护→竣工验收移交。

## （二）施工要点

### 1. 施工现场准备

若施工现场有垃圾、渣土、建筑垃圾等要进行清除，一些有碍施工的市政设施、房屋树木要进行拆迁和迁移，然后可按照设计图纸进行地形整理，主要使其与四周道路、广场的标高合理衔接，使绿地排水通畅。如果用机械平整土地，则事先了解是否有地下管线，以免机械施工时损坏管线。

### 2. 定位放线

定点放线即是在现场测出苗木栽植位置和株行距。由于树木栽植方式不相同，定点放线方法也相应有所不同。

## （三）自然式配置乔、灌木放线法

### 1. 坐标定点法

根据植物配置的疏密度，先按一定的比例在设计图及现场分别打好方格，在图上用尺量出树木在某方格的纵横坐标尺寸，再用皮尺量在现场放出相应的方格。

### 2. 仪器测方法

用经纬仪或小平板仪依据地上原有基点或建筑物、道路或孤树依照设计图上的位置依次定出每株的位置。

### 3. 目测法

对于设计图上固定的绿化种植、灌木丛、树群等可用上述两种方法划出树群树丛的栽植范围，其中每株的位置和排列可根据设计要求在所定范围内用目测法进行定点。

定点时应注意植株的生态要求并注意自然美观。定好点后，多采用白灰打点或打桩，标明树种、栽植数量及坑径。

### 4. 整形式放线

对于成片整齐种植或行道树的放线法，也可用仪器和皮尺定点放线，定点的方法可先将绿地的边界、园路广场和小建筑物等的平面位置作为依据，量出每株树木的位置，钉上木桩，写明树种名称。

### 5. 等距弧线的放线

若树木的栽植为一弧线，放线时可从弧的开始到末尾以路牙或中心线为准，每隔一定距离分别画出与路牙的垂直线。在此直线上，按设计要求的树与路牙的距离定点，把这些点连接起来成为近似道路弧度的弧线，于此线上再按株距要求定出各点来。

## （四）一般树木的栽植

### 1. 苗木的准备

苗木的选择，除了图纸要求和规格外，要注意选择长势健壮、无病虫害、无机械损伤、树形端正、根须发达的苗木。

起苗时间最好和栽植时间紧密配合，做到随起随栽。起苗时，苗木应当带有完整的土球，土球的大小一般为树木胸径的 8 倍左右，土球的高度一般比宽度少 5~10 cm。

2. 苗木假植

凡是苗木运到后在几天内不能按时栽种，都要进行假植，即暂时进行栽植。

（1）带土球的苗木假植。栽植时，先将苗木的树冠捆起，使树苗的土球挨在一起，然后在土球上盖一层土壤，再对树冠及土球均匀地洒水，以后仅保持湿润就可。

（2）不同的苗木假植时，最好按苗木种类、规格分区假植，以方便施工。温度较高时假植苗木上面应设遮光网。

3. 挖种植穴

在栽苗之前应以所定的灰点为中心沿四周向下挖穴，种植穴的大小依土球的规格及根系情况而定。带土球穴的应比土球大 16~20 cm，栽裸根苗的穴应保证根系充分舒展，穴的深度一般比土球高度稍深 10~20 cm，穴的形状一般为圆形，但必须保证上下口径大小一致。

种植穴挖好后，可在穴中填些表土，如果坑内土质差或瓦砾多，则要清理瓦砾垃圾，如种植土太瘠薄，就先在穴底垫一层基肥。基肥上还应当铺一层壤土，厚度 5 cm以上（图 18-7）。

4. 植树

（1）栽植前修剪。在定植前，苗木必须经过修剪，其主要目的是减少水分的散发，保证树势平衡以保证树木成活。修剪时其修剪量依不同树种要求而有所不同，一般对常绿叶树及用于植篱的灌木不多剪，只剪去枯病枝、受伤枝即可。

对于花灌木及生长较缓慢的树木可进行疏枝，短截去全部叶或部分叶，去除病枝、过密枝。树木定植前，还应对根系进行适当修剪，主要是将断根、劈裂根、病虫根和过长根剪去。修剪时剪口应平滑，并及时涂抹防腐剂以防过分蒸发、干旱及病虫危害。

（2）将土球或根苑放入种植穴内，使其居中；再将树干立起，扶正，使其保持垂直；然后分层回填种植土，填土后将树根稍向上提一提，使根群舒展开，每填一层土就要用锄把将土插紧，直到填满穴坑，并使土面能够盖住树木的根茎部位，初步栽好后还应检查一下树干是否保持垂直，最后把余下的穴土绕根茎一周进行培土，做成环形的拦水围堰。

（3）定植后的养护管理。栽植较大的乔木时，在定植后应支撑，以防浇水后大风吹倒苗木。树木定植后 24 h 内浇上第一遍水，水要浇透，使泥土充分吸收水分，根系与土紧密结合，以利根系发育。树木栽植后应时常注意树干圆周泥土是否下沉或开裂，如有这种情况应及时加土填平踩实。此外，还应进行及时的中耕，扶直歪斜树木，并进行封堰。封堰时要使泥土略高于地面，要注意防寒。

5. 苗木支撑

胸径为 12 cm 以上（含 12 cm）的上层乔木宜选用四脚支撑。

胸径为 12 cm 以下的上层乔木及地径 10 cm（含 10 cm）以下及分支点高于 80 cm（含 80 cm）的中层小乔木宜选用三角支撑。

地径 10 cm（含 10 cm）以下及分支点低于 80 cm 的中层小乔木宜选用"n"形支撑。

四脚支撑的支撑点宜在树高的 1/3~2/3 处，不宜低于 1.5 m。

三角支撑的支撑点宜在树高的 1/3~2/3 处，不宜低于 1.2 m，如支撑苗木为中层小

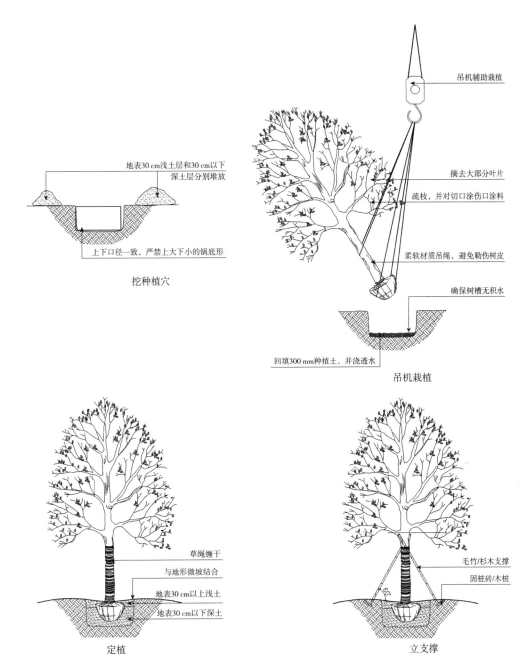

图 18-7　植物栽植工序图

乔木，不宜低于其分枝点。

"n"形支撑杆长度以 80~100 cm 为宜(图 18-8)。

三角支撑一般倾斜角度为 45°~60°，45°为宜；四角支撑一般支撑杆与树干夹角为 35°~40°。

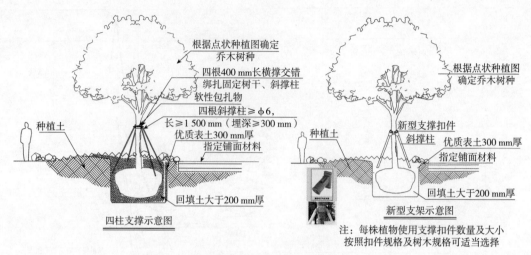

图 18-8　苗木支撑示意图

### (五)花灌木、地被植物种植

(1)花灌木边缘轮廓线上的种植密度应大于规定密度,平面线形应流畅,外缘成弧形,高低层次应分明,且于周边点种植物高度差不少于 30 cm。

(2)灌木主要控制成片的整体效果——修边、收边、人工式种植要求边界清楚、无空缺、生长均匀,自然式种植相互入侵合理,要求主次分区明显,入界合理,合于自然。地被植物的种植要求:应按"品"字形种植,确保覆盖地表,且植物带边缘轮廓线上的种植密度应大于规定密度,以利于形成流畅的边线,同时轮廓外缘在立面上应成弧形,使相邻两种植物的过渡自然(图 18-9)。

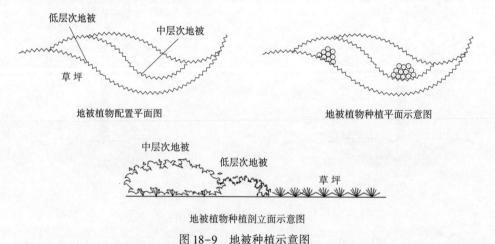

图 18-9　地被种植示意图

(3)灌木与草坪。灌木与草坪边缘预留 3~5 cm 土壤,要求随灌木边缘变化,边缘要求整齐,线型流畅(图 18-10)。

(4)乔木与草坪。草坪种植与铺植需以乔木干径 6~8 倍预留土壤,草坪边缘要求整齐,线型流畅(图 18-11,图 18-12)。

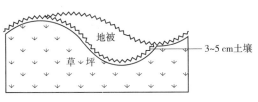

图 18-10　灌木与草坪种植示意图

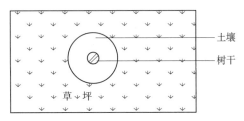

图 18-11　乔木与草坪种植示意图

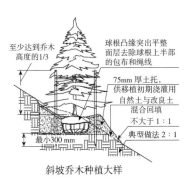

斜坡乔木种植大样

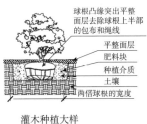

灌木种植大样

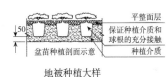

地被种植大样

图 18-12　标准种植详图

注：除特别说明，每棵树在迎风面和背风面各立一根护柱。

## （六）草坪工程施工

### 1. 场地的准备

草坪建造完成后，地形和土壤条件很难再行改变，要想得到高质量的草坪，应在铺设前对场地进行处理，主要应考虑地形处理，土壤改良及做好排灌系统。

（1）土层的厚度。草坪植物是低矮的草本植物，没有粗大主根，与乔灌木相比根系浅。因此，在土层厚度不足以种植乔灌木的地方仍能建造草坪。草坪植物的根系 80% 分布在 40 cm 以上的土层中，而且 50% 以上是在地表以下 20 cm 的范围内。为了使草坪保持优良的质量，减少管理费用，应尽可能土层厚度达到 40 cm 左右，最好不小于 30 cm。在小于 30 cm 的地方应加厚土层。

（2）土地的平整与耕翻这一工序的目的是为草坪植物的根系生长创造条件。步骤是：①杂草与杂物的清除，清除目的是便于土地的耕翻与平整，但更主要的是为了消灭多年生杂草，为了避免草坪建成后杂草与草坪争水分、养料，所以在种草前应彻底加以消灭。此外还应把瓦块、石砾等杂物全部清除出场地外。瓦砾等杂物多的土层应用 10 mm×10 mm 的网筛过一遍，以确保杂物除净。②初步平整、施基肥及耕翻。清除杂草、杂物的地面上应初步作一次起高填低的平整，平整后撒施基肥，然后普遍进行一次耕翻。③更换杂土与最后平整。在耕翻过程中，若发现局部地段土质欠佳或混杂的杂土过多，则应换土。④为了确保新设草坪的平整，在换土或耕翻后应灌一次透水或滚压 2 遍，使坚实度不同的地方能显出高低，以利最后平整时加以调整。

### 2. 排水及灌水系统

草坪需要考虑排除地面水。因此，最后平整地面时，要考虑地面排水问题。不能有低凹处，以避免积水。草坪多利用缓坡来排水，也可设置缓坡的排水沟道，其最低下一端可与雨水口连接，并经地下管道排走，理想的平坦草坪的表面应是中部稍高，逐渐向四周或边缘倾斜。建筑物四周的草坪应比房基供低 5 cm，然后向外倾斜。地形过于平坦的草坪或地下水过高的草坪等应设置暗管或明沟排水。

3. 草坪种植施工

草坪排水供水设施敷设完成，土面已经整一耕细，就可以进行草坪植物的种植施工。

（1）选定草源。要求草生长势强，密度高，而有足够大的面积为草源。

（2）铲草皮。先把草皮切成平等条状，然后按需切成块，草块大小根据运输方法及操作是否方便而定，大致为 45 cm×30 cm，60 cm×30 cm，30 cm×12 cm 等。草块的厚度为 3~5 cm。

（3）草皮的铺栽方法。无缝铺植法，草皮紧连，相互错缝。草皮的需要量和草坪面积相同。

4. 草皮的养护管理

草皮长成后，还要进行经常性的养护管理，才能保证草坪景观长久地持续下去。草坪的养护管理工作主要包括：灌水、施肥、修剪、除杂草等环节。

（1）灌溉。灌溉可以改善草皮生长环境，补充草坪植物的水分，是草坪正常生长的保证。鉴于草坪生长季节内，草坪与环境均处于不断变化之中，水又是协调土壤肥力和改善小气候的中心环节，浇灌不能按某个固定的模式实施。①灌水时间。根据不同时期的降水量及不同的草种适时灌水是极为重要的。一般可分为 3 个时期：返青到雨季时期，这一阶段气温高，蒸发量大，需水量大，是最关键的灌水时期。这时期可每天灌水 2~4 次。雨季基本停止灌水。这一时期空气湿度较大，而草坪仍处于生命活动较低旺盛阶段，与旱季前两时期比，草坪需水量显著提高，如不及时灌水，不但影响草坪生长，还会收起提前枯黄进入休眠。在这一阶段，可每天灌水 4~5 次。若用浇灌、喷灌等，早春、晚秋均以中午前后为好，其余则以晨昏为多。②灌水量。每次灌水量应根据土质、生长期、草种等因素而确定。一般来说草坪生长季节的干旱期内，每周需补水 20~40 cm；旺盛生长的草坪在炎热和严重干旱和情况下，每周需补水 50~60 cm。通常，不论何种灌溉方式，都应多灌溉几次，每次水量少些，最大到地面刚刚萌生径流为度。

（2）施肥。为了保持草坪叶色嫩绿、生长繁密，必须施肥。草坪植物主要叶片生长，并无开花结果的要求，所以氨肥厚的反应也最明显。在建造草坪时应施基肥，草坪建成后在生长季节需施追肥。在生长季每月或 2 个月应追施一次肥。这样可增加枝叶密度，提高耐踩性。

（3）修剪。修剪是草坪养护和重点，而且是费工最多的工作。修剪能控制草坪的高度，促进分蘖，增加叶片密度，抑制杂草生长，使草坪平整美观。

（4）除杂草。杂草的入侵会严重影响草坪质量，除去杂草是草坪养护中必不可少的一环。最基本方法是合理管理，促进目的草生长，对杂草可人工挑除，还可用化学除草剂。

（5）通气。即在草坪上扎孔打洞，目的是改善根系通气状况，调节土壤水分含量，有利于调高施肥效果。这项工作对提高草坪质量起到不可忽视的作用。一般要求 50 穴/$m^2$，穴间距 15 cm×5 cm，穴径 1.5~3.5 cm，穴深 8 cm 左右。

草坪承受过较大负荷或经常负荷的作用，土壤板结，可采用草坪垂直修剪机，用铣刀挖出宽 1.5~2.0 cm、间距 25 cm、深约 18 cm 的沟，在沟内填入多孔材料，把挖出来的泥土翻过来，并把剩余泥土运走，施用高效肥料，加强肥水管理，草坪能很快生长复壮。

### (七)养护管理

苗木栽植完成后，如果后期养护管理跟不上或者养护不当，就会影响苗木成活。养护管理措施要科学合理，并及时有效。

### (八)绿化施工与电力线路导线及地下管线最小距离要求

1. 绿化施工时应依据国家有关电力法规

在高压线下垂直投影两米内区域禁止种植一切乔木及高大植物(禁种范围在图纸上的高压线下区域标示有虚线)。

高压线最小安全垂直距离规范：1 kV 以下 1.0 m；1~10 kV 1.5 m；35~100 kV 3.0 m；220 kV 3.5 m；330 kV 4.5 m；500 kV 7.0 m；750 kV 8.5 m；1 000 kV 16.0 m。

2. 绿化施工时植物与地下管线应符合安全距离规范

(1)乔木与电力电缆最小水平距离为 1.5 m；绿篱或灌木与电力电缆最小水平距离为 0.5 m。

(2)乔木与通信电缆最小水平距离为 1.5 m；绿篱或灌木与通信电缆最小水平距离为 0.5 m。

(3)乔木与给水管线最小水平距离为 1.5 m。

(4)乔木与排水管线最小水平距离为 1.5 m；乔木与排水盲沟最小水平距离为 1.0 m。

(5)乔木与消防管线最小水平距离为 1.2 m；绿篱或灌木与消防管线最小水平距离为 1.2 m。

(6)乔木与燃气管线最小水平距离为 1.2 m；绿篱或灌木与燃气管线最小水平距离为 1.0 m。

(7)乔木与热力管线最小水平距离为 2.0 m；绿篱或灌木与热力管线最小水平距离为 2.0 m。

## 四、水电工程施工

### (一)园林水电工程所涉及的管道工程及设备安装工程

其中管道种类主要包含给排水管道、电力缆线、电信缆线。

1. 给水管道

包括绿化灌溉给水、景观给水、生活给水、消防给水等管道。

2. 排水沟管

按雨污分流制，排水沟管主要分为雨水管沟和污水管道两类。雨水沟管：有地面排水明沟和暗沟，地下雨水管和为降低地下水位所设的排水盲沟。污水管：在乡村建设中主要是为生活污水管道。

**3. 电力缆线**

包括乡村中照明、动力用电所设的电力线或电力电缆。

**4. 电信缆线**

包括监控线、音响线、广播线等。

### （二）给水管道施工

给水管道的敷设一般采用地面浅埋方式，在接近村庄建筑物时也可采用明管敷设。给水管道埋深管顶覆土不小于 0.5 m，过车处管道埋深管顶覆土不小于 0.7 m，给水管遇到排水管或者遇到大管上弯敷设，过车处埋深不够的给水管应穿大二号钢管套管。施工时，要先核对园林给水设计图所规定的水管位置与走向、管道连接方式和阀门井的位置，在地面精准放线；然后依照定线挖槽，注意槽底平整。在吐槽内敷设管道，按照设计要求连接好水管接头，保证不漏水，安装阀门和水龙头后，回填并压实槽土。

### （三）排水管道施工

乡村景观建设中，地面排水的过程是先将雨水引入路边和场边，由路边、场地边所设的排水沟、雨水口排放到园林排水管网系统中。

排水管道一般属于重力自流管道，施工前应先核对设计上下游管道底标高。施工时，先开挖埋管土槽，土槽各处深度要按设计的管道底标高来确定，槽宽应至少比管径大 1 倍。为防止埋管后因地基不均匀沉降而造成管道折裂与变形，对槽底土质松软段应夯实加固，并且要使槽底相对平整，在排水管下设 200 mm 砂砾基础，基础支撑角180°。埋管时，应先从下游的管道开始敷设，逐步向上游推移，以利排水。管道敷设完成后，再进行回填作业，将回填土基本压实即可。

### （四）电气工程管道施工

**1. 开挖电缆沟**

根据设计图纸开挖电缆沟，遇到转弯处时应挖成圆弧状，以保证电缆敷设时有足够的弯曲半径。

**2. 预埋电缆保护管**

电缆穿越道路应穿钢管保护，电缆管两段宜伸出道路两边各 2 m，伸出排水沟 0.5 m。直埋电缆进入电缆沟时，应穿管中。电缆需要从直埋电缆沟引出地面时，为防止机械损伤，在地面上 2 m 一段应用金属管加以保护，保护钢管应深入地面以下 100 mm 以上。

**3. 敷设电缆**

首先将直埋用的电缆沟铲平夯实，再铺设一层厚度不小于 100 mm 的砂层或软土。电缆整理整齐，不宜相互交叉重叠，以便电缆散热。在中间接头处和终端处应留有余量。电缆整理好后，应立即进行中间电缆头和终端头的连接。连接后，应对电缆进行绝缘耐压试验，确认没有问题时，可对电缆进行封闭覆盖。

**4. 电缆覆盖**

和下部一样，上部也应铺 100 mm 厚的砂层或软土层，并加盖保护盖板。覆盖宽度应超过电缆两侧各 50 mm。

在下部所铺砂砾或软土不应有石块或硬杂物，以免伤及电缆。经隐蔽验收合格后，方可向电缆沟内回填土，并分层夯实。

5. 照明设备的选择和安装

(1)照明设备主要取决于被照明植物重要性和要求达到的效果。①所有灯具必须是水密防虫的，并能耐除草剂与除虫药水的腐蚀。②考虑到白天的美观，灯具一般安装在地面上。③为了避免灯具影响绿化维护设施的工作，油漆时影响草地上修剪的工作，应将灯具固定在略微高于水平面的混凝土基座上。④将投光灯安装在灌木丛后，技能消除眩光又不影响白天的外观。

(2)树木投光照明。①对必须安装在树上的投光灯，其系在树权上的安装环必须能按照植物的生长规律进行调节。②在落叶树的主要树枝上，安装一串串低功率的白炽灯泡，可在冬季使用。在夏季，树叶会碰到灯泡，烧伤树叶，对植物不利，也会影响照明效果。③对一片乔木的照片，用几只投光，从几个角度照射；对一棵树的照明，用两只投光灯从两个方向照射，成特写镜头；对一排树，用一排投光灯具；对树权树冠，主要是照射树权树冠。

(3)花坛的照明。①由上向下观察的处在地面上的花坛，采用蘑菇式灯向下照射。②花有各种各样的颜色，就是用显色指数高的光源。白炽灯，紧凑型荧光灯。

## 五、配套设施及雕塑小品施工

配套设施包括休息廊、休息坐凳、宣传栏、灯具等。雕塑小品可以是水井、农耕用具、石碾、石磨、筒车、辘轳、耕具等，也可以是彰显当地文化特色的雕塑。

### (一)施工工艺流程

施工前准备工作→制作、成品购买→定点放线→安装→维护、保护。

### (二)制作、成品购买

配套设施制作需在按照图纸在厂家或现场加工制作完成。

现场制作时，雕塑小品多为成品定制、购买。

### (三)定点放线

根据设计图纸进行定点放线，同时确定准确的设施数值。设施小品数值确定的优先原则是清单工程、施工图纸、施工现场，无设计变更等情况必须与项目部编制的制作、采购计划一致。

### (四)安装

(1)安装前要按设计图纸翻出样图和节点大样，高低平面处理，收头要事先复核图纸。

(2)基层表面平整、光洁、干燥，安装前清扫干净。

(3)碎石垫层采用粗细均匀的碎石，分铺均匀，含泥量不大于 10%，石料含泥量过高应用水冲洗。

(4)钢筋混凝土采用中粗砂、硅酸盐水泥，2～4 cm 碎石骨料，含泥量均不大于3%。钢筋按图纸设计，并做好隐检手续，按现行施工规范要求养护。

(5)在混凝土浇筑时，转角处必须同时浇筑。并且混凝土强度等级按图纸设计要求，并做好强度检验(图 18-13)。

图 18-13　雕塑安装

## 六、立面改造工程

乡村外立面改造是基于建筑原有结构的前提之下，增添极具地域特色和乡村文化的装饰元。

### (一)注意事项

(1)施工前应对基层进行全面检查验收，管线洞口修补平整，如基层有缺陷应在刷浆前认真处理、检查合格后方可进行作业，杜绝刷浆后进行其他补修工作的现象。

(2)认真做好清理基层，确保填补缝隙、满刮腻子、打砂纸磨光、分遍刷浆等每一道工序质量。

(3)腻子应坚实牢固，不得有起皮裂缝等缺陷，腻子较厚的要分层刮磨要求手摸平整光滑无挡手感，有防水要求的墙面应采用防水腻子刮抹，砂浆每遍涂层不应过厚，涂刷均匀，颜色致。

(4)刷浆时要注意不要交叉污染，对门窗、暖气件、各种管道灯具，开关插座、箱盒等应采取临时覆盖措施防止污染，刷浆工程结束后应加强管理，认真做好成品保护。

### (二)涂料喷刷

1. 基层处理

首先清除基层表面尘土和其他黏附物。较大的凹陷应用聚合物水泥砂浆抹平，并待其干燥；较小的孔洞、裂缝用水泥乳胶漆腻子修补。对基层原有涂层应视不同情况区别对待，疏松、起壳、脆裂的旧涂层应将其铲除；黏附牢固的旧涂层用砂纸打毛；不耐水的涂层应全部铲除。

2. 刷底胶

如果墙面较疏松，吸收性强，可以在清理完毕后的基层上用滚筒均匀地涂刷 1~2 遍胶水打底，不可漏涂，也不可涂刷过多造成流淌或堆积。

3. 成品门窗保护

在腻子施工前应派专人用纸胶带等贴好门窗框边，对非涂料的墙面进行塑料布黏贴保护。

4. 腻子施工

腻子施工是在基底墙面干燥的情况下进行，腻子施工前可视墙面具体情况涂封碱层，满刮腻子 2~3 遍，厚度应不大于 2.5 mm，第一次腻子施工时对于大墙面等进行铁板满批，特别注意接缝、糙面等细小地方。在满批时用 2 m 长的铝合金条边批边检查墙面的平整度与垂直度，待腻子干燥后用砂纸打磨，后用直尺检查装饰线条的平整度，并用磨光器打磨，这里尤其注意的是线条细部打磨工作必须认真，因为只有细部工作做得好，涂料质量才能更上一个质量层次。

5. 涂料施工

外墙涂料通常可采用辊涂的涂刷方法，涂刷一道底漆、一道中涂拉毛和一道面漆。由于乳胶漆涂料干燥较快，每个刷涂面应尽量一次完成，否则易产生接痕。辊涂可用羊毛或人造毛辊。这是较大面积施工中常用的施工方法，毛辊涂时，不可蘸料过多，最好配有蘸料槽，以免产生流淌。在辊涂过程中，要向上用力、向下时轻轻回带，否则易造成流淌弊病。辊涂时，为避免辊子痕迹，搭接宽度为毛辊长度的 1/4。

(1)底涂：①底涂施工的环境要求为无雨、无雾、风力 5 级以下、空气相对湿度不大于 85%、气温不低于 5 ℃。②底涂涂刷通常采用滚筒刷。对边角、接缝等难刷部位可用漆刷进行预涂后，再大面积滚刷。③底涂使用前必须严格按照涂料的配比，用电动搅拌机充分搅拌，使得涂料处于均匀状态。④选用滚筒和漆刷涂刷时，每次蘸料后应在齿状板上来回滚动一周或桶边舔料，以减少浪费和环境污染。⑤施工工具使用完毕后应及时清洗或浸泡在水中。

(2)面涂：①在达到规定的成膜时间以后，方可准备进行面涂涂刷。②面涂涂刷的环境要求为无雨、无雾、风力 5 级以下、空气相对湿度不大于 85%、气温不低于 5 ℃。③面涂涂刷通常采用滚筒刷，对难刷部位可用漆刷涂刷。④面涂使用前必须充分搅拌，使得涂料处于均匀状态。⑤面涂涂刷工艺应主要采用横向或竖向的涂刷方法。⑥选用滚筒和漆刷涂刷时，每次蘸料后应在齿状板上来回滚动一周或桶边舔料，以减少浪费和环境污染。⑦施工工具使用完毕后应及时清洗或浸泡在水中。

6. 注意事项

(1)涂料使用前应核对标签，并仔细搅拌均匀，用后需将盖子盖严。

(2)涂料的储存和施工应符合产品说明书规定的气温条件，通常应在 5 ℃以上，如果涂料在储存中冻结，应置于较高温度的房间中任其自然解冻，不得用火烤。解冻后的涂料经确认未发生质变方可使用。

(3)涂料调色最好由生产厂或经销商完成，以保证该批涂料色彩的一致性。如果在施工现场需要调色，必须使用厂家配套提供或指定牌号、产地的色浆，按使用要求和比例，由专人进行调配。

（4）应注意涂料工程的成品保护，防止交叉作业引起的人为污染。已经施工的墙面如受到脏物污染，可用干净的湿抹布轻轻擦洗，污染严重时应重新涂刷。

（5）施工前注意天气预报，避免在雨雪来临前作业。

（6）涂刷工具用必应及时清洗干净并妥善保管。

### （三）门窗施工

**1. 工艺流程**

弹线找规矩→门窗洞口处理→防腐处理及埋设连接铁件→门窗拆包、检查→就位和临时固定→门窗固定及方法→门窗扇安装→门窗四周堵缝、密封嵌缝→清理→安装五金配件→安装门窗纱扇密封条。

**2. 弹线找规矩**

在最顶层找出外门窗口边线，用大线坠将门窗边线下引，并在每层门窗口划线标记，对个别不直的口边应处理。门窗口的水平位置应以楼层加 50 cm 水平线为准，往上反量出窗下皮标高，弹线找直，每层窗下皮（若标高相同）则应在同一水平线上。

**3. 门窗洞口处理，墙厚方向的安装位置**

根据外墙大样图及窗台板的宽度确定门窗在墙厚方向的安装位置，如外墙厚度有偏差时，原则上应以同一房间窗台板外漏尺寸一致为准，窗台板应深入窗下 5 mm 为宜。

**4. 防腐处理及埋设连接铁件**

（1）门窗框两侧的防腐处理应按设计要求进行，如设计无要求时，可涂刷防腐材料，如橡胶型防腐涂料或聚丙烯树脂保护装饰膜，也可黏贴塑料薄膜进行保护，避免填缝水泥浆直接与门窗表面接触，产生电化学反应，腐蚀门窗。

（2）门窗安装时若采用连接铁件固定时，铁件应进行防腐处理，连接件最好选用不锈钢件。

**5. 运输及安装窗披水**

按设计要求将披水条固定在窗上，应保证安装位置正确、牢固。

**6. 就位和临时固定**

根据放好的安装位置线安装，并将其吊直找正，无问题后用木楔临时固定。

**7. 门窗固定及方法**

门窗与墙体的固定有两种方法。

（1）沿窗框外墙用电锤打 $\phi 6$ 孔（深 60 mm），并用"Y"形 $\phi 6$ 钢筋（40 mm×60 mm），粘 108 胶水泥浆，打入孔中，待水泥浆终凝后，再将连接铁件与预埋钢筋焊牢。

（2）连接铁件与预埋钢板或剔除的结构箍筋焊接。

不论采用哪种方法固定，铁脚至窗角的距离不应大于 180 mm，铁脚间距应小于 600 mm。

**8. 处理门窗框与墙体缝隙**

门窗固定以后，应及时处理门窗框与墙体缝隙。采用矿棉或玻璃毡条分层填塞缝隙，外表面留 5~8 mm 深槽口填嵌缝膏。窗应在窗台板安装后将窗上、下缝同时填嵌，填嵌时用力不应过大，防止窗框受力后变形。

9. 门框安装

(1)将预留门洞按门框尺寸提前修好。

(2)在门框的侧边砌入水泥砖块或木砖。

(3)门框安装并找好垂直度及几何尺寸后，用射钉枪或自攻螺钉将其门框与墙上固定块固定。

(4)用低碱性水泥砂浆将门框与砖墙四周的缝隙填实。

10. 弹簧座的安装

根据地弹簧安装位置，提前剔洞，将地弹簧放入凹坑内，用水泥浆固定。地弹簧安装应注意地弹簧座上的上皮一定与室内地面平。地弹簧转轴的轴线要与门框横料的定位销轴心线一致。

11. 门扇的安装

门框门扇的连接是用角码的固定方法，具体与门框连接相同。

12. 安装五金配件

待交活油漆完成，浆活修理后再安装五金配件，安装工艺见产品说明，要求安装牢固，使用灵活。

13. 安装纱门窗

绷铁纱、裁纱、压条固定、挂纱窗、装五金配件。

# 第十九章 乡村水系建设与治理

河南省临颍县大郭镇胡桥村

乡村水系是乡村生态建设核心，面对日益突出的乡村水系问题，通过乡村水系建设及治理，让乡村居民的生活生产环境得到改善，加快乡村水系建设与治理可提高乡村振兴战略落实的效率。

## 第一节　乡村水系建设

乡村水系是指由分布在村庄居住区及周边农田中的河流、坑、塘、湖泊所组成的水网系统的统称，一般承载着行洪排涝、灌溉、供水、养殖、生态涵养及景观等功能。乡村水系是乡村自然生态系统建设的核心，与乡村振兴及新农村生态文明建设息息相关。水利普查显示，全国各地建设的坑塘有 456 万处(面积＜1 km²)，湖泊有 2 865 个(面积＜200 km²)，河流 3.4 万条。乡村水系与乡村居民生活及生产有密切的关系，乡村水系属于乡村乡愁和乡村水环境的重要载体，是加快乡村振兴建设的关键要素。

### 一、乡村水系的作用

乡村水系建设是促进农村经济发展和提高农民生活质量的重要措施之一。建设乡村水系可以改善农村生活用水条件，增加灌溉用水、养殖用水和工业用水等资源供给，促进当地农业和工业的发展，提高农民收入和生活水平。同时，乡村水系建设还能有效地防止自然灾害，如洪涝灾害和干旱等。

具体来说,乡村水系建设包括水库、塘坝、沟渠、水井等基础设施的建设和维护,以及水源地保护、水土保持和水污染防治等方面的工作。对于水系建设规划,需要考虑当地水资源状况、土地利用情况、气候条件等因素,制定合理的规划方案,保障建设的成本效益和可持续性。

总之,乡村水系建设是推进农村发展、改善农民生产生活条件的重要工作之一,在实际工作中需要注重科学规划、合理布局和落实有效的管理制度。

乡村水系的作用主要有以下几个方面。

(1)改善农民生活用水条件。乡村水系建设可以为农村居民提供清洁、安全的饮用水,解决农村饮水难问题。

(2)增加灌溉用水、养殖用水和工业用水等资源供给。乡村水系建设可以提高农田灌溉水平,增加农业生产效益;为农村养殖和工业生产提供所需的水源。

(3)推动当地农业和工业的发展。乡村水系建设不仅可以提高农业生产效益,还可以促进当地工业的发展,创造就业机会,促进经济发展。

(4)防止自然灾害。乡村水系建设可以有效防止洪涝灾害、干旱等自然灾害的发生,保证农田水分供应,保护农作物生长。

(5)维护环境生态平衡。乡村水系建设可以增加土地覆盖率,促进植被恢复,维护水土资源的持续利用和生态平衡。

因此,乡村水系建设是非常重要的一个工作,它不仅可以改善农村居民的生活质量,推动当地经济和社会发展,还可以保障环境生态的可持续性。

## 二、乡村水系景观建设策略

### (一)改善流域水体环境质量

水体污染严重、质量较差,其表象在水质、问题在岸上、根源与陆地上的生产方式和产业结构密切相关。鉴于水系的流动性和连通性,对乡村水系污染的整治需要以城乡联动全面推进为导向,统筹兼顾,通过宏观调控布局改善区域范围内的产业结构现状,促进工业和农业转型。对于已经遭受严重破坏的水系环境,需要结合多方面的专家学者,讨论制定流域水系修复策略,督促政府制定具体的实施计划,逐步实现流域水体环境的改善。

### (二)保障乡村水网河道畅通

乡村水系多数是粮食和经济作物主要产区,同时也是洪涝灾害的易发区。长期以来受人类建设活动影响,通常平原地区下游湖泊水体被大量围垦、部分末端排水通道被堵使得湖泊、河网调蓄和排水能力降低。保障乡村水网河道畅通,降低洪涝灾害影响,必须站在时间和空间尺度上进行问题研究,评估、监测水文特征,突破行政边界了解水系流域范围内的水利概况。在乡村范围内可以加快推进乡村河网排涝骨干通道建设,疏浚被堵的河口水岸、淤塞的河道,拓宽部分河道,结合堤岸、排涝闸的建设增强快速排水能力,减少洪涝灾情影响,为乡村水系景观建设提供一个安全、可控的水利环境。

### (三)维系良好的乡村水系生态环境

乡村水系景观设计需要建立在良好的水系生态环境基础上，尊重长期演变形成的水系生态环境。通过综合整治改善乡村水体环境，保护乡村水系的完整性和真实性，协调好乡村建设发展土地关系的生态性，发挥水体生态基础设施的作用，为乡村水系景观建设提供骨架支撑。

### (四)构建区域水系景观网络

水系的自然属性和社会属性决定着乡村水系景观建设在流域范围内与其他地区、类型的水系景观建设存在着联系。乡村水系河网脉络发达，从宏观角度提出构建区域水系景观网络，能够有效地减少流域层面水系景观建设和水系环境治理问题的冲突。区域水系景观网络的构建也为"五水共治"工作的全面开展，提供了可行的操控平台，促进水系景观在中观和微观层面建设顺利进行。

### (五)保护乡村水系流域历史人文资源

水系孕育了乡村和城市，积累了浓厚的历史文化底蕴。运河以及其他河流的乡村段仍遗留古墩、古庙、古塔、古桥、老街、老店、老厂、老窑等大量历史人文资源。这些分散的文化遗产需要在乡村层面建立起水系人文资源档案，实现就地保护，并为乡村水系及其周边环境的再次复兴提供文化支撑。乡村水系景观建设活动开展中，重新梳理水系历史脉络、挖掘历史人文资源为依水而生的周边乡村文脉的延续提供了保障。

## 三、乡村水系设计原则

水系作为乡村地域风貌特色基础，融入乡村的自然生态系统、经济生产系统、聚落生活系统中。乡村水系景观建设需要站在乡村发展与水体生态健康相互协调的角度，考虑水系的自然属性、村庄的经济属性、文化的社会属性协调促进。

### (一)整体性原则

乡村水系与村庄环境、社会活动构成一个互相适应、协同发展的整体，水系景观设计涉及生产、交通、环境、卫生、生态等多方面内容。在规划过程中需要从水系景观的整体结构和发挥的综合功能出发，合理安排水系景观构成要素与要素之间的关系，水系景观与乡村其他方面建设的交互作用。在清楚地认识乡村建设现状与发展目标的基础上，全面统筹乡村水系景观各方面建设安排，以符合村庄整体发展需求，避免与乡村生产、生活分离。

### (二)生态性原则

乡村水域—滨水—陆域空间层次的丰富变化和水陆交接带的物种多样性使得水系及其周边环境成为乡村环境中重要的生态廊道。水体生态环境问题突出的现状使得乡村水系景观建设必须了解乡村水系的生态规律、人类活动干扰因素，依据生态学原理，采取一定的措施逐渐修复被破坏的水体环境。维持乡村水系自然生态过程及功能的连续性、整体性，提高生物多样性，促进水体的自然循环，保护乡村生态走廊，能够实现乡村水系的生态复兴，为水系景观设计提供良好的建设基础。

### (三)文化性原则

乡村的发展形成过程中以其保留完好的节庆活动、生活习俗、历史典故、民间艺术等，形成区别于其他地域环境的显著特征。现实生活中，村庄的一个河道水体往往承载着几代人的生活记忆，文化传承与水体之间存在着必然的关联性。在城乡一体化不断推进过程中，依靠村庄水体承载的精神记忆和文化特征需要在不断继承中丰富发展。水系景观设计中注重实现乡村水系历史文脉的延续，关系着乡村水系魅力特质的展现和持久生命力的增强。

### (四)经济性原则

政府投入资金与村民自发性建设行为相结合，保证了乡村水系景观建设活动的顺利开展。充分考虑乡村经济发展条件，确定合理的乡村水系景观建设方案，可以有效地保证水系景观建设顺利开展。对于资金匮乏的乡村，需要通过方案比较选择出合适的设计方案，利用乡土资源优势就地取材，因地制宜地建设，有效降低水系景观的建设成本和后期养护费用。对于有充足资金保障的乡村要避免盲目建设，以保证乡村风貌整体协调性为目标，根据实际情况安排近远期建设项目。同时在设计过程中也要考虑经济效益的回报策划，使得乡村水系景观在开展乡村休闲旅游、吸引外部资金投入方面发挥作用。

## 四、乡村水系景观主要设计内容

### (一)乡村河道

乡村河道是水的载体，它与其他水体组成一类完整的生态系统，是由生命系统及环境系统在特定情况下结合而成的，它与人类生活和活动紧密相关。乡村河道具有带状水域景观，是调蓄分洪和农田排涝灌溉的主要渠道，也是船舶运输的主要通道。

生态河道是指能够满足河道基本的水利功能，依靠少量的人为干预以及自然平衡作用，达到长期稳定的生物多样性以及生态平衡，自然环境与人文环境能够和谐发展的河道。生态河道的空间主要包括河堤、河槽、河堤背水坡以及禁脚地 $5\sim10$ m，没有提防的河道为河口两侧 $20\sim50$ m 的范围。生态河道的基本特征如下。

(1)具备完整的生态结构，具有良好的横纵向连通性。

(2)较少的人为干预，在面对自然界洪水、大风、干旱等自然干预下能够结合少量的人为干预能够自我恢复，在外部干扰不大的情况下能够进行自我调节，维持生态平衡。

(3)管理过程中不损坏邻近生态系统。

(4)能够维持良好健康的环境条件。

(5)能够提供自然和人类需求的生态服务功能(图 19-1)。

### (二)乡村水景

乡村水景可分为动态水景和静态水景。动态水景是以流动的水体，结合水的姿态、

图 19-1　乡村河道

颜色、声响来增加其动感活力，令人兴奋。形式上表现为流水、落水、喷水 3 种。流水如河流、小溪、涧等多为连续的、宽窄变化的带状形态；落水如瀑布、跌水等，为高程上有高度的变化；喷水则为由于压力向上喷出的水景形式如喷泉、涌泉等。静态水景则如池、潭、湖等，提点是宁静、明朗、祥和。水景的作用主要是净化环境。丰富环境空间和色彩，增加环境气氛等。

1. 湖

湖为静态水景，分为人工湖和自然湖。自然湖为自然的水域形成的景观，如杭州西湖、广东星湖等，人工湖为人为利用地势就低挖掘成的水域，沿岸随境设置景观，追求自然天成。湖的特点是水面宽阔，具有平远悠长，豁然开朗之势(图 19-2)。

图 19-2　乡村湖面

湖还有一定的水深，利于水产活动，湖岸线与天际线浑然一体，常常在湖中心利用疏浚或人工堆成小岛，用来划分水域空间，使水景更为丰富，照应一池三山的园林做法。

乡村水系设计中可以利用湖来营造水景，应体现湖水的特色。首先应注意湖体岸线的滨水设计，讲究岸线的线性艺术；其次应注意湖体水深的设计，选择适合排水的设施，如水闸、溢水口、排水口等；最后应注意人工湖的选址，应选择土层细密、厚实的地方，不宜选择土质过于黏质或渗透性大的地方，如遇到渗透力过大的土质，应采取工程措施进行防渗。

2. 池

池为静态水景。人工池形式多样，可由设计者发挥，通常池的面积较小，岸线的形式变化丰富其具有艺术感；水深较浅，不宜开展水上活动，以观赏为主，常搭配喷水及花坛等来丰富观景面。池还可分为自然式、规则式和混合式 3 种形式。现代的流线型水池更能丰富、生动地体现设计者的想象，也更富有美感。

人工水池通常为乡村水景的局部构图中心。池在乡村可设置在广场的中心或道路的尽头以及亭廊花坛的组合形成特有的乡村水池景观。水池的布置应充分考虑场地现状，做到因地制宜，其位置应在乡村较为醒目的位置，这样便于融于环境。面积较大的水池宜采用自然式或混合式，面积较小的则可选择自然式或规则式等。在池岸设计过程中应注意聚散有致、开合得体。像配置在草坪或规则铺装的水池，应讲究岸线艺术，可用卵石打底或采用明快的铺装。池岸的色彩也应以简洁的颜色为主，池中可设置汀步搭配雕塑、灯光等，池中可放置鱼苗或种植水生植物，可依据这些生物的生活习性确定水池的深度，所种植的植物不宜过多，若池水过深，可在池底加砌砖或垫石头基座，再将种植箱或种植盆放置在基座上，利于植物的生长(图 19-3)。

图 19-3　乡村水池

3. 溪涧

溪涧为连续带状的动态水景。溪流较浅且开阔，水沿滩泛溢而下，较为柔和愉快。溪流加深变窄形成涧，涧相对水流急湍，水量充沛，带来动势。溪涧多为蜿蜒曲折的带状水面，强调宽窄的变化，溪流中通常布置汀步、小桥、景石等。溪岸旁常有自然形成的隐约的小路(图 19-4)。

自然界中的溪流多为瀑布涌泉的下游形成的，上游通水源，下游达水体。溪水两岸往往高低错落，流动的水也显得水清澈，通过散落的碎石净砂，绿树翠竹更能衬托体现出水流的姿态和声响。

乡村中的溪涧布置应讲究道法自然，宽窄曲直对比明显，空间错落分隔有致，平面要求蜿蜒曲折，剖面要求有缓有陡，带状流水的欣赏空间能够做到富有节奏感。

布置溪涧时应根据地形选址，基址应具有一定的坡度，顺流势进行设计，普通溪流坡度 0.5% 左右，急流处坡度 5%，缓流处 0.5%~1%，溪流宽度 1~2 m，水深不宜过深，50~100 mm，一般不超过 300 mm，平均流速 200 mm/s，平均流量 0.5 m³/s。乡村溪涧应充分利用水姿、水色和水声，通过溪道散点的置石，盘活水的流态，布置跌水、配置水生植物、养殖观赏鱼等丰富溪水流韵。

图 19-4　乡村溪涧

# 第二节　乡村水系治理

## 一、乡村河道治理

乡村河道的汇流面通常较小，断面较小，水流速度较慢是区域河流网络的毛细血管。实施农村河道综合整治既是当前改善水环境面貌的迫切要求，也是全面协调可持续和实施城乡统筹，实践科学发展观的必然要求。要因河制宜、标本兼治研究和制定农村河道综合整治举措。

### （一）乡村河道治理的目标

乡村河流由河床和水流组成，两者矛盾又统一，治理和利用河流首先要调节河床和水流的矛盾，然后要让河道在生态健康的状态下发挥河道最大的功能。要能满足河道的基本水利工程，满足河道的景观功能，满足物质的生产功能，满足生态环境功能。

### （二）平面与断面设计

1. 平面设计

河道走向应符合地形地貌，因势利导，在满足水利功能的前提下，尽可能利用原有河槽及水岸形式，采取曲线布置，河道的形式不要求统一，让乡村河道的轴线和岸线弯曲有度，增加曲线的美感，有利于自然状态下的河床及岸线的稳定。

2. 横断面设计

乡村河道应采用开敞式结构，避免暗涵的结构，乡村内部的河道横断面优先运用复式横断面结构，下部深槽以梯形为主上部为梯形或矩形，中部设置连续的人行小径。深槽的横断面大小应满足 25 年一遇的洪水标准，枯水季水流和小洪峰通常经深槽排泄，平台及上部结构是用来排泄超设计标准的洪峰，也是给亲水设施以及生态种植留有空间条件(图 19-5)。

图 19-5　清淤

### (三)河道景观生态设计

乡村河道维持河道水利功能基础上应采用景观生态设计。

(1)河道边缘缓冲绿地，避免尽量河道建设居住区、重交通道路，应留出一定宽度的河道缓冲地带，留给居民亲水活动空间，同时也让河流安全、长久和清澈。

(2)河岸和河滩修建亲水游赏设施，在河道滩地及绿化缓冲地带可修建道路、亭、榭、廊、台、舫等供游人休闲、游憩，水工建筑也应考虑环境融合和景观生态和谐要求。

(3)保持优良的水质和充足的水量，流动的河水是乡村水景中最生动的要素之一，保持河水的流量和水位，改善河道的水质和生化指标，防止河水被工业废水、生活污水、生产污水所污染，严禁未经处理的废水直接排入河道。

(4)利用河滩地建设人工湿地，湿地被称为地球之肾，在河槽内种植挺水植物，沉水植物以及湿地植物，形成物种丰富的生态绿廊。

## 二、驳岸和护坡

### (一)驳岸

驳岸是指水体与陆地交界处为保证岸坡不坍塌所设置的水工构筑物。园林工程中定义：建于水体边缘和陆地交界处，用工程措施加工岸而使其稳固，以免遭受各种自然因素和人为因素的破坏，保护风景园林中水体的设施(图 19-6)。

1. 驳岸的形式

根据驳岸的造型分为自然式驳岸、规则式驳岸和混合式驳岸。

自然式驳岸：岸线多变曲折压顶常用自然山石以及仿生材料形式。外观无固定形状的岸坡通常用假山石驳岸、卵石驳岸和仿木桩驳岸等，为的是追求自然亲和、景观自然的生态。自然式驳岸适用于岸线迂回曲折，周边为自然的山水、营造悠然寂静以及闲适的环境(图19-7)。

图19-6 驳岸

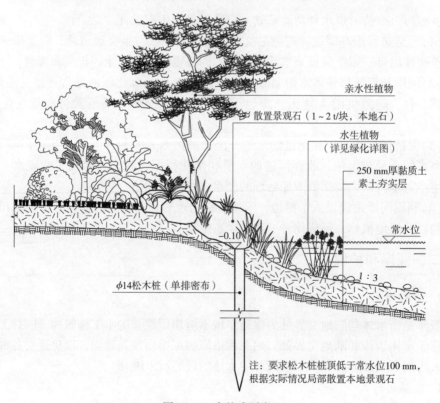

亲水性植物

散置景观石（1～2t/块，本地石）

水生植物
（详见绿化详图）

250 mm厚黏质土
素土夯实层

常水位

−0.10

1:3

φ14松木桩（单排密布）

注：要求松木桩桩顶低于常水位100 mm，
根据实际情况局部散置本地景观石

图19-7 自然式驳岸

规则式驳岸：岸线平直或呈现几何线形，压顶多用石料、混凝土或形状砖等。适用于永久性的驳岸，要求较高的施工技艺或要求更稳定的砌筑材料。这样的驳岸显得简明、规整、明快，但缺少变化。规整驳岸适用周围规整的环境，多为建筑物或乡村内部等，或营造规矩、严肃的氛围(图 19-8)。

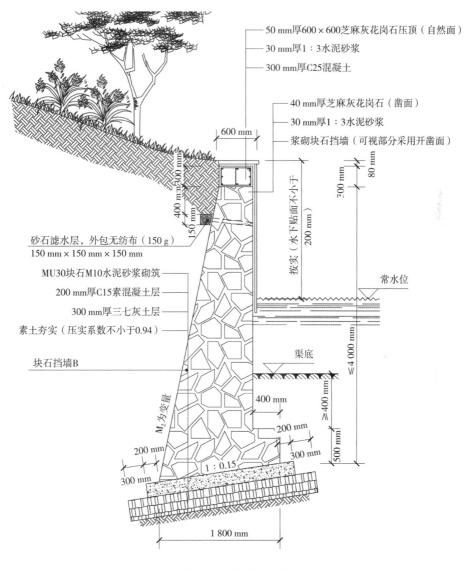

图 19-8　规则式驳岸

混合式驳岸：根据周围环境将规则式和自然式融合的驳岸形式。混合式驳岸适用于周围环境复杂多变的中大型水体，应根据周边地形的起伏、周边建筑风格和空间布局的变化等，选择调整适宜的驳岸形式(图 19-9)。

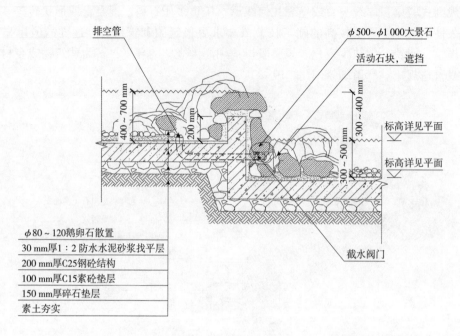

φ500~φ1 000大景石

活动石块, 遮挡

标高详见平面

标高详见平面

排空管

截水阀门

φ80~120鹅卵石散置
30 mm厚1:2防水水泥砂浆找平层
200 mm厚C25钢砼结构
100 mm厚C15素砼垫层
150 mm厚碎石垫层
素土夯实

图 19-9　混合式驳岸

2. 常见驳岸类型

条石驳岸：压顶及墙上用整体花岗条石砌筑，特点为坚固耐用、整洁，造价较高。

假山石驳岸：墙身用毛石或混凝土或砖砌筑，通常隐于常水位以下，岸顶散置自然山石，特点为极具园林景观观赏效果。

毛石驳岸：墙身用毛石砌筑虎皮形式，砂浆缝宽 20~30 mm，可用平缝或凹、凸缝，压顶多采用花岗岩或混凝土块等整形块料。特点为可减少冻土对驳岸的破坏，多空隙，能忍耐因环境温度变化而引起的热胀冷缩（图 19-10）。

这三类只是墙身与压顶的材料变化，形式基本一致。

混凝土仿木桩驳岸：常水位以上用混凝土筑成仿木头桩的形式，特点为观赏效果好，别具风味（图 19-11）。

卵石驳岸：常水位以上用大卵石砌筑或用小卵石贴在混凝土面层的形式，特点为风格自然朴素（图 19-12）。

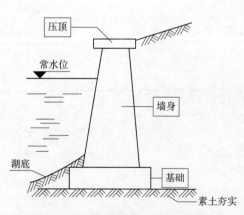

压顶

常水位

墙身

湖底

基础

素土夯实

图 19-10　条石驳岸、假山石驳岸和
毛石驳岸

竹桩驳岸：利用竹桩和竹片篱笆组成，特点为造价低、施工期短，但有一定的使用年限，不耐风浪冲击和淘刷，只能作为临时性驳岸（图 19-13）。

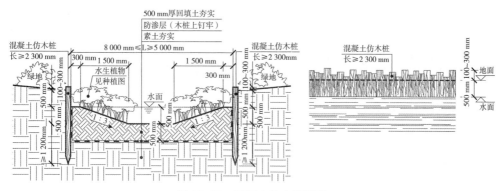

图 19-11 混凝土仿木桩驳岸

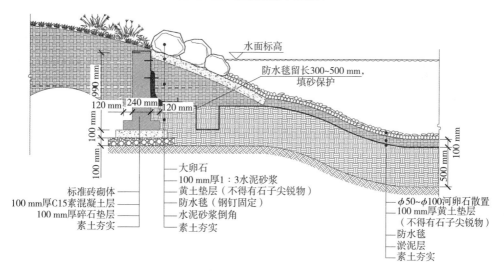

图 19-12 卵石驳岸

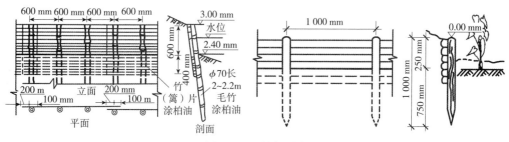

图 19-13 竹桩驳岸

## （二）护坡

护坡指的是为防止边坡受冲刷，在坡面上所做的各种铺砌和栽植的统称。作用主要为防止滑坡、减少水面和风浪对岸坡的冲击，保证岸坡的稳定。常见的护坡类型如下。

### 1. 植物型护坡

是指通过在岸坡种植植被，利用植物根系固土的力学效应（深根锚固和浅根加筋）和水文效应（降低孔压、削弱溅蚀和控制径流）进行护坡固土、防止水土流失，在满足生态环境的需求的同时进行景观植物造景。通常运用于水流条件平缓的中、小河流和湖泊港湾处。固土植物一般选择耐酸碱性、耐高温干旱，同时应具有根系发达、生长快、绿期长、成活率高、价格经济、管理粗放、抗病虫害的特点。该植物护坡需要注意抗冲刷保护。

对坡比小于1.0∶1.5，土层较薄的沙质或土质坡面，可采取种草护坡工程。种草护坡应先将坡面进行整治，并选用生长快的低矮钢伏型草种。种草护坡应根据不同的坡面情况，采用不同的方法。一般土质坡面采用直接播种法；密实的土质边坡上，采取坑植法；在风沙坡地，应先设沙障，固定流沙，再播种草籽。种草后1~2年，进行必要的封禁和抚育措施。

造林护坡：对坡度10°~20°，在南方坡面土层厚15 cm以上、北方坡面土层厚40 cm以上、立地条件较好的地方，采用造林护坡。

护坡造林应采用深根性与浅根性相结合的乔灌木混交方式，同时选用适应当地条件、速生的乔木和灌木树种。在坡面的坡度、坡向和土质较复杂的地方，将造林护坡与种草护坡结合起来，实行乔、灌、草相结合的植物或藤本植物护坡。坡面采取植苗造林时，苗木宜带土栽植，并应适当密植(图19-14)。

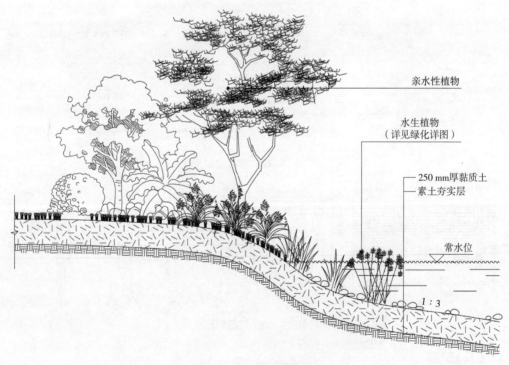

亲水性植物

水生植物
(详见绿化详图)

250 mm厚黏质土
素土夯实层

常水位

1∶3

图19-14　植物型护坡

2. 土工材料复合种植基护坡

(1)土工网垫固土种植基护坡。主要由网垫、种植土和草籽这3部分组成。土工种植基固土效果好、抗冲刷能力强、经济环保。但当其遇到抗暴雨冲刷时，表现较弱且取决于植物的生长情况。当护坡在水位线附近及以下时不适用该技术。

（2）土工格栅固土种植基护坡。格栅由聚丙烯、聚氯乙烯等高分子聚合物经热塑或模压制成的二维网格状，或有一定高度的三维立体网格屏栅。这种护坡具有较强的抗冲刷能力，能有效防止河岸垮塌，且造价较低、运输方便、施工简单、工期短、土工格栅耐老化、抗高低温等优点。但当该护坡土工格栅裸露时，经太阳暴晒会缩短其使用寿命，部分聚丙烯材料的土工格栅遇火能燃烧。

（3）土工单元固土种植基护坡。是利用聚丙烯等片状材料经热熔粘连呈蜂窝状的网片，将蜂窝状单元中填土植草从而起到固土护坡作用。这种护坡材料轻、抗老化、耐磨损、韧性好、抗冲击力强、运输方便、施工方便并可多次利用。但是该护坡适用的河道坡度不能太陡，水流不可太急，水位变化不宜过大（图19-15）。

图19-15　土工合成类护坡

3. 生态袋护坡

生态袋是利用专用机械设备，依据特定的生产工艺，将肥料、草种和保水剂按一定密度定植在可自然降解的无纺布或其他材料上，并经机器的滚压和针刺等工序制成的产品。该护坡稳定性较强、具有透水不透土的过滤功能、施工简单快捷，利于生态系统的快速恢复。但该护坡存在易老化，生态袋内植物种子再生等问题。生态袋孔隙过大袋中物易在水流冲刷下带出袋体，造成沉降、影响坡岸的稳定（图19-16）。

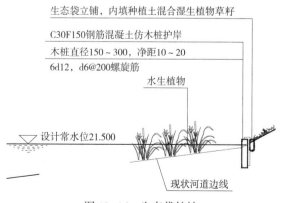

生态袋立铺，内填种植土混合湿生植物草籽

C30F150钢筋混凝土仿木桩护岸

木桩直径150～300，净距10～20

6d12，d6@200螺旋筋

水生植物

设计常水位21.500

现状河道边线

图19-16　生态袋护坡

4. 生态石笼护坡

石笼网是将高抗腐蚀、高强度、有一定延展性的低碳钢丝包裹上 PVC 材料后使用机械编织而成的箱型结构。石笼护坡造价低、经济实惠、运输方便，具有较强的整体性、透水性、抗冲刷性、生态适宜性等特点，应用面相对较广，有利于自然植物的生长从而改善坡岸环境。但该护坡主体以石块填充为主，需要大量的石材，因此在平原地区的适用性不强，尤其在局部护坡破损后需要及时补救，以免内部石材泄漏从而影响岸坡的稳定性(图 19-17)。

5. 植被型生态混凝土护坡

生态混凝土是一种性能介于普通混凝土和耕植土之间的新型材料，由多孔混凝土、保水材料、缓释肥料和表层土组成。这种护坡可为植物生长提供基质、抗冲刷性能好、护坡孔隙率较高，能够为动物及微生物提供繁殖场所、材料的高透气性能够保证被保护地土与空气间湿热交换能力。但该护坡存在降碱处理问题、强度及耐久性有待验证、可再播种性还需进一步验证。

6. 多孔结构护坡

多孔结构护坡是利用多孔砖进行植草的一类护坡，常见的多孔砖有八字砖、六棱护坡网格砖等。这种护坡形式多样，可根据不同的需求选择不同造型的多孔砖，多孔砖的孔隙既可以用来种草，水下部分还可以作为鱼虾的栖息地，多孔砖护坡具有较强的水循环能力和抗冲刷能力。但该护坡河堤坡度不能过大，否则多孔砖易滑落至河道，河堤必须坚固，土需压实、压紧，否则经河水不断冲刷易形成凹陷地带，成本较高，施工工作量较大，不适合砂质土层以及河岸弯曲较多的河道。

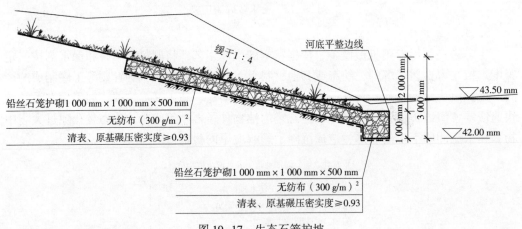

图 19-17 生态石笼护坡

7. 自嵌式挡土墙护坡

自嵌式挡土墙的核心材料为自嵌块。其中孔隙为鱼虾等动物提供良好的栖息地，该护坡防洪能力强、节约材料、对地基要求低、抗震性能好、施工简便无噪声、后期拆除方便。护坡造型多变：主要为曲面型、直面型、景观型和植生型，满足不同河岸形态的需求。但该护坡墙体后面的泥土易被水流带走，造成墙后中空，影响结构的稳定，在水流过及时容易导致墙体垮塌。该类护岸主要适用于平直河道，弯度太大的河道不适用，且弯道需要石材量大，且容易造成凸角，此处承受的水流冲击较大，使用这类护岸有一定的风险(图 19-18)。

图 19-18　自嵌式挡土墙护坡

　　园林护坡是一种土方工程，亦是一种绿化工程，在实际的工程实践中，这两方面的工作要紧密连接在一起。进行设计前应仔细勘察坡地现场，核实原始地形图资料与现状的情况，根据不同的情况提出相应的工程技术措施。尤其是在坡面绿化工程中，应认真调查坡面的朝向、土壤情况、水源供应等条件，为科学地选择植物和确定配置方式，以制定相应的绿化施工方法，做好技术上的准备和支持。

# 第二十章　乡村生活垃圾治理

河南省鲁山县东许庄村垃圾分类收集点

乡村生活垃圾是指生活在乡、镇（城关镇除外）、村的农村居民在日常生活中或在日常生活提供服务的活动中产生的固体废物，以及法律、行政法规规定视为生活垃圾的固体废物。

## 第一节　乡村生活垃圾

### 一、乡村生活垃圾类型

#### （一）乡村生活垃圾分类

依据《农村生活垃圾收运和处理技术标准》（GB/T 51435—2021），乡村生活垃圾分为 4 大类，分别是：可回收物、有害垃圾、易腐垃圾和其他生活垃圾。

《农村生活垃圾收运和处理技术标准》（GB/T 51435—2021）

1. 可回收物

指适宜回收和资源利用的生活垃圾。主要包括：废纸、废塑料、废金属、废玻璃、废包装物、废旧纺织物、废弃电器电子产品、废纸塑铝复合包装等。

（1）纸类：报纸、杂志、旧日书、纸板箱及其他未受污染的纸制品等。

（2）塑料类：容器塑料和包装塑料等。

（3）玻璃类：玻璃瓶罐、平板玻璃及其他玻璃制品。

（4）金属类：铁、铜、铝等金属制品。

（5）纺织类：旧纺织衣物、鞋帽和编织制品等。

（6）废弃电子产品。

（7）废纸塑铝复合包装。

2．有害垃圾

指对人体健康或者自然环境造成直接或者潜在危害的生活垃圾。

（1）废电池类：镉镍电池、氧化汞电池、铅蓄电池等。

（2）废旧灯管灯泡类：日常灯管、节能灯等。

（3）家用化学品类：废药品、废油漆、溶剂及其包装物，废杀虫剂、消毒剂及其包装物等。

（4）其他：废胶片、废相纸、废旧水银温度计、废血压计等。

3．易腐垃圾

（1）厨余垃圾类：村民日常生活中产生的剩菜剩饭、骨头、菜根菜叶、果皮等食品类废物。

（2）餐厨垃圾类：从事餐饮服务、集体供餐等活动的单位在生产经营中产生的米和面粉类食物残余、蔬菜、动植物油、肉骨等。

（3）生鲜垃圾类：农贸市场产生的蔬菜瓜果垃圾、畜禽类动物内脏等。

4．其他生活垃圾

（1）受污染与不宜再生利用的纸张：卫生纸、湿巾等其他受污染的纸类物质。

（2）不宜再生利用的生活物品：受污染的一次性用具、烟头、保鲜袋、妇女卫生用品、尿不湿、受污染的织物等其他难回收利用物品。

（3）灰土陶瓷：灰土陶瓷及其他难以归类的物品。

## 二、乡村生活垃圾危害

### （一）对空气的危害

乡村生活垃圾在敞开运输和堆放过程中会产生恶臭，向空气中释放出含氨和硫化物的污染物，臭味将影响村民居住生活的舒适度。如果生活垃圾露天焚烧会产生大量的有害气体和粉尘，不但会导致空气能见度降低，还会影响人体健康。

### （二）对人体的危害

乡村生活垃圾若处理不当，会引起呼吸道疾病，降低人体免疫力，传播疾病，引起急性或慢性中毒，甚至诱发癌症。

### （三）对土壤的危害

乡村生活垃圾露天堆放，不仅会占用土地资源，有毒垃圾还会通过食物链影响人体健康。另外垃圾渗出液还会改变土壤成分和结构，使土壤的保肥、保水能力大大下降，被严重污染的土壤甚至无法耕种。

# 第二节 乡村垃圾治理

## 一、乡村垃圾治理目标

在合理的经济技术条件下,实现乡村生活垃圾的减量化、资源化和无害化。减量化是通过分类收集和分类处理,将适合就地处理的乡村生活垃圾进行组分(如炉渣、砖瓦陶瓷、厨余垃圾等)在村庄处理并利用,减少外运处理的垃圾量;资源化是通过再生资源(市场可售废品)回收和对垃圾特定组分的转化处理获得具有利用价值的产物;无害化是最大限度地控制乡村生活垃圾处理全过程(包含收集、运输、处理处置及资源化产物利用)对环境和卫生的影响。

## 二、乡村垃圾治理处理模式

城乡一体化处理模式:即"村收集、镇转运、县处理"的方式。

源头分类集中处理模式:即在村里先分类后收集,再转运到乡(县)集中处理的方式。

源头分类—分散资源化利用和集中处理相结合模式:即实施垃圾分类后能采取就地资源化利用和回收的部分生活垃圾留在村内资源化利用(主要针对厨余垃圾和可回收物),处理难度大、经济价值低的部分生活垃圾集中转运至县(区)进行无害化处理(主要针对有害垃圾和其他垃圾)。

## 三、乡村垃圾投放要求

### (一)可回收物投放技术要求

(1)纸类垃圾宜折好压平。

(2)塑料类垃圾宜用水洗净瓶内残留物。

(3)玻璃类应撕掉标签,用水洗净瓶内残留物,碎玻璃应包装牢固。

(4)易拉罐、罐头盒类宜压扁,金属尖利物宜包装牢固。

(5)纺织类应洗净并折好压平。

### (二)有害垃圾投放技术要求

(1)宜保持物品的完整性。

(2)镉镍电池、氧化汞电池、铅蓄电池等应采取防止有害物质外漏的措施。

(3)废荧光灯管应防止灯管破碎。

### (三)易腐垃圾投放技术要求

(1)可分厨余垃圾、餐厨垃圾和生鲜垃圾,投放至易腐垃圾桶。

(2)有包装物应去除包装物后分类投放,包装物应投对应的可回收物或其他垃圾桶中。

（3）易腐垃圾投放时不应混入废餐具、塑料、饮料瓶罐和废纸等不利于后续处理的杂质。

（4）村民家中宜在厨房设置易腐垃圾桶，厨余垃圾宜滤水后投放。

（5）餐厨垃圾产生地单位应设置油水分离装置和餐厨垃圾收集容器，投放前应对餐厨垃圾进行固液分离和油水分离处理。

### （四）其他垃圾投放技术要求

其他垃圾应单独区分，避免混入可回收物、易腐垃圾和有害垃圾，按照分类标准无法确认为可回收物、有害垃圾和易腐垃圾时，按其他垃圾处理。

## 四、乡村垃圾分类处置模式

乡村生活垃圾中的有害垃圾和易腐垃圾属于强制分类垃圾。严禁将建筑垃圾、工业垃圾、医疗垃圾等非生活垃圾混入生活垃圾分类收运体系。

### （一）可回收物处置模式

投放收集：可回收垃圾由村民在院内自行存放，达到一定量后，送到村内的可回收垃圾回收点兑换积分或现金。

运输处置：由再生资源回收公司定时入村收集，实施资源化回收利用。大件垃圾采取电话预约回收。

### （二）有害垃圾处置模式

投放收集：村民将有害垃圾投放到家中设置的有害收集袋内，达到一定后再投放到村内的有害垃圾箱内，或者由保洁员收集运送到暂存点。

运输处置：有害垃圾先安全暂存，达到一定量后再由专用车辆运输至专业公司进行无害化处理。

### （三）易腐垃圾处置模式

投放收集：村民将易腐垃圾投放到每户发放的 20 L 绿色小垃圾桶内，在规定的时间将小垃圾桶放置在大门口外，由保洁员定时上门收集。易腐垃圾应避免混入一次性餐具、塑料、饮料瓶罐、餐巾纸、大棒骨、坚果壳、硬果核等不利于后期处置的杂质。

运输处置：保洁员利用收集电车将易腐垃圾运送至易腐垃圾资源化利用站进行资源化利用。

### （四）其他垃圾处置模式

投放收集：村民先将其他垃圾投放到每户发放的 20 L 灰色小垃圾桶内，然后自行投放到村内设置的共用 240 L 灰色其他垃圾桶内。

# 第二十一章　乡村改厕与污水治理

河南省荥阳市城关乡乡村公共厕所

厕所在人们生活中有着特殊、重要的地位，乡村厕所是乡村文明的重要标志，我国乡村厕所和乡村生活污水排放问题突出。改造乡村厕所和生活污水的处理是一个重大的社会工程，是新时代乡村振兴的重要内容。

## 第一节　乡村厕所改造

### 一、总体原则

#### （一）指导思想

全面贯彻"小厕所、大民生"理念，扎实做好户厕问题排摸整改工作，坚持数量服从质量、进度服从实数、求好不求快的原则，将乡村厕所革命作为实施乡村振兴战略的重要任务。

#### （二）基本原则

（1）强化引导，坚持农民主体。

（2）严格标准，坚持质量优先。

（3）规划引领，坚持统筹推进。

（4）立足长效，坚持建管并重。

## 二、乡村厕所建设要求

依据《农村三格式户厕建设技术规范》《农村三格式户厕运行维护规范》《农村集中下水道收集户厕建设技术规范》中的乡村厕所建设要求,乡村厕所建设要求如下。

《农村三格式户厕建设技术规范》《农村三格式户厕运行维护规范》
《农村集中下水道收集户厕建设技术规范》3 项推荐性国家标准

### (一)厕所选址

厕所宜"进院入室",优先建在室内。庭院内的独立式厕所应根据庭院布局合理安排,方便如厕,宜与厨房形成有效隔离。化粪池选址应避开低洼和积水地带,远离地表水体,禁止粪液直接排入水体。

### (二)厕所类型选择

应根据当地的气候、地形地貌、农业生产方式、生活习惯、经济条件和民俗,合理选择确定厕所的类型与实施技术。习惯于应用液态粪肥的地区则可修建双瓮漏斗式、三格化粪池式厕所;在干旱缺水地区宜选择修建粪尿分集式厕所;饲养畜、禽及具有一定储量秸秆的农户可选择三联通沼气池式厕所。

### (三)厕所建设标准

厕所结构应完整、安全、可靠,可采用砖石、混凝土、轻型装配式结构。

厕所建设应采用环保节能材料,宜选用当地可再生材料。厕所净面积不应小于 1.2 m²,独立式厕所净高不应小于 2.0 m。厕所应有门、照明、通风及防蚊蝇等设施,地面应进行硬化和防滑处理,墙面及地面应平整。

### (四)厕所建造材料的选择

建造厕所的材料,必须严格把关,选择的产品与建造材料,必须是正规生产厂家的合格产品,耐用、易于卫生清洁。便器首选白色陶瓷制品。较大批量实际应用的建造材料,应保留相关厂家资质、产品合格证明等复印件。

### (五)厕所建设原则要求

(1)由企业统一生产的预制式储粪池和厕所设备,其安全性、功能、容积要求等应符合相关规定,需经过省级技术指导组鉴定认可后方可推广应用。

(2)为保证粪便无害化效果能达到卫生要求,三格化粪池的有效容积不小于 1.5 m³。

(3)三联通沼气池式厕所要把建厕与建池工作同步进行,进粪(料)口与出粪(料)口应有盖,人、畜粪便均不得裸露。

（4）粪尿分集式厕所储粪池的容积不小于 0.8 $m^3$。

（5）三格化粪池的第一池、双瓮漏斗式厕所储粪池的前瓮，应在恰当的部位安装排气管，有利于改善厕室内的卫生状况并保障厕所的安全应用。

（6）建好新厕的地区，应及时将旧厕封填，防止农户继续使用。新建卫生厕所要加强卫生管理，达到干净、清洁的要求（图 21-1）。

图 21-1　乡村户厕示意图

## 三、乡村厕所施工要点

### （一）三格化粪池厕所

化粪池容积：化粪池的有效容积应保证粪便的储存时间不少于标准的要求，第一池 20 d，第二池 10 d，第三池 30 d。总容积不得小于 1.5 $m^3$。

化粪池深度：有效深度不少于 1 000 mm，化粪池的上部应留有空间。

过粪管位置：过粪管应安装在两堵隔墙上，与隔墙的水平夹角呈 60°；也可安装倒 L 型过粪管。其中第一池到第二池过粪管下端（即粪液进口）位置在第一池的下 1/3 处，上端在第二池距池顶 150 mm；第二池到第三池过粪管下端（即粪液进口）位置在第二池的下 1/3 或中部 1/2 处，上端在第三池距池顶 150 mm（图 21-2）。

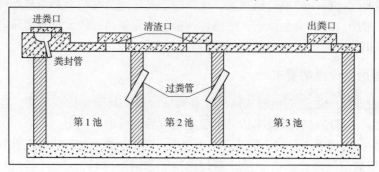

图 21-2　三格化粪池构造

便器位置：以便器下口中心为基础，距后墙 350 mm，距边墙 400 mm。

排粪管：坡度 1/5（便器下口与进粪管下沿连线与水平面形成的夹角约 10 °）。

质量与结构要求：三格化粪池内侧必须防渗处理，建成后应经防渗检验，即加满水观察 24 h，其水位的减少，以不超过 10 mm 为合格。不得在第三格池壁设置溢粪口或出粪口。

防裸露：蹲坑上应安装便器；出粪口应有盖，防止粪便裸露。

防浮：地下水位较高、整体储粪池应采取相应措施防浮。

防雨：储粪池的上沿要高出地面 100 mm，防止雨水流入。

防臭：应在第一池安装排气管，其高度应超出厕所 500 mm。

### (二)三联通沼气池厕所

沼气池的建造应符合户用沼气池相关标准材料、设计参数、施工验收安全方面的基本要求，必须坚持"一池三改"同步进行（图 21-3）。

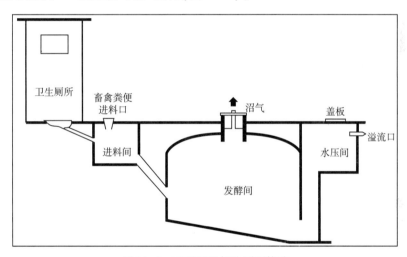

图 21-3　三联通沼气池厕所构造

三联通沼气池厕所建设符合《农村户厕卫生标准》的基本要求，做到厕所、畜圈、沼气池的三连通，人畜粪便能够直流入池，直管进料并要避免进料口的粪便裸露，出料口必须保证消化池粪液、粪渣充分消化后方能取掏沼液的结构设计。粪便在常温沼气池中停留时间不少于 45 d。

### (三)双瓮漏斗式厕所(包括三瓮漏斗式厕所)

根据家庭人口数和粪便排泄量、冲洗漏斗用水量（按每人每天 2 L 用水量计算）确定前瓮有效容积，要求粪液在前瓮的停留时间 30 d 以上。前瓮应加排气管设计。不得从前瓮掏取粪液施肥。不得向后瓮倾倒粪便。室外的前、后瓮口的上沿要高出地面 100 mm，防止雨水流入。

### (四)完整下水道水冲式厕所

在具有完整下水道系统、城镇化程度较高、居民集中的地区修建水冲式厕所，粪便冲入下水道后必须有集中粪便处理设施。禁止修建直接排入水体、渗井的水冲式厕所。

### （五）粪尿分集式厕所

1. 干式粪尿分集式厕所

粪、尿分别收集、处理和利用。粪便必须用覆盖材料覆盖，促进粪便无害化。但不同覆盖料达到粪便无害化的时间有所不同，草木灰的覆盖时间不少于 3 个月，炉灰、黄土等的覆盖时间不少于 10 个月。

建造技术要求：

储尿池：其容积应能保证存放 10 d 以上。

储粪池：不小于 0.8 m³，应防止渗漏。

排气管：直径 100 mm，长度高于厕所 500 mm。

吸热板（晒板）：用沥青等防腐材料正反涂黑的金属板及水泥板，应严密。

2. 水冲式粪尿分集式厕所

水冲式粪尿分集式厕所的结构除储粪池与三格化粪池、双瓮漏斗式储粪池联通外，其他部分与上述构造基本相同。

### （六）双坑交替式厕所

建造 2 个储粪池交替轮流使用，人粪尿用土覆盖，用土量以能充分吸收尿与粪水分并使粪尿与空气隔开为宜。

厕坑容积：每坑容积不小于 0.8 m³。单坑粪便储存时间不少于 6 个月。

排气管：直径为 10 cm，高度以高出屋顶 50 cm 为宜，在排气管口应设防蝇罩，防止苍蝇自排气管口进入粪坑（图 21-4）。

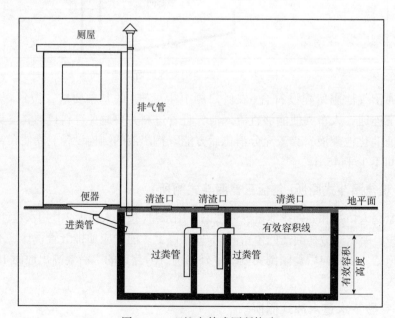

图 21-4　双坑交替式厕所构造

### 四、乡村厕所使用操作要求

#### (一)三格化粪池厕所

启用：正式启用前在第一格池内注入 100~200 L 水，水位应高出过粪管下端口。用水：用水量以每人每天 3~4 L 为宜。清掏：半年至 1 年要清渣，粪渣与粪皮应经高温堆肥或化学法进行无害化处理。

安全：化粪池盖板要预留出粪口并盖严，不要密封以方便管理和防止发生意外。分流：生活洗浴水不得接入化粪池。改型：三瓮式储粪池厕所是利用三格化粪池的原理，采用双瓮厕所的建造技术而设计的，其储粪池容积不小于 1.5 m³。

#### (二)三联通沼气池厕所

新建的沼气池应按标准经专业人员进行严格质量检查后方可使沼渣；应经高温堆肥等方法无害化处理后方可用作农肥。

禁止用沼液、沼渣喂猪或养鱼。

#### (三)双瓮漏斗式厕所

双瓮漏斗是厕所建好后，应先加水试渗漏，不渗漏后方可投入运行；在启用前，应向前瓮加清水至浸没前瓮过粪管口。禁止向后瓮倒入新鲜粪液及其他杂物，禁止取用前瓮的粪液施肥。定期检查过粪管是否阻塞，并及时进行疏通。

#### (四)完整下水道水冲式厕所

具体使用维护管理参照《中国农村卫生厕所技术指南》(2003 年版)和《农村户厕卫生标准》(GB 19379—2012)。

#### (五)粪尿分集式厕所

便后加灰土是干式粪尿分集式户厕应用管理的关键，充足加灰使粪便保持干燥。厕所在使用之前，事先在厕坑内加 5~10 cm 的灰土。每次使用后加灰土覆盖，覆盖料的用量，至少是粪便体积的 3 倍。

粪在厕坑内堆存时间 0.5~1 年。尿不要流入储粪池，尿的储存容器要求避光并较密闭，经加 5 倍左右水稀释后，可直接用于农作物施肥。

#### (六)双坑交替式厕所

第一次启用新建厕所，厕坑底部要撒一层细土，同时要将出粪口挡板堵住，并用泥密封周边。每次加土覆盖，便器盖便后盖严，定期清洗。

当一个储粪池满后，将其密封堆 3 个月以上，同时再启用另一厕坑，两坑交替使用。厕粪封存的时间达到半年以上，可直接用作肥料；不足半年者粪便清掏后需经高温堆肥进行无害化处理，以小型高温堆肥为首选。

# 第二节 乡村生活污水治理

## 一、乡村生活污水类型

乡村污废水主要由生活污水和生产废水组成，以生活污水为主。乡村生活污水分散、量小、水质水量不稳定、污水搜集节点多。乡村生活污水一般来源于：厨房污水、生活洗涤与沐浴污水、厕所污水。

## 二、乡村生活污水治理原则

### (一)城乡统筹，突出重点

污水治理是乡村人居环境改善的重要任务，也是流域及区域水环境改善的关键。在城乡统筹区域供水、城镇污水治理工作的基础上，统筹城乡、区域生活污水治理。

### (二)生态为本，循环利用

乡村生活污水可生化性好，且农作物生长所需的氮磷含量较高，综合考虑农村生活污水特点、居民生活用水习惯和传统农业生产需求，树立生态碳理念，结合农田灌溉回用、生态保护修复和环境景观建设，注重水资源和氮磷资源的循环利用，将乡村生活污水治理与生态农业发展、生态堤岸净化紧密衔接。

### (三)因村制宜，分类指导

根据地理区位、环境容量、村庄形态、尾水利用、经济水平等因素，合理选择适宜村庄生活污水治理模式。按照"能集中则集中、宜分散则分散"的原则推进乡村生活污水有效治理。

### (四)政府主导，一体实施

明确县级组织实施主体责任，结合不同建设模式，优选实施方式，强化一体化推进、规模化建设、专业化管护，保证村庄生活污水应收尽收、治理后的尾水稳定达标排放或利用。

## 三、分散处理模式及推荐技术

### (一)三格式化粪池

1. 适用范围

三格式化粪池适用于镇村布局规划确定的一般村庄和经济发展水平一般、排水体制尚不健全、水环境容量大的地区，通过建造生态卫生户厕，作为污水处理手段，以消减进入环境中的污染物量。

2. 技术简介

化粪池是利用重力沉降和厌氧发酵原理，对粪便污染物进行沉淀、消解的污水处理设施。沉淀粪便通过厌氧消化，使有机物分解，易腐败的新鲜粪便转化为稳定的熟污泥。

三格式化粪池是在二格式化粪池的基础上，增加一格，悬挂或填充填料，构成强化化粪池。污水在第三格内沿一定方向流动，通过填料上微生物对污染物的降解，达到进一步改善水质、减少环境污染负荷的目的(图21-5)。

图21-5　乡村三格式化粪池示意图

### (二)净化槽

1. 适用范围

净化槽适用于村庄1~30户农户粪便、厨房排水、洗衣排水和洗浴排水等生活污水的处理，日处理规模1~10 m³水；适用于住宅分散，远离污水处理厂、污水收集管网敷设困难，前期投资过高的乡村。

2. 技术简介

净化槽是一种人工强化生物处理的小型生活污水处理装置。净化槽里存在各种类型的微生物(细菌和原生动物)，利用这些微生物对污染物质进行分解，达到处理污水的目的。

### (三)户用生态利用模块

1. 适用范围

户用生态利用模块适用于1~2户农户生活污水的治理；适用于村庄经济、技术基础相对薄弱的村庄生活污水治理；适用于当地水环境容量较大的村庄生活污水治理。

2. 技术简介

卫生间污水经出户管进入功能强化化粪池，厨房污水经户用沉渣隔油井预处理(隔油、沉砂、除渣)后进入化粪池最后一格。化粪池最后一格放置悬浮生物填料，污水中有机污染物物在填料上生物膜作用下被降解。

## 四、集中处理模式及推荐技术

### (一)生物滴滤池技术

1. 适用范围

生物滴滤池技术适用处理规模为 5 m³/d。适用于地形较为平坦、土地资源较为紧张、无条件配备专业管护人员的村庄。

2. 技术简介

污水经收集后进入调节池,污水通过调节池均化水质水量,经泵栅罩分离大粒径杂质后,由污水泵提升至生物滴滤池,通过布水器均匀分布到安装在填料支撑架上的填料模块。生物滴滤池出水也可直接进入人工湿地,通过沉淀、吸附、微生物降解及植物吸收等作用,进一步去除污染物质。

### (二)A/O 生物接触氧化技术

1. 适用范围

A/O 生物接触氧化技术适用处理规模为 1~500 m³/d。不仅适用于河网区、平原或地形较为平坦的地区,也适用于山区等地势起伏较大的地区。可根据人口规模、聚居程度、地形特点不同,选用分散式污水处理系统或相对集中式污水处理系统。

2. 技术简介

采用 A/O 生物接触氧化技术的设备包括缺氧、好氧、沉淀 3 个功能段,缺氧、好氧功能段设置专用填料,通过填料上附着生长的微生物降解水中的污染物。

### (三)生物接触氧化技术

1. 适用范围

生物接触氧化技术适用处理规模为 10~250 m³/d。适用于居民居住相对较为集中的村庄和分布呈星落状村镇的生活污水处理。

2. 技术简介

污水经由污水管网收集至格栅井,泵入预处理池,相对密度较大颗粒物在重力作用下沉淀至池体底部,漂浮物漂浮至池体顶面被去除。预处理池中配有电解除磷装置,在自控系统控制下实现初段除磷。

### (四)有机填料型人工湿地

1. 适用范围

有机填料型人工湿地适用于居住相对集中、当地水环境容量大、对出水水质要求不高、经济基础相对较弱村庄的生活污水处理。排水高差≥0.2 m 的村庄可利用其地形落差,避免水泵提升。

2. 技术简介

有机填料型人工湿地用塑料填料替代传统湿地的砾石、砂子、土壤等填料,塑料填料上方设开孔空心混凝土板，板上方铺填料或开孔挤塑板，栽种水生植物，污水按导流方向潜流，通过填料和植物根系，获得净化(图21-6)。

图21-6 有机填料型人工湿地示意图

## (五)组合型人工湿地

### 1. 适用范围

组合型生态湿地可用于分散或集中村庄的生活污水处理，一般地适用于20户以上(水量10 m³/d以上)的村庄。生态湿地般可以借用原有地形和高差，同时因湿地景观性好，特别适用于星级村庄、美丽村庄等村庄改造工程，可增加景观和多功能性。

### 2. 技术简介

组合型人工湿地技术来源于德国生态湿地技术，采用模拟自然的方式处理生活污水，设施依村庄条件量身定制，与当地生态景观相协调、与居民生活环境相和谐。人工湿地利用生物、物理和化学过程来去除和分解污水中的污染物，并对沉淀污泥进行脱水和矿化。

## (六)土壤渗滤技术

### 1. 适用范围

土壤渗滤技术适用于平原、丘陵地区的小型集镇、居住相对集中的乡村、小型农村旅游景区等的生活污水处理。适用处理规模为10~500 m³/d。

### 2. 技术简介

污水收集后进入调节池，由泵间歇提升进入渗滤床内的散水管，通过散水孔进入湿地与地下渗滤单元，污水流动过程中，水中的颗粒有机物被不同粒径的填料拦截，由微生物分解和转化。经处理后的水在渗滤层底部向导流沟汇集，通过集水排水管排放或进入清水池回用。

# 第六篇

## 施工质量安全和劳动保护

施工现场安全生产演练

# 第二十二章　乡村建设安全管理

建筑施工现场

　　乡村建设安全事关人民群众生命财产安全和切身利益，做好乡村建设安全常识宣传，对增强农民群众建筑安全意识，预防农房安全事故发生至关重要。安全的建设与管理，对提升农房质量安全和建设品质，满足农村群众对美好生活的需要有重大作用。

## 第一节　农村建房安全监督管理

　　建立"巡查全覆盖、监管要常态"的农村建房安全管理长效机制，严防发生农村建房安全事故，各级有关部门、建房人（建设单位）和其他参建主体应严格按照要求强化责任落实，依法依规履行职责，逐项抓好落实。

### 一、参建主体责任

#### （一）建设单位（建房人）

　　（1）对农村建房活动负首要责任，严格履行报批程序，承担质量安全责任，不得违法违规发包工程。

　　（2）对既有房屋进行加层、改造、涉及建筑主体和承重结构变动的装修工程，应办理规划许可等手续，委托有资质鉴定单位对结构安全性进行鉴定，委托有资质设计单位提出设计方案，委托有资质施工单位施工，并办理竣工验收。

（3）既有农村自建房改扩建未通过竣工验收的，不得用于经营活动。

### （二）其他参建主体

（1）设计、施工单位及其执业人员严禁向未经用地、规划审批的违法建设工程提供设计、施工服务。

（2）预拌混凝土、砂石等企业严禁向违法建筑工程供应预拌混凝土和砂石等建筑材料。

（3）供水、供电、供气单位严禁为违法建设或未经验收合格的农村建筑工程供水、供电、供气。

## 二、属地管理责任

### （一）乡镇政府

（1）负责属地监管职责，落实县级政府制定的"两违"综合治理、农村建房安全管理各项制度机制。

（2）每周召开不少于1次的会议，分析研判农村建房安全问题，提升监管水平。

（3）以村为网格单元全覆盖巡查，网格员发现"两违"、农村建房安全问题，应第一时间制止、报告，并录入平台，乡镇应及时处置；对涉及相关行业主管部门和供水、供电、供气单位职责的，及时进行抄告，各相关部门应立即处置。

（4）核发审批文件时，应向建房人和工匠带头人当面发放并宣讲质量安全常识"一张图"和安全管理要求。负责村民建房质量安全监管，整合力量，批管合一，安排专业人员"四到场"检查，建立签到留档台账。

（5）每年组织镇村干部、工匠、建房人全覆盖轮训，举办现场观摩会和技能竞赛。推动成立工匠协会，公布工匠名录，开展工匠社会评价。

（6）对网格员未及时巡查、发现、报告、处置的，按规定追责问责。

（7）农村宅基地和建房审批涉及占用农用地且符合报批条件的，由乡镇人民政府按规定组织上报县资源局，其中涉及占用耕地的需由所在乡镇人民政府依法落实耕地占补平衡。

### （二）村民委员会

对三条红线设界桩，按照住房需求的轻重缓急分配宅基地。负责落实巡查、报告、劝阻责任。通过制定村规民约、成立村民建房理事会等方式，强化建房联动监管。

行政村应当依法依规设立农村房屋建设管理村级协管员，配合乡镇政府对农村房屋建设和使用实施监督管理。农房建设管理村级协管员一般可由村党员干部、乡村建设工匠和具备一定专业知识且有意愿服务乡村建设的志愿者担任，借助扎根基层、熟悉基层的优势，在农房建设管理和使用中发挥"吹哨人"的重要作用。

## 三、主管部门责任

### （一）县住建局

提供农村自建房质量安全技术指导服务，宣传推广标准图集和农村建房质量安全常识，督促指导工匠管理，统筹推动镇村干部和工匠培训。

**（二）县自然资源局**

指导村庄规划，受市委托具体办理农转用审批手续，落实耕地占补平衡，落实农民建房用地保障，指导办理乡村建设规划许可。

**（三）县农业农村局**

监督指导宅基地审批、分配、使用、流转、纠纷仲裁管理，对违反农村宅基地管理法律、法规的行为进行执法监督。

**（四）县城管局**

负责依法查处规划控制区内的违法建设行为。在执法巡查过程中，发现违法建设，应及时制止、查处。发现已办理建设工程规划许可证但未依法办理建设工程消防设计审查、建筑工程施工许可证的，应抄告县住建局。

**（五）其他主管部门**

教育、民政、民宗、文旅等部门负责督促行业领域内建设工程依法办理用地、规划、施工和质量监督等手续，发现违法建设的，应立即制止，并抄告自然资源、住建、农业农村、城市管理部门和乡镇政府。既有农房改扩建、涉及建筑主体和承重结构变动装修工程未通过竣工验收的，教育、民宗、卫健、文旅、公安、消防等部门不得办理与经营性质相关的许可、证照、登记或备案手续。

# 第二节　农村房屋拆除和建设安全管理

## 一、农村房屋拆除安全管理

农村房屋拆除前，必须向村委会申请，并上报镇人民政府（区管委会）批准后方可进行。批准房屋拆除的镇人民政府或相关单位应按照以下几点进行拆房安全监督管理。

（1）需要拆除旧房屋时，必须参照有关建筑拆除的法律法规，在确保人身安全和财产安全的前提下进行。拆除3层（含3层）以上房屋时，其施工企业必须具备相应资质方可承担，并制定相应的拆除方案。

（2）拆除旧房屋时，施工作业应按自上而下和先非承重结构后承重结构的顺序进行，禁止立体交叉拆除作业；拆除部位构件，应严防相邻部分发生坍塌；拆除危险部分之前，必须采取相应的安全措施。

（3）采用机械拆除房屋时，应从上到下，分层分段进行；应先拆除非承重结构，再拆除承重结构；拆除框架结构房屋时，必须按楼板、次梁、主梁、柱子的顺序进行施工。对只进行部分拆除的房屋，必须先将保留部分加固，再进行分离拆除。

（4）旧房拆除前，拆房户要与承包单位或承包人员签订书面《安全施工责任书》，镇人民政府（区管委会）对从事拆除作业的人员要做好安全教育，并对拆除旧房的安全施工过程进行监督。拆除人员进入施工现场必须戴好安全帽，高空作业必须系安全带。

## 二、农村房屋建设安全管理

（1）加强村镇建筑工匠的管理工作，批准开工建设的各镇人民政府（区管委会）或相关单位应对乡村建设工匠（木工、电工、电焊工、泥瓦工、水暖工等）持证上岗进行管理。

（2）乡村建设工匠承包村镇建筑工程的范围限于村镇2层（含2层）以下房屋及设施的建设、修缮和维护，乡村建设工匠不得承担未经批准开工的限额以上村镇建筑工程。

（3）乡村建设工匠承包需要多项专业工种配合完成的工程，必须要有相应专业工种工匠的组合，并确定协作内容后方可承建。

（4）乡村建设工匠应当按照设计图纸进行施工，任何单位和个人不得擅自修改设计图纸，确需修改的，须经原行政审批部门同意，由具有相应资质的设计单位出具变更设计通知单或图纸。

（5）乡村建设工匠应当遵守国家安全施工的有关规定、规范，对所承包的工程做到文明、安全施工，不得使用不符合工程质量要求的建筑材料和构件。乡村建设工匠对所承包的工程质量负责，达不到合同规定标准的，应当在限期内进行返修。

（6）农村住房使用自有或租赁起重升降机械的，应当具有生产（制造）许可证、产品合格证。出租单位应当对出租的机械和施工机具的安全性能进行检测，在签订租赁协议时，应当出具检测合格证。禁止使用或租赁不合格的升降设备和施工机具。

（7）在施工现场安装、拆卸施工起重机械和整体提升脚手架、模板等自升式架设设施必须由具有相应资质的单位承担。

（8）安装、拆卸施工起重机械和整体提升脚手架、模板等自升式架设设施，应当编制拆装方案，制定安全措施，并由专业技术人员现场监督。

（9）农村建房禁止使用独杆吊或国家明令禁止的起重升降机械，使用移动起重机械的操作人员应持有特殊工种操作证书，严禁无证上岗作业。

（10）进入施工现场，必须正确佩戴安全帽（系好下颏带，安全帽完好），不穿宽大服装、拖鞋等不安全装束。

（11）施工现场的脚手架、防护设施、安全标志、警示牌、脚手架连接铁丝或连接件不得擅自拆除，需要拆除必须经过加固后经施工负责人同意。

（12）不准坐在脚手架防护栏杆上休息或在脚手架上睡觉。不准在现场追逐打闹。

（13）施工现场的洞、坑、井架、升降口、漏斗等危险处，应有防护措施并有明显标志。

（14）任何人不准向下、向上乱丢材、物、垃圾、工具等。不准随意开动一切机械。操作中思想要集中，不准开玩笑，做私活。

（15）手推车装运物料，应注意平稳，掌握重心，不得猛跑或撒把溜放。

（16）拆下的脚手架、钢模板、轧头或木模、支撑要及时整理，铁钉要及时拔除。

（17）砌墙斩砖要朝里斩，不准朝外斩，防止碎砖坠落伤人。

（18）工具用好后要随时装入工具袋。

（19）脚手架严禁超载危险。砌筑脚手架均布荷载每平方米不得超过270 kg，即在脚手架上堆放标准砖不得超过单行侧放三侧高。20孔多孔砖不得超过单行侧放四侧高，非承重三孔砖不得超过单行平放五皮高，只允许二排脚手架上同时堆放。

（20）人字梯中间要扎牢，下部要有防滑措施，不准人坐在上面骑马式移动。

（21）不懂电气和机械的人员，严禁使用和操作机电设备。

# 第二十三章　乡村建设质量管理

安阳市内黄县东庄镇

为加强乡村建设工程质量安全监督管理水平，保障人民群众生命财产安全，实行乡村建设工程质量和安全分类监督管理制度，亟须加强乡村建设中的质量监督管理工作。

## 第一节　农村建房监管要点

### 一、村民住宅管理

#### （一）三层及以下村民自建住宅

（1）应办理宅基地审批、乡村建设规划许可或工程规划许可。

（2）应选用标准通用图，或委托有资质的设计单位或具备注册执业资格的设计人员设计；委托农村建筑工匠或有资质的施工单位施工，并签订建房合同（明确质量安全责任、质量保证期限和双方的权利义务）。委托建筑工匠的，应明确一名有施工管理经验、经培训的"工匠带头人"负责施工管理；委托施工单位的，应明确一名施工负责人和安全员负责现场施工管理。

（3）申请乡村建设规划许可时，应提供设计图纸、施工合同，工匠带头人出具从业情况、施工质量安全承诺书和培训证明。

#### （二）三层以上村民建房、集中统建住宅

（1）三层以上村民建房、集中统建住宅应办理宅基地审批、乡村建设规划许可或工

程规划许可。限额以下的工程由乡镇政府进行工程质量安全监管；限额以上的工程应按要求委托监理，还应办理施工许可，纳入法定工程质量安全监督体系。

（2）应委托有资质的设计、施工单位进行设计、施工，明确一名施工负责人和安全员到岗履职，并编制施工安全技术措施（含禁止使用竹外脚手架、木支撑模板，以及确保坡屋面模板支撑牢固可靠的技术要求）。

### （三）既有房屋改扩建（加层）、影响主体结构安全的装修工程

（1）应委托有资质单位对结构安全性进行鉴定，办理乡村建设规划许可或工程规划许可。

（2）加层及涉及建筑主体、承重结构变动的，应委托有资质设计单位提出设计方案。

（3）应委托有资质施工单位施工，明确一名施工负责人和安全员到岗履职，并编制施工安全技术措施。

（4）限额以下的工程由乡镇政府进行工程质量安全监管，并办理竣工验收；限额以上的工程应按要求委托监理，还应办理施工许可，纳入法定工程质量安全监督体系。

### 二、农村公共建筑管理

农村公共建筑包含校舍、厂房、市场、宗教活动场所、民俗场所、老年人活动场所、殡葬设施等非住宅项目。应办理用地审批、乡村建设规划许可或工程规划许可。应委托有资质的设计、施工单位进行设计、施工。其中，限额以下的工程由乡镇政府进行工程质量安全监管；限额以上的工程应按要求委托监理，还应办理施工许可，纳入法定工程质量安全监督体系。

### 三、施工现场管理

施工现场应悬挂施工公示牌，接受监督。其中，村民自建住宅应公示审批文件、建房人姓名、工匠带头人（或施工单位及负责人）姓名、宅基地面积和四至、建房层数、监督电话等信息，并张贴"一张图"、建筑立面图和平面图；农村公共建筑、集中统建住宅应按规定公示审批文件和建设、施工、监理单位及相关负责人、监督电话等信息。

## 第二节　农村建房质量监督管理

### 一、农村建房质量巡查要点

#### （一）建设行为

（1）施工现场是否有"工匠带头人"负责施工质量安全管理。

（2）负责施工质量安全管理的施工工匠是否与签订施工合同的"工匠带头人"一致。

（3）委托施工单位的，是否明确项目负责人和安全员负责施工管理。

（4）现场是否悬挂施工公示牌，公示牌内容是否完整（包含审批文件、建房人姓名、

工匠带头人或施工单位及项目负责人姓名、宅基地面积和四至、建房层数、监督电话等信息，并张贴质量安全常识"一张图"、建筑立面图）。

**（二）地基基础**

（1）基础底面是否进入老土层不小于 200 mm，基础底面距地面是否不小于 500 mm。

（2）基槽底是否不低于毗邻建筑原有基础底面。

（3）基坑是否及时用混凝土封底，避免雨水浸泡和暴晒。

**（三）墙体砌筑**

（1）墙体平面布置、墙厚是否与设计图一致。

（2）砌体与构造柱的连接处是否砌成马牙槎，并沿墙高每隔 50 cm 设 $2\phi6$ 拉结钢筋。框架结构的围护墙体、隔墙是否沿墙高每隔 50 cm 设 $2\phi6$ 拉结钢筋与框架柱、构造柱连接。

（3）砖混结构楼层处是否设置闭合圈梁，并与构造柱形成框架连成整体。

（4）屋面女儿墙是否设压顶梁，并在转角处沿墙长每隔 3 m 设置构造柱。

**（四）楼（屋）盖**

（1）混凝土强度等级不低于 C25，混凝土配合比是否符合要求。禁用海砂，严格控制水灰比（水和水泥的用量比例）。

（2）钢筋是否采用合格钢筋。框架梁柱端部节点箍筋是否加密。

（3）板面负筋禁止踩踏，保护层垫块是否牢固。

（4）混凝土初凝前是否振捣密实；浇水养护是否多于 7 d。

（5）坡屋面施工是否对称施工，施工顺序为柱构件、斜梁、斜板，支撑是否牢固。

（6）木屋架是否设置剪刀撑。

**（五）模板支撑**

（1）模板支撑体系禁止混用两种材质、单排支撑，是否正确设置立杆、水平杆、扫地杆、剪刀撑形成整体受力，底部设置底座和垫板，木支撑顶部设置支撑头，牢固稳定。

（2）木支撑立杆接长是否采用对接夹板接头。

（3）斜屋面模板支架立杆顶部是否布置一道随屋面坡度的拉杆。

（4）梁板底模拆除前混凝土强度是否达到设计要求，夏季不早于 15 d，冬季不早于 28 d。

（5）模板拆除顺序是否从上至下、逐块拆卸，是否先拆非承重模板，是否后支的先拆。

**（六）脚手架**

（1）禁止使用单排脚手架。

（2）竹脚手架：竹竿不得青嫩、裂纹、白麻、虫蛀。钢管脚手架：钢管不得严重锈蚀、弯曲、压扁或裂纹，扣件不得脆裂、变形、滑丝。

(3)脚手架立杆纵向间距不得大于 1.5 m，架体宽度(横向间距)不得大于 1.2 m，水平杆应设四根，步高不大于 1.8 m。

(4)正确设置立杆、纵横向水平杆、扫地杆、顶撑和剪刀撑，绑扎(安装)牢固。架体基础应平整坚实，立杆底部应设置垫板和扫地杆，地基不得积水，垫板不得松动，立杆不得悬空。竹架立杆接长应采用搭接接长，搭接长度不得小于 1.5 m，并不少于 5 道。两端、转角处以及每隔 6~7 根立杆应设剪刀撑，与地面的夹角不得大于 60°，架子高度在 7 m 以上，一步三跨或三步二跨，脚手架必须同建筑物设连墙件，拉结点应固定在立杆上，做到有拉有顶，拉顶同步。不得将模板支架、其他设备的缆风绳、混凝土泵管等固定在脚手架上。

(5)脚手架拆除顺序是否从上至下逐层拆除，连墙件是否随脚手架逐层拆除。

### (七)起重设备

(1)钢丝绳是否存在断股、断丝、截面积不足。

(2)起重设备是否存在配重不满足要求、固定不牢。

(3)是否存在起吊物体超重。

### (八)现场施工安全

(1)是否正确佩戴安全帽。

(2)高空作业是否系安全带。

(3)是否有合格的配电箱。

(4)临时用电设备安装是否合格，是否存在擅自接电、私自转供。

(5)用电设备是否接地，线路是否架空保护。

### (九)竣工验收

(1)农房建筑风貌是否符合管控要求。

(2)施工现场(包括临时用地)是否清理完毕。

(3)施工过程发现的问题是否已经整改合格并经相关人员认可。

(4)竣工验收是否合格。

## 二、存在问题和整改要求

### (一)存在问题

针对现场巡查发现问题，逐一列明，提出指导规范意见和整改要求，并拍照取证。

### (二)整改要求

(1)停工整改，在未整改完毕及验收合格之前不得继续施工。

(2)限在某年某月某日前整改完毕，整改期限结束 2 个工作日内通知巡查人现场复查。

对照整改通知书明确的整改要求，现场核查是否逐一整改到位，并拍照取证。

# 第二十四章　施工安全与劳动保护

建筑施工行业，安全就是形象，安全就是发展，安全就是需要，安全就是效益。
劳动保护是为了保护劳动者在劳动生产过程中的安全健康所采取的各种组织措施和技术措施

安全生产，关乎人民群众的生命财产安全和社会稳定，是创造和谐社会的基础。建筑施工安全是在建筑工程相应的施工要求与施工条件下，对施工过程中涉及的人员和财产安全进行的有效管理和有力保障。简单地说就是避免职工伤亡和职业病，避免建筑企业的设备和财产遭受损失。

建筑施工安全包括 5 个方面：施工作业安全、施工设施设备安全、施工现场通行安全、消防安全以及其他意外情况发生时的安全施工保障。

安全施工是依据现行法律法规、标准规范，结合工程特点、设计要求和现场条件，创建安全的施工现场，包括采取安全的施工安排和技术措施，实行严格的安全管理，遵守安全的作业和操作要求，确保涉及人员和财产安全的施工活动。

## 第一节　施工现场安全管理基本要求

安全管理必须坚持"安全第一，预防为主，综合治理"的方针。因为建筑施工安全贯穿施工现场的生产和生活的所有人员、所有时间和所有作业，所以施工现场的安全管理是全过程、全方位、全体人员的管理。

经过多年的工程实践经验，我国已经建立起一系列行之有效的施工现场安全管理制度和方法，总结出了一整套施工现场安全管理的基本办法。针对农村建房的特点，涉及的安全管理的基本要求如下。

### 一、进场与着装

（1）进入现场必须正确佩戴安全帽，扣好帽带，并正确使用劳动防护用品。

(2)严禁赤脚、穿拖鞋或高跟鞋进入施工现场，高处作业不准穿硬底鞋或带钉及易滑的鞋。

(3)严禁在没有防护的外墙和外壁板等可能坠落的部位行走。

## 二、高空作业时

(1)高处作业时，不准往下或向上乱抛材料和物品。

(2)在可能坠落，特别是 2 m 及以上的高处悬空作业无安全设施时，必须戴好安全带、扣好保险钩，严禁从高处往下跳或高空奔跑作业。

## 三、用电安全

(1)电动机械和手动工具必须设置漏电保护装置。

(2)搬运钢筋、钢管及其他金属物品时，严禁触碰到电线。

(3)电气设备使用前必须检查线路、插头、插座、漏电保护装置是否完好，非电工严禁操作，搬迁或移动前必须切断电源。

(4)电线不得在地面、施工楼面随意拖拉，若必须经过地面、楼面时，应有过路保护，人、车及物料不准踏、碾、磨电线。

## 四、专业操作规范

(1)机械设备应做到专人操作、专人保养、专人检查，严禁带病运转、超载作业和使用中维护保养，运行时不准操作人员将手、头、身体进入运转的机械行程范围内。

(2)吊装作业时应遵守指挥信号不明不吊或违章指挥不吊，超载或吊物重量不明不吊，吊物捆扎不牢或零星物件不用盛器堆放稳妥不吊，叠放不齐不吊，视线不清不吊，有强风不吊的原则。

# 第二节　安全防护用品的选择与标准

安全防护用品也称劳动保护用品，是指在施工作业过程中能够对作业人员的人身起保护作用，使作业人员免遭或减轻各种人身伤害或职业危害的用品。

农村建房承包人必须根据作业人员的施工需要、作业环境，按照规定配发安全防护用品并监督其正确佩戴和使用。一是施工现场的作业人员必须戴好安全帽，穿工作鞋和工作服，特殊情况下不戴安全帽时，长发者从事机械作业必须戴好工作帽。二是从事脚手架作业的操作人员必须穿灵便的紧口工作服，穿系带的高腰布面胶底防滑鞋，戴工作手套，高处作业时，必须系安全带。三是处于无可靠安全防护设施的高处作业，必须系安全带。四是从事可能飞溅渣屑的机械设备作业，操作人员必须戴防护眼镜。五是从事电钻、砂轮等手持电动工具作业，操作人员必须穿绝缘鞋、戴绝缘手套和防护眼镜。六是从事电气作业的操作人员必须穿电绝缘鞋和灵便的紧口工作服。七是从事焊接作业的操作人员必须穿阻燃防护服、电绝缘鞋，戴绝缘手套和焊接防护面罩、防护眼镜等劳动防护用品。

### 一、安全帽的质量标准

安全帽由帽壳、帽衬、下颏带和后箍组成。帽壳呈半球形，坚固、光滑并有一定弹性，打击物的冲击和穿刺动能主要由帽壳承受。帽壳和帽衬之间留有一定空间，可缓冲、分散瞬时冲击力，从而避免或减轻对头部的直接伤害。安全帽在工矿企业、建筑施工现场、高空作业中是必须配备的劳动防护用品。

建筑工地所用安全帽的帽壳材质主要有低压聚乙烯、ABS(工程塑料)、玻璃钢等。安全帽应有产品质量合格证。

#### (一)安全帽的防护作用

(1)防止飞来物体对头部的打击。

(2)防止从高处坠落时头部受伤害。

(3)防止头部遭电击。

(4)防止化学品和高温液体从头顶浇下时头部受伤。

(5)防止头发被卷进机器里或暴露在粉尘中。

(6)防止在易燃易爆区内，因头发产生的静电引爆危险。

#### (二)选择、使用和保存安全帽注意事项

(1)帽壳有没有破损、裂痕、下凹和磨损。

(2)帽衬的帽箍、吸汗带、缓冲垫和衬带等部件是否齐全有效。

(3)下颏带的系带、锁紧卡等部件是否齐全有效。

(4)安全帽存放时，需放置在干燥通风的地方，远离热源。不宜暴晒。

(5)低压聚乙烯、ABS(工程塑料)安全帽不得用热水浸泡，不得放在暖气片或火炉上烘烤。

(6)使用前要进行检查，如发现异常不得继续使用。

(7)塑料安全帽的使用期限不得超过 2.5 年，玻璃钢材质的使用期限不应超过 3 年，到期应进行抽查测试。

#### (三)安全帽的使用方法

进入施工现场必须戴好安全帽，扣好帽带。调整帽衬衬带松紧，以帽子不能在头部自由活动，自身又未感觉不适为宜，避免过松或过紧。安全帽下颏带必须扣在颏下并系牢，松紧要适度，以防帽子滑落。帽壳设有通气孔的安全帽，使用时不能为了透气而随便再行开孔。不得擅自改装安全帽，不得在安全帽内再佩戴其他帽子。

1. 安全帽的使用维护及注意事项

(1)选用与自己头型合适的安全帽。帽衬必须与帽壳连接良好，同时帽衬与帽壳不能紧贴，应有一定间隙(一般为 20~50 mm)，起缓冲作用，当有重物落到安全帽上时，可有效保护颈椎免遭伤害。

(2)必须戴正安全帽，扣好下颏带。

(3)安全帽在使用前，要进行外观检查，发现帽壳与帽衬有异常损伤、裂痕就不能

再使用，而应当更换新的安全帽。

（4）安全帽如果较长时间不用，则需存放在干燥通风的地方，远离热源，不受日光的直射。

（5）安全帽的使用期限：塑料的安全帽不超过2.5年；玻璃钢的安全帽不超过3年。到期的安全帽要进行检验测试，符合要求方能继续使用。

2. 安全帽正确佩戴方法

正确的佩戴安全帽方法。首先调大后箍，戴上去之后调整后箍至合适的位置，然后系好下颏带。

## 二、安全带的质量要求和使用方法

建筑施工处于搭设脚手架、模板支架等高处作业状态，或者在大型设备和施工机械的安装时，在有可能坠落导致人身伤害的情况下，作业人员都必须佩戴安全带。

安全带是高处作业工人预防坠落伤亡事故的个人防护用品，被广大建筑工人誉为救命带。安全带是由带子、绳子和金属配件组成，总称安全带。按使用方式，安全带分为围杆安全带、悬挂安全带和攀登安全带三类。

### (一)安全带的质量要求

安全带应选用符合标准要求的合格产品，目前常用的是带单边护胸的款式，在使用前应对以下主要项目进行检查，发现不符合要求的不得使用，应立即更换。

（1）安全带的部件是否完整，有无损伤。

（2）金属配件的卡环是否有裂纹，卡簧弹跳性是否良好。

（3）绳带是否出现断股、散股或变质等情况。

（4）安全带寿命一般为3~5年，使用2年后应批量抽检，频繁使用应经常进行外观检查，发现异常须立即更换。

### (二)安全带的使用方法

（1）佩戴安全带时要束紧腰带，腰扣组件必须系紧系正。

（2）悬挂安全带应高挂低用，不得低挂高用（若安全带低挂高用，一旦发生坠落，将增加冲击力，带来危险）。

（3）不得将绳子打结使用，也不得将钩直接挂在安全绳上使用，应挂在连接环上用。

（4）安全带要拴挂在牢固的构件或者物体上，防止摆动或碰撞。

（5）安全绳的长度限制在1.5~2.0 m，使用3 m以上长绳必须加缓冲器、自锁器或防坠器。

（6）安全带上的各种部件不得任意拆掉，使用2年以上应抽检一次。更换新绳时要注意加绳套，以防绳被磨损。

（7）悬挂安全带应做冲击试验，以100 kg重量作自由坠落试验，若不破坏，该批安全带可继续使用。

（8）频繁使用的绳，要经常做外观检查，发现异常时，应提前报废。注意维护和保管，不得接触高温、强酸、强碱、尖锐物体，不接触明火，不要存放在潮湿的场所。

(9) 新使用的安全带必须有产品检验合格证，无证明不准使用。

### 三、其他常用防护用品及使用方法

#### (一) 防护眼镜

防护眼镜又称劳保眼镜，主要作用是为了防护眼睛和面部免受粉尘、烟尘、金属和砂石碎屑及化学溶液溅射的损伤，某些特殊的防护眼镜还能够防止紫外线、红外线和微波等电磁波对人体面部的辐射等。

建筑施工现场使用的防护眼镜主要分为防固体粉尘冲击和防辐射两种。防固体碎屑的防护眼镜，主要用于防御金属或砂石碎屑等对眼睛的机械损伤。眼镜片和眼镜架应结构坚固，抗打击。框架周围装有遮边，其上应有通风孔。防辐射的防护眼镜，用于防御过强的紫外线等辐射线对眼睛的危害。镜片采用能反射或吸收辐射线，但能透过一定可见光的特殊玻璃制成。

#### (二) 防尘口罩

农村建房中主要用于淋灰、筛灰作业、搅拌混凝土作业和钢筋除锈作业等。选用时要注意两点：一是防尘率高，该种口罩一定是用来阻止灰尘进入我们的呼吸系统的，在选购防尘口罩的时候，我们应该选择那些防灰尘率比较高的口罩。二是适合性好，在选择口罩的时候，我们应该看看口罩的设计与我们脸型的配合度到底高不高，只有那种与人脸型十分贴合的口罩，才能更好地将我们的鼻子与嘴巴跟空气隔离开来。

进入危害环境前，应正确佩戴好防尘口罩，进入后应始终坚持佩戴。部件出现破损、断裂和丢失以及明显感觉呼吸阻力增加时，应废弃整个口罩；防止挤压变形、污染进水；使用后要仔细保养，防尘过滤布不得水洗。

#### (三) 防护手套

防护手套的种类繁多，除了抗化学物类，还有防切割、电绝缘、防水、防寒、防热辐射、耐火阻燃等功能。农村建房中常用的防护手套主要有两种：一是劳保手套，一般作业人员经常使用的手套，主要为了防止手掌碰伤、划伤，起防滑和保温作用。二是焊工手套，焊工作业时使用的防护手套，防御焊接作业的火花、熔融金属、高温金属、高温辐射伤害的手套。

## 第三节 安全事故应急处理与救援

安全事故急救是指在施工现场发生伤害事故时，伤员送往医院救治前，在施工现场实施必要和及时的抢救措施，是医院治疗的前期准备。工地发生伤亡事故时，应立即有组织地抢救伤员；保护事故现场不被破坏；及时向上级和有关部门报告。

施工现场急救常识主要包括触电急救知识、火灾急救知识、出血急救、中毒及中暑急救、心肺复苏紧急救护。

## 一、触电急救

### (一) 切断电源

(1) 立即断开电源开关或拔掉电源插头。

(2) 若无法及时找到或断开电源时，可用干燥的竹竿、木棒等绝缘物挑开电线或带电体。

(3) 也可戴上绝缘手套或用带有绝缘柄的利器切断电源线。

(4) 用导电体使电源接地或短路，迫使漏电保护器和短路保护器跳闸而断开电源。

### (二) 物体隔断电源

如果触电者由于痉挛，手指紧握导线或导线缠绕在身上，救护人可先用干燥的木板塞进触电者身下，使其与地绝缘隔断电源，再采取其他办法把电源切断。

### (三) 水中触电时

地面有水潮湿时，救护者应穿绝缘鞋，或者站在木板或绝缘垫上进行施救。水中触电时，如没有切断电源，不要盲目施救。

### (四) 脱离电源后

将脱离电源的触电者迅速移至通风干燥处仰卧，松开上衣和裤带以利其呼吸。如天气寒冷，要注意保暖。

### (五) 不同触电情况的分类处理

(1) 触电者伤势不重，神志清醒，未失去知觉，但有些内心惊慌，四肢发麻，全身无力，要保持空气流通。使触电者安静休息，不要走动，严密观察。

(2) 触电者伤势较重，已失去知觉，但心脏跳动和呼吸还在，应使触电者舒适、安静地平卧，四周不要围人，使空气流通，并迅速请医生诊治或送往医院。

(3) 如果发现触电者呼吸困难，严重缺氧，面色发白或发生痉挛，应立即请医生做进一步抢救。

(4) 触电者没有心跳和呼吸，如果没有其他致命的外伤，应视为触电假死，不可以认为已经死亡，应立即在现场进行心肺复苏，在医护人员到来之前不要停止。

### (六) 触电施救方法

有两种：口对口 (鼻) 人工呼吸法和胸外心脏按压法。

1. 口对口 (鼻) 人工呼吸法 (用于呼吸停止者)

(1) 先使触电者头偏向一侧，清除口中的血块、痰液或口沫，取出口中假牙等杂物，使其呼吸道畅通。

(2) 急救者深深吸气，捏紧触电者的鼻子，大口地向触电者口中吹气，然后放松鼻子，使之自身呼气，每 5 s 一次，重复进行，在触电者苏醒之前，不可间断。

2. 胸外心脏按压法(心脏跳动停止者)

(1)先使触电者头部后仰，急救者跪跨在触电者臀部位置，右手掌置放在触电者的胸上，左手掌压在右手掌上，向下挤压 3~4 cm 后，突然放松。

(2)挤压和放松动作要有节奏，每秒钟 1 次(儿童 2 s 钟 3 次)，按压时应位置准确，用力适当，用力过猛会造成触电者内伤，用力过小则无效，对儿童进行抢救时，应适当减小按压力度，在触电者苏醒之前不可中断。

(3)对于呼吸与心跳都停止的触电者的急救，应该同时采用"口对口人工呼吸法"和"胸外心脏按压法"。

如急救者只有 1 人，应先对触电者吹气 3~4 次，然后再挤压 7~8 次，如此交替重复进行至触电者苏醒为止。如果是两人合作抢救，则按压，吹气时应使触电者胸部放松，只可在换气时进行按压。

(4)施行急救的同时，应及时拨打电话呼叫救护车，尽快送往医院抢救。

## 二、火灾急救

### (一)火灾急救方法与措施

(1)施工现场发生火警、火灾事故时，应立即了解起火部位及燃烧的物质，拨打"119"向消防部门报警同时组织撤离和扑救。

(2)在消防部门到达前，对易燃易爆的物质采取正确有效的隔离。如切断电源，撤离火场内的人员和周围易燃易爆物及一切贵重物品，根据火场情况，机动灵活地选择灭火用具。

(3)在扑救现场应行动统一，如果现场火势扩大，一般扑救不可能成功时，应及时组织撤退扑救人员，避免不必要的伤亡。扑救火灾可单独采用破坏燃烧三条件(即可燃物、助燃物、火源)中的任一条件的灭火方法(隔离法、冷却法、窒息法、化学抑制法)进行扑救，也可几种方法同时采用。灭火的基本方法：①隔离法：将可燃或易燃或助燃物质与火源分开。②冷却法：用水直接喷射在燃烧物体上，使温度降至燃点以下。③窒息法：用湿棉毯、湿麻袋、湿棉被、干砂等不燃物覆盖在燃烧物的表面隔绝空气。④化学抑制法：用含氮灭火器喷射至燃烧物上，使灭火剂参与至燃烧中，发生化学作用，使火熄灭。

(4)在扑救的同时要注意周围的情况，防止中毒、倒塌、坠落、触电、物体打击，避免二次事故的发生。

(5)在灭火后，应注意保护现场，以便日后调查起火原因。

### (二)火灾现场自救注意事项

(1)火灾袭来时要迅速疏散逃生，不要贪恋财物。

(2)救火人员应注意自我保护，使用灭火器材时应站在上风位置，以防因烈火、浓烟熏烤而受到伤害。

(3)必须穿越浓烟逃走时，应尽量用浸湿的衣物披裹身体，用湿毛巾或湿布捂住口鼻，或贴近地面爬行。

（4）身上着火时，可就地打滚，或用浸湿的被褥、衣物等堵塞门缝，泼水降温，呼救待援。

### （三）烧伤人员现场救治

（1）在出事现场，立即采取急救措施，使伤员尽快与致伤因素脱离接触，以避免继续伤害深层组织。

（2）伤员身上燃烧着的衣服一时难以脱下时，可让伤员躺在地上滚动，或用水扑灭火焰。切勿奔跑或用手拍打，以免助长火势，防止手被烧伤。如附近有水池，可让伤员跳入水中。

（3）如肢体烧伤则可把肢体直接浸入冷水中灭火。对伤口进行清洗消毒，可用生理盐水和酒精棉球，将伤口和周围皮肤上沾染的泥沙、污物等清理干净，并用干净的纱布吸收水分及渗血，再用酒精等药物进行消毒。对烧伤面做简单包扎，避免创面污染。

（4）自己不要随便把水泡弄破，更不要在创面上涂任何有刺激性的液体或不清洁的粉和油剂。因为这样不仅不能减轻疼痛，相反会增加感染机会，并为进一步创面处理增加了困难。

（5）伤员口渴时可给予其适量饮水或含盐饮料。

（6）经现场处理后的伤员要迅速转送到医院救治，转送过程中要注意观察呼吸、脉搏、血压等的变化。

## 三、出血急救

严重创伤出血伤员的现场救治要根据现场现实条件及时地、正确地采取暂时性的止血，包扎、固定，搬运等方面措施。

### （一）止血

止血可采用压迫止血法、指压动脉出血近心端止血法（手指按压近心端的动脉，阻断动脉血运，能有效达到快速止血的目的。指压止血法用于血量多的伤口）、弹性止血带止血法。

### （二）包扎、固定

创伤处用消毒的敷料或清洁的棉纺制品覆盖，再用绷带或布条包扎，既可以保护创口免受感染，又可减少出血。在肢体骨折时，还可借助绷带包扎夹板来固定受伤部位，减少再次损伤，预防休克。

### （三）搬运

经现场止血、包扎、固定后的伤员，应尽快正确地搬运转送医院抢救。不正确的搬运，可导致继发性的创伤，加重病痛，甚至威胁生命。

1. 搬运伤员注意事项

（1）在肢体受伤后局部出现疼痛、肿胀、功能障碍或畸形变化，就表示有骨折存在。宜在止血包扎固定后再搬运，防止骨折断端因搬运震动而移位，加重疼痛，再继发损伤附近的血管神经，使创伤加重。

(2)在搬运严重创伤伴有大出血或已有休克的伤员时，要平卧运输伤员，头部可放置冰袋或带冰帽，路途中要尽量避免震荡。

(3)在搬运高处坠落伤员时，因疑有脊椎受伤可能，一定要使伤员平卧在硬板上搬运，切忌只抬伤员的两肩与两腿或单肩背运伤员。因为这样会使伤员的躯干过分屈曲或过分伸展，而使已受伤的脊椎移动，甚至断裂造成截瘫，导致死亡。

2. 创伤救护注意事项

(1)护送伤员的人员，应向医生详细介绍受伤的经过。如受伤时间、地点，受伤时所受暴力大小，现场场地情况。

(2)高处坠落的伤员，在已诊有颅骨骨折时，即使当时神志清楚，若伤员伴有头痛、头晕、恶心、呕吐等症状，仍应劝其留医院严密观察。

(3)在模板倒塌、土方陷落等事故中，在肢体受到严重挤压后，伤员局部软组织因缺血而呈苍白状，皮肤温度降低，感觉麻木，肌肉无力。一般在解除肢体压迫后，应马上用弹性绷带绕伤肢，以免发生组织肿胀，还要固定少动，以减少和延缓毒性分解产物的释放和吸收。

(4)胸部受伤的伤员，实际损伤常较胸壁表面所显示的严重。如伤员胸壁皮肤完好无伤痕，但已有肋骨骨折存在，甚至还伴有外伤性气胸和血胸，要高度提高警惕，以免误诊。在下胸部受伤时，要想到腹腔内脏受击伤引起内出血的可能。

(5)引起创伤性休克的主要原因是创伤后的剧烈疼痛，失血引起的休克以及软组织坏死后的分解产物被吸收而中毒。处于休克状态的伤员要让其安静、保暖、平卧、少动，并将下肢抬高约 20°左右，尽快送医抢救。

## 四、中毒急救

(1)建筑施工现场一旦发生中毒事故，均应设法尽快把中毒人员脱离中现场，查清中毒物源，排除吸收和未吸收的毒物。

(2)救护人员在将中毒人员脱离中毒现场急救过程中，应注意自身的保护，在有毒、有害气体发生场所，应视情况采取措施，加强通风或用湿毛巾等捂住口鼻。施救人员应腰系安全绳，并有场外人控制、应急，如果有条件的要使用防毒面具。

(3)在施工现场因接触油漆、涂料、沥青、外掺剂、添加剂、化学制品等有毒物品中毒时，应脱去沾有污染的衣物并用大量的微温水清洗被污染的皮肤、发以及指甲等，对不溶于水的毒物用适量的溶剂进行清理。尽可能把吸入毒物的中毒人员送往有高压舱的医院救治。

(4)在施工现场如果发生食物中毒事件，对神志清楚者应设法催吐，喝微温水300~500 mL，用压舌板等刺激咽后壁或舌根以催吐，如此反复，直到吐出物为清亮液体为止。

(5)对催吐无效或神志不清者，则应迅速送往医院救治。如发现心脏、呼吸不规则或者心跳停止等症状，则应把中毒人员移到空气流通处，立即实行人工呼吸法和体外心脏挤压法进行抢救。

## 五、中暑急救

夏季，在施工工地上劳动或者工作者最容易发生中暑，轻者全身疲乏无力，头晕、头疼、烦闷、口渴、恶心、心慌，重者可能会突然晕倒或昏迷不醒。遇到这种情况应马上进行急救。

（1）迅速转移。将中暑者迅速移至阴凉通风处，松懈衣扣和腰带，让其平卧，头部不要垫高。

（2）降温。用凉水或50%的酒精擦拭全身，直至皮肤发红，血管扩张以促进散热。

（3）补充水分和无机盐类。能饮水的患者，慢慢地给患者喝一些凉开水、淡盐水等，也可给病人服用十滴水、仁丹、藿香正气水等消暑药。不能饮水者，应予静脉补液。

（4）病情重者，要及时送往医院治疗。

## 六、心肺复苏紧急救护知识

伤者一旦呼吸心跳停止，18 s后脑缺氧，30 s后昏迷，60 s后脑细胞开始死亡，4~6 min时大脑细胞产生不可逆损害，6 min后脑细胞可能全部死亡。抢救生命的黄金时间只有短短4 min。所以，在医护专业急救人员到达前，现场工友及时伸手施救，就有可能挽救一条生命。

心肺复苏是一个连贯、系统的急救术，各个环节应紧密结合不间断进行。现场心肺复苏术的步骤如下。

### (一)确认

迅速用各种方法刺激病人，确定其是否意识丧失，心跳、呼吸停止。主要采取"一看"：看形态、面色、瞳孔；"二摸"：摸股动脉、颈动脉搏动；"三听"：听心音。证实病人心跳停止后应立即进行抢救。

### (二)体位

一般要去枕平卧，将病人安置在平硬的地面上或在病人的背后垫上一块硬板，尽量减少搬动病人。

### (三)畅通呼吸道

其操作方法是仰额举颌法：一手置于前额使头部后仰，另一手的食指与中指置于下颌骨近下或下颌角处，抬起下颌。有假牙托者应取出。

### (四)人工呼吸方法

口对口吹气是向患者提供空气的有效方法。操作者置于患者前额的手在不移动的情况下，用拇指和食指捏紧患者的鼻孔，以免吹入的气体外溢，深吸一口气，尽力张嘴并紧贴患者的嘴，形成不透气的密封状态，以中等力量，1~1.5 s的速度向患者口中吹入约800 mL的空气，吹至患者胸廓上升。吹气后操作者即抬头侧离一边，捏鼻的手同时松开，以利于患者呼气。观察病人胸廓向下恢复，并有气流从病人口内排出。人工呼吸应与心脏按压成比例。单人操作，心脏按压 30 次，吹气 2 次。吹气时应停止胸外按压。

### (五)胸外心脏按压

在人工呼吸的同时，进行人工心脏按压。按压部位：胸骨中、下 1/3 交界处，也就是两乳头连线的中点位置，或剑突上 2.5~5 cm 处。按压方法如下。

(1)抢救者一手掌根部紧放在按压部位，另一手掌放在此手背上，两手平行重叠且手指交叉互握抬起，使手指脱离胸壁。

(2)施救者双臂应绷直(肘关节不可弯曲)，双肩中点垂直于按压部位，利用上半身体重和肩、臂部肌肉力量垂直向下按压，使触电者胸骨下陷 3~4 cm，按压 30 次。

(3)按压应平稳、有规律地进行，不能间断，下压与向上放松时间相等；按压至最低点处，应有一明显的停顿，不能冲击式的猛压或跳跃式按压；放松时定位的手掌根部不要离开胸骨定位点，但应尽量放松，务使胸骨不受任何压力。

(4)不要为了观察脉搏和心率而频频中断心肺复苏，按压停歇时间一般不要超过10 s。胸外按压 30 次，人工呼吸 2 次，周而复始，直至复苏或医生到场。

## 第四节　常见安全事故及防范措施

### 一、防高处坠落和物体打击的安全措施

(1)做好"三宝"(安全帽、安全带、安全网)、"四口"(楼梯口、电梯井口、预留洞口、通道口)、"五临边"(尚未安装栏杆的阳台周边、无外架防护的层面周边、框架工程楼层周边、上下跑道及斜道的两侧边、卸料平台的侧边)的防护。

(2)设施必须牢固，物料必须堆放平稳，不可放置在临边或洞口附近。

(3)不违章攀爬、不违章作业和不高空抛物。

(4)高处作业要注意行走、站稳踩实，不用力过猛，严禁相互打闹，以免失足发生坠落危险。

(5)高处作业人员必须要着装整齐，工具应随手放入工具袋。

(6)攀登用具结构必须牢固可靠，使用必须正确。

(7)各类手持机具使用前应检查，确保安全牢靠。

(8)对拆卸下的物料、建筑垃圾不得在走道上任意乱置或向下丢弃。

(9)不准往下或向上乱抛材料和工具等物件。

(10)各施工拆卸作业要在设有禁区、有人监护的条件下进行。

### 二、防触电的安全措施

(1)安装漏电保护装置。对开关设备、临时线路等建立专人管理的责任制。

(2)使用前检查用电设备的防护设施、漏电开关和电线电缆，证实完好后才能施工。

(3)不乱拉乱接电线电缆，不踩踏电线电缆，注意不触碰外电线路。

(4)不用湿手触摸开关和电线，不乱动通电设备，移动电器设备要切断电源。

(5)用电作业要戴绝缘手套，穿绝缘鞋。

(6)各种电气设备和线路的定期检查，应停电作业，并在箱门上或闸把上挂上警示牌，必要时设专人看管，如必须带电作业，一定要安排2人，由其中一人负责监护，另一人操作。

(7)特殊工种应持证上岗。电器出现问题，不要擅自修理，非电工人员严禁进行电工作业。

(8)定期进行电气设备和用电安全检查，发现问题、及时解决。雨季施工尤其要做好安全检查。

### 三、防坍塌的安全措施

(1)土方开挖前要做好排水处理，防止地表水、施工用水和生活废水浸入施工现场。下大雨时，应暂停土方施工。

(2)挖掘土方应从上而下逐层施工，禁止采用掏空底脚的操作方法，两人操作间距应大于2 m。

(3)挖出的泥土要按规定放置或外运，不得随意沿围墙或临时建筑堆放。

(4)在模板施工过程中，应选用符合材质规定的材料做立柱，支撑立柱基础应牢固，下铺通长大板，严禁垫砖，严格控制模板支撑系统的沉降量。

(5)拆模施工前，必须向拆模人员进行交底，拆除过程中，有专人指挥，并在下面划出作业区，严禁非操作人员进入或通过。拆除模板一般采用长撬棍。作业人员不得站立在被拆除的模板上。已拆除的模板、拉杆、支撑等应采用边拆、边运、边码垛。拆模间隙时，应将已松动模板、拉杆、支撑等拆除或固定牢固，防止自行塌落伤人。

(6)模板拆除不能采用推倒办法，禁止数层同时拆除。当拆除某一部分的时候，应防止墙体部分发生坍塌。

(7)脚手架上、楼板面等不能集中堆放物料，防止坍塌。

(8)严禁随意拆除模板、脚手架的稳固设施。

(9)在基础施工过程中，各种材料、堆土应距基槽边1.5 m，堆放高度不得超过1.5 m。

## 第五节　脚手架搭设与拆除

脚手架是建筑施工中一项不可缺少的高处作业工具，结构施工、装修施工及设备安装等都需要根据操作要求搭设脚手架。其主要作用分别是：可以使施工作业人员在不同部位进行作业；能堆放及运输一定数量的建材物料；能保证施工工人在高处作业时的安全。

### 一、材料与工具

(1)脚手架所使用的钢管、扣件及零配件等须统一规格，证件齐全，杜绝使用次品和不合格品的钢管。扣件有脆裂、变形、滑丝的禁止使用；变形、裂纹和严重锈蚀钢管严禁使用。

（2）钢管脚手架的立杆应垂直放在金属底座或垫木上。立杆间距不得大于 1.5 m，架子宽度不得大于 1.2 m，大横杆应设 4 根，步高不大于 1.8 m。钢管的立杆、大横杆接头应错开，用扣件连接，拧紧螺栓，不得用铁丝绑扎。

（3）扣件应采用锻铸铁制作的扣件，其材质应符合现行国家标准《钢管脚手架扣件》的规定，采用其他材料制作的扣件，应有试验证明其质量符合该材料规定方可使用。

（4）木脚手板要用厚度不小于 5 cm 的杉木或松木板，宽度以 20~30 cm 为宜，凡是腐朽、破裂和扭曲的不得使用。板端用铁丝箍绕或用铁皮钉牢。

（5）竹质脚手架的立杆、顶撑、大横杆、剪刀支撑、支杆等有效部分的小头直径不得小于 7.5 cm，小横杆直径不得小于 9 cm。立杆、大横杆、小横杆相交时，应先绑两根，再绑第三根，不得一扣绑三根。竹片脚手板的板厚度不得小于 5 cm，螺栓孔不得大于 1 cm，螺栓必须打紧。竹脚手架必须采用双排脚手架，严禁搭设单排架。

（6）主体施工时在施工层面及上下层三层满铺，且铺搭面间隙不得大于 20 cm，不得有空隙和探头板。脚手板搭接应严密，架子在拐弯处应交叉搭接。脚手板垫平时应用木板，且要钉牢，不得用砖垫。

（7）脚手架的外侧、斜道和平台，必须绑 1~1.2 m 高的护身栏杆和钉 20~30 cm 高的挡脚板，并满挂安全防护立网。脚手架作业面外立面设挡脚板加两道护身栏杆，挂满立网。

（8）在脚手架上作业人员必须穿防滑鞋，正确佩戴使用安全带，着装灵便。登高（2 m 以上）作业时必须系合格的安全带，系挂牢固，高挂低用。

（9）高处作业人员应佩戴工具袋，不要将工具放在架子上，以免掉落伤人。

## 二、安全技术事项

（1）搭设或拆除脚手架的操作人员必须经专门培训，架子必须由持有《特种作业人员操作证》的专业架子工进行，上岗前必须进行安全教育考试，格后方可上岗。严禁生手搭设或拆除脚手架。

（2）搭拆脚手架时，要有专人协调指挥，地面应设警戒区，要有旁站人员看守，严禁非操作人员入内。

（3）翻脚手板必须两个人由里向外按顺序进行，在铺第一块或翻到最外一块脚手板时，必须挂好安全带。

（4）严禁在架子上作业时嬉戏、打闹、躺卧，严禁攀爬脚手架；严禁酒后上岗，严禁高血压、心脏病、癫痫病等不适宜登高作业人员上岗作业。

（5）砌筑用的里脚手架铺设宽度不得小于 1.2 m，高度应保持低于外墙 20 cm，支架底脚应有垫木块，并支在能承重的结构上。搭设双层架时，上下支架必须对齐，支架间应绑斜撑拉牢，不准随意搭设。

（6）脚手架基础必须平整夯实，具有足够的承载力和稳定性，立杆下必须放置垫座和通板，有畅通的排水设施。

(7)斜道的铺设宽度不得小于1.2 m，坡度不得大于1∶3，防滑条间距不得大于30 cm。

(8)脚手板必须铺严、实、平稳。不得有探头板，要与架体拴牢；架上作业人员应做好分工、配合，传递杆件应把握好重心，平稳传递。

(9)脚手架两端、转角处以及每隔6~7根立杆应设剪刀撑，与地面的夹角不得大于60°，架子高度在7 m以上，每两步四跨，脚手架必须同建筑物设连墙点，拉点应固定在立杆上，做到有拉有顶，拉顶同步。

(10)在搭设作业中，地面上配合人员应避开可能落物的区域。

(11)拆除脚手架时，必须有专人看管，周围应设围栏或警戒标志，非工作人员不得入内。拆除连墙点前应先进行检查，采取加固措施后，按顺序由上而下，一步一清，不准上下同时交叉作业。

(12)架设材料要随上随用，以免放置不当掉落伤人。

(13)拆除脚手架大横杆、剪刀撑，应先拆中间扣，再拆两头扣，由中间操作人往下顺杆子。

(14)架子每步距均设一层水平安全网(随层)，以后每四层设一道。

(15)拆下的脚手杆、脚手板、钢管、扣件、钢丝绳等材料，严禁往下抛掷。

(16)遇6级及以上大风天和雪、雾、雷雨等特殊天气时应停止架子作业。施工人员在雨雪天后作业时必须采取防滑措施。

# 第六节　混凝土模板支设与拆除

模板系统是保证混凝土结构和构件按要求的几何尺寸成型的一项临时措施，也是混凝土在硬化过程中的工具。模板系列包括模板、支撑、紧固。

模板按其材料主要分为木模板、胶合板模板、塑料模板、玻璃模板、定型组合钢模板等。乡村建筑常见的模板有木模板、胶合板模板。

(1)模板支撑不得使用腐朽、扭裂、劈裂的材料。顶撑要垂直，底端平整坚实，加垫木或木楔，并用横顺拉杆和剪刀撑拉牢。

(2)外墙模板利用下层墙体螺栓孔固定时，下层外墙砼强度，不应低于7.5 MPa。

(3)支模应按工序进行，模板没有固定前，不得进行下道工序。禁止利用拉杆、支撑上下攀爬。

(4)对于跨度不小于4 m的现浇钢筋混凝土梁、板，模板支设时，应按设计要求起拱，设计无具体要求时，起拱高度应为跨度的1/1 000~3/1 000。

(5)支设4 m以上的立柱模板，四周必须顶牢，操作时要搭设工作台，不足4 m的可使用马凳操作。

(6)支模过程中，如需中途停歇，应将支撑、搭头、柱头等钉牢。

(7)拆模间歇时，应将已活动的模板、牵杠、支撑等运走或妥善堆放，防止因踏空、扶空而坠落。

(8)拆除模板应按顺序分段进行，严禁猛撬、硬砸或大面积撬落和拉倒。完工前不得留下松动和悬挂的模板，拆下的模板应及时运送到指定地点集中堆放。

（9）所有模板每次周转，应均匀涂刷隔离剂，便于模板拆除，不破坏混凝土成品。

（10）相邻两块模板对接时接缝处，必须有木方连接，第二块板的钉子要朝第一块板的方向斜钉，使接缝紧密。

（11）模板上有预留洞者，应在安装后将洞口盖好，混凝土板上的预留洞，应在模板拆除后即将洞口盖好。

（12）对于模板的侧面、切割面、孔壁应用封口胶等封闭，以最大限度地增加周转次数。

（13）不得在脚手架上堆放大批模板等材料。模板应分类、分规格码放。

（14）梁板施工缝应有妥善的隔离措施。

（15）模板安装完毕后，全面检查扣件、螺栓、斜撑是否紧固、稳定，模板拼缝及下口是否严密。

（16）凡遇到恶劣天气（大雨、大雾及6级以上的大风），应停止露天高空作业。

# 第七节　农村建筑施工用电安全

临时用电是指施工现场在建筑施工过程中使用的电力，也是建筑施工用电工程或用电系统的简称。

农村建房的设备容量小、设备数量少，临时用电相对简单，保证临时用电安全的关键在于做到如下规范操作。

（1）农户建房前应按照当地电力部门临时用电要求，办理临时用电手续，找专业人员安装合格的临时用电设备。严禁非电工作业人员私自乱拉、乱接电线，避免发生安全事故。

（2）施工现场电线电缆不应在地面来回拖动，线路较长时电缆干线应采用埋地或架空敷设，严禁沿地面明设，并应避免机械损伤和介质腐蚀。闸刀不应就地摆放，安装位置应设在小孩不可触及之处，以防出现事故。

（3）不得擅自接电，不得私自转供电，挪动电箱、电气设备时必须有电工在场，在电工切断电源并做妥善处理后才能进行。

（4）电源动力线通过道路时，应架空或置于地槽内，槽上必须加设盖板保护。架空线必须设在专用电杆上，严禁架设在树木、脚手架上。架空线必须采用绝缘铜线或绝缘铝线。

（5）建筑工匠应掌握安全用电基本知识和所用机械设备的性能。施工现场内的所有电器设备的金属外壳必须与专用保护零线连接。使用设备前必须按规定穿戴和配备好相应的劳动防护用品，并检查电气装置和保护设施是否完好，严禁设备带病运转；停用的设备须拉闸断电，锁好开关箱。

（6）开关箱内的漏电保护器其额定漏电动作电流应不大于30 mA，额定漏电动作时间应小于0.1 s。使用于水泵等潮湿场所的漏电开关，其额定动作电流应不大于15 mA。额定漏电动作时间应小于0.1 s。

（7）保护零线应单独敷设，不作他用。重复接地线应与保护零线相连接。与电气设备相连接的保护零线应为截面不小于 2.5 mm² 的绝缘多股铜线。保护零线的统一标志为绿/黄双色线。任何情况下不准使用绿/黄双色线做负荷线。

（8）动力配电箱与照明配电箱宜分别设置，如果设置在同一配电箱内，动力和照明线路应分路设置。施工现场停止作业一小时以上时，应将动力开关箱断电上锁。

（9）配电箱、开关箱必须防雨、防尘。箱内的电器必须可靠完好，不准使用破损、不合格的电器。

（10）每台用电设备应有各自专用的开关箱，必须实行"一机一闸"制，严禁用同一个开关电器直接控制二台及二台以上用电设备（含插座）。

（11）所有绝缘、检验工具，应妥善保管，严禁他用，并应定期检查、校验，电工在操作中应穿好绝缘鞋。

（12）熔断器的熔体更换时，严禁用不符合原规格的熔体代替。

（13）现场照明禁止使用碘钨灯，现场选用额定电压为 220 V 的照明器。

（14）在建工程不得在高、低压线路下方施工。高、低压线路下方，不能搭设作业棚，不能堆放构件、架具、材料及杂物等。

# 第八节　中小型机械操作注意事项

由于在农房建造工程中使用大型机械较少，本节仅对使用频率较高的 6 种中小型机械的安全操作规程进行简短介绍，提醒工匠们在操作过程中需要注意的一些安全事项和防范措施。

## 一、混凝土搅拌机

（1）搅拌机应安置在坚实地面，支撑平稳，不可以用轮胎代替支架支撑。

（2）禁止非操作人员操作搅拌机，开动前离合器、制动器、钢丝绳等应仔细检查。

（3）操作人员每次工作时，应仔细查看各部件有无反常表象、开机前应查看制动器和各防护设备是否活络牢靠。轨道、滑轮是否良好，机身是否平衡，周围有无妨碍和危险物品，确认没有问题后才可合闸试机，先工作 2~3 min，滚筒转动平衡，不跳动。不跑偏，工作正常，无反常动静后，方可正式操作。

（4）搅拌机启动后，应等搅拌筒达到正常转速后再进行上料，上料后要及时加水。添加新料必须将搅拌机内原有的混凝土全部卸出后才能进行，不得中途停机或等满载后才启动搅拌机。

（5）料斗提升时，禁止在料斗下方工作或通行。进料时，禁止将头或手伸入料斗或机架之间。工作时，禁止用手或工具伸入搅拌机内扒料、出料。

（6）检修时须切断电源，固定好料斗，进筒处理障碍时必须有人在外面监护。

（7）工作完成后，应对搅拌机进行全部整理，筒内外需冲洗洁净。整理前要先切断电源，锁好开关箱。并有专人在旁边监护、整理完成后。应将料斗提升到顶上位置，并用挂钩挂牢。

### 二、卷扬机操作

(1)安装时，基座必须平稳牢固，设置可靠的地锚并应搭设工作棚。操作人员的位置应能看清指挥人员的拖动或起吊的物件，卷扬机和导向滑轮中心线对正，距离不小于 15 m。

(2)作业前应检查卷扬机与地面固定情况、防护设施、电气线路、制动装置和钢丝绳等全部合格后方可使用。

(3)卷筒上的钢丝绳应排列整齐，如发现重叠或斜绕时，应停机重新排列严禁在转动中用手、脚去拉、踩钢丝绳。作业时钢丝绳最小保留 3~5 圈。

(4)作业中，任何人不得跨越正在作业的卷扬钢丝绳。物件提升后，操作人员不得离开卷扬机。休息时物件或吊笼应降至地面。

(5)操作时听从指挥人员指挥，卷扬机制动操纵杆的行程范围内不得有障碍物。

(6)作业中，如遇停电，应切断电源拉开闸刀，将提升物降至地面。

(7)使用皮带和开式齿轮传动的部分，均须设防护罩，导向滑轮不得用开口拉板式滑轮。

(8)以动力正反转的卷扬机，卷筒旋转方向应与操纵开关上指示的方向一致。

(9)从卷筒中心线到第一个导向滑轮的距离，带槽卷筒应大于卷筒宽度的 15 倍，无槽卷筒应大于 20 倍。当钢丝绳在卷筒中间位置时，滑轮的位置应与卷筒轴心垂直。

### 三、蛙式打夯机

(1)蛙式打夯机适用于实灰土、素土的地基、地坪以及场地平整，不得夯实坚硬或软硬不一的地面，更不得夯打坚石或混有砖石碎块的杂土。

(2)检查电路应符合要求，接地(接零)良好。各传动部件均正常后，方可作业。

(3)操作蛙夯应有两人，一人操作，一人传递导线，操作和传递导线人员都要戴绝缘手套和穿绝缘胶鞋。

(4)两台以上蛙式打夯机在同一工作面作业时，左右间距不得小于 5 m，前后间距不得小于 10 m。

(5)手把上电门开关的管子内壁和电动机的接线穿入手把的入口处，均应套垫绝缘管或其他绝缘物。

(6)作业时，电缆线不可张拉过紧，应保证有 3~4 m 的余量，递线人员应依照夯实路线随时调整，电缆线不得扭结和缠绕。作业中需移动电缆线时，应停机进行。

(7)操作时，不得用力推拉或按压手柄，转弯时不得用力过猛。严禁急转弯。

(8)夯实填高土方时，应从边缘以内 10~15 cm 开始夯实 2~3 遍后，再夯实边缘。

(9)在室内作业时，应防止夯板或偏心块打在墙壁上。

(10)作业后，切断电源，卷好电缆，如电缆线有破损应及时修理或更换。

### 四、振捣器操作

(1)使用前，检查各部位应连接牢固，旋转方向正确。

(2)捣器不得放在初凝的混凝土、地板、脚手架、道路和干硬的地面上进行试振。

如检修或作业间断时，应切断电源。

（3）插入式振捣器软轴的弯曲半径不得小于 50 mm，并不得多于两个弯，操作时振动棒应自然垂直地沉入混凝土，不得用力硬插、斜推或使钢筋夹住棒头，也不得全部插入混凝土。

（4）作业转移时，电动机的导线应保持有足够的长度和松度。严禁用电源线拖拉振捣器。

（5）振捣器与平板应保持紧固，电源线必须固定在平板上，电器开关应装在手把上。

（6）用绳拉平板振捣器时，拉绳应干燥绝缘，移动或转向时，不得用脚踢电动机。

（7）在一个构件上同时使用几台附着式振捣器工作时，所有振捣器的频率必须相同。

（8）操作人员必须穿戴胶靴和绝缘手套。

（9）振捣器应保持清洁，不得有混凝土黏结在电动机外壳上妨碍散热。

（10）作业后必须做好清洁、保养工作。振捣器要放在干燥处。

## 五、龙门架升降机

（1）组装后应进行验收，并进行空载，超载实验。

（2）由专人操作管理，开机前检查钢丝绳、地锚、缆风绳良好，空载运行合格方可使用。

（3）严禁载人，在安全装置可靠的情况下，卸料人员才能进入吊篮内工作。

（4）要设置灵敏可靠的联系信号装置，做到各操作层均可同司机联系。

（5）架体及轨道发生变形必须及时校正。

（6）禁止攀登架体和架体下面穿越。

（7）缆风绳不得随意拆除。

（8）保养设备必须停机后运行。

（9）严禁超载运行。

（10）司机离开，应放下吊篮，切断电源。

## 六、木工平刨机

（1）平刨机的安全防护装置必须齐全有效，否则禁止使用。

（2）刨料时，操作者两腿前后叉开，保持身体稳定，双手持料。刨大面时，手应按在料上面；刨小料时，可以按在料的上半部，但手指必须离开刨口 50 mm 以上，严禁用手在料后推送跨越刨口进行刨削。

（3）被刨木料的厚度小于 30 mm，长度小于 400 mm 时，应用压板或压棍推送。厚度在 15 mm，长度在 250 mm 以下的木料，不得在平刨上加工。

（4）每次刨削量不得超过 1.5 mm，被刨的木料必须紧贴"靠山"，进料速度保持均匀。经过刨口时，按在料上的手用力要轻，禁止在刨刃上方回料。

（5）被刨材料长度超过 2 m 时，必须有两人操作；料头越过刨口 20 cm 后方接料，接料后不准猛拉。

（6）被刨木料如有裂破、硬节等缺陷，必须处理后再施刨。刨旧料前，必须将料上的钉子、杂物清除干净。遇木槎、节疤要缓慢送料，严禁将手按在节疤上送料。

（7）活动式的台面要调整切削量时，必须切断电源和停止运转，严禁在运动中进行调整，以防台面和刨刃接触造成飞刀事故。

（8）换刀片应拉闸断电。

（9）刀片和刀片螺丝的厚度，重量必须一致，刀架夹板必须平整贴紧，合金刀片焊缝的高度不得超过刀头，刀片紧固螺丝应嵌入刀片槽内，槽端离刀背不得小于 10 mm。紧固刀片螺丝时，用力应均匀一致，不得过紧或过松。

（10）机械运转时，不得将手伸进安全挡板里侧移动挡板。禁止拆除安全挡板进行刨削，严禁戴手套操作。

（11）木料需要调头时，必须双手持料离开刨口后再进行调头，同时注意周围环境，防止碰伤人和物。

### 七、木工圆盘锯

（1）操作者要佩戴好防护眼镜，站在锯片一侧，禁止站在与锯片同一直线上，手臂不得跨越锯片。

（2）设备本身有开关控制，闸箱与设备距离不超过 2 m。

（3）锯片必须安装牢固，锯片不能连续缺齿。螺丝应上紧，锯方上方必须安装保险栏板。

（4）锯片转动正常后再进行锯料送料时不得将木料左右晃动或高抬。

（5）木料接近尾端时不要用手直接推进，可用短木顶料。

（6）木料较长时两人配合操作，木料超过锯片 20 cm 方可接料。

（7）换锯片或台面清除木屑，应在拉闸断电或摘掉皮带后进行。

（8）进料必须紧贴靠山，不得用力过猛，遇硬节慢推。接料要待料出锯片 15 cm，不得用手硬拉。

（9）短窄料应用推棍，接料使用刨钩。超过锯片半径的木料，禁止上锯。

（10）圆盘锯台面和木料加工房内的木屑废料应及时清理。

# 第九节　安全保险意识

在农村房屋建造过程中，财产损失、人身伤亡的风险远远高于平时生产、生活中的其他各项活动，如何识别、防范、化解风险，降低风险带来的损失，是农村建筑工匠应当考虑的问题。在农村房屋建造中，需要考虑到的风险因素很多：一是房屋坐落位置要合理，尽量避免容易受到山洪、泥石流、滑坡侵袭的位置。二是要有房屋的自然灾害防范措施，避免受到暴风、暴雨、暴雪、雷击、地震等侵袭。三是建造过程中遭遇恶劣天气或自然灾害要避免在建房屋、脚手架的倒塌，减少建筑设备和材料的损失。四是要避免建造过程中因自然灾害或意外事故造成建筑工人的人身伤亡。

近年来，农村建造三层以上、高度超过 10 m 的房屋已比较普遍，在建造过程中建筑工匠意外事故也时有发生。屋主、承建商和建筑工匠间的赔偿纠纷和诉讼也较常见。

在农村建房，屋主有的请正规施工队，有的请的是农村的泥工、木工等散工如何购买建筑意外保险，保障施工人员人身安全要考虑周全一些，以便减少建房风险。所谓农村的建房保险，就是在盖房的时候，雇主请雇工来做事过程中发生一切事故产生的费用，都是可以由保险公司来负担的，所以千万不能忽视。

农村房屋建造中最需要参保的是建筑设备和材料的财产损失保险、农村建筑工匠的人身意外伤害保险和建造施工中造成第三方人身财产损害的责任险。办理保险需要注意以下事项：一是了解和选择保险公司。选择时应注意保险公司业务员的专业和诚信，注意了解保险公司在承保理赔等环节的办事效率和口碑。了解保险公司提供的险种和保障的范围与额度能否符合、满足自己的需要。二是保险投保人的确定。保险法要求投保人对被保险人存在保险利益，即被保险人应当是投保本人，或者是投保人的配偶、子女及父母，或是与投保人有劳动关系的劳动者，投保人才可以为他们参保。房主以点工方式雇请承建商（包工头）建造房屋，承建商再雇请建筑工匠，可以视为房东也与工匠存在直接的劳动关系，此时房主可以为建筑工匠参保。房主以包工包料或者包工不包料的方式将建筑工程承包给承建商，则房东与承建商之间是建造合同的甲乙方关系，房主和建筑工匠之间不存在劳动关系，房主不能为工匠参保。承建商与建筑工人之间存在劳动关系，应当由承建商为工人参保。三是保险险种的选定。房东购买保险通常选择建筑工程一切险，包括财产损失和第三方赔偿责任两块保险责任。财产损失包括了列明在工地范围内的与施工工程合同相关的财产。运输车辆应单独投保车辆损失保险和交强险。具体的施工机具、设备等要根据保险合同进行具体约定。第三者责任险部分，保险公司负责的是与所参保工程直接相关的意外事故引起工地内及邻近区域的第三者人身伤害或财产损失，依法应由被保险人承担的经济赔偿责任。在保险期间内，由于下列"天灾人祸"原因造成保险标的损失，保险人也需要依照保险合同的约定负责赔偿：火灾、爆炸等突发性事件；雷击、暴雨、地震、洪水、台风、暴风、龙卷风、雪灾、雹灾、泥石流、崖崩、突发性滑坡、地面突然塌陷等自然灾害；空中运行物体坠落；升降机、吊车、脚手架倒塌；因施工不当，致使在建房屋倒塌等。四是理赔程序。保险事故发生后，投保人或被保险人应及时通知保险公司，或拨打保险公司的报险电话报案。申请理赔时，要积极配合保险公司调查事故发生的原因、确定损失程度，积极提供相关的证明或材料（发票、账册、工资单据、点工单、监控录像、证明等）。根据我国保险法规定，如果保险公司认为理赔所需证明和材料已经足够，就必须尽快做出核定，即使是情形比较复杂的，也应当在30日内做出核定。假如证明或材料不足，应当一次性通知投保人或被保险人补充提供。确定理赔金额后，保险公司应当在10日内把保险金支付给被保险人或受益人。如果对保险公司的理赔结果不认可，在协商无果的情况下，可以向保险合同签发地的人民法院提起诉讼，或申请仲裁委员会仲裁。

# 附　录

## 附录一　河南省主要城镇抗震设防烈度表

| 城市 | 烈度(度) | 加速度(g) | 分组 | 县级及县级以上城镇 |
|---|---|---|---|---|
| 郑州市 | 7 | 0.15 | 第二组 | 中原区、二七区、管城回族区、金水区、惠济区 |
| | 7 | 0.10 | 第二组 | 上街区、中牟县、巩义市、荥阳市、新密市、新郑市、登封市 |
| 开封市 | 7 | 0.15 | 第二组 | 兰考县 |
| | 7 | 0.10 | 第二组 | 龙亭区、顺河回族区、鼓楼区、禹王台区、祥符区、通许县、尉氏县 |
| | 6 | 0.05 | 第二组 | 杞县 |
| 洛阳市 | 7 | 0.10 | 第二组 | 老城区、西工区、瀍河回族区、涧西区、吉利区、洛龙区、孟津县、新安县、宜阳市、偃师市 |
| | 6 | 0.05 | 第三组 | 洛宁县 |
| | 6 | 0.05 | 第二组 | 嵩县、伊川县 |
| | 6 | 0.05 | 第一组 | 栾川县、汝阳县 |
| 平顶山市 | 6 | 0.05 | 第一组 | 新华区、卫东区、石龙区、湛河区、宝丰区、叶县、鲁山县、舞钢市 |
| | 6 | 0.05 | 第二组 | 郏县、汝州市 |
| 安阳市 | 8 | 0.20 | 第二组 | 文峰区、殷都区、龙安区、北关区、安阳县、汤阴县 |
| | 7 | 0.15 | 第二组 | 滑县、内黄县 |
| | 7 | 0.10 | 第二组 | 林州市 |
| 鹤壁市 | 8 | 0.20 | 第二组 | 山城区、淇滨区、淇县 |
| | 7 | 0.15 | 第二组 | 鹤山区、浚县 |
| 新乡市 | 8 | 0.20 | 第二组 | 红旗区、卫滨区、凤泉区、牧野区、新乡县、获嘉县、原阳县、延津县、卫辉市、辉县市 |
| | 7 | 0.15 | 第二组 | 封丘县、长垣县 |

（续）

| 城市 | 烈度（度） | 加速度（g） | 分组 | 县级及县级以上城镇 |
|---|---|---|---|---|
| 焦作市 | 7 | 0.15 | 第二组 | 修武县、武陟县 |
| | 7 | 0.10 | 第二组 | 解放区、中站区、马村区、山阳区、博爱县、温县、沁阳市、孟州市 |
| 濮阳市 | 8 | 0.20 | 第二组 | 范县 |
| | 7 | 0.15 | 第二组 | 华龙区、清丰县、南乐县、台前县、濮阳县 |
| 许昌市 | 7 | 0.10 | 第一组 | 魏都区、许昌县、鄢陵县、禹州市、长葛市 |
| | 6 | 0.05 | 第二组 | 襄城县 |
| 漯河市 | 7 | 0.10 | 第一组 | 舞阳县 |
| | 6 | 0.05 | 第一组 | 召陵区、源汇区、郾城区、临颍县 |
| 三门峡市 | 7 | 0.15 | 第二组 | 湖滨区、陕州区、灵宝市 |
| | 6 | 0.05 | 第三组 | 渑池县、卢氏县 |
| | 6 | 0.05 | 第二组 | 义马市 |
| 南阳市 | 7 | 0.10 | 第一组 | 宛城区、卧龙区、西峡县、镇平县、内乡县、唐河县 |
| | 6 | 0.05 | 第一组 | 南召县、方城县、淅川县、社旗县、新野县、桐柏县、邓州市 |
| 商丘市 | 7 | 0.10 | 第二组 | 梁园区、睢阳区、民权县、虞城县 |
| | 6 | 0.05 | 第三组 | 睢县、永城市 |
| | 6 | 0.05 | 第二组 | 宁陵县、柘城县、夏邑县 |
| 信阳市 | 7 | 0.10 | 第一组 | 罗山县、潢川县、息县 |
| | 6 | 0.05 | 第一组 | 浉河区、平桥区、光山县、新县、商城县、固始县、淮滨区 |
| 周口市 | 7 | 0.10 | 第一组 | 扶沟县、太康县 |
| | 6 | 0.05 | 第一组 | 川汇区、西华县、商水县、沈丘县、郸城县、淮阳县、鹿邑县、项城市 |
| 驻马店市 | 7 | 0.10 | 第一组 | 西平县 |
| | 6 | 0.05 | 第一组 | 驿城区、上蔡县、平舆县、正阳县、确山县、泌阳县、汝南县、遂平县、新蔡县 |
| 省直辖县级行政单位 | 7 | 0.10 | 第二组 | 济源市 |

# 附录二　水泥砂浆、混合砂浆配合比

### 表1　32.5级水泥的水泥砂浆配合比

| 砂浆强度等级 | 用量（kg/m³）与比例 | 配合比 | | | | | | | | |
|---|---|---|---|---|---|---|---|---|---|---|
| | | 粗砂 | | | 中砂 | | | 细砂 | | |
| | | 水泥 | 砂子 | 水 | 水泥 | 砂子 | 水 | 水泥 | 砂子 | 水 |
| M2.5 | 用量 | 207 | 1 500 | 270 | 213 | 1 450 | 300 | 220 | 1 400 | 330 |
| | 比例 | 1 | 7.25 | 1.30 | 1 | 6.81 | 1.41 | 1 | 6.36 | 1.50 |
| M5 | 用量 | 253 | 1 500 | 270 | 260 | 1 450 | 300 | 268 | 1 400 | 330 |
| | 比例 | 1 | 5.93 | 1.07 | 1 | 5.58 | 1.15 | 1 | 5.22 | 1.23 |
| M7.5 | 用量 | 276 | 1 500 | 270 | 285 | 1 450 | 300 | 300 | 1 400 | 330 |
| | 比例 | 1 | 5.43 | 0.98 | 1 | 5.09 | 1.05 | 1 | 4.76 | 1.12 |
| M10 | 用量 | 359 | 1 500 | 270 | 370 | 1 450 | 300 | 381 | 1 400 | 330 |
| | 比例 | 1 | 4.18 | 0.75 | 1 | 3.92 | 0.81 | 1 | 3.67 | 0.87 |

### 表2　32.5级水泥的混合砂浆配合比

| 砂浆强度等级 | 用量（kg/m³）与比例 | 配合比 | | | | | | | | |
|---|---|---|---|---|---|---|---|---|---|---|
| | | 粗砂 | | | 中砂 | | | 细砂 | | |
| | | 水泥 | 石灰 | 砂子 | 水泥 | 石灰 | 砂子 | 水泥 | 石灰 | 砂子 |
| M2.5 | 用量 | 217 | 133 | 1 500 | 223 | 127 | 1 450 | 230 | 120 | 1 400 |
| | 比例 | 1 | 0.61 | 6.91 | 1 | 0.57 | 6.51 | 1 | 0.52 | 6.09 |
| M5 | 用量 | 263 | 87 | 1 500 | 270 | 80 | 1 450 | 278 | 72 | 1 400 |
| | 比例 | 1 | 0.33 | 5.70 | 1 | 0.30 | 5.37 | 1 | 0.26 | 5.04 |
| M7.5 | 用量 | 286 | 64 | 1 500 | 295 | 55 | 1 450 | 310 | 40 | 1 400 |
| | 比例 | 1 | 0.22 | 5.24 | 1 | 0.19 | 4.91 | 1 | 0.13 | 4.52 |
| M10 | 用量 | 370 | 50 | 1 500 | 380 | 40 | 1 450 | 390 | 30 | 1 400 |
| | 比例 | 1 | 0.14 | 4.05 | 1 | 0.10 | 3.82 | 1 | 0.08 | 3.59 |

注：拌合水宜采用饮用水，水的用量根据砂浆稠度适量添加。

### 表3　42.5级水泥的混合砂浆配合比

| 砂浆强度等级 | 用量（kg/m³）与比例 | 配合比 | | | | | | | | |
|---|---|---|---|---|---|---|---|---|---|---|
| | | 粗砂 | | | 中砂 | | | 细砂 | | |
| | | 水泥 | 石灰 | 砂子 | 水泥 | 石灰 | 砂子 | 水泥 | 石灰 | 砂子 |
| M2.5 | 用量 | 190 | 160 | 1 500 | 200 | 150 | 1 450 | 210 | 140 | 1 400 |
| | 比例 | 1 | 0.84 | 7.89 | 1 | 0.75 | 7.25 | 1 | 0.67 | 6.67 |

（续）

| 砂浆强度等级 | 用量（kg/m³）与比例 | 配合比 | | | | | | | | |
|---|---|---|---|---|---|---|---|---|---|---|
| | | 粗砂 | | | 中砂 | | | 细砂 | | |
| | | 水泥 | 石灰 | 砂子 | 水泥 | 石灰 | 砂子 | 水泥 | 石灰 | 砂子 |
| M5 | 用量 | 240 | 110 | 1 500 | 250 | 100 | 1 450 | 255 | 95 | 1 400 |
| | 比例 | 1 | 0.46 | 6.25 | 1 | 0.40 | 5.80 | 1 | 0.37 | 5.49 |
| M7.5 | 用量 | 260 | 90 | 1 500 | 270 | 80 | 1 450 | 285 | 65 | 1 400 |
| | 比例 | 1 | 0.35 | 5.77 | 1 | 0.30 | 5.37 | 1 | 0.22 | 4.91 |

注：拌合水宜采用饮用水，水的用量根据砂浆稠度适量添加。

# 附录三　常用碎石、卵石混凝土配合比

### 表 1　混凝土强度等级为 C20(mfcu＝26.6 MPa)常用碎石混凝土配合比

| 粗骨料最大粒径(mm) | 水泥强度等级 | 水灰比 | 坍落度(cm) | 砂率(%) | 用料量(kg/m³) | | | | 配合比(W:C:S:G) |
|---|---|---|---|---|---|---|---|---|---|
| | | | | | 水 | 水泥 | 砂 | 石子 | |
| 15 | 32.5 | 0.57 | 1～3 | 38 | 205 | 360 | 697 | 1138 | 0.57:1:1.94:3.16 |
| | | | 3～5 | 39 | 215 | 377 | 705 | 1103 | 0.57:1:1.87:2.93 |
| | | | 5～7 | 40 | 225 | 395 | 712 | 1068 | 0.57:1:1.80:2.70 |
| 20 | 32.5 | 0.57 | 1～3 | 37 | 185 | 325 | 699 | 1191 | 0.57:1:2.15:3.66 |
| | | | 3～5 | 38 | 195 | 342 | 708 | 1155 | 0.57:1:2.07:3.38 |
| | | | 5～7 | 39 | 205 | 360 | 716 | 1119 | 0.57:1:1.99:3.11 |
| 40 | 32.5 | 0.57 | 1～3 | 35 | 170 | 298 | 676 | 1256 | 0.57:1:2.27:4.21 |
| | | | 3～5 | 36 | 180 | 316 | 685 | 1219 | 0.57:1:2.17:3.86 |
| | | | 5～7 | 37 | 190 | 333 | 694 | 1183 | 0.57:1:2.08:3.55 |

### 表 2　混凝土强度等级为 C25(mfcu＝33.2 MPa)常用碎石混凝土配合比

| 粗骨料最大粒径(mm) | 水泥强度等级 | 水灰比 | 坍落度(cm) | 砂率(%) | 用料量(kg/m³) | | | | 配合比(W:C:S:G) |
|---|---|---|---|---|---|---|---|---|---|
| | | | | | 水 | 水泥 | 砂 | 石子 | |
| 15 | 32.5 | 0.49 | 1～3 | 36 | 205 | 418 | 640 | 1137 | 0.43:1:1.53:2.72 |
| | | | 3～5 | 37 | 215 | 439 | 646 | 1100 | 0.43:1:1.47:2.51 |
| | | | 5～7 | 38 | 225 | 459 | 652 | 1064 | 0.43:1:1.42:2.32 |
| 20 | 32.5 | 0.49 | 1～3 | 35 | 185 | 378 | 643 | 1194 | 0.49:1:1.70:3.16 |
| | | | 3～5 | 36 | 195 | 398 | 651 | 1156 | 0.49:1:1.64:2.90 |
| | | | 5～7 | 37 | 205 | 418 | 657 | 1120 | 0.49:1:1.57:2.68 |
| 40 | 32.5 | 0.40 | 1～3 | 31 | 170 | 425 | 560 | 1245 | 0.40:1:1.32:2.93 |
| | | | 3～5 | 32 | 180 | 450 | 666 | 1204 | 0.40:1:1.26:2.68 |
| | | | 5～7 | 33 | 190 | 475 | 573 | 1162 | 0.40:1:1.21:2.45 |

### 表 3　混凝土强度等级为 C30(mfcu＝38.2 MPa)常用碎石混凝土配合比

| 粗骨料最大粒径(mm) | 水泥强度等级 | 水灰比 | 坍落度(cm) | 砂率(%) | 用料量(kg/m³) | | | | 配合比(W:C:S:G) |
|---|---|---|---|---|---|---|---|---|---|
| | | | | | 水 | 水泥 | 砂 | 石子 | |
| 15 | 32.5 | 0.44 | 1～3 | 34 | 205 | 466 | 488 | 1141 | 0.44:1:1.26:2.45 |
| | | | 3～5 | 35 | 215 | 489 | 594 | 1102 | 0.44:1:1.21:2.25 |
| | | | 5～7 | 36 | 225 | 511 | 599 | 1065 | 0.44:1:1.17:2.08 |
| | 42.5 | 0.51 | 1～3 | 36 | 205 | 402 | 645 | 1148 | 0.51:1:1.60:2.86 |
| | | | 3～5 | 37 | 215 | 422 | 652 | 1111 | 0.51:1:1.55:2.63 |
| | | | 5～7 | 38 | 225 | 441 | 659 | 1075 | 0.51:1:1.49:2.44 |

（续）

| 粗骨料最大粒径(mm) | 水泥强度等级 | 水灰比 | 坍落度(cm) | 砂率(%) | 用料量(kg/m³) | | | | 配合比(W：C：S：G) |
|---|---|---|---|---|---|---|---|---|---|
| | | | | | 水 | 水泥 | 砂 | 石子 | |
| 20 | 32.5 | 0.44 | 1~3 | 33 | 185 | 420 | 592 | 1203 | 0.44：1：1.41：2.86 |
| | | | 3~5 | 34 | 195 | 443 | 599 | 1163 | 0.44：1：1.35：2.63 |
| | | | 5~7 | 35 | 205 | 466 | 605 | 1124 | 0.44：1：130：2.41 |
| | 42.5 | 0.51 | 1~3 | 35 | 185 | 363 | 648 | 1204 | 0.51：1：1.79：3.32 |
| | | | 3~5 | 36 | 195 | 382 | 656 | 1167 | 0.51：1：1.72：3.05 |
| | | | 5~7 | 37 | 205 | 402 | 663 | 1130 | 0.51：1：1.65：2.81 |
| 40 | 32.5 | 0.44 | 1~3 | 31 | 170 | 386 | 572 | 1272 | 0.44：1：1.48：3.30 |
| | | | 3~5 | 32 | 180 | 409 | 580 | 1231 | 0.44：1：1.42：3.01 |
| | | | 5~7 | 33 | 190 | 432 | 587 | 1191 | 0.44：1：136：2.76 |
| | 42.5 | 0.51 | 1~3 | 33 | 170 | 333 | 626 | 1271 | 0.51：1：1.88：3.82 |
| | | | 3~5 | 34 | 180 | 353 | 635 | 1232 | 0.51：1：1.80：3.49 |
| | | | 5~7 | 35 | 190 | 373 | 643 | 1194 | 0.51：1：1.72：3.20 |

**表4　混凝土强度等级为 C20( mfcu = 26.6 MPa) 常用卵石混凝土配合比**

| 粗骨料最大粒径(mm) | 水泥强度等级 | 水灰比 | 坍落度(cm) | 砂率(%) | 用料量(kg/m³) | | | | 配合比(W：C：S：G) |
|---|---|---|---|---|---|---|---|---|---|
| | | | | | 水 | 水泥 | 砂 | 石子 | |
| 15 | 32.5 | 0.56 | 1~3 | 34 | 185 | 330 | 641 | 1244 | 0.56：1：1.94：3.77 |
| | | | 3~5 | 35 | 195 | 348 | 650 | 1207 | 0.56：1：1.87：3.47 |
| | | | 5~7 | 36 | 205 | 366 | 658 | 1171 | 0.56：1：1.80：3.20 |
| 20 | 32.5 | 0.56 | 1~3 | 34 | 170 | 304 | 655 | 1271 | 0.56：1：2.15：4.18 |
| | | | 3~5 | 35 | 180 | 321 | 665 | 1234 | 0.56：1：2.07：3.84 |
| | | | 5~7 | 36 | 190 | 339 | 674 | 1197 | 0.56：1：1.99：3.53 |
| 40 | 32.5 | 0.56 | 1~3 | 32 | 160 | 286 | 625 | 1329 | 0.56：1：2.19：4.65 |
| | | | 3~5 | 33 | 170 | 303 | 636 | 1291 | 0.56：1：2.10：4.26 |
| | | | 5~7 | 34 | 180 | 321 | 646 | 1253 | 0.56：1：2.01：3.90 |

**表5　混凝土强度等级为 C25( mfcu = 33.2 MPa) 常用卵石混凝土配合比**

| 粗骨料最大粒径(mm) | 水泥强度等级 | 水灰比 | 坍落度(cm) | 砂率(%) | 用料量(kg/m³) | | | | 配合比(W：C：S：G) |
|---|---|---|---|---|---|---|---|---|---|
| | | | | | 水 | 水泥 | 砂 | 石子 | |
| 15 | 32.5 | 0.48 | 1~3 | 32 | 180 | 375 | 590 | 1255 | 0.48：1：1.57：3.35 |
| | | | 3~5 | 33 | 190 | 396 | 599 | 1215 | 0.48：1：1.51：3.07 |
| | | | 5~7 | 34 | 200 | 417 | 606 | 1177 | 0.48：1：1.45：2.82 |
| 20 | 32.5 | 0.48 | 1~3 | 32 | 170 | 354 | 600 | 1276 | 0.48：1：1.69：3.60 |
| | | | 3~5 | 33 | 180 | 375 | 609 | 1236 | 0.48：1：1.62：3.30 |
| | | | 5~7 | 34 | 190 | 396 | 616 | 1198 | 0.48：1：1.56：3.03 |

（续）

| 粗骨料最大粒径（mm） | 水泥强度等级 | 水灰比 | 坍落度（cm） | 砂率（%） | 用料量（kg/m³） | | | | 配合比（W : C : S : G） |
|---|---|---|---|---|---|---|---|---|---|
| | | | | | 水 | 水泥 | 砂 | 石子 | |
| 40 | 32.5 | 0.48 | 1~3 | 32 | 160 | 333 | 610 | 1297 | 0.48 : 1 : 1.83 : 3.89 |
| | | | 3~5 | 33 | 170 | 354 | 619 | 1257 | 0.48 : 1 : 1.75 : 3.55 |
| | | | 5~7 | 34 | 180 | 375 | 627 | 1218 | 0.48 : 1 : 1.67 : 3.25 |

**表 6　混凝土强度等级为 C30（mfcu = 38.2 MPa）常用卵石混凝土配合比**

| 粗骨料最大粒径（mm） | 水泥强度等级 | 水灰比 | 坍落度（cm） | 砂率（%） | 用料量（kg/m³） | | | | 配合比（W : C : S : G） |
|---|---|---|---|---|---|---|---|---|---|
| | | | | | 水 | 水泥 | 砂 | 石子 | |
| 15 | 32.5 | 0.43 | 1~3 | 39 | 180 | 419 | 522 | 1279 | 0.43 : 1 : 1.25 : 3.05 |
| | | | 3~5 | 30 | 190 | 442 | 530 | 1238 | 0.43 : 1 : 1.20 : 2.30 |
| | | | 5~7 | 31 | 200 | 465 | 538 | 1197 | 0.43 : 1 : 1.16 : 2.57 |
| | 42.5 | 0.51 | 1~3 | 32 | 180 | 353 | 597 | 1270 | 0.51 : 1 : 1.69 : 3.60 |
| | | | 3~5 | 33 | 190 | 373 | 606 | 1231 | 0.51 : 1 : 1.62 : 3.30 |
| | | | 5~7 | 34 | 200 | 392 | 614 | 1194 | 0.51 : 1 : 1.57 : 3.05 |
| 20 | 32.5 | 0.43 | 1~3 | 30 | 170 | 395 | 550 | 1285 | 0.43 : 1 : 1.39 : 3.25 |
| | | | 3~5 | 31 | 180 | 419 | 558 | 1243 | 0.43 : 1 : 1.33 : 2.97 |
| | | | 5~7 | 32 | 190 | 442 | 566 | 1202 | 0.43 : 1 : 1.28 : 2.72 |
| | 42.5 | 0.51 | 1~3 | 33 | 170 | 333 | 626 | 1271 | 0.51 : 1 : 1.88 : 3.82 |
| | | | 3~5 | 34 | 180 | 353 | 635 | 1232 | 0.51 : 1 : 1.80 : 3.49 |
| | | | 5~7 | 35 | 190 | 373 | 643 | 1194 | 0.51 : 1 : 1.72 : 3.20 |